U0357399

高等学校“十一五”规划教材

现代教育技术及多媒体课体制作

（修订版）

谭家玉　马今朝　沈杰　编
赵志杰　审

哈爾濱工業大學出版社

内容简介

本书由现代教育的基本理论和方法入手，重点介绍在 Windows 环境下编辑制作多媒体课件的软件 PowerPoint、Authorware，并介绍各类常用素材的处理软件 PhotoShop、Video Editor、Flash、Audio Editor 在制作多媒体课件中的使用方法，简要介绍了 CG infinity、Director、3ds max 的使用方法。

本书可用做教师的现代教育技术和多媒体课件制作的培训教材，师范类和师资类本、专科现代教育技术课程的教材，也可供初、中级多媒体工作者学习和工作的参考。

图书在版编目(CIP)数据

现代教育技术及多媒体课件制作/谭家玉等编. —2 版.
—哈尔滨:哈尔滨工业大学出版社,2005.7(2014.8 重印)
ISBN 978-7-5603-2007-6

Ⅰ.现… Ⅱ.谭… Ⅲ.多媒体-计算机辅助教学-应用软件-基本知识 Ⅳ.G434

中国版本图书馆 CIP 数据核字(2005)第 043931 号

责任编辑 田 秋 张秀华
封面设计 卞秉利
出版发行 哈尔滨工业大学出版社
社 址 哈尔滨市南岗区复华四道街 10 号 邮编 150006
传 真 0451-86414749
印 刷 东北林业大学印刷厂印刷
开 本 787mm×1092mm 1/16 印张 18.5 字数 425 千字
版 次 2005 年 7 月第 2 版 2014 年 8 月第 4 次印刷
书 号 ISBN 978-7-5603-2007-6
定 价 36.00 元

再版前言

本书出版后受到许多读者的欢迎,我们认为这是其针对现代教育技术及多媒体课件制作需要,根据多媒体课件教学的实际情况组织编写结构、安排编写内容,从而使本书具有再版的可能。

计算机多媒体软件升级很快,在本书出版不到一年的时间内,书中所涉及的主要软件已升级一到两个版本,有的甚至升级了三个版本。在这些软件新的版本中,增加了新的功能和效果,如 Authorware、Flash 等软件,其工作界面、窗口等都有很大改变。为延续本书的定位准确、结构合理等特点,本次修订工作中,作者尽可能将介绍的软件版本提高。如 PowerPoint 采用 2004 版本、Authorware 采用 7.02 版本、Photoshop 采用 7.0 和 8.0 版本等。

虽然软件版本升级很快,但其基本功能是相同的,即使是工作界面、窗口有很大改变的软件,仍有其发展和使用的脉络可循。建议读者不必刻意追求软件版本的高低,核心是掌握软件的使用,利用其功能实现自己的创作。

曾有读者提出建议,希望增加软件使用举例。作者就此意见和一些教师及学生进行讨论,基本上达成一个共识,那就是多媒体课件的制作是创作不是模仿,软件是工具不是目的。我们在日常生活和工作中,会遇到各式各样的事件,也会有不同的需求,其中有相当多的的内容可以作为我们创作多媒体作品的实例和创意的来源。不适用的举例,不仅增加读者的阅读时间,而且容易误导读者去舍本逐末,失去了自己的创意和制作目的,这是作者最担心的。

本书的出版和再版得到广大读者的关心与帮助,在此表示衷心的感谢。

尽管我们在再版中修正了一些失误,但由于时间有限,软件新版本的掌握还需进一步努力,所以仍可能存在某些疏漏和不足,敬请读者指正。

作　者

2005 年 6 月

前　言

本书从现代教育的基本理论和方法着手，在简要介绍教育技术的基本概念、多媒体及多媒体课件概念和制作方法的基础上，着重介绍在 Windows 环境下用来编辑制作多媒体课件的有关软件的使用方法。

根据一般教师使用和制作多媒体课件的需要，本书重点介绍用 Authorware 编辑制作多媒体课件，常用各类素材的处理软件 PhotoShop、Video Editor、Flash 在制作多媒体课件中的使用及方法。考虑到实用性，也介绍了用 PowerPoint 制作多媒体电子讲稿的方法，并简要介绍了 CG infinity、Director、3ds max、Audio Editor 的使用。

虽然使用 Authorware 制作的课件其文件较大，但由于其特有的流程结构、强大并且简单方便的交互方式，对初学制作多媒体课件的人员来说掌握多媒体课件的结构，是不可缺少的一部分。素材处理软件虽然有许多，考虑到多数教师对多媒体具有的基础知识情况，只选择其中主要并易于掌握的软件进行介绍。

由于多媒体软件升级较快，我们在教学和编写本书时，考虑到国内正版软件更新的时间和条件限制，也考虑到软件近期版本的新增功能，尽量介绍同一软件近两三个版本的基本功能和使用，以适应拥有不同版本软件者的需要。

本书的定位是，通过本书使读者基本上掌握现代教育技术的主要概念和多媒体课件制作的基本技能，在制作多媒体课件的基础知识和基本能力方面得到训练。所以，本书对所涉及到的各种软件只介绍了其非编程使用的基本方法。

在实际中，要制作出高层次和高水平的多媒体课件，不仅需要有多媒体制作的能力，也需要有教育学、心理学、美学等多方面的知识和修养，还需要有教学经验和多媒体制作的经验等，所以精品的课件是多方面人才共同合作的结果。

作者从事现代教育技术工作和师资培训工作，根据多年来的经验和体会以及被培训教师和学生的意见，结合制作多媒体课件的实际需要，编写了此书。希望通过本书能够给现在的教师和未来的教师在制作多媒体课件过程中有一定的帮助，从而为现代教育技术的应用和推广做一些工作，尽到我们作为一个教师、一个现代教育技术工作者的责任和义务。

本书第 1、2、6、8、9、11 章由谭家玉编写，第 3、4、5 章由马今朝编写，第 7、10 章由沈杰编写。全书由赵志杰主审。由于作者的能力和水平有限，书中难免存在疏漏和不当之处，敬请各位专家和读者批评指正。

本书配套光盘由哈尔滨商业大学音像教材出版社出版。

编　者

2003 年 12 月

目 录

第1章　现代教育技术与CAI课件

1.1　现代教育技术的概念

教育是利用一定的手段和设备来实现的。教育要同时实现两个目的,即对受教育者传授知识和培养训练能力。人们获取知识的信息一般是通过语言、形象、味觉、触觉等感知的方法实现,教育行为就是利用手段和设备使受教育者产生相应的感知效果,实现让受教育者得到相应的知识,并在获得知识的同时得到相应的学习及应用的能力。随着人类社会的进步、科学技术的发展,可被用于教育的设备和手段也在不断发展和更新。如果说文字和印刷技术使教育突破了时间和地域的制约,实现了量的突破,使教育得到普及;那么计算机技术、多媒体和网络技术的出现和普及,使教育突破了单一的文字图片的孤立方式,实现了质的飞越,使教育形式丰富多彩,教与学的效率得到提高。

1.1.1　现代教育技术的基本概念

现代教育技术,顾名思义,是指利用一定的现代技术手段和科学设备进行教育,或者说是用于教育的现代技术。这一概念是在不断发展的教育过程中逐渐形成的,由于不同国家的科技发展情况不同,对它的认识和定义也不完全相同。

1.我国现代教育技术的发展

在20世纪30年代,我国电影界涉足教育,开始有教育电影和学习唱片。在70年代前,我国应用在教育中的科学技术产品主要是科教影片和开盘式录音磁带。在70年代后期,随着电视和盒式录音机的普及,音像教学得到较广泛的应用,由于这些产品都依赖于电气或电子技术,所以被称为电化教育。

进入90年代,随着计算机技术、多媒体技术、网络在教育领域的应用,计算机辅助教学(CAI)得到迅速的发展和普及,它已不再是用电化教育的概念所能涵盖的,所以国内引入了现代教育技术的定义。我国目前说的现代教育技术,主要定位在利用现代科学技术进行教学及管理,同时进行相应理论和实践的研究、开发、评价。

2.国际教育技术情况

在国外,美国是将科学技术应用于教育方面最早的国家,也是应用最好的国家。它也是由教育电影和录音开始,但多数新技术都能很快应用到教育中,在教学和管理中都利用得较完善和全面,同时也推动了教育科学的进一步发展。在美国,称其为教育技术。其定义为:"教育技术是为了促进学习,对有关的过程和资源进行设计、开发、利用、管理和评价的理论和实践。"(美国教育传播与技术协会(AECT))

3.现代教育技术的环境

任何一种技术的应用,都需要一定的环境和条件作保障,才能存在、应用和发展。现代教育技术立足于现代科学技术的基础上,更需要有物资、资金、人员、技术和认识等多方面因素构成的环境和条件的支持。将这些因素分类,可分为硬件环境和应用环境两类。硬件环境主要包含:具有掌握现代科学技术并能在教育领域中进行研究、开发和应用的人才;具有应用科学技术进行教学和管理的设备;具有使用科学技术进行教学和管理的队伍。应用环境主要包含:教学和管理的需要;学校规划、发展的要求;领导部门的计划、检查;有关人员对教育科学技术认知和掌握的情况;资金、人员等的能力;研究、设计、制作及安装者的能力和水平;使用、管理、维护人员的素质和责任感等。

1.1.2 计算机辅助教育与 CAI

随着现代科学技术的不断发展,计算机在教育领域得到了广泛应用,并且正迅速成为最有发展前景的教学媒体和教育管理工具。计算机在教育领域中的应用,导致教学手段、教学方法、教材形式、课堂教学结构等方面发生了深刻的变化,从而促进了教育思想和教学理论的变革与发展。由此而产生一系列相关的基本思想、基础理论和技术方法,并逐渐形成一门把教育学知识与计算机科学技术知识相结合的新兴的学科——计算机辅助教育(CBE)。它是计算机科学技术的一个重要应用领域,是现代教育技术的重要组成部分。

1.计算机辅助教育的产生

计算机辅助教育产生的基础同其他学科一样,计算机辅助教育的产生和发展具有广泛的基础,归纳起来主要有三个方面。

(1) 计算机的诞生和发展奠定了计算机辅助教育产生的物质基础

计算机对教育事业发展的重要作用是多方面的,其中一个重要的方面就是为教育的改革和发展提供了新的方法和技术手段,为计算机辅助教育的兴起打下了必不可少的物质基础。

(2) 信息社会对教育的要求构成了计算机辅助教育产生的社会基础

信息时代给人们的生活带来了许多变化,对各方面都提出了新的要求,特别是对教育提出了更为迫切的要求,这些要求用传统的教育方法是很难实现的。这就促使人们借助于信息社会中发达的科技手段来满足这些要求。计算机辅助教育就是人们利用计算机这一现代技术解决教学中的许多问题的成功探索,它的发展反映了社会发展的一种必然趋势。

(3) 行为主义的程序教学理论的产生是计算机辅助教育产生的心理学基础

计算机辅助教育思想的形成受到两个概念的影响,即机器教学和程序教学。利用机器进行教学的概念是美国心理学家锡德尼·普莱西(Sidney Pressey)在20世纪20年代提出来的。他曾设计了一台自动教学机器,可以送出多个供学生选择的问题,并跟踪学生的答案。虽然普莱西的教学机器因设计上的一些问题以及当时的条件还不够成熟而没有引起人们的普遍重视,但是,这台机器的出现是机器辅助教学思想的萌芽。50年代,美国教育心理学家斯金纳(B.F.Skinner)在普莱西的教学机器的基础上提出了学习材料程序化的想法,后来就发展成为不用教学机器而只用程序教材的"程序教学"。作为存储和处理信息的计算机,是实现这些教学方法的一种理想工具。正是在这些理论的指导下,计算机成为教学的重要工具,从而产生了计算机辅助教学。

2.计算机辅助教育的发展阶段

自1958年美国IBM公司设计并研制成功第一个计算机辅助教学系统,宣告人类开始进入计算机教育应用时代以来,至今已有四十多年的历史。计算机辅助教育在技术上经历了不同的发展时期,计算机教育应用的理论基础也发生了几次大的变革。从技术上看,计算机辅助教育的发展大体上经历了4个阶段。

(1) 形成阶段

这一阶段大约在1958年至1965年之间。这一阶段的主要特点是以一些大学和计算机公司为中心进行计算机辅助教育的软件、硬件的开发研究工作,出现了一些有代表性的系统。最早开展计算机辅助教育研究的是美国的IBM公司。1958年,该公司利用一台IBM 650计算机连接一台电传打字机向小学生教二进制算术,并能根据学生的要求产生练习题。这是世界上第一个计算机教学系统。1961年,该公司研制了包括心理学、统计学和德语阅读等内容的计算机辅助教学系统。1966年前,IBM公司还开发了专门供教学使用的程序设计语言(Coures Writer),利用这种语言能够方便地开发出交互式学习课件。

(2) 实用化阶段

这一阶段大约在1965年至1975年之间。这一阶段的第一个特点是研究规模扩大,先期的研究成果大量投入应用;第二个特点是计算机辅助教育的应用范围不断扩大,并进一步趋向实用化。在这一时期,计算机教育应用的学科领域更加广泛。除了数学、物理等科目外,在医学、语言学、经济学、音乐、弱智儿童教育、情报处理教育、军事训练教育等多种学科领域均开展了计算机辅助教育。

(3) 发展完善阶段

这一阶段大约是从1975年到80年代后期。这一阶段是计算机辅助教育快速发展并不断完善的阶段,具有三个明显的特点:第一,大型的计算机辅助教学系统进一步完善;第二,微型计算机的出现,使计算机辅助教育的发展有了突破性的变化;第三,智能化计算机辅助教学的出现对计算机辅助教育的发展产生了重大影响。

(4) 成熟阶段

自进入20世纪90年代以后,计算机辅助教育开始步入一个全新的阶段。计算机技术的高度发展和先进的教育理论的出现,使得计算机辅助教育真正开始成熟起来。这一时期计算机辅助教育的显著特点是多媒体化、网络化与智能化。特别是多媒体技术与网络技术的日益紧密结合,使得基于Internet的教育应用迅速发展。基于Internet的计算机辅助教育具有信息资源的丰富性、教学时空的无限性和人机优势的互补性等特点。这一时期,各种丰富多彩的教育信息资源不断出现,新颖的网上教学形式应运而生,人们在网上建立了在线教育教学系统,出现了虚拟教室、虚拟实验室、虚拟图书馆、虚拟校园、虚拟大学等新的概念。

3.计算机辅助教育的发展趋势

多媒体技术与网络技术的日益紧密结合代表了计算机辅助教育的发展趋势。多媒体技术在教学方面的应用是当前教育技术普遍关心的一个热点问题。它把教学内容按人类联想方式组织成教学信息,以文本、图形、图像、动画、视频影像和声音等多种媒体形式显示教学信息,借助友好的人机交互界面,让学习者通过交互操作进行学习,为人类生活和学习创造出一个崭新的环境。在这种新型的教学环境中，多媒体信息显示为学习者提供多样的外部刺激；超媒体联想式的非线性信息组织结构为学习者提供多种多样的探索知识的途径；友好的图形交互界面为学习者提供良好的参与环境，有利于激发学习者的积极性。

网络化的迅猛发展正在改变着全人类的学习方式、工作方式乃至整个生活方式。多媒体技术与计算机网络技术的结合，为计算机辅助教育提供了无限广阔的发展空间。

1.1.3　计算机辅助教育的基本概念

计算机辅助教育是一门新兴的交叉学科，在它的发展过程中形成了自身的概念。不同的作者对这些概念的描述也有不同，而且随着时间的推移，计算机辅助教育的研究和实践内容会不断地丰富和扩充，有关的概念也在随之变化。

1.CBE 与 CAI

(1) 计算机辅助教育(CBE)

计算机辅助教育译自英文“Computer - Based Education”,其原意是“基于计算机的教育”或“计算机化教育”。当时出于对这一新技术的谨慎态度,国内将其译为“计算机辅助教育”,简称为 CBE。

发展初期,一般认为 CBE 主要包括两个方面:CAI 和 CMI。CAI 是计算机直接用于支持教与学的各类应用,即计算机辅助教学(Computer - Assisted Instruction,CAI);CMI 是计算机用于实现教学管理任务的各类应用,即计算机管理教学(Computer Managed Instruction,CMI)。CAI 和 CMI 被称为 CBE 的两个主要子域。但随着计算机在教育领域应用范围的不断扩大,CBE 的概念也有了适当扩展。目前,有的学者认为至少应将计算机支持的学习资源(Computer Supported Learning Resources,CSLR)作为 CBE 的重要方面。例如,建设计算机化图书馆和教学资料库、作为教学辅助材料的各类电子出版物、利用 Internet 上的丰富信息资源支持教师备课和学生课外学习,都应属于计算机辅助教育的范畴。图 1.1 显示了 CBE 概念的范畴。

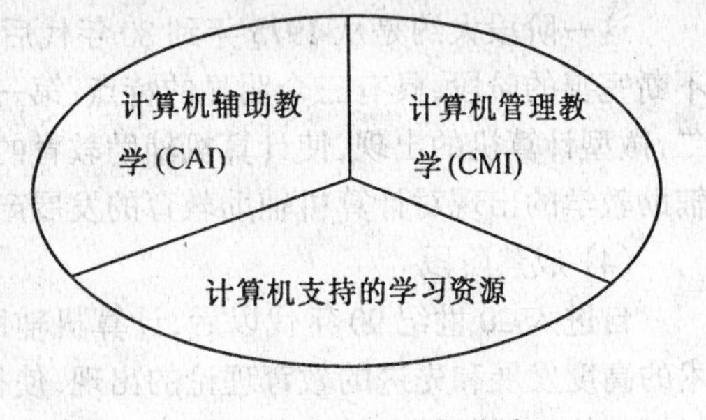

图 1.1　CBE 概念的范畴

(2) 计算机辅助教学(CAI)

如上所述,计算机辅助教学(CAI)是计算机辅助教育(CBE)中的重要组成部分。狭义地理解,CAI 是一种教学形态,是利用计算机的功能和特点,代替(或部分代替)教师面向学习者,促使学习者实现有效学习的教学形态。随着 CAI 的发展,我们可以在更广泛的意义上来理解这一概念。CAI 是一项重要的新兴教育技术,代表了一个十分广阔的计算机应用领域,包括将计算机直接用于为教学目的服务的各类应用。

由于教育思想的差异和对概念理解角度的不同,与之相关的概念名词还有:

CAL(Computer - Assisted Learning——计算机辅助学习)　通常作为 CAI 的同义词,但在一定程度上反映出教育思想的差别。CAL 较之 CAI,强调用计算机帮助“学”的方面甚于“教”的方面。在欧洲和美国东海岸地区倾向于使用名词CAL。

CBI(Computer - Based Instruction——计算机化教学) 作为CAI的同义词或作为较高程度的计算机在教学方面的应用。

CBL(Computer - Based Learning——计算机化学习) 作为CAL的同义词或作为较高程度的计算机在学习方面的应用。

从概念范畴来看,“学习”(Learning)比“教学”(Instruction)的含义更加广泛。根据L.McArthur等人提出的“百慕大洋葱头模型”,如图1.2所示,教学系统是学习系统的子系统。一般说来,教学系统带有预先确定的目标,而学习系统的目标难以预定,但必须满足学习者比较广泛的学习需求。

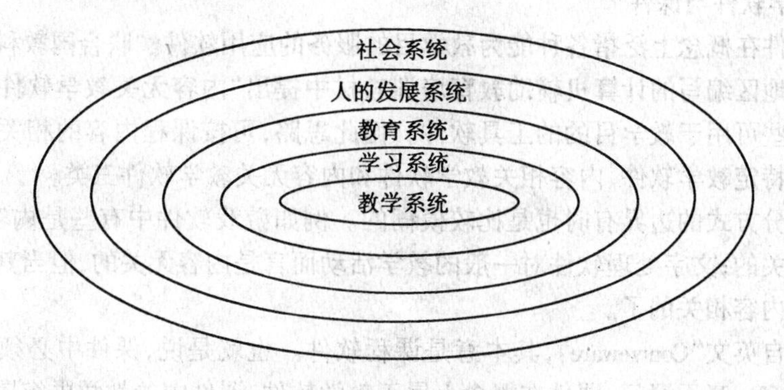

图1.2 百慕大洋葱头模型

基于以上认识,可将“教学”看做“教”与“学”相交的过程,则CAL/CBI系统可以看做CAL/CBL系统的子系统。我们可以把CAI与CAL或CBI与CBL之间的逻辑关系用图1.3的形式表示。

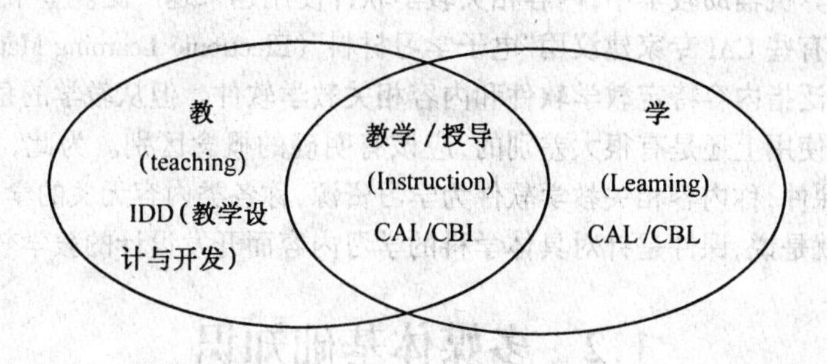

图1.3 CAI与CAL之间的逻辑关系

在实际应用中,人们并不太计较这些概念之间的差异。这些概念的内涵和外延具有很大的自由度,许多人常把CAI和CBE混同使用。我们通常也广义地看待CAI的概念。

2.教学软件与课件

教学程序和教学软件与课件是CAI工作者最常用的、往往也是容易互相混淆的概念。实际上它们之间是应该加以区别的。

(1) 教学程序

对于计算机程序,曾有一个著名的公式,即

算法+数据结构=程序

由于早期的计算机程序大部分用于非交互性的数据处理和科学计算,对应用程序的人机界面没有多少要求,这个公式无疑是正确的。然而,现在的计算机应用程序大多以交互性操作为主,人机界面设计已成为应用程序设计的重要内容,特别是教学程序对界面设计有着极高的要求,因此应该在教学程序的概念中有所体现。不妨认为教学算法、数据结构和人机界面一起组成教学程序,教学程序与教学信息组成教学软件,其中的教学信息指程序可访问的预存的教学内容。

(2) 教学软件与课件

教学软件在概念上泛指各种能为教学目的服务的应用软件。联合国教科文组织在一本为东南亚地区编写的计算机辅助教育培训教材中提出"内容无关教学软件"的概念,实际上是指那些可用于教学目的的工具软件。循此思路,可按课程内容的相关性将教学软件分为内容特定教学软件、内容相关教学软件和内容无关教学软件三类。

这种划分方式的边界有时也是比较模糊的。例如游戏软件中有些是内容特定的,有些是内容相关的;文字处理软件对一般的教学活动而言是内容无关的,但当其用于文书训练时就变成内容相关的了。

课件译自英文"Courseware",其本意是课程软件。也就是说,课件中必须包含具体学科的教学内容。毫无疑问,课件在概念上属于教学软件,课件中的教学内容属于软件的数据部分。因此,按照上述教学软件分类方法,课件应属于内容特定的教学软件。有些内容相关的软件产品,如电子百科和某些教学游戏,严格说来不是课件,但无疑应属于教学软件。

目前,在计算机辅助教学中,内容相关教学软件使用越来越广泛。鉴于课件一词在概念上的局限性,有些CAI专家建议用"电子学习材料"(Electronic Learning Materials,ELM)代替"课件"名称,泛指内容特定教学软件和内容相关教学软件。但从教学的角度来看,二者在内容、结构和使用上还是有很大差别的,应该有明确的概念区别。为此,我们称内容特定教学软件为课件,称内容相关教学软件为学习资源,称各类内容无关的学习支持软件为学习工具。也就是说,课件是针对具体学科的学习内容而开发设计的教学软件。

1.2　多媒体基础知识

教学过程就其本质而言,是教师运用一定的教学媒体向学生传播知识的活动。媒体是指传递信息的中介物。它有两种含义:一种是指表现信息的载体,如文字、符号、语言、声音、图形、图像等;另一种是指存储和传递信息的实体,如书本、画册、报纸、幻灯片、投影片、录音带、电影片、录像片、计算机软件存储介质(软盘、硬盘和光盘)以及相关的播放设备等。如果媒体承载的是教学信息,我们称之为教学媒体。

传统的教学方式主要是通过黑板、教科书等媒体进行教学,这些媒体在承载信息的种类和能力及使用的方便程度上都有较大的局限性。

随着电子技术、通信技术、信息处理技术的高度发展，出现大量电子媒体，如幻灯、投影、录音、电影、录像、计算机等，这些现代教学媒体在承载信息的种类和能力及使用的方便程度上都有很大的发展，并已被广泛地应用在教学领域中。

1.2.1　教学媒体与多媒体

1.教学媒体与多媒体计算机辅助教学

在众多的现代教学媒体中，多媒体计算机不仅具有计算机的存储记忆、高速运算、逻辑判断、自动运行的功能，更可以把符号、语言、文字、声音、图形、动画和视频图像等多种媒体信息集成于一体，并采用了图形交互界面、窗口交互操作及触摸屏技术，使人机交互能力大大提高。它作为一种重要教学媒体迅速应用于教学过程中，对促进教学现代化起着十分重要的作用。

所谓多媒体计算机辅助教学就是指利用多媒体计算机综合处理和控制符号、语言、文字、声音、图形、图像等多种媒体信息，把多媒体的各个要素按教学要求进行有机组合呈现在屏幕上，并能完成一系列人机交互式的操作。

2.多媒体

多媒体计算机辅助教学是多媒体技术在教育中的应用。对于多媒体技术，目前没有统一公认的定义，综合有关论述中的各种定义，可以认为多媒体(Multimedia)技术是一种把文字(Text)、图形(Graphics)、图像(Images)、视频图像(Video)、动画(Animation)和声音(Sound)等媒体进行有机组合，并通过计算机进行综合处理和控制，完成一系列随机性交互式操作的信息技术。不管多媒体的定义和名称如何，作为一个多媒体系统至少具有下列特点。

(1) 集成性

多媒体系统的集成性表现在两个方面，一是表现信息载体的集成，即文本、数字、图形、声音、动画和视频图像的集成；二是用以存储信息实体的集成，即系统是一种由视频设备、音响设备、存储设备和计算机等的集成。

(2) 控制性

多媒体系统不是多种设备的简单组合，而是以计算机为控制中心来加工处理来自各种周边设备的多媒体数据，使其在不同的流程上出现。计算机是整个系统的控制中枢。

(3) 交互性

多媒体系统利用图形菜单、图标、多窗口等图形界面作为人机交互界面，利用键盘、鼠标、触摸屏甚至数据手套等方式作为数据的交互接口，使人机交互更接近自然。

多媒体技术给人类提供较新的获取、处理和使用信息的方式，它也将改变人类学习的方式，使人们可以在多媒体环境下，通过学校、社会、家庭接受终生的教育。

3.多媒体的信息表达元素

就目前的发展水平来看，用于多媒体计算机表达信息的媒体元素主要有如下几类。

(1) 文本

文本是指以文字和各种专用符号表达的信息形式。人类使用文字来传情达意、记录文明已经有六千多年了。在各种现代文化中，阅读和写作的能力都被看做是普及性的技能,被看做是通向知识的必经之路。在众多教学媒体中,文字也一直被认为是最基本、最重要的成分。

(2) 静图

静图是多媒体节目中重要的成分之一,是决定多媒体节目视觉效果的关键因素。根据计算机内表达与生成的方法不同,多媒体中的静图可分成图形和图像两类。

图形指的是矢量图形,在计算机中用其相关的特征数据来描述。这些特征包括图形的形式(如直线、圆、圆弧、矩形、曲线等几何元素)、位置、维数、色彩。计算机将其转变为所对应的形状和颜色在确定的位置显示出来。矢量图形主要用于线型的图画、美术字、统计图和工程制图等。它占据存储空间较小,但不适于表现复杂的图画。

图像通常是指位图,即位映射图(Bit map)。它是由描述图像中各个像素点的亮度与颜色的数位集合组成的,即把一幅彩色图像分解成许多的像素,每个像素用若干个二进制位来指定该像素的颜色、亮度和属性。位图适合表现画面内容比较细致、层次和色彩比较丰富、包含大量细节的图像,如照片和图画等。位图的特点是显示速度快,但占用的存储空间较大。

(3) 动画

动画是指连续运动变化的图形、图像、活页、连环图画等,也包括画面的缩放、旋转、切换、淡入/淡出等特殊效果。动画内容可以展示许多难于用语言、文字表现的内容,解决教学上的难点。适当使用动画效果可以增强多媒体节目的视觉效果,起到强调主题、增加情趣的作用。

多媒体技术中的动画制作在结合传统的动画制作工艺的基础上,采用计算机图形学的新成果,改变了动画制作的传统观念。计算机动画的制作,只需设定若干个关键点上的特性(如颜色、质感、位置、角度和镜头焦距等)及间隔时间,计算机即可自动运算完成具有各种特性的变化过程,填补每个关键帧之间的中间帧,生成连续的动画。这就使得动画的制作不但省时、省力、更加生动,而且可以实现逼真的三维动画。

(4) 声音

声音元素可能是多媒体中最容易被人感知到的成分。对声音元素的运用水平往往被作为评判多媒体节目是否具有专业水准的重要依据。

通常计算机内表达和处理声音的方式有3种。

① 波形声音(Wave form Audio)。波形声音是将模拟形式的声音电信号经过A/D(模拟/数字)转换处理成为以数值方式表示声波的音高、音长等基本参数,波形声音文件的数据一般未经压缩处理,占据存储空间较大。通过声音卡可以录制与播放声音数据文件,通过波形音频编辑软件可对波形声音进行加工和编辑。

② MIDI音频(MIDI Audio)。MIDI(Musical Instrument Digital Interface)是乐器数字接口的缩写,是一种合成声音。MIDI音频文件是一系列音乐动作的记录,如按下钢琴键、踩下踏板、控制滑动器等等。计算机中存储的MIDI文件就像乐谱一样,以各种乐器的发声为数据记录的基础,可以产生长时间播放的音乐。MIDI音频的声音是由设备合成的,效果与设备有关,并且不适合表达语音。

③ 数字化音频。数字化的声音也是波形声音,但其数字采样有确定的标准,基本上

指激光唱盘的声音标准,是高质量的波形声音。由于其转换频率和精度都较高,所以每次重放时都能得到较高的音频质量。它适用于任何一种声音,包括人的口语在内,所以大多数多媒体节目都采用数字化音频。

激光唱盘(CD Audio)的声音是典型的数字化声音,是没有压缩的声音数据,存储的文件较大,难以通过网络传输。为解决数据量的问题,产生了许多压缩算法,形成不同的文件格式,目前网络上使用最广泛的是MP3。

(5) 数字视频

活动的视频图像(Motion Video)能将用户带入真实的世界当中。在多媒体节目中加入活动视频成分,可以更有效地表达出介绍的内容及所要表现的主题,观看者通过视频的引导可以加深对所看内容的印象。

计算机的视频来源于电影和电视,是将电影和电视的内容进行数字化处理后形成的数据文件,一般称为数字视频或数字电影,由于是真实活动的画面,也称为活动视频。

数字视频是以多画面的位图为基础的,数据量很大,所以它对计算机硬件的工作速度及存储能力要求最高。虽然目前数字视频在获取、传输、存储、压缩及显示等方面的技术有较快的发展和应用,但还有待于进一步提高。

多媒体的元素种类很多,表现的形式也很多,但并非毫无目标地将不同形式的媒体信息以不同方式拼凑在一起就叫多媒体。必须将多媒体所包含的元素做完善的组织与安排才能发挥各种元素之所长,形成一个完美的多媒体节目。

4.MPC系统的基本构成

一般说来,多媒体个人计算机(Multimedia Personal Computer,MPC)系统是由主机、视频音频输入输出设备、数据存储设备、各类功能卡、交互界面设备和各种软件构成。其硬件功能体系结构如图1.4所示。

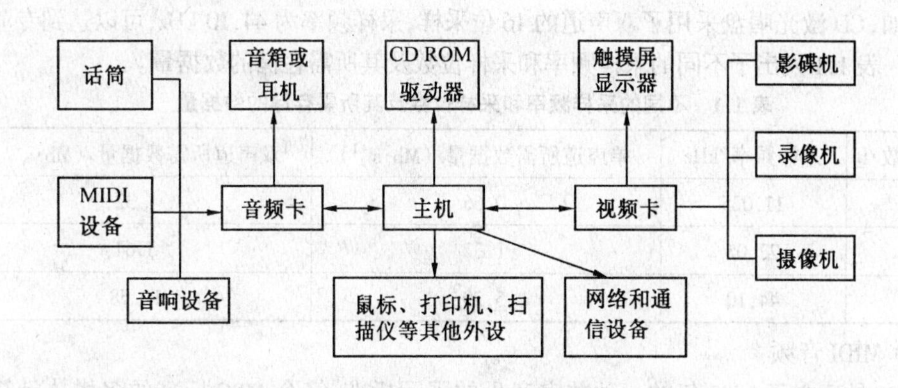

图1.4　MPC硬件体系结构

主机　通常是个人计算机。

视频输入设备　包括摄像机、录像机、影碟机和扫描仪等。

音频输入设备　包括话筒、录音机、激光唱盘和MIDI合成器等。

视频音频输出设备　包括显示器、电视机、投影电视、扬声器、MIDI合成器、立体声耳机等。

功能卡　包括视频捕捉卡、声卡和网卡等。

数据存储设备　包括 CD－ROM 驱动器、磁盘驱动器、打印机、可擦写光盘等。

交互界面设备　包括键盘、鼠标、触摸屏、数据手套等。

软件　包括操作系统、各种硬件的驱动程序和各种应用程序。

1.2.2 多媒体技术基础

可以将计算机对各种媒体处理的技术、方法和规范等称为多媒体技术。多媒体技术的涉及范围相当广泛，主要包括以下几个方面。

1. 音频处理技术

前面已经介绍过，多媒体应用中的一种重要媒体是音频，多媒体系统使用的音频技术主要包括音频的数字化和 MIDI 技术。

(1) 模拟音频信号的数字化

音频的数字化就是将模拟的(连续的)声音波形数字化(离散化)，以便利用数字计算机进行处理的过程。它主要包括采样和量化两个方面。音频数字化的质量相应地由采样频率和量化数据位数来决定。

采样频率是对声音每秒进行采样的次数，它反映采样点之间时间间隔的大小。间隔越小，采样频率越高，声音的真实感越好，但需要存储的音频数据量也越大。目前经常使用的采样频率有 11.025 kHz、22.05 kHz 和 44.10 kHz 三种。

量化数据位数是指用来表示采样后数据的范围，即可以使用多少个离散的数据，或者说可用多少个二进制数位表示样本数据。目前采用的有 8 位和 16 位两种。使用 8 位的量化级，只能表示 256 个不同的量化值，而 16 位的量化级则可表示 65 535 个不同的量化值。量化的位数决定了声音的音质，采样位数越高，音质越好，但需要存储的数据量也越大。例如，CD 激光唱盘采用了双声道的 16 位采样，采样频率为 44.10 kHz，可以达到专业级的水平。表 1.1 列出了不同的采样频率和采样位数及其所需存储的数据量。

表 1.1　不同的采样频率和采样位数及其所需存储的数据量

采样位数/b	采样频率/kHz	单声道所需数据量/($Mb \cdot s^{-1}$)	双声道所需数据量/($Mb \cdot s^{-1}$)
8	11.025	0.66	1.32
8	22.05	1.32	2.64
16	44.10	5.29	10.58

(2) MIDI 音频

MIDI 是建立于 1982 年的一种数字音乐的国际标准，符合 MPC 标准的多媒体计算机都能够通过 MIDI 接口与外部乐器传递数据，并能够利用 MIDI 文件演奏音乐。

与数字化音频所不同的是，MIDI 文件并不对音乐进行声音采样，而是将乐器弹奏的每个音符记录为一串数字，然后用声卡上的合成器根据这些数字所代表的含义进行合成，通过扬声器播放音乐。MIDI 文件实际上是一种表格，它描述了各种音符以及这些音符的播放及时延的乐器。与数字音频文件相比，MIDI 文件要小得多。如同样 10 min 的立体声音乐，MIDI 文件的长度不到 70 KB，而波形文件则差不多是 100 MB。MIDI 文件不仅可以描述音高,而且可以描述音色(如小号与法国号的区别),也可以描述音乐的时延、颤音(变调)、震音(响度的变化)、持续音符以及各种其他声乐品质。

数字化音频是对声音的模仿,MIDI文件是对声音用符号进行描述。模仿的方法,其目的是精确地重现声音。符号描述的方法,其目的是创建一种可识别的声音符号,并可用符号虚构或重新创建原始声音。可以说,两者有着本质的区别。

2.视频处理技术

在多媒体系统中,视频处理技术包括视频图像信号的获取、压缩与存储等主要技术。

在多媒体系统中,视频信号获取主要是将来自视频设备(如摄像机、录像机)的电视信号用视频采集设备将视频信号进行数字化处理后存入计算机内。视频模拟信号的数字化过程与音频数字化过程相似,也需要取样、量化、编码几个步骤。

现在流行的DV(数字视频)格式的摄录像机,其记录在磁带上的信号已经是数字信号,具有可与多媒体微机相连接的USB接口或1394接口,使用相应的连线和配套的软件,可以将摄像机摄制或播放录像带的数字视频信号直接存储为微机磁盘中的视频文件。

使用视频编辑软件,可以对磁盘中的视频文件进行剪接、特技效果、配音、配乐等编辑处理。

3.数据压缩技术

数据压缩技术是多媒体技术发展的关键之一,是计算机处理语音、静止图像和视频图像数据,进行网络数据传输的重要基础。未经压缩的图像及视频信号数据量是非常大的。例如,一幅分辨率800×600的24位真彩色BMP格式图像的数据量为1.44 MB,数字化标准的电视信号的传输数据的速率超过100 Mb/s。这样大的数据量不仅超出了多媒体计算机的存储和处理能力,更是当前通信信道速率所不能及的。因此,为了使这些数据能够进行存储、处理和传输,必须进行数据压缩。

数据压缩方法种类繁多,主要可以分为两大类,即无损压缩和有损压缩。无损压缩利用数据的统计冗余进行压缩,可以完全恢复原始的数据而不引入任何失真,但压缩率受到数据的统计冗余度的理论限制,一般为2:1到5:1。这类方法广泛应用于文本数据、程序和一些特殊应用场合的图像数据(如指纹图像、医学图像等)的压缩。

为了进一步提高压缩比,多使用有损压缩的方法。这种方法利用了人类视觉对图像某些成分不敏感的特性,允许压缩过程中损失一定的数据。虽然不能完全恢复原始数据,但是所损失的部分对理解原始数据的影响极小,却换来了大得多的压缩比。有损压缩广泛应用于语音、图像和视频数据的压缩中。

目前国际标准化组织和国际电报电话咨询委员会已经联合制订了两个压缩标准,即JPEG和MPEG标准。

(1) JPEG静止图像压缩标准

JPEG标准是由联合图形专家组(Joint Photographic Experts Group)制订的。这个静止图像的压缩标准有两个主要特点。

一是适用于连续色调彩色和灰度图像的静止图像的压缩,对于色分辨率、点分辨率和图像尺度基本上没有限制。

二是其基本系统的压缩算法采用基于离散余弦变换(DCT)和哈夫曼编码的有损压缩

算法。进行图像压缩后,图像虽有损失但压缩比可以很大。例如,当压缩比达到 20 倍左右时,人眼基本上看不出损失。

(2) MPEG 动态图像压缩标准

MPEG(Moving Picture Experts Group)是国际标准化组织 1988 年成立的活动图像专家组的简称,该组织于 1991 年 11 月通过了 MPEG - 1 标准。MPEG 标准包括 3 部分。

① MPEG 视频(MPEG Video),是对传输速率为 1.5 Mb/s 的普通电视质量的视频信号的压缩。

② MPEG 音频(MPEG Audio),是对每信道 64 Kb/s,128 Kb/s 和 192 Kb/s 的数字音频信号的压缩。

③ MPEG 系统(MPEG System),主要解决通道压缩视频、音频位流的同步及合成问题。

1992 年末,MPEG 又通过了 MPEG - 2 标准,它是对 30 帧/s 的 720 × 572 分辨率的视频信号进行压缩。在扩展模式下,MPEG - 2 可以对分辨率达 1 440 × 1 152 高清晰度电视的信号进行压缩。

MPEG - 1 和 MPEG - 2 分别对应 VCD 和 DVD 视音频压缩处理的基本标准。MP3 是 MPEG - 1LAYER - 3 的缩写,是第三层音频压缩的标准,在网络上还使用 MPEG - 4 的压缩标准。

MPEG 算法除了对单幅图像进行编码外,还利用图像序列的相关原则,将帧间的冗余去掉,这样大大提高了视频图像的压缩比。通常在保持较高的图像视觉效果的前提下,MPEG - 1 的压缩比可以达到 60 ~ 100 倍左右。MPEG 的缺点是压缩算法较复杂。

4.芯片技术

芯片是多媒体计算机硬件系统结构的关键。多媒体计算机要能快速、实时地完成视频和音频信息的压缩和解压缩,实现图像特技和语音处理,必须使用大规模、超大规模集成电路芯片。这些芯片可分为两类,一类是固定专用芯片,另一类是可编程处理器。

固定专用芯片只能完成固定的压缩算法。其优点是成本较低,使用方便;缺点是功能单一。可编程处理器可以通过编程来改变处理功能,实现不同的压缩算法。

5.光学存储技术

多媒体应用系统存储的信息包括文本、图形、图像、动画、视频影像和声音等多种媒体信息,这些媒体信息的信息量特别大,经数字化处理后,要占用巨大的存储空间,传统的磁存储方式和设备无法满足这一要求,光存储技术的发展则为多媒体信息的存储提供了保证。

光存储技术是通过光学的方法读出(也包括写入)数据的一种存储技术。由于使用的光源基本上是激光,所以又称为激光存储。

(1) 光存储介质

光存储介质可以根据存储体的外表和大小进行分类,如盘、带、卡。目前市场上最常见的是光盘。光读取设备(光盘驱动器——光驱)利用激光束以光学的方式读取在塑料圆盘上表示数据的反射情况,从而获得光盘上的数据文件。光盘单位面积的记录密度可达到 700 KB/mm^2,是目前使用的所有数据存储介质中记录密度最高的。

(2) 光存储数据记录方式

根据记录的方法对光存储介质进行分类,大致可分为三类。

“只读存储”型光盘　简称为ROM,即光学只读存储器。它是光存储介质主要应用的类型,又称CD－ROM。只读光盘由光盘复制厂在生产线上经模压镀膜等工艺制作完成,其中的数据是在制作时形成的,制成后不能改变。

“一次写入,多次可读”型光盘　简称为WORM(Write Once Read Many),是使用较多的一种类型,又称CD－R。由用户用可写光驱对空白的CD－R写入信息,但只能写入一次,而且写入的信息不能再修改,因为其存储单元的状态改变后不能再恢复到原来的状态。

“可重写”型光盘　这是一种可擦除重写的光盘,又称CD－RW。用户用可写光驱对CD－RW已有的内容进行擦除,再写入信息,它可以多次擦写,但价格较高。许多可写光驱对CD－RW的读写控制与只读光驱的控制不同(主要是恒定线速度和恒定角速度的读写方式之别),写入后的CD－RW不通用,限制了它的使用范围。

1.3　教学信息的超媒体组织结构

1.3.1　超文本与超媒体概念

传统的文字教材、录音教材、录像教材的信息组织结构都是线性的、顺序的结构。然而,人类的记忆是网状结构,联想检索必然会导致选择不同的路径。对于“夏天”,不同的人,或同一人在不同的情境下,可能产生不同的联想。比如,“夏天→游泳→海→鱼→吃饭→饭盒→餐具→银器→耳环→新娘→婚纱→白雪”,或者“夏天→太阳→星星→天文学→望远镜→伽利略→比萨→斜塔→佛教→和尚”等等。传统文本的结构是线性结构,在客观上限制了人类自由联想能力的发挥。人们探索用类似人类联想记忆结构的非线性网状结构的方式来组织信息,这种非线性的信息组织方式就是超媒体(Hypermedia)结构。

使用超媒体结构组织的信息没有固定的顺序,也不要求读者按照一定的顺序来提取信息。

1.超文本

超文本(Hypertext)这个术语是美国的Ted.Nelson在20世纪60年代提出来的,是一种新型的信息管理技术。简单地说,超文本是收集、存储和浏览离散信息以及建立和表示信息之间关系的技术。它以节点作为基本单位,用链把节点构成网状结构,即非线性文本结构。一般把已组织成网的信息网络称为超文本,而将能对其进行管理和使用的系统称为超文本系统。

超文本可以看做是由3个要素构成的组合,它们是节点、链和网络。

(1) 节点

节点(Nodes)是超文本中存储数据或信息的单元,又称为“信息块”。它是围绕一个特定的主题组织起来的数据集合,是一种可激活的材料,能呈现在用户面前,并且还可在其中嵌入链,建立与其他节点的链接。节点的大小根据实际需要而定,没有严格的限制。

(2) 链

链(Link)表示不同节点中存放信息间的联系。它是每个节点指向其他节点,或从其他节点指向该节点的指针。因为信息间的联系是丰富多彩的,因此链也是复杂多样的。链的一般结构可以分成3个部分,即链源、链宿及链的属性。

链源是导致节点信息迁移的原因,表示交互发生的对象,如热字、热区、热对象等。用"热"表示对象是链源,热字、热区、热对象都是以节点中某一部分信息作为链源,这一部分的表示要与其他部分有所区别。

链宿是链迁移的目的所在,一般超文本链的链宿都是节点,当然也有个别的系统链宿与链源一样有不同的形式。

链的属性决定了链的类型。

(3) 网络

超文本的信息网络(Network)是一个有向图的结构,它类似于人类的联想记忆结构,用非线性的网状结构来组织块状信息。超文本网络结构中信息块的排列没有单一的、固定的顺序,每一个节点都包含有多个不同的选择,可由用户按自己的需要来选择阅读顺序。因此,超文本网络结构中信息的联系,体现了作者的思维轨迹。超文本网络结构不仅提供了知识、信息,同时还包含了对它们的分析、推理。在由节点和链组成的非线性网络的结构中,任意两节点之间可有若干条不同的路径,具体选择哪一条路径,控制权在于学习者。在实际的超文本系统中,信息量很大,节点非常多,学习者容易在信息海洋中"迷航",这就需要提供导航功能。图1.5是一个小型的超文本结构的例子。图中A、B、…、F代表含有多媒体数据的节点;a、b、…、i代表节点之间联系的链。

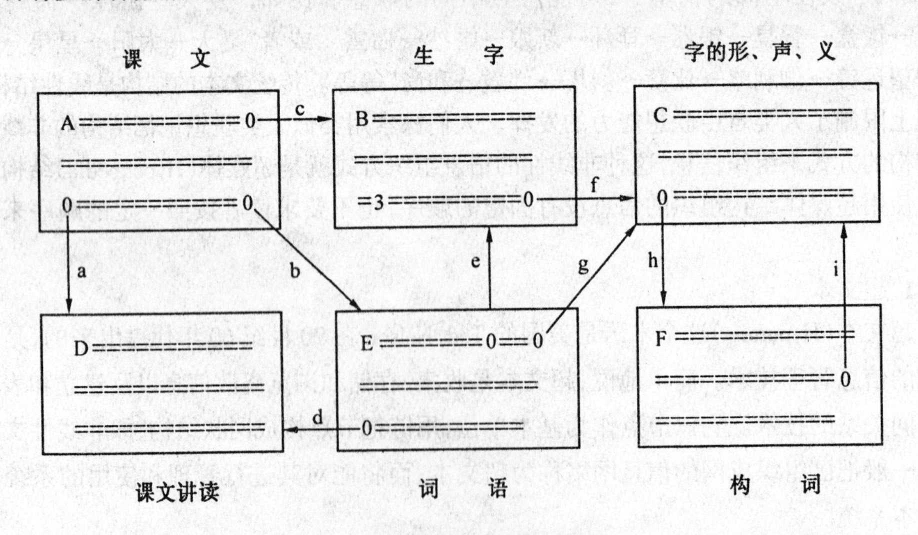

图1.5　一个小型的超文本结构

图中A、B、C、D、E和F都是信息块,它们可以是计算机的若干屏,也可以是若干窗口、文件或更小块的信息。这样一个信息单元就是一个节点,每个节点都有若干指向其他节点或从其他节点指向该节点的指针,这些指针就是链,它表示节点之间的关系。在图中的超文本系统中,假设从A节点开始,下一步用户有3条路径可供选择,即指针a、b和c,它们分别指向节点B、D和E。若选择指针b到达节点E,则可从E继续选择指针g或e到达节点C或B,从E也可以到达D。当然,也可以直接从A到达D。

2.超媒体

超媒体系统是一种多媒体信息综合管理系统,是"超文本"概念的推广。超媒体实际上是超文本加多媒体,即多媒体超文本。对超媒体而言,节点中包含的数据,不但可以是传统式的数据(字符、数字、文本等),还可以是图形、图像、声音、视频,或者是一段计算机程序,甚至可以是味觉、触觉等。

早期超文本的表现形式仅是文字,这就是它被称为"Text"的原因。随着多媒体技术的发展,各种各样多媒体接口的引入,表达信息的形式扩展到用听觉、视觉甚至味觉来表现。多媒体的表现是具有特定含义的,它是一组与时间、形式和媒体有关的动作定义。多媒体表现的交互式特性可提供用户控制表现过程和存取所需信息的能力。多媒体和超文本的结合大大改善了信息的交互程度和表达思想的准确性,又可使超文本的交互界面更为丰富。

正是由于多媒体信息引入超文本,有人就提出用超媒体来强调他们的系统是多媒体的,也有人认为不必为一个特殊的超文本保留一个专门的术语,多媒体超文本也是超文本。目前,两个术语都在使用,除非特别声明,一般是通用的。

1.3.2　超媒体的教学意义

超媒体结构不仅具有信息呈现的新颖性,而且更重要的是使学习者能将新知识顺利地整合到自己原有的知识库中,成为信息处理的决策者。超媒体在教学中的应用,不仅能提供有效的信息呈现,而且能影响学生学习活动中的认知、情感等方面,对学生能力的培养有较大的影响。

1.超媒体结构与学习理论的关系

许多教学理论专家认为:由于超媒体系统在知识呈现和处理的方式上符合最新的认知理论模式,因此它一定能促成有效的学习成果。

认知学习理论的一个重要的问题是探讨如何建造并形成认知结构,如何提取或更新知识。1969年奎林(M.R.Quillian)提出语义网络理论,用来解释人类认知过程与认知结构。语义网络理论认为人类的记忆或认知是一种网状的结构。它包含了节点和链,各节点之间通过链彼此连接起来构成一个记忆网络。节点就是概念或片断的信息,可能是名称、特征、功能或是一个完整的观念如鱼、鸟、动物等。链表示节点间的联系,如"鸟有羽毛"中的"有"是一种形式的链,它表示节点"鸟"的属性。各节点之间通过链彼此连接起来构成一个记忆网络,并使这种网络形成一种有层次的结构。如上例中"鸟"又与"动物"、"麻雀"等概念形成其他的链,如"麻雀是鸟"、"鸟是动物"等。这些相关的概念又被集合到较高或较低的层次,再与其他节点连接。人类的整个认知就是如此层层相连的网状结构。

基于语义网络理论,一些学者认为,学习是一种由学习者主动参与的学习者知识结构的重组或建构活动。新的知识必须与学习者已有的知识相关联,即新节点的建构需与现存的节点相联系,当现存节点间所形成的链数越多、结合频率越高时,知识被理解的程度也越深。因此,教学活动不应该为"教"而设计,而应该为"学"而设计。教师应为学习者提供学习内容并且将其置于适当的情境中,由学习者自己来建造知识的结构。在这点上,超媒体结构与这种学习模式十分符合。超媒体允许学习者可以根据自己的需求来处理知识和取得信息。

2.超媒体的教学优势

超媒体的教学优势主要体现在以下几个方面。

(1) 利用超媒体的非线性网状结构信息组织方式以促进学习者的信息加工转换

人类记忆体系的基本特点不在于知识单元的储存及提取,而在于形成有组织性的知识联结。超媒体的联想式和非线性结构,类似人类长时记忆或认知结构,使外在的信息很容易转换到内在的记忆或认知结构上。超媒体的节点和链反映了人类认知结构中的概念节点和关系,提供了现成的认知结构,减少了学习者从计算机呈现信息到人脑存储信息的转换过程。

(2) 利用超媒体系统来揭示和分解信息的复杂性以减轻学习者的认知负荷

超媒体系统可以将知识体系分解为由节点和链所构成的网状结构体系,这种信息的组织方式揭示和分解了信息的复杂性,提供了一种表示动态结构化的人类认知图式,减少了学习者的认知负荷。

(3) 利用超媒体系统的信息呈现方式多样性以提高信息的传递与理解深度

超媒体信息符号有数值、文本、图形、图像、视频、动画和声音等,有视觉的和听觉的、静止的和运动的、空间的和时间的、暂时的和永久的、分散的和集成的、同步的和异步的,可以说是五彩缤纷。由于超媒体允许有多种不同类型的信息表达方式,因此,任何信息都可以用最有效的方式来呈现,甚至用两种以上的方式来表达同一信息,学习者因此可以选择自己喜爱的、最有效的形式来了解信息的内涵,在很大程度上提高信息的传递与理解深度。

3.利用超媒体系统实现多样化的学习方式

因为超媒体具有信息容量大、信息呈现方式多、非线性网状结构等特点,有利于实现学习方式的多样化,所以利用超媒体系统可以形成多种多样的学习方式。

(1) “学习者控制”的个别化主动式学习

“学习者控制”是个别化教学的一种最佳策略。超媒体系统将系统流程的控制权交给学习者,使学习者可以根据自己的兴趣、爱好、知识经验、任务、需求和学习风格来使用信息,选择、决定学习路径,选择自己的认知环境。超媒体提供一种以学习者为中心的控制环境,使学习者具有控制选择学习的主题内容(如原理、定义、范例、练习等)、控制选择学习的数量(如多、少、适中)、控制决定学习的速度(如快、慢、适中等)、控制选择学习的路径(如迂回式、树形、网状等)、控制选择主题内容呈现方式(文本、图像、动画、视频和声音等符号类型)的能力。

(2) 结构化发现式学习

由于超媒体系统具有网状结构特征,学习者会把注意力放在链接结构关系上,而不只是着眼于个别的节点上。也就是说,超媒体能够引导学习者把注意力放到知识间的关系上,而不是片面、孤立的事实。将知识应用到更广泛的情景中,发现或找出各事实之间的关系。

超媒体还可以提供一种“编辑”环境，学习者不仅能选择自己的认知环境，而且更重要的是学习者可增加、删除或创造节点和链，建造自己的学习环境，不断更新知识结构，增加新的知识内容。这种学习活动，有利于培养学习者的创造力。

(3) 多层次学习的超媒体学习环境

“动作”、“图示”和“符号”三种信息表达方式，包含了从具体到抽象的学习活动，它可以帮助学习者达到各种由低层次到高层次的学习目标。超媒体系统可以完成布鲁姆提出的各项高低层次不同的认知学习目标，如通过超媒体节点提供的事实完成“识记”学习；而当学习者通过不同的“链”结构进入不同的路径时，它又提供了深入“理解”信息、“比较”信息的途径，可以完成“分析”、“综合”、“评价”的学习，甚至学习者可以使用媒体的编辑功能，来达到“创造”的最高层次的学习目标。

4.超媒体教学的缺陷

任何事物都有两个方面。研究表明，当超媒体应用到教育、教学环境中时，也有其困难与缺陷。只有了解超媒体教学的缺陷，才能更有针对性地进行设计，以克服其问题。

(1) 学习者控制能力的影响

由于超媒体系统将控制权交给了学习者，如果超媒体系统没有明确提示教学目标，也没有特定的学习策略，而且学习者又缺乏相应的知识使其控制能力受到限制，那么这时他就不能适当地选择学习内容和运用策略，不能准确地评估学习和预测学习进程，就会在系统中盲目摸索。

(2) 认知负荷

超媒体为学习者提供了一个“超空间(Hyspace)”，学习者需要不断地定位“在哪儿”，“往哪儿去”，“怎样去”。在每一个节点前都面临着“找去路”的问题，需要不断地进行判断、决策。这样必然耗费大量精力，有时甚至一无所获，这就造成了认知负荷的加重。

(3) 迷航现象

由于超媒体信息容量大、内容丰富，学习者像在信息海洋中遨游。而超媒体是由节点和链组成的网状结构，其结构关系复杂。因此，学习者在使用超媒体系统的学习过程中，容易迷失方向，出现迷航现象。

1.4　多媒体CAI

1.4.1　多媒体CAI基础

我们将多媒体CAI看做是“CAI+多媒体”，即多媒体技术在CAI中的应用。除了在CAI中的应用外，多媒体还在其他领域有广泛的应用，如娱乐、广告、电子出版等领域。

图1.6显示了多媒体CAI的概念范畴。

在CAI的应用中，超媒体技术可以看做课程知识的非线性结构化表示技术。多媒体CAI系统并非一定要运用超媒体技术。例如大多数多媒体操练与练习系统并不需要超媒体，然而采用了超媒体技术的CAI一定是多媒体CAI。

超媒体技术在CAI中的应用促使了教育观念的变化。教学过程由计算机控制变为由

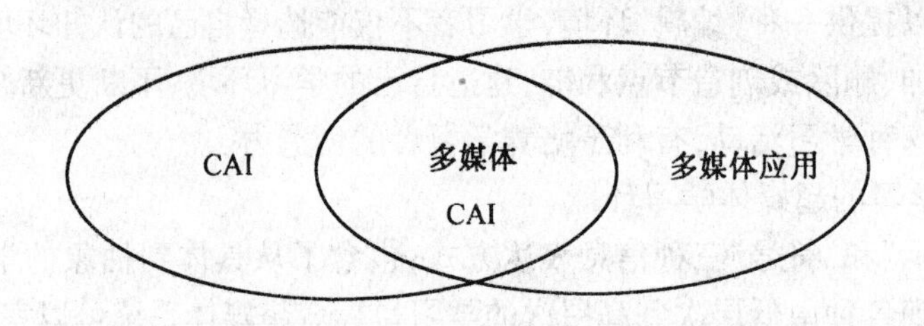

图 1.6　多媒体 CAI 的概念范畴

学生自主控制,促使以学生为中心的教育思想在 CAI 中的确立。反过来,以学生为中心教育思想的盛行又推动了超媒体技术在 CAI 中的广泛应用。另外,以多媒体技术为基础的虚拟现实技术的出现,将许多学生本来难以触及的现象带到他们面前,大大拓展了 CAI 的使用范围。过去的 CAI 软件产品主要以面向特定教学目标的课件为主,如个别指导、练习程序、模拟程序、测试程序等;现在出现了大量面向信息的软件产品,如电子百科、分科资料库、趣味电子读物等。

1.4.2　多媒体计算机辅助教学系统

如同其他计算机系统一样,一个完整的计算机辅助教学系统也应该由硬件系统和软件系统所组成。下面具体给出在教学中可以采用的计算机辅助教学系统的参考配置。

1.硬件组成

(1) 基本多媒体硬件系统

我们已经在第 1.2.1 节中讨论了 MPC 的硬件构成,具体配置要根据计算机市场的情况选择。如果要开发多媒体 CAI 课件,还应配备以下外部设备。

- 扫描仪或数码相机　用于输入照片等平面图像;
- 摄、录像设备　用于录制图像及影像;
- 话筒和 MIDI 录入设备　用于课件的配音;
- 光盘刻录机(可写光驱)　用于制作 CAI 产品的备份等。

(2) 多媒体教室

随着 CAI 在学校教学中的应用不断深入,许多学校建立了多媒体教室,并且将其和校园网建设结合起来,形成多媒体网络教学系统,这代表了计算机教育应用的发展趋势。

多媒体教室包括两种类型:普通多媒体教室和交互式多媒体网络教室。它们都可以利用本身的系统来点播位于多媒体信息资源系统中的多媒体教学课件等多媒体信息。

① 普通多媒体教室系统。普通多媒体教室的功能主要是利用教室内配备的多媒体计算机和大屏幕投影等设备向学生播放辅助教学的多媒体课件,教师进行课堂讲解。如果接入校园网,还可以登录到多媒体教学课件库,点播所需要的多媒体课件或者下载所需的多媒体课件在本地进行播放。

普通多媒体教室的硬件设备主要包括一台有主讲教师控制的多媒体计算机和一些相应的设备,如投影机、音响等。除系统软件外,教学软件主要为多媒体助教型软件。

② 交互式多媒体网络教室系统。交互式多媒体网络教室不仅能实现对多媒体课件的点播功能,而且教师和学生之间可以通过网络内各自的多媒体计算机进行交流。在网

络教室中，教师通过自己的主控多媒体计算机将多媒体教学课件在本机进行播放，并可以在全体学生机上同时显示，也可以分组、演示、单独辅导等，教师可以通过主控计算机的控制平台观察和控制每一台学生机的具体情况。

交互式多媒体网络教室的设备主要包括教师用主控多媒体计算机、学生用多媒体计算机、多媒体网络教学设备等。

2.系统软件

系统软件主要包括以下方面。

(1) 操作系统

目前，MPC系统中采用最多的操作系统仍是微软公司的Windows系统，它是一个功能强大的图形窗口式操作系统，采用图形用户界面的设计，各种各样的软件在此环境下采用统一的操作方式，易学易用，使得计算机的操作方式越来越简单化、生活化。Windows系统能同时运行多个程序，执行多项任务，能很好地支持多媒体及网络。

(2) 语言和工具软件

用计算机语言编写程序是使用计算机的基本方法。计算机语言的种类非常丰富，各适用于不同目的。例如 Microsoft Visual Basic(简称 VB)，就是一种理想的多媒体 Windows 应用程序的开发语言。VB是一套完整的 Windows 下应用程序的开发系统，是可视化、面向对象、采用事件驱动方式的结构化高级程序设计语言，运用它可以高效、快速地开发出 Windows 环境下功能强大、图形界面丰富的应用程序系统。

对于非计算机专业的人员，通过编程使用计算机是非常困难的。一些公司提供了各样的工具软件，可以被用于制作多媒体课件。可用于CAI课件的工具软件种类较多，根据CAI课件的不同应用层次以及开发CAI课件的方法，选用的工具软件也不尽相同，如文字处理软件、电子表格处理软件、绘图软件、图形图像处理软件、视频音频制作软件、动画制作软件等，还有专门的多媒体编辑软件。

1.4.3　多媒体CAI的模式与结构特性

计算机辅助教学的模式，反映了CAI应用的不同形式对应着不同的教学策略。随着CAI的不断发展，已有的CAI模式不断发展和完善，也会有新的模式出现。

1.已有的CAI模式

(1) 计算机支持课堂教学

计算机在课堂教学中可以发挥多种作用。例如，在教室中实现多媒体化，支持电子讲稿的呈示。用网络化多媒体教室支持课堂演示、示范性练习、师生对话、小组讨论等。从根本上看，计算机在课堂教学中的应用是加强与改革课堂教学的手段，有助于教师在信息化时代的教学过程中继续发挥其应有的作用。

(2) 虚拟教室

虚拟教室是指在计算机网络上利用多媒体通信技术构造的学习环境，使得身处异地的教师和学生相互听得见和看得着。它不但可以利用实时通信功能实现传统教室中所能进行的大多数教学活动，而且还能利用异步通信功能实现前所未有的教学活动，如异步辅导、异步讲座、构造虚拟大学、实现远程教育等。

(3) 个别指导

这一类 CAI 在一定程度上是通过计算机来实现教师的指导性教学行为,对学生实行个别化教学。个别指导型 CAI 以学习者的个别化学习和教学效果的最佳化为基本目的。其基本教学过程为,根据教学目标和教学策略的要求,计算机向学习者呈现一定的教学内容,学习者给予应答后,计算机进行诊断和评价并提供反馈。若学习者的应答是错误的,则予以支援学习;若应答是正确的,则转向下一内容的学习。

(4) 操作和练习

操作和练习是所有教育工作者都很熟悉的一种教学策略,是使用者通过反复地练习而获得知识和技能。这一类 CAI 通常不向学生传授新的内容,而是由计算机向学生逐个呈现问题,学生做出回答,计算机即时给予适当的反馈。从严格的意义上说,操练(Drill)和练习(Practice)存在一定的概念之间的区别。操练主要涉及记忆和联想问题,大多采用选择题和匹配题之类的形式;练习的主要目的是帮助学习者形成和巩固问题求解技能,多采用简答题之类的形式。

(5) 模拟

模拟是指在控制状态下对真实现象的表现。教学模拟是利用计算机建模和仿真技术来表现某些系统(自然、物理、社会)的结构和形态,大体上有三种类型。任务执行模拟,这种模拟一般设计成帮助学习者获得完成一个特定任务的能力;系统模型模拟,这种模拟用于帮助学习者获得和理解有关系统的信息;经验/遭遇模拟,这种模拟经常用于为学生提供处理他们不熟悉事件的想法和经验。模拟可以用于真实实验无法实现或表现不清楚的教学中,当真实实验太昂贵或很难实现,或者含有危险因素时,设计成模拟实验特别合适。

(6) 游戏

所谓游戏是指通过熟练地使用一套规则而成功达到目标的过程。游戏(即以不同的方法使用规则的过程)时,经常会给游戏者构成一种拼搏和解决问题的环境,使之受到刺激,并根据他对最后的结果——获得胜利的期望,进行激烈的拼搏。

游戏可分为两种类型,竞争游戏和合作游戏。大量的游戏是竞争游戏,在这种游戏中,有两个或多个游戏者,单独个人或成组之间进行对抗。不管这些游戏是否具有学术上的教学价值,它们都明确地教给竞争者有关的技巧。合作游戏趋于强调小组解答问题、集体工作和社会性技巧。

从教育目的来看,游戏可以分为娱乐性游戏和教学性游戏。娱乐性游戏可以利用学生个人的爱好,通过游戏使他们熟悉计算机。由于它是以娱乐为主,因此它的应用价值受到许多教师的怀疑。教学游戏是指其内容和过程有一些与教学目标有关,例如单词及词汇游戏。

(7) 案例调研

此类 CAI 系统为学习提供一种丰富的信息环境,系统中包含从实际案例中抽取的资料,让学生以调查员的身份去调查案情(犯罪案件、医疗事故、社会现象等问题),通过资料收集,进行分析决策,得出问题的结论。

教学模拟、游戏和案例调研三种 CAI 模式之间相互交错,存在着许多联系。它们都给学习者(或游戏者)展现一个过程,使学习者在过程中取得经验和技能。大量的游戏都是模拟游戏,系统模型模拟常用于案例调研中。埃林顿(H. Ellington)等人推出三者之间的一个关系模型,如图 1.7 所示。

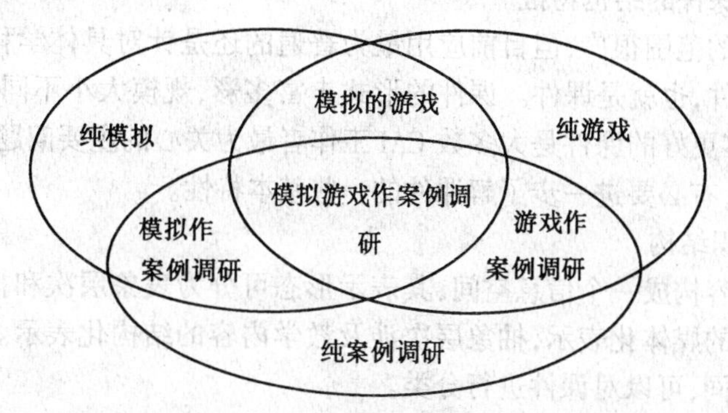

图 1.7　教学模拟、游戏、案例调研关系

(8) 智能导师系统

此类 CAI 系统试图利用人工智能技术来模拟教师的行为,允许学生与计算机进行双向询问式对话。一个理想的智能导师系统不仅要具有学科领域知识,而且要知道它所教学生的学习风格,还能理解学生用自然语言表达的提问。然而,世界上迄今所建立的此类系统能达到实用水平的屈指可数。

(9) 教学测试

这一类 CAI 只用于检测学生的学习成果。由计算机向学生逐个呈示问题,学生在机上作答,计算机给予评分但不给予即时反馈。这类 CAI 通常含有测试结果的各类统计分析功能,不但是计算机辅助教学中不可缺少的部分,而且是计算机管理教学的重要内容。

(10) 学习查询

这一类 CAI 本质上是数据库系统和情报检索技术的教学应用,能按照学生的提问从学科数据库中检索出有关信息。学生利用系统的信息服务功能,通过信息收集和推理之类的智力活动,得出对预设(通常由教师所给)问题的解答。

(11) 认知工具

将计算机作为认知工具或智力工具,例如通过网络建立学习系统、专家系统、数据库系统等,可以支持学习者的思维活动。将计算机作为认知工具用于教学,本质上属于 CAI 范畴。按照乔纳森的观点,计算机认知工具可以在不同程度上支持学生的评判性思维、创造性思维和综合性思维。

(12) 认知学徒

持建构主义观点的 CAI 专家从传统的师傅带徒弟的技艺传授模式中得到启发,认为可采取类似的方法培养学生的认知技能即解决问题的能力,并提炼出 3 种基本的教学方法。

① 示范法(Modeling)。教师演示典型问题的解法,学生认真观察。

② 教练法(Coaching)。学生尝试解决问题,教师观察发现问题,并随时给予指导帮助。

③ 扶助法(Scaffolding)。教师与学生一起解决问题,教师起到“支架”作用(提供帮

助)。视学生能力进展,教师逐渐减少帮助,直到完全撤去“支架”,由学生自行解决问题。

2. 多媒体 CAI 课件的结构特性

虽然 CAI 软件的范围很广,但目前应用最为普遍的还是针对具体学科的学习内容而开发设计的教学软件,也就是课件。课件的形式丰富多彩,规模大小不同,应用对象也不一样,如何开发更多更好的课件是大多数 CAI 工作者最为关心的主要问题,也是 CAI 能否普及的关键。因此,有必要进一步了解课件的一些基本特性。

(1) 课件的知识结构

课件的教学内容构成一个信息空间,其表示形态可分为表象层次和抽象层次。表象层次涉及教学内容的媒体化表示,抽象层次涉及教学内容的结构化表示。根据在抽象层次的表示结构的不同,可以对课件进行分类。

① 帧面型课件。教学信息被划分为许多能在屏幕上做一次呈现的段落,按其内容性质可分为介绍帧、问答帧、提示帧、测试帧、反馈帧、连接帧等。早期的程序式 CAI 大多数都采用这种知识表示技术。

② 生成型课件。利用算法来生成习题和试题以及问题的解答,分为参数生成法和结构生成法。前者用随机生成或选取参数填入预设的结构模板中,利用一个模板可产生大量难度相当但不重复的同类问题;后者利用算法来生成大量难度和结构类型都不相同的问题。

③ 信息结构型课件。教学内容按概念结构被划分为单元,并按某种关系建立单元间的联系,从而形成一个由许多单元结点构成的信息网。在 CAI 领域,基本上有两类性质不同的信息网——语义网和语境网。语义网强调信息单元间的意义关联,如类属关系、空间关系、时态关系、因果关系等。语境网强调信息单元间的上下文关联,超文本/超媒体就是一种典型的语境网。

④ 数据库型课件。教学内容被划分为离散的信息单元存入数据库,每一单元带有若干属性标识作为被检索和使用的依据。测试型课件和教学查询型课件通常属于此类结构类型。

⑤ 模型化课件。此类课件利用模型来模拟现实世界中的各种现象。下面是常用的模型。

数学模型　用数学公式刻画系统的特性或发展过程;

物理模型　用形象方法演示物理装置的结构与工作原理;

任务模型　用面向对象的操作序列来描述过程性行为;

情景模型　用形象方法再现人物的社会经历和特别遭遇;

规则模型　用规则系统来刻画多个活动对象之间的交互反应。

(2) 课件的控制结构

课件的教学算法体现一定的教学策略,在用户可感知的程度上则表现为对信息空间的可控制性。基本上有 5 种不同的控制方式。

① 计算机控制。学习路径与教学内容的选择完全由计算机决定,学生只能对呈现的刺激作被动反应。程序式 CAI 大多采用此控制方式。

② 学生控制。学习路径与教学内容的选择完全由学习者决定,计算机根据学生的选

择去检取并呈现信息。教学查询和超文本/超媒体课件都采取这种控制方式。

③ 混合控制。计算机与学生都有对信息空间主动施控的权力。智能导师系统(ITS)通常采用此控制方式。

④ 教师控制。教师以计算机为媒介对教学信息施加控制并传播给学生。多媒体课堂教学系统采用这种控制方式。

⑤ 协同控制。学生与学生之间以及学生与教师之间按照某种约定的规则来选择教学信息和控制信息流向。

1.5　CAI 的理论基础

在现代教育技术领域中,CAI 已经成为广大教育工作者注重实践的一个重要方面。计算机作为教学媒体并非自然而然地优越于其他媒体,有效的 CAI 实践离不开合理的理论指导。实践同时也对理论的形成和发展起到极大的促进作用。正是实践和理论之间的这种互相促进的关系,使各种学习心理学理论纷纷登场。这些学习理论流派为 CAI 领域的研究和发展提供了极为有利的条件,就其对 CAI 的影响来说,行为主义的学习理论、认知主义的学习理论以及正在兴起的建构主义理论为 CAI 的形成和发展奠定了理论基础。

1.5.1　行为主义程序教学理论与 CAI 设计

1.行为主义学习原理

按经典的条件作用学说,让一个中性刺激伴随着另一个会产生某一反应的刺激连续重复呈现,直至单凭那个中性刺激就能诱发这种反应,新的刺激 - 反应(S - R)联结就形成了。如在著名的巴甫洛夫实验中,铃声替代了肉丸引起狗流口水。刺激替代现象在人身上也时有发生,如在讲课中当教师转向黑板时,学生就会拿起笔来准备做笔记。虽然“转身”动作本身并非引起“做笔记”这一反应的原始刺激,但这是在经典条件作用下建立的联结,属随意性的学习行为。这种学习模式对于人类学习并没有多大帮助,反而往往会造成误会。

比较有实际意义的是斯金纳创立的操作性条件作用学说和强化理论。他把机体由于刺激而被动引发的反应称为应激性反应,机体自身主动发出的反应称为操作性反应。操作性反应可以用来解释基于操作性行为的学习,如人们读书或写字的行为。为了促进操作性行为的发生,必须有步骤地给予一定的条件作用,这是一种“强化类的条件作用”。强化包括正强化和负强化两种类型,正强化可以理解为机体希望增加的刺激;负强化则是机体力图避开的刺激。增加正强化或减少负强化都能促进机体行为反应的概率增加。这一发现被提炼为“刺激 - 反应 - 强化”理论。按照这一理论,在学习过程中,当给予学习者一定的教学信息——“刺激”后,学习者可能会产生多种反应。在这些反应中,只有与教学信息相关的反应才是操作性反应。在学习者做出了操作性反应后,要及时给予强化,从而促进学习者在教学信息与自身反应之间形成联结,完成对教学信息的学习。若一个刺激被重复呈现,且都能引起适当的反应,则称该反应是受刺激控制的。建立刺激控制取决于两个条件:一是积极练习,多次练习做正确反应;二是跟随强化,练习后紧接着给反应以强化。

在操作条件作用学说和强化理论应用于人类学习研究的基础上，斯金纳提出了程序教学的概念，并且总结了一系列的教学原则，如小步调教学原则、强化学习原则、及时反馈原则等，形成了程序教学理论。20世纪50年代后期，斯金纳积极倡导程序教学运动。他设计了教学机器，提出了直线式程序教学的模式。首先把教学内容分成一组连续的小单元，在学生进入一个新的单元学习前，必须先回答一些关于前一个单元的问题。如果回答错了，程序或者向学生提供一些暗示，或者直接告知正确答案。只有经过这一关，且学生真正了解了与前一单元相关的问题的正确答案后，才可能进入新的学习单元。程序教学作为组织和提供信息的一种特殊方法，在操作中将预先安排的教材分成许多小的单元，并按照严格的逻辑顺序编制程序，将教学信息转换成一系列的问题与答案，从而引导学生一步一步地达到预期的目标。图1.8显示了程序教学的基本过程。这个过程可以借助多种不同的媒体来实现，从电动教学机、程序式课本到电子计算机。

2.CAI设计的行为主义原则

以行为主义理论为基础的程序教学在大量实践的基础上形成了一系列设计原则，这些原则成为早期CAI设计的理论依据，并且在当今的CAI设计中仍然起着重要作用。

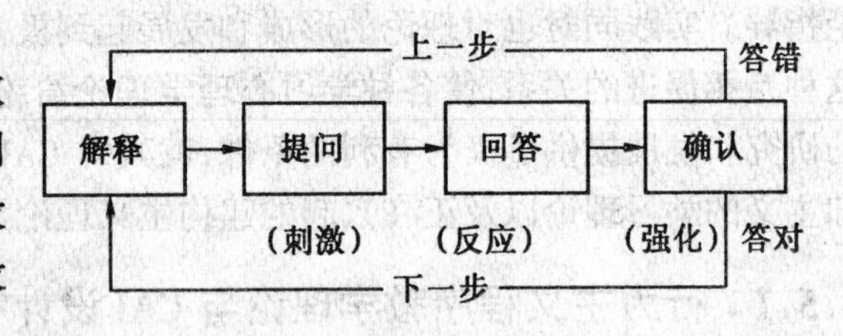

图1.8　程序教学的基本过程

以行为主义理论为基础设计CAI的原则如下。

① 规定目标。将教学期望明确表示为学生所能显现的行为，保证行为主义心理学基本方面——可观测的反应——成为CAI课程的“路标”。

② 经常检查。在课程的学习过程中经常复习和修正，以便保证能够适当地形成预期的行为。

③ 小步子和低错误率。CAI学习材料被设计成一系列小单元，使单元间的难度变化比较小，达到较低的错误率。

④ 自定步调。允许学生自己控制学习速度。

⑤ 显式反应与即时反馈。CAI课程中通常包含频繁的交互活动，尽量多地要求学生做出明显反应，当学生做出反应时计算机应立即给予反馈。

⑥ 提示与确认。包括形式提示和题意提示。前者诸如用间断下划线指示正确答案的字符数，后者诸如为学生提供语境暗示，鼓励他们利用前面呈现的信息和联系原有的知识等。确认是通过反馈对学生反应提供肯定性信息，也可以看做为另一类提示。

⑦ 计算机控制的学习序列。在教材编列方面，计算机比其他媒体有更大的灵活性。但许多CAI课程设计仍以线性序列加反应条件补习分支为主，学习序列完全由计算机控制。

行为主义学习理论对CAI的形成起到了不可言喻的作用。但它的某些思想却与人们的日常经验存在很大的差异，按照这一理论基础设计的CAI课件，往往忽视了人们认识过程的主观能动作用。因此，仅仅依靠行为主义学习理论框架设计的课件具有很大的局限性。

1.5.2　认知主义学习理论与 CAI 设计

1.认知学习理论

认知主义学习理论强调知识的获得不是对外界信息的简单接收，而是对信息的主动选择和理解。人并不是对所有作用于感官的信息兼收并蓄，而是在认知结构的控制、影响下，只对某些信息给予注意，受到注意的信息才被选择接收并加工。

认知学习理论认为，有意义的学习过程始终在认知结构基础上进行。先学习的知识对以后的学习总会产生各种影响。认知学习理论强调的不是刺激反应，不是环境和学习者的外部行为变化，而是学习者认知结构的变化。它把学习看做是掌握事物的意义、把握事物内部联系的意义学习。它认为学习的本质是在用语言符号表征的新的观念与学生认知结构中原有的适当观念之间建立实质性的、非人为的联系。

大多数认知理论采取大脑信息加工的理论假设，认为人的认识过程实际上是一个信息加工过程。人们在对信息进行处理时，也像通信中的编码与解码一样，必须根据自身的需要进行转换和加工。

根据认知主义学习理论，学习，特别是一些高级的学习，是一种学习者内在的思维活动过程。表示这种活动过程的信息处理模型如图 1.9 所示。

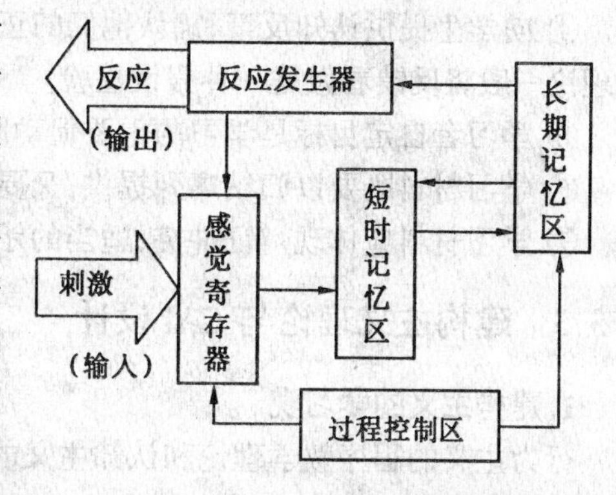

图 1.9　学习的信息处理模型

人们对外界的刺激及其反应由感觉寄存、短时记忆、长期记忆和控制等 4 个过程所构成。外部刺激在控制过程的控制下，在感觉寄存、短时记忆、长期记忆间进行传递和处理。

① 感觉寄存。面对外界大量的刺激，感觉寄存器从这众多的刺激信息中选取某种所需的特定信息，称这个过程为注意选择。信息在感觉寄存器中的保持时间较短，约为 0.25 ~ 2 s。在这一时间内，被选定的信息传至短时记忆区，未被传递的信息自动消失。

② 短时记忆。短时记忆不仅要对信息进行保持，还要对信息进行编码等各种处理。为了延长信息在短时记忆过程中的保持时间，短时记忆过程中需要对信息不断地进行编排，用以反复地激活记忆的痕迹。短时记忆区是一个过渡性记忆缓冲器，其容量有限，只能记录 7 ± 2 个信息组块，只能保持大约 15 ~ 30 s。

③ 长期记忆。短时记忆区中的信息经过复述和编码过程转化为长时记忆，传递至长期记忆区后可长期保持。长期记忆区是一个相当持久的、容量极大的信息库。长期记忆区中对信息的记忆主要有插语记忆(Episodic Memory)和语义记忆(Semantic Memory)。插语记忆是对事实、现象的记忆，如对某种宝石形状、光泽的记忆。语义记忆是基于语言的记忆，例如对符号的意义，对关系、公式、法则和解题算法的记忆。

④ 控制过程。控制过程是对上述各种过程中信息流的控制，它包括感觉通道的选择模式识别、信息的传递和处理、反应的开始等各种操作的控制。

2. CAI设计的认知主义原则

认知主义学习理论在形成之初就与行为主义从不同的角度来探讨学习。在认知主义的立场看，环境刺激是否受到注意或被加工，主要取决于学习者的内部的心理结构，学习者在以各种方式进行学习的过程中，总是在不断地修正自己的内部结构。人们通过对人类的思维过程和特征的研究，可以建立起人类认知思维活动的模型，使得计算机在一定程度上可以完成人类教学专家的工作。认知主义学习理论促进了CAI向智能教学系统的转化。

以认知主义学习理论为依据，专家们提出了一系列指导教学设计的原则，这些原则同样适用于CAI课件的设计，我们将它归并如下。

① 用直观的形式向学习者显示内容结构，让学生了解教学内容中涉及的各类知识之间的相互关系。

② 学习材料的呈示应适合学习者认知发展水平，按照由简到繁的原则来组织教学内容(这里所说的由简到繁是指由简化的整体到复杂的整体)。

③ 学习时要求理解才能有助于知识的持久和可迁移。

④ 向学生提供认知反馈，确认他们的正确知识和纠正他们的错误学习。认知主义教学理论一般将反馈看做是一种假设检验。

⑤ 学习者自定目标是学习的重要促动因素。

⑥ 学习材料既要以归纳序列提供，又要以演绎序列提供。

⑦ 学习材料应体现辩证冲突，适当的矛盾有助于引发学习者的高水平思维。

1.5.3 建构主义理论与CAI设计

1. 建构主义的学习观

行为主义的程序教学理论和认知主义的教学设计理论之间虽然存在着冲突，但有一个共同点，即以客观主义认识论为基础。进入20世纪90年代以后，客观主义认识论遭到了来自建构主义认识论的挑战。建构主义认为，学习者的知识应该是他们在与环境的交互作用中自行建构的，而不是灌输的。建构主义的学习观点可概括为以下几个方面。

(1) 学习是一种建构的过程

知识来之于人们与环境的交互作用。学习者在学习新的知识单元时，不是通过教师的传授而获得知识，而是通过个体对知识单元的经验解释从而将知识转变成了自己的内部表述。知识的获得是学习个体与外部环境交互作用的结果。人们对事物的理解与其先前的经验有关，因而对知识的正误的判断是相对的，而不是绝对的。学习者在形成自己对知识的内部表述时，不断对其进行修改和完善，以形成新的表述，因而这一内部表述是一个开放的体系。学习者在对知识单元进行学习时，实际上是形成了一个个的知识体，每一个知识体就是一个小的结构，一个新的知识单元的学习是建立在原有的知识结构的基础之上的。每一个知识结构包括两个基本要素，即知识单元和链。链就是一个开放的等待完善的连接体，它保证了新的知识单元的追加，只有当学习者真正掌握了所学的内容之后才能形成可靠的知识结构，也只有可靠的知识结构才是追加新知识单元的基础。当然，这些知识结构并不一定是线性的，随着学习者的认知发展阶段的变化，它应当朝着多分支的方向拓展。也就是说，同时可以有着许多的链在等待新知识单元的追加。

(2) 学习是一种活动的过程

学习过程并非是一种机械的接受过程，在知识的传递过程中，学习者是一个极活跃的因素。知识的传递者不仅肩负着“传”的使命，还肩负着调动学习者积极性的使命。对于学习者们的许多开放着的知识结构链，教师要能让其中最适合追加新的知识单元的链活动起来，这样才能确保新的知识单元被建构到原有的知识结构中，形成一个新的、开放的结构。

学习的发展是以人的经验为基础的。由于每一个学习者对现实世界都有自己的经验解释，因而不同的学习者对知识的理解可能会不完全一样，从而导致了有的学习者在学习中所获得的信息与真实世界不相吻合。此时，只有通过社会“协商”，经过一定时间的磨合之后才可能达成共识。

(3) 学习必须处于丰富的情境中

学习发生的最佳境态(Context)不应是简单抽象的。相反，只有在真实世界的情境中才能使学习变得更为有效。学习的目的不仅仅是要让学生懂得某些知识，而且要让学生能真正运用所学知识去解决现实世界中的问题。

在一些真实世界境态中，学习者的知识结构怎样发挥作用，学习者如何运用自身的知识结构进行思维，是衡量学习是否成功的关键。如果学生在学校教学中对知识记得很“熟”，却不能用它来解决现实生活中的某些具体问题，这种学习应该说是不成功的。

2.建构主义教学原则

建构主义认为，学习者只能根据他们自己的经验解释信息，并且他们的解释在很大程度上是各人各异的，这就对传统的教学设计理论提出了严重挑战。行为主义教学理论注重于外部刺激的设计，认知主义着眼于知识结构的建立，建构主义则特别关心学习环境的设计。从建构主义认识论和学习观出发，教育专家们得出了一系列教学原则，可以用来指导教学设计和教学环境的设计。

① 所有的学习活动都应该“抛锚”在大的任务或问题中。也就是说，任何学习活动的目的对于学习者都应是明确的，以便学以致用，因为学习的目的是为了能够更有效地适应世界。

② 支持学习者发掘问题作为学习活动的刺激物，使学习成为自愿的事，而不是给他们强加学习目标或以通过测试为目的。教师可以从学习者那里获得问题，并以这些问题作为学习活动的推动力，教师确定的问题应该使学生感到就是他们本人的问题。

③ 设计真实的学习环境，让学习者带着真实任务进行学习。真实的活动是建构主义学习环境的重要特征。这些真实的任务整合了多重的内容或技能，它们有助于学习者用真实的方式来应用所学的知识。所谓真实的环境并非一定要真实的物理环境，但必须使学习者能够经历与实际世界中相类似的认知挑战。

④ 设计的学习情境应具有与实际情境相近的复杂度,使学习者在学习结束后能够适应实际的复杂环境,避免降低学习者的认知要求。

⑤ 让学习者拥有学习过程的主动权。教师的作用不是独裁学习过程和规约学习者的思维,而应该为他们提供思维挑战,激发他们自己去解决问题。

⑥ 为学习者提供有援学习环境。倡导学习者拥有学习过程的主动权并非意味着他们的任何学习活动都是有效的,当他们遇到问题时应给予有效的援助。教师的作用不是提供答案,而是提供示范、教练和咨询。

⑦ 鼓励学习者体验多种情境和检验不同的观点。知识是社会协商的,个人理解的质量和深度决定于一定的社会环境,人们可以互相交换想法,通过协商趋同。因此,应该鼓励各种合作学习方法。

以上这些原则被许多 CAI 工作者付诸实践,创造了情境化教学、锚定式教学、随机访取教学、认知学徒、基于问题的学习、计算机支持合作学习等新颖的 CAI 模式。

CAI 理论的多样性表明 CAI 学科日趋成熟。新理论的出现并不意味着旧理论的失效,恰恰相反,它们在很大程度上是互相补充的。我们应该全面地了解各种理论的应用价值,对它们加以合理地综合和利用。

1.6 CAI 的教学设计原理

前面我们已经讨论了 3 种不同的学习理论,以及建立于这些理论之上的教学原则。在这些理论的指导下,我们应该得出在给定的教学条件下达到预期的教学结果的具体方法和策略,这就是教学设计的任务。教学设计原理是 CAI 设计的基本原理。

1.6.1 教学设计的基本原理

1.基本原理

教学设计是应用系统科学方法分析和研究教学问题,确定解决它们的方法和步骤,并对教学结果做出评价的一种教学规划过程和操作程序。教学设计是以分析教学的需求为基础,以确立解决教学问题的步骤为目的,以评价反馈来检验设计与实施的效果。教学设计是以学习理论、教育传播理论和系统科学方法论作为其理论基础。

教学设计的基本原理包括目标控制原理、要素分析原理、优选决策原理和反馈评价原理。目标控制原理是指教学过程中教师的活动、媒体的选择和学生的反应都会受到教学目标的控制;要素分析原理指对构成教学系统的各个组成部分进行分析,找出对系统性质、功能、发展、变化有决定性影响的要素进行研究,而把次要因素忽略;优选决策原理即应用系统科学方法,对各种待选的教学设计方案进行比较评价,从中选取最佳的策略;反馈评价原理即利用反馈信息,对教学效果进行评价,并对设计的教学策略进行修改。

多媒体教学软件的教学设计,就是要应用系统科学的观点和方法,按照教学目标和教学对象的特点,合理地选择和设计教学媒体信息,并在系统中有机地组合,形成优化的教学系统结构。

2.教学设计的主要内容

教学设计过程实际上是根据学科内容特点,对学生特征进行分析,确定教学目标,并为达到相应的教学结果制定相应的教学策略的过程。它主要包括以下基本工作:分析学生特征、确定教学目标、制定教学策略(选择教学媒体、设计教学过程结构)、进行学习评价。

(1) 分析学生特征

学生的特征主要是指学生的原有认知结构和原有认知能力。原有认知结构是学生在认识客观事物的过程中在自己头脑里已经形成的知识经验系统;原有认知能力是学生对某一知识内容的识记、理解、应用、分析、综合和评价的能力。对学生的特征进行分析就是要运用适当的方法来确定学生关于当前概念的原有认知结构和原有认知能力,并将它们描述出来,作为确定教学目标和教学策略的主要依据,以便使制作出来的多媒体教学软件对学生更有针对性。

(2) 确定教学目标

确定教学目标,是教学设计的首要工作,也是其他设计工作的基础。教学目标是指希望通过教学过程,使学生在认知、情感和行为上发生变化的描述。教学目标是教学活动的导向,是进行学习评价的依据。

要确定教学目标,必须考虑三个方面的因素:一是社会的需要;二是学习者的特征;三是教学的内容。多媒体教学软件开发课题的选择不是由开发者个人所决定的,而应当由从事教学实践工作的教师根据教学的实际需求决定选择需要制作成多媒体计算机辅助教学软件的教学内容。选择教学内容时,应当考虑为什么选择这一教学内容将其制作成多媒体软件。

在确定教学内容后,进一步根据学科的特点,将教学内容分解为许多的知识点,并根据不同的教学目标分类方法,分析这些知识点属于哪一类学习结果或教学目标。如采用布鲁姆的目标分类法,就应分析这些知识点的知识内容应属于事实、概念、技能、原理、问题解决等哪一类别,并考虑到学习者的特点和社会需要,把各知识点的教学目标确定为知识、理解、应用、分析、综合和评价等不同层次。

(3) 合理选择与设计媒体信息

为使每个知识点的教学达到预定的教学目标,根据对教学内容与教学目标分析的结果和各类媒体信息的特性,选择合适的媒体信息(如文本、图形、动画、图像、影像、解说、效果声音等),并把它们作为要素分别安排在不同的信息单元(节点)中。

根据系统科学理论,系统是由要素构成的,要素间的相互联系便形成系统结构,不同的结构会产生不同的功能。在多媒体教学系统中,要把多种媒体信息做有机的组合,以便形成一个合理的教学系统结构,使它发挥最佳的功能,以实现预期的教学目标。

(4) 确定相应的教学过程结构

确定相应的教学过程结构,就是把软件所包含的教学内容分解为若干个知识单元,每个知识单元内包含有若干个知识点,找出各个知识点、知识点与知识单元、知识单元之间的关系和联系方式。不同的联系方式形成了不同的教学内容结构，对教学内容结构的各知识点施以不同的教学事件，从而构成了不同的教学过程结构。

(5) 进行学习评价

在教学过程中，应及时对学生的情况进行评价，掌握学生的学习情况，及时对学生进行指导。例如，可根据教学目标的要求和教学内容设计一定的练习题，对学生进行考核，从而了解学生对所学内容的掌握程度，起到强化、矫正的作用。

1.6.2 加涅的 CAI 设计理论

美国著名教育心理学家加涅(R.M.Gagne)综合吸取行为主义心理学和认知主义心理学的研究成果，提出了一套比较完整的教学设计理论，成为国际公认的教学理论权威。加涅认为，根据所学内容的差异，学习具有不同的形式。学习任务可以被归纳为几种不同的类型，不同的学习类型需要不同的教学策略，而教学策略是由一些基本的教学事件组成的。加涅的理论被广泛用于 CAI 课件设计实践。

1.加涅的学习结果分类法

学习结果分类也就是教学目标分类。加涅提出了 5 类学习结果。

(1) 言语信息

学习的知识可以用单词或句子进行描述，包括姓名、标记、句子和有机体等语义相关的描述。在一些口头的或书面的论述中可以运用言语信息，如用“陈述”或“说出”等词来标识。可以为学习提供指导或促进学习的迁移。

(2) 心智技能

指学生能够运用概念符号与环境相互作用的能力，是最基本、最普遍的教育内容。它包括从最基本的语言技能到高级的专业技能，可分为 5 个从属类型。

① 辨别力。辨别力实质上是一种知觉的分化能力。如让低年级学生对图画、符号的辨别，就是一项很重要的心智技能。辨别既可能是简单的辨别，也可能是复杂的辨别。

② 具体概念。学生在学习知识时有时会获得一些具体概念。如表示物质的性质(圆)，表示物体的名称(汽车)，表示一种运动(旋转)，或者表示一定的空间方向(向上)，这些概念应该从未在教学中使用过。这种概念可以通过某种方式的暗示或标识让学生识别，而不必给出定义。

③ 定义概念。有些概念不能仅仅通过暗示来识别，而必须给出一个定义。例如“家庭”的概念就必须通过下定义让学生掌握。在给某一概念下定义时，必须能通过概念本身所包含的内容来描述或讲述概念，并且要能指明这些内容之间的联系。例如，在杠杆平衡中，顺时针方向的力矩被定义为力乘以力到支点的距离。为了定义这一概念，必须让学生能识别力、支点到力的方向上的距离以及它们之间的关系——相乘。可以用一些具体概念来定义概念，同样，这些定义概念也可以被运用到新的场合中去。

④ 规则。学生只有在获得了一定的规则之后，才能解决一些事先未知的事情。规则反映了一种“关系”，它将两个或两个以上的概念联系起来。它是存储在学生头脑中的一种能力，而不是一种简单的描述。譬如，“在固定支点的杠杆平衡中，顺时针力矩和逆时针力矩相等”，为了阐明这一规则，学生必须通过计算来验证，而且还要能在新的场合中熟练

地运用这一规则。

⑤ 高级规则或解决问题。当遇到了一些陌生的环境，要求学生回答其中的某些问题时，学生就应具备解决问题的能力。解决问题必须运用已学过的一些规则。由于新的环境十分生疏，学生必须对自己曾学过的多个规则进行综合以形成高级规则。例如，在学生学完三角形的概念之后，呈现这样一个问题："一棵树高 40 m，投影长度为 52 m，求太阳光线与地平线之间的夹角。"通过给学生提供大量的实际例子有利于发展学生的解决问题的能力。

(3) 认知策略

认知策略是学生用来指导自己注意、学习、记忆和思维的能力，是学生在应付环境事件的过程中控制自己的"内部的"行为的策略。这一策略影响和支配学生的选择，并激活了个体的内部机能。认知策略提供了学生接受知识的过程，并采取了"简化"的方式，将一个复杂的问题转化成许多小的问题。

(4) 动作技能

动作技能是一种反映学生的实际操作的能力，如实验。我们不仅要求学生能完成某种规定的运动，而且要求他们的动作必须有一定的连贯性和精确性。只有学生能熟练地完成一连串的操作之后，我们才能确认他们已经掌握了某种运动技能。

(5) 态度

态度是一种影响和调节个人行动抉择的心智状态，也是一种学习的结果。例如，学生选择古典音乐就是一种态度。态度决定了人类行动模式，但态度与人的行为之间的关系并不是直接的，而是曲折复杂的。态度不一定是事先计划好的，可能是在学习的过程中慢慢形成的。

2. 学习者的内在学习过程

基于学习的信息处理模型，可将学习者的内在学习过程分为以下 3 个阶段 9 种不同的学习过程。

(1) 准备阶段

学习的准备阶段包括注意、期待和检索 3 种过程。

① 注意。学习者对给定学习内容的注意。

② 期待。对学习内容及其学习目标的期待。

③ 检索。为了完成给定内容的学习，从长期记忆区检出相关的知识和技能(学习的基础和条件)传递至短时记忆区，为新的学习做好准备。

(2) 形成与获得阶段

形成与获得阶段是学习者获得阶段知识的主要阶段。形成与获得阶段由选择性知觉、编码、检索与反应、强化等过程构成。

① 选择性知觉。将感觉到的刺激信息传递到短时记忆区。

② 编码。对接受的外部信息进行编码等处理，并将编码后的信息传递至长期记忆区。

③ 检索与反应。基于短期记忆区传递来的信息，对长期记忆区中的信息进行检索、解码，并促使反应发生器产生与外界刺激相应的反应。

④ 强化。通过对目标达到的程度的确认来刺激强化。

(3) 迁移阶段

学习的迁移是指一种学习对另一种学习的影响,是指人们将已经取得的经验以适当的形式用于新的情景。例如,人们将骑自行车的经验用于骑摩托车,将学习英语的经验用于学习德语。学习的迁移包括提示检索线索和一般化2个过程。

① 提示检索线索。为了实现学习的迁移,给出实现这种迁移的路径和内容。

② 一般化。将学习的结果用于新的情景,使学习的结果更具一般化。

3. 教学事件

可以认为教学是为支持学习者内在的学习过程所进行的一连串的外部现象,我们称这些外部现象为教学事件。教学设计时,应根据学习者的内在学习过程,有效地设计这些外部的教学事件。

如学习理论中所介绍的那样,学习可分为3个阶段,每一阶段都有不同的内在学习过程。为了促使或支持这些内在过程的有效进行,可施以下列相应的教学事件。

(1) 唤起注意

学习开始,需要让学习者对所学的课题产生兴趣,并由此展开相应的教学过程。为此,可以通过一个启发性的问题,或通过利用学习者的好奇心理,让学习者知道即将展开的课题是什么。

(2) 传递目标

有意识的学习比无意识的学习更具效果。当学习者明确了教学目标后,不仅可以让他们做到心中有数,还能调动学习者的学习积极性,有效地去理解即将开始的学习内容。

(3) 激起回忆

一定内容的学习总是以学习者的一定认知结构、认知水平作为基础的。新知识的学习是建立在作为学习前提条件的已有知识的基础上。为了有效地学习新知识,需要刺激学习者,对学习的前提知识产生回忆,为新知识的学习做好准备。

(4) 提供刺激

当学习者的学习条件具备后,教师应提供新知识的刺激,并期望这些刺激经处理后传递至长期记忆区。

(5) 引导学习

为了使学习者能很好地掌握新知识,应设法引导学习者去理解新知识,并让他们将这些新知识与已有的知识相互作用,使新知识与已有的知识建立某种联系。

(6) 促成反应

学习者对新知识从理解到掌握是通过反应来实现的。反应也是学习者对知识掌握程度的标志。当新的刺激提示完成后,应努力促使学习者对新的刺激产生反应,以确认学习者对新知识的掌握程度。

(7) 提供反馈

对学习者的反应给予适当的反馈可以有效地增强刺激。对反应的反馈包括两个方面:一方面要对正确的反应予以鼓励,对错误的反应给予指正;另一方面还应根据学习者的反应给出相应的指导。

(8) 给出评价

评价是对学习者反应结果的确认。通过评价可加深学习者对新知识的理解、掌握和记忆。

(9) 促进迁移

迁移的作用不仅在于扩大学习效果,同时对所学的新知识也是一种深化。

学习者的内在学习过程与外部教学事件的对应关系如表 1.2 所示。

表 1.2　内在学习过程与教学事件的对应关系

学习阶段	内在学习过程	教学事件
准备	注意	唤起注意
	期待	传递目标
	检索	激起回忆
形成与获得	选择性知觉	提供刺激
	编码	引导学习
	检索与反应	促成反应
	强化	提供反馈
迁移	提示检索线索	给出评价
	一般化	促进迁移

4. 教学策略

所谓教学策略就是为了实现教学目标,完成教学任务所采取的教学方法、教学步骤、教学媒体和教学组织形式等措施构成的综合性方案。它是具体实践活动的依据,其主要作用是根据特定的教学条件和需求,根据学生的内在学习过程的特点,合理安排教学事件,制定出向学生提供的教学信息、引导其活动的最佳方式、方法和步骤,为教学活动提供最佳方案。教学策略的实质是解决如何进行教,如何引导学的问题。教学策略是教学设计的具体实现。

教学事件与内在学习过程的关系为教学设计提供了理论的根据。制定教学策略时,应有意识地依据学习者的内在学习过程来安排相应的教学事件,展开相应的教学过程。

在安排教学事件时,应根据学习形态、学习者特性和教学内容的实际需要进行设计。根据学习目标与学习对象的不同,在设计教学课件时这 9 个教学事件是可以改变的。例如,如果学生第一次使用 CAI 课件,可以不必运用第 1 个教学事件“唤起注意”使学生产生警觉,但必须保证学生是在看屏幕而不是看着键盘。第 3 个教学事件“激起回忆”是很关键的,旧知识的回忆不仅依靠学习者本身所具有的知识水平,还取决于学习结果的分类。根据学习结果的分类的不同,9 个教学事件有不同的特定形式。例如,对于教学事件“引导学习”,运用言语信息就比运用定义概念和规则要优越得多。在设计 CAI 课件时,屏幕上应能提供大量的文字和简图反映 9 个教学事件。9 个教学事件的顺序也不是固定不变的,如第 3、4、5 教学事件的顺序就可以适当调整,但第 6、7 两个教学事件的顺序却不能颠倒。

CAI课件的类型很多,不同类型的课件所包含的教学事件也可能不同。表1.3显示选用适当的教学事件可以组成常用CAI模式。

表1.3 教学事件的运用

	操作与练习	个别指导	模拟	苏格拉底法	案例调研	游戏	探索法(微世界)
唤起注意	√	√				√	
传递目标		√	√				
激起回忆		√					
提供刺激		√	√	√	√	√	√
引导学习		√		√			√
促成反应	√	√	√	√	√	√	√
提供反馈	√	√	√	√	√	√	√
给出评价		√					
促进迁移		√					

1.6.3 CAI模式与媒体的选择

1.CAI模式选择方法

在教学设计过程中,影响CAI模式选择的直接因素有学习目标、学生特点、目标受众、实际设计约束等。

考虑学习目标因素,涉及学习目标的分类问题。在本节中已经介绍了加涅的目标分类方法,在CAI中用得较普遍的还有布鲁姆的目标分类法。在CAI模式选择中,应根据不同的学习目标分类方法,确定出学习目标,然后根据一定的教学目标要求选择相应的CAI模式。

影响CAI模式选择的诸因素中,学生特点是很重要的一个方面,因为人们逐渐地接受了这样一种观点,即学习是一个学生主动参与的过程,是行为与能力的变化,是获得信息、技能与态度,甚至是对原有知识的纠正或调整的过程。了解学生如何进行学习,即了解学生的特点,对CAI模式的选择是非常重要的。

目标受众也是影响CAI模式选择的一个重要因素,目标受众可以从几个方面进行考虑,如学习者的年龄、学习者的人数、所处的位置等。一般地说,不同的学习内容总是针对一定的学习者。从学习者的人数和所处的位置两个方面考虑,可将目标受众分为个体、小组、班级、大众。对于不同的目标受众应选择不同的CAI模式。

选择何种CAI模式,当然还要考虑到这种模式的可行性,即从实际设计方面考虑,一般涉及到开发和使用费用、设备要求、教学系统的易用性等因素。

教学设计中各个因素是相互关联的。同样,影响CAI模式选择的诸因素也是相互关联的。不能仅仅从某一方面来考虑CAI模式的选择,必须把几个相关因素综合起来考虑,能真正起到对模式选择的指导作用。

2.CAI媒体选择方法

如前所述,媒体作为传递信息的中介物,具有两层含义:一是指存储、处理和传递信息的物质实体;一是指用于表示内容的信息载体,是一套有特定意义的传意符号系统。我们所讨论的是利用多媒体计算机进行辅助教学时如何选择“媒体”表现教学信息，所以这里对“媒体”的界定应取后一层意思。

没有任何一种媒体在所有场合都是最优的，每种媒体都有其各自擅长的特定范围，往往一种媒体的局限性又可由其他媒体的适应性来弥补。因此，我们必须研究媒体的基本性质和各种媒体的教学特性，从而根据教学内容、教学目标和教学对象的要求，对媒体进行合理的选择和组合，以达到优化教学效果的目的。

在多媒体教学中，媒体系统的教学效果是我们选择媒体时最为关心的一个因素，而决定媒体系统教学效果的内因是媒体的基本特性。从学生的学习活动出发，媒体可分为观察类、启发类、表述类和训练类。

① 观察类。主要是呈现事实、创设情景、表现事物的结构特征，侧重于感知。

② 启发类。主要是演示现象、揭示本质、解释原理、启发思维，侧重于对事物的理解，从而发现规律、弄通原理、掌握概念。

③ 表述类。主要是提供素材、连贯演示、达成转换，侧重于语言、文字、图像、符号、动作、情感的转换。

④ 训练类。主要是重现知识、提供范例、发展智能，侧重于巩固、深化和灵活运用知识，培养能力，发展智力。

为了做到合理选择教学媒体，除了依据媒体本身的教学特性以外，还要认真考虑教学目标、教学方法和教学对象等外部因素。以下 3 个方面是至关重要的。

① 媒体与学习目标的统一性。对于不同的学习目标，媒体所负担的教学职能是不同的。根据不同的学习类型，我们可以把媒体的使用目标分为事实性、情景性、示范性、原理性、探究性等几类。根据不同的学习类型选用不同的媒体是很重要的。

② 媒体与教学方法的协调性。由于媒体系统是教学系统中的一个子系统，因此采用什么样的媒体必须根据教学系统的结构要求来定。

③ 媒体与认知水平的相容性。学习者在不同年龄阶段，认知水平不同，对媒体的相容程度也不同。当媒体所表达的知识结构与学习者个体的认知结构相同或相近时，学习者接收到的有效信息就会增加；反之，则会降低获取知识的效率。同时，媒体表达的知识结构又会转化为学习者个体的认知结构。

第2章　多媒体CAI课件的设计与开发

课件是一种教学系统,课件设计是一种系统设计。任何系统都具有一定的输入和输出,系统的输入一般是运行的前提和条件,系统的输出往往表示了系统的功能和目标。系统总是在一定的外部环境下工作,按照设计、条件、各要素的作用等事先确定的内容运行。作为系统的构成要素可以是人、物、信息,也可以是处理过程、组织结构等。任何系统都应基于输入、输出和环境进行设计,课件的设计也是如此。

教学系统以一定学科知识的传授作为基本目的。教学系统的构成包括各种要素,例如学生、教师、教学内容、教学媒体等。作为一种教学系统的课件,其输入是学习者特性,输出是该课件的教学目标,外部环境是计算机的硬件和软件。具有一定学习特性的学习者经过使用该系统学习后,应能达到教学目标的要求。

CAI课件作为一种教学系统,它的基本功能是教学功能。课件中的教学内容及其呈现、教学过程及其控制的设计应由教学设计所决定。因此,课件设计应基于教学设计进行。

CAI课件又是一种计算机软件。计算机软件开发的具体过程及其组织应按照软件工程的思想和方法进行。因此,课件的开发和维护应按照软件工程的方法去组织、管理。

作为一种有效的课件开发方法,应将教学设计的方法和软件工程的方法有效地结合起来。以教学设计的方法对课件的教学内容、教学过程及其控制进行设计,这是课件设计的核心。在课件开发的组织和技术方法上,则应遵循软件工程的方法。例如,开发阶段的划分,开发过程的组织、实施,开发技术的应用等,都应采用软件工程的思想和技术。

2.1　多媒体CAI课件的开发模型

2.1.1　多媒体课件开发的人员配备

课件设计与开发是一项富有挑战性的工作。多媒体课件开发人员既要有严格的科学精神,又要有丰富的想像力。一个大型多媒体课件项目的开发是一项复杂的系统工程,需要由几类专业人员的协作来完成。一个理想的多媒体课件开发小组应该包括如下几类人员。

1.项目管理人员

管理人员的职责类似于电影制片人,是整个开发工作的核心。他们具备组织能力和管理技巧,能够与组内其他成员进行有效的协调和沟通,对项目开发工作的日常运行全面负责。

2.教学内容专家

教学内容专家,或者称为教材专家,通常是由经验丰富的优秀教师来担任。他们熟悉课件所要表现的教学内容,懂得教学法,并且掌握课件使用对象(学习者)的情况。他们的工作就是提供课件所表达的知识内容和有关学习者特性的信息。内容专家解决的问题是"教什么"。

3.教学设计专家

教学设计专家的工作是以对教学目标和学习者特征的分析为基础,运用系统科学的观点和方法,制定出明细的教学策略、进程规划和评价系统,合理地选择和设计教学媒体信息,并在系统中有机地组合,以形成优化的教学系统结构。教学设计专家解决的问题是"如何教"。

4.多媒体制作人员

这一部分人员的工作是把教学内容专家和教学设计专家所提供的计划和思想实现为多媒体计算机的教学软件。多媒体制作人员应该具备扎实的多媒体计算机软硬件技术,有丰富的想像力和创造力,还要有将问题条理化和结构化的能力。

当然,以上是针对大、中型多媒体课件开发项目而建议的制作人员队伍。在实际工作中,可以根据项目的规模、产品推广的范围以及开发单位的实力等具体情况对其加以调整。

2.1.2　课件开发的一般流程

多媒体CAI课件本质上是一种计算机应用软件,软件工程中通常以流程图的形式来描述软件产品的设计与制作过程,称之为软件开发模型。从总体上看,大多数软件开发模型都包括分析、设计、制作、评价4个阶段。但由于人们在开发软件产品时所依据的理论、方法、工艺及工具的不同,各模型的具体形式也会有所不同。下面介绍两种不同的模型。

1.多媒体软件生产的通用模型

图2.1是布鲁姆提出的一个多媒体项目生产的通用模型。该模型貌似复杂,实际上也是由分析、设计(指导设计和交互设计)、制作、评价四大部分组成的,每一部分又被进一步细化为多个工艺过程。这个模型比较适用于大规模的商品化多媒体软件的开发。

2.多媒体课件开发模型

对于大多数教育工作者来说,通常只涉及小规模的课件开发,往往一个人担任多个开发人员的角色,因此需要一个比较简化的课件开发模型。另外,由于多媒体课件是面向教学应用的,它在内容选择、结构组织、控制策略、交互特性以及评价标准等诸多因素上又均与其他类型的多媒体应用软件有所区别,所以它的开发方法又具有某些独特之处。

在多数情况下,课件开发使用图2.2中所示的模型,它是以传统的课件开发模型——迪克－开利模型为基础,并根据多媒体课件开发的要求建立的。

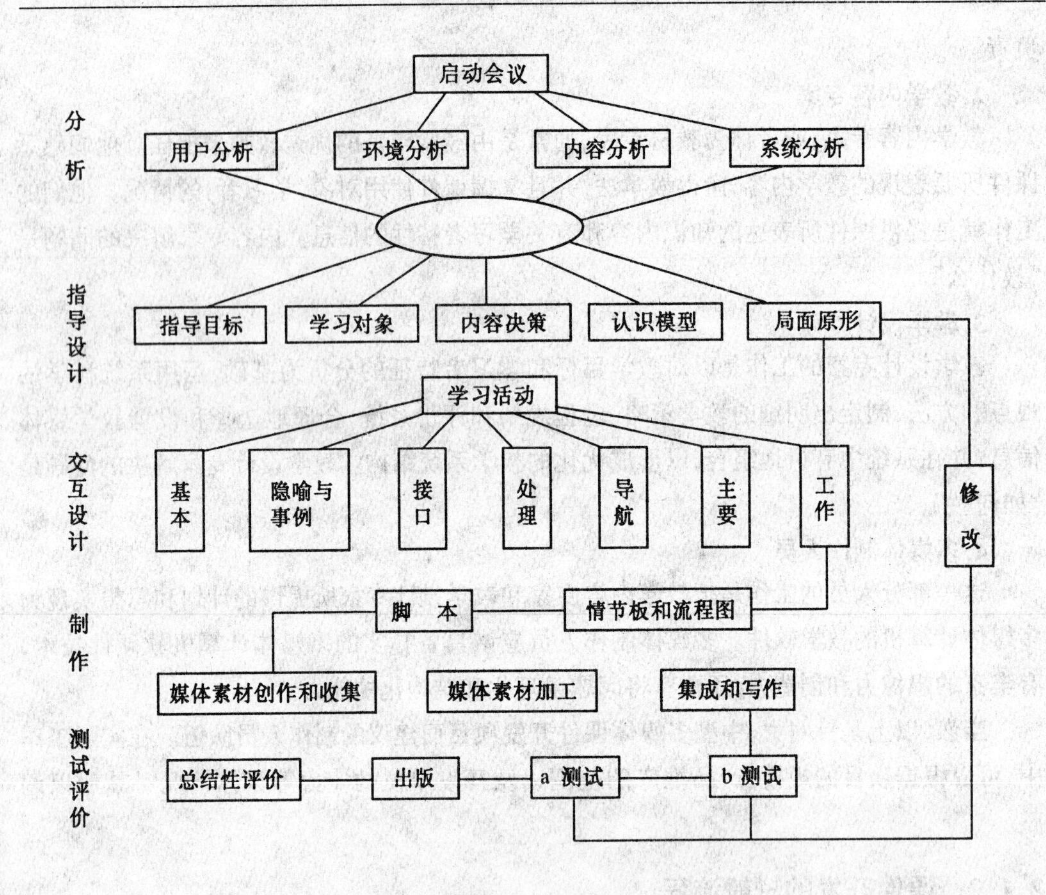

图 2.1　布鲁姆的多媒体开发模型

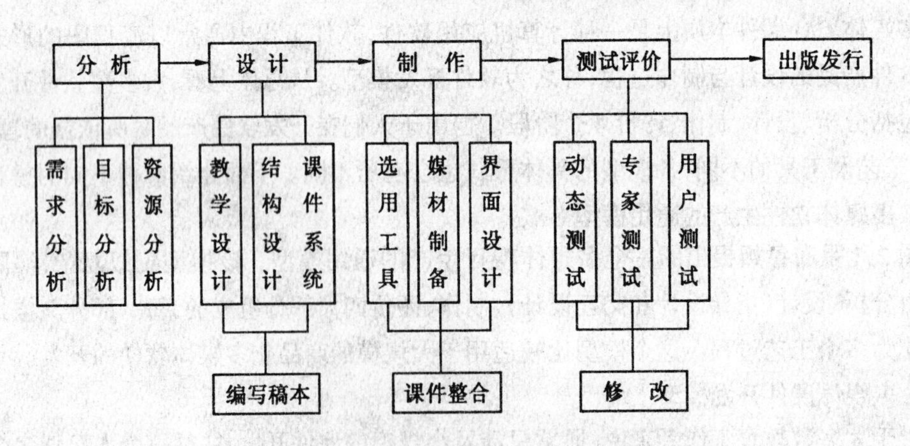

图 2.2　CAI 课件开发流程图

2.1.3　系统分析

设计多媒体 CAI 课件的目的就是为了发挥多媒体计算机在信息的存储、处理、呈现以及人机交互方面的显著优势，利用其中的教学特长和潜力为教学服务，以实现最优化的教学效果。为了最大限度地实现这种最优化的目标，在进行 CAI 课件开发时，要对整个课件开发项目进行科学的系统分析,以保证开发工作的有效性。课件开发过程中的整个分析阶段的工作可用图2.3来表示。

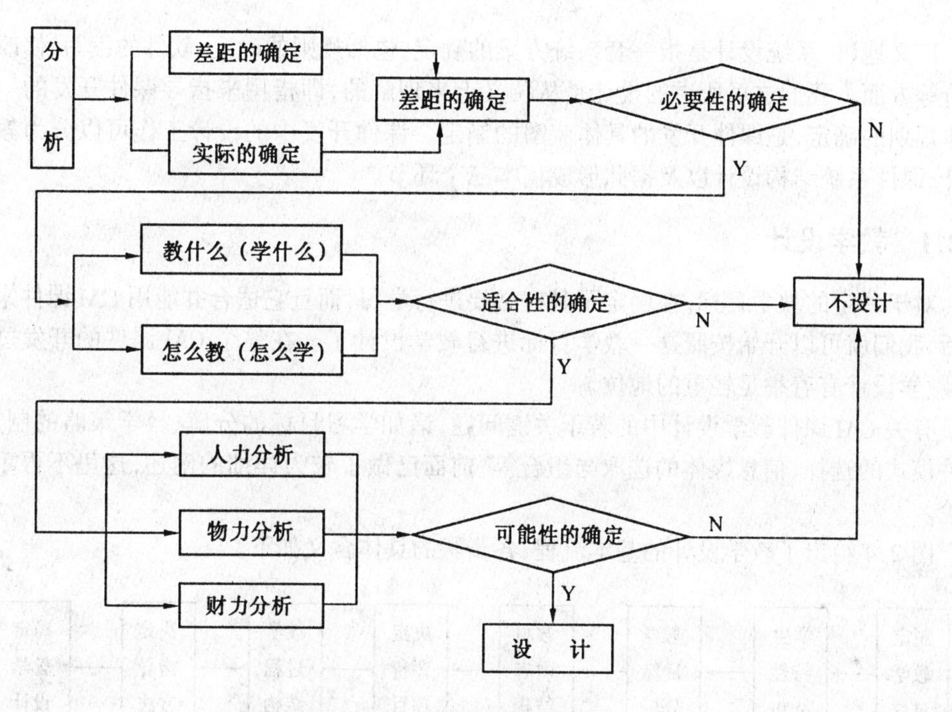

图2.3　课件开发的系统分析过程

1.需求分析

对设计CAI课件进行需求分析,其实质就是分析该课件是否符合学生学习的需求。通俗地讲,需求分析就是要分析课件开发的必要性。在动手设计之前,我们不妨先问一问自己:为什么要开发这个课件,不使用这个课件对教学有何影响。如果不了解这一点,就有可能造成人力、物力和财力的浪费。

2.内容分析

内容分析包含两个方面的含义:一方面是"教什么",另一方面是"怎么教"。"教什么"主要是确定教学的范围和深度。"怎么教"是确定如何把教学中的内容传递给学生、采用何种策略组织教学。内容是大纲中规定的具体教学目标的体现,内容的分析就是要看教学内容适合使用何种教学方法来表现。

3.资源分析

资源是指设计CAI课件所涉及到的物质条件。资源条件所涉及的范围很广,如经费、设备、人员、时间、组织机构等方面。对资源进行分析,实质上就是要考虑资源条件是否具备。这些资源条件可以分为人力、物力和财力三个方面。资源分析的目的是为了确定开发课件的客观可能性如何。

2.2 系统设计

广义地讲,系统设计是指一套系统方案的确定,包括规则的确定、软件的编写、修改与评价等方面。我们这里所讲的设计是从狭义上来理解的,即指用来指导课件开发的一套具体规划的确定,是课件开发的具体蓝图的制定。课件开发中的设计工作可以分为教学设计、课件系统结构设计以及据此形成稿本三个环节。

2.2.1 教学设计

对于一定的教学目标,在确定了其有必要进行学习,而且它适合并能用CAI课件来表现后,我们就可以开始按照这一教学目标进行教学设计了。在整个CAI课件的开发过程中,教学设计有着举足轻重的地位。

有关CAI课件教学设计中的若干关键问题,诸如学习目标的分解、教学策略的制定、课件模式的选择、信息媒体的选取与组合等,前面已做了较为详细的阐述,这里不再重复讨论。

图2.4给出了教学设计的基本流程,各步骤的具体含义如下。

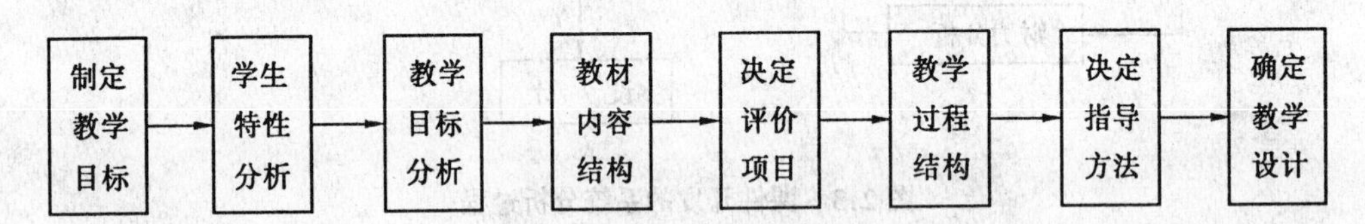

图2.4 教学设计的基本流程

① 按照教学内容的要求,制定出教学目标。

② 对学生特性进行分析,明确学生对当前教学内容的了解情况及学生学习新知识的能力。

③ 将教学内容分解为若干个知识单元,在知识单元内再分解为许多知识点,按照教学结果分类法,分析这些知识点各属于哪一类学习结果(或教学目标)。

④ 确定各个知识点之间、知识点与知识单元之间、知识单元之间的关联关系和连接方式,这些不同的联系方式形成了不同的教学内容结构。

⑤ 确定学习的评价方式,如采用问题提问形式对学生进行测试,了解学生对学习内容的理解程度和掌握情况。

⑥ 对教学内容结构中的各信息单元(知识点),根据目标分析的结果,选择合适的媒体信息,施以不同的教学事件,从而构成不同的教学过程结构。

⑦ 预测学生对学习过程的反应,确定在教学过程中对学习的指导方法。

⑧ 形成完整的教学设计方案,确定要采用的CAI模式。

在很多情况下,教学设计不可能一次完成,只有经过上述过程的多次反复才能完成。

2.2.2 课件系统结构设计

多媒体课件具有信息量大、集成性强、交互性强、表现效果好等特点,所以我们必须根据教学设计的结果对课件的整个软件体系结构做好设计和规划。它既是前一环节——教学设计的基本思想在软件设计上的具体体现,又是下一步课件制作工作的基础。

多媒体课件的系统结构实质上就是多媒体教学信息的组织与表现方式。它定义了课件中各部分教学内容的相互关系及其发生联系的方式,反映了整个课件的框架结构和基本风格。

1.课件结构的基本设计思想——从预置流程到超文本

多媒体技术进入CAI领域之初,人们的焦点主要放在它能够综合处理和呈现多种形态媒体信息的能力上。有了它,在表达一个教学主题的时候,我们所拥有的手段不再局限于文字加简单图形,大大增强了课件的表现能力。将多种媒体元素直接引入传统的CAI课件开发,只考虑充分利用多媒体在教学信息呈现方面的优势,而不改变旧的课件模式与教学内容组织结构方式,称为“预置流程+多媒体表达”。

随着多媒体计算机技术的迅速发展,对于新型的多媒体课件,传统的预置式的、线性的信息表达方式已不满足需要。于是,人们把目光投向了一种新的信息组织观念——超文本。超文本技术提供了将“声、文、图”结合在一起的综合表达信息的手段。

传统的教材,如文字教材(课本)、录音教材、录像教材等,它们的信息组织结构都是线性的,即信息是按单一的顺序编排的。比如一本书,各章各节按从前至后装订,读者也只能一页一页从前往后读。人类的记忆是网状结构的,联想检索必然导致不同的认知路径。超文本技术采用类似于人类联想记忆结构的非线性网状结构方式来组织信息,提供的材料没有固定的顺序,也不要求读者按一定的顺序来提取信息。现在多媒体教学软件的信息结构越来越多地采用这种非线性的超文本方式。

综上所述,我们可以将当前多媒体CAI课件中较常采用的内容组织结构方式归纳为4种。

① 线性结构。学生顺序地接受信息。从一帧到下一帧,是一个事先设置好的序列。

② 树状结构。学生沿着一个树状分支展开学习活动,该树状结构由教学内容的自然逻辑形成。

③ 网状结构。也就是超文本结构,学生在内容单元间自由航行,没有预置路径的约束。

④ 复合结构。学生可以在一定范围内自由地航行,但同时受主流信息的线性引导和分层逻辑组织的影响。

图2.5给出了多媒体CAI中经常采用的4种主要组织结构的示意图。

2.超媒体课件结构形式

前面已经谈到,越来越多的多媒体课件完全或部分地采用了所谓“超媒体”的信息组织结构方式。了解超媒体课件的结构形式,对于多媒体课件的开发是必要的。下面我们着重就此问题再进行一些讨论。

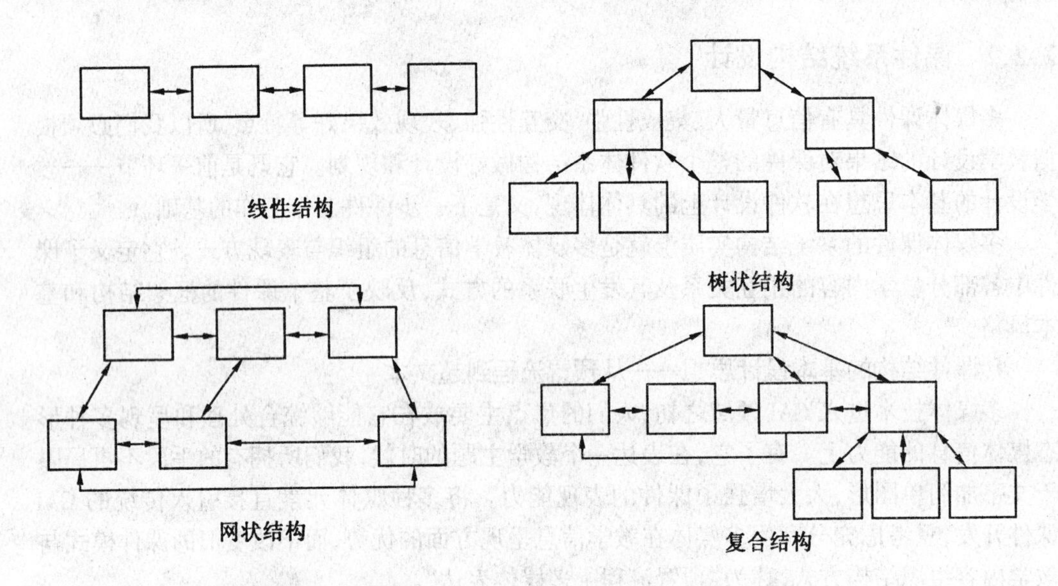

图 2.5 多媒体 CAI 中采用的 4 种主要组织结构示意图

(1) 超媒体课件的基本思想

超媒体课件的基本思想,体现在如何将一门课程(课本)组织成超文本结构的多媒体教材上。

首先我们把一门课程按照其内容划分成若干个学习单元,每个单元的内容要集中且适量。单元通过这样的划分,得到了组成这门课程的基本元素。这些单元实际上就是超媒体结构中的一个个“节点”,而单元间特定的上下文顺序和某些单元间基于某一关键字建立起来的跳转关系就是“链”。“节点”和“链”组成了学习内容的“网络”,形成了超文本的结构形式。

(2) 教学单元节点的类型

超媒体的节点有多种形式,我们可以把组成一个超媒体课件的各个教学单元划分成 3 种类型。

① 显示类节点(Presentation Type, PT 型)。一个超媒体课件中绝大部分节点属于此类,它的功能是呈现教学内容。PT 类节点还可以进行如下的细分。

- 文本类节点　节点内存储的是文字符号信息,可用来表达思想、解释概念、描述事实等。
- 图文类节点　节点内存储有图像媒体,并辅以一定的文字说明。图像可以是黑白、彩色的图形、绘画或照片等。此类节点适于表现事物的形态、结构。
- 听觉类节点　节点内存储有波形、MIDI、数字等音频媒体,它能提供各种听觉感受。
- 视听类节点　节点内存储有活动视频、动画等视听结合的媒体,它能给人综合的视听感受,是最具表现力和真实感的一类节点。

② 功能类节点(Function Type, FT 型)。此类节点除了可以包含部分 PT 类节点的内容以外,还可以存储一段计算机程序,定义一些函数等。这些程序和函数具有某种特定的功能,在界面上通常表现为按钮形式。按下这个按钮后,系统将启动相应的程序或调用相应的函数,完成其预设功能。例如,提供一段音乐,播放一段动画,实现系统工作流程的转移

等。

③ 外部类节点(External Type,ET 型)。为了保持系统的开放性,便于和其他教学软件相连,可以设置一些 ET 型节点,它相当于一个个槽口,将来只要和其他教学软件连接即可。ET 型节点相当于一个个"黑箱",用户只需知道其功能而无需了解其详细过程,这样的节点可以是一个应用程序、数字图像的驱动程序、声音、图像或视频等。

3.多媒体课件结构设计的方法和步骤

作为参考,下面给出一种通常情况下常见的多媒体教学软件的教学过程,以及根据这种教学过程所设计的课件的基本组成部分和课件结构设计的方法和步骤。

(1) 教学过程

多媒体教学软件是根据教学目标设计的,表现特定的教学内容的教学媒体。在通常情况下,是按照呈现信息、示范例子、操练复习、反馈强化、得出结论这样的教学路径完成教学任务的。

① 呈现信息。主要是呈现知识内容的教学信息,让学生进行感知。

② 示范例子。主要是对教学内容进行举例验证和演示说明,加强学生对教学内容的理解和记忆。

③ 操练复习。主要是培养学生对新的知识内容的运用能力。

④ 反馈强化。主要是对学生的练习情况的反馈与评价,同时也对学生所学的知识内容起巩固作用。

⑤ 得出结论。主要是对所教授知识内容的归纳与总结,以便让学生对所学习的内容能从感性认识上升为理性认识。

(2) 多媒体教学软件的基本组成

多媒体教学软件通常都包含以下几个基本的组成部分:

① 封面;

② 导言;

③ 知识内容;各知识单元以及构成每个知识单元的各个知识点;

④ 练习部分;

⑤ 跳转关系;各知识单元之间、知识点与知识单元之间、知识点之间等跳转关系;

⑥ 导航策略;

⑦ 交互界面。

其中封面、导言、知识内容、练习部分以及各种跳转关系等部分联系在一起,便可形成多媒体教学软件的系统结构。

(3) 设计方法与步骤

根据多媒体课件的教学过程和基本组成的要求,在设计多媒体课件的系统结构时,可按以下步骤进行。

① 设计软件的封面与导言。多媒体课件的标题要简练,封面要形象生动,能引起学生兴趣,并能自动(或点击交互)进入导言部分。多媒体教学软件的导言部分要阐明教学目标与要求,介绍软件使用的方法,呈现软件的基本结构,以引起学习者注意。

② 确定软件的菜单组成与形式。根据软件的主要框架及教学功能,确定软件的主菜

单和各级子菜单,并设计菜单的表达形式(如文字菜单、图形菜单等)。

③ 划分知识单元并确定每个知识单元的知识点构成。将教学内容划分成若干个知识单元,确定每个单元所包含的知识点。有时候,不同教学环节的形成性练习也可划分为独立的知识单元。

④ 设计屏幕的风格与基本组成。根据不同的知识单元,设计相应的屏幕类型,使相同的知识单元具有相对稳定的屏幕风格,并考虑每类屏幕的基本组成要素。

⑤ 确定各知识单元之间、知识点与知识单元之间、知识点之间等各种跳转关系,根据这些跳转关系确定屏幕元素之间的跳转关系的控制。有如下几种跳转控制。

- 屏幕内各要素的跳转控制　这种跳转不会引起屏幕整框的翻转,只是屏幕内部某个要素的改变。
- 屏幕与屏幕之间的跳转控制　这种跳转将使当前所在的屏幕翻转到另一个屏幕。
- 屏幕向主菜单或子菜单的返回控制　这种控制可使学习者随时回到学习的某一起点,选择新的学习路径。
- 屏幕向结束的跳转控制　这种控制使得软件在运行过程中能随时结束并退出,这样更能方便使用。

2.2.3 多媒体课件的导航策略设计

导航策略实际是教学策略的体现,是一种避免学生偏离教学目标,引导学生进行有效学习,以提高学习效率的策略。

1.导航策略及其必要性

由于超媒体系统的信息量很大,网状结构的内部信息之间关系十分复杂,学习者在按一定路径学习的过程中很容易迷失方向,不知道自己处在信息网络中的什么位置,所以在设计超媒体系统时,必须要认真考虑系统应如何为学习者提供引导措施,这种措施就是导航。

导航策略设计的优劣,直接决定了多媒体课件的使用效率。如果没有好的导航策略,学习者就可能陷入盲目的查找和探索中,大大加重其认知负荷。为提高使用效率,都将导航策略的设计看做是多媒体课件设计中的重要一环,这也是多媒体 CAI 课件有别于传统的 CAI 课件的重要特征之一。

2.几种常用的导航策略

在多媒体系统中,常用的导航策略通常包括有以下几种。

(1) 检索导航

系统提供一套检索方法供用户查询,通常是首先查询控制节点或索引节点,然后再逐步跟踪相关节点缩小搜索范围,直到找到所需信息。其中,控制节点或索引节点可以利用关键词、标题、时间顺序或知识树等多种方式设置。

(2) 帮助导航

系统设置有专门帮助菜单,当学习者在学习过程中遇到问题和困难时,帮助菜单将提供解决的办法和途径以引导学生不至于迷航。

(3) 线索导航

系统可以在学习者浏览访问系统的链和节点时,把学习者的学习路径记录下来,可以让学习者按原来的路径返回,即允许回溯。系统也可以让学习者事前选定一些感兴趣的路径作为学习线索,然后学生可以根据此线索进行学习。

(4) 导航图导航

也称为浏览导航。系统设置有一导航图,它是以图形化的方式表示出超文本网络的结构。图中包含有超文本网络结构中的节点及各节点之间的联系。借助导航图用户可以方便地确定在网络中的位置和继续学习的方向,并观察信息是如何连接的。导航图中每个节点都是一个信息单元,学习者可以直接进入某个节点进行学习。

(5) 演示导航

系统提供一种演示方式来指导学习,它具有播放一套连续幻灯片的效果。系统通过某种算法,把系统中的节点从头到尾依次向学习者演示,以供学习者模仿。

(6)书签导航

系统提供若干书签号,用户在浏览过程中,对认为是主要的或感兴趣的节点设置指定序号的书签,以后只要输入书签号,就可以快速地回到设置书签的节点上。

2.2.4　多媒体课件的界面设计

交互界面是人和计算机进行信息交换的通道。用户通过交互界面向计算机输入信息进行询问、操纵和控制,计算机通过交互界面向用户提供信息以供阅读、分析、判断。如果对于用户而言,系统所提供的界面能很容易地被理解和接受,能很轻松地被掌握和使用,则称系统用户界面友好。多媒体计算机软件通常都有非常漂亮的人机交互界面。

1.多媒体界面的构成要素

人-机交互界面的外观因软件内容的不同而异,其形式十分多样。多媒体系统中通常采用图形用户界面(Graphic User Interface,GUI)。构成这种界面的表达元素主要有下面几个。

(1) 窗口

窗口通常是指屏幕上的一个矩形的区域,可以说这是最主要的界面对象。设计者通过窗口组织数据、命令和控制,并呈现给用户。窗口一般由标题栏、菜单栏、滚动条(水平、垂直)、状态栏和控制栏组成。

多窗口技术是用户界面三大友好技术(即多窗口、菜单与联机帮助)之一,多窗口系统按树形结构组织。父窗口可以有多个子窗口,每个子窗口下还可以有下一级子窗口。窗口大小可以随意改变,极大化时可充满整个屏幕,最小化时缩为一个图标。

多窗口技术的作用是实现信息的分类及并行显示,达到一屏多用的目的。它可以配合多任务操作系统,为每个应用程序在显示屏上分配一个窗口区域。但在任何时刻只有一个窗口为活动窗口,即只有该窗口可以接受用户输入的数据和命令。其他窗口都是非活动的,需要时要先进行窗口切换,把非活动窗口转换为活动窗口才可以进行操作。

Apple 公司的 Macintosh 和 Microsoft 公司的 Windows 都堪称窗口技术的典范。

(2) 菜单

菜单是一种直观且操作简便的界面对象,可以把用户当前要使用的操作命令都以项目列表的方式显示在屏幕上供选择。菜单不仅可以减轻学生的记忆负担而且非常便于操作,由于击键次数少,产生的输入错误也就少。从系统角度看,菜单模式更易于识别和分辨。早期菜单只使用字符,随着图形技术的发展,出现了各种与图形技术相结合,甚至完全基于图形的菜单。下面是经常使用的几种菜单形式。

① 全屏幕菜单。早期的菜单都采用这种形式。这种菜单实现起来简单但形式呆板。

② 条形菜单。把菜单选项集中在一行或少数几行中显示,形成菜单条。

③ 弹出式菜单。把菜单选项放在窗口中,需要时在屏幕指定位置上将其弹出。这是典型的窗口技术与菜单技术相结合的产物。

④ 下拉菜单。用于多级菜单。当主菜单中每一项包含有自己的子菜单,子菜单中又可能有下级子菜单时,宜采用这种下拉菜单。设计时,通常主菜单条是横的,子菜单为竖的,故也称T型菜单。下拉菜单的最大特点是能清楚地显示出当前操作所处的位置。

⑤ 图标式菜单。用图标代表菜单的选项,使得菜单直观易懂。只要用鼠标点击或光标移到某一图标位置上,即选中此图标所代表的功能。

用户对菜单的操作主要是通过鼠标点击,并辅以键盘或触摸屏来实现的。

(3) 图标

图标也是多媒体常用的一种图形界面对象,是一种小型的、带有简洁图形的符号。它的设计是基于隐喻和模拟的思想。图标用简洁的图形符号模拟现实世界中的事物,使用户很容易和现实中的事物联系起来。如使用形象的"照相机"作图标,提示用户在这里可以浏览照片、图片;用形象的"电影机"图标提示在这里可以观看活动视频等。

图标是计算机功能的图形化。把它们放在工作台面上,能帮助用户简便地通过界面调用功能。一个基于图标的系统是用户提取信息的有效手段,因为用户可以一次看清整个屏幕,而不必从左到右、从上到下地扫描。图标可以设置在屏幕的任何位置上,十分方便用户的操作。通常的操作是用鼠标双击或单击图标即可。

图标可分为图示图标和符号图标两种风格。符号图标能简洁地表达某种功能和操作信息;而图示图标比符号图标更能表达隐喻概念。

(4) 按钮

按钮是交互式界面设计中比较重要的一部分内容,是一类用于启动动作、改变数据对象属性或界面本身的控制图形。它在屏幕上位置相对固定,并在整个系统中功能一致。

用户可以通过鼠标点击对它们进行操作,也可用键盘或触摸屏选择操作大多数按钮。多媒体软件中的图形按钮花样繁多,非常吸引人。下面是常见的几种按钮。

① Windows风格按钮。这是一个模仿机器按钮形状的可操作符号,它随着Microsoft公司的Windows3.x操作系统的普及而为人们所熟知。这种按钮被做成一个灰色的三维矩形块,按钮上可以标注一行文字或是绘上简单的图形。用鼠标点击时,它会像真的按钮一样向下沉一下,放松鼠标按键,按钮又会自动弹起来,然后引发某项功能或操作。

② 闪烁式按钮。闪烁式按钮是DOS环境下进行教学软件设计时常用的一种技巧。闪烁式按钮的工作过程是,按下鼠标时,相应的一块矩形区域反白显示,松开鼠标时恢复

原状,然后触发对应的动作或事件。

③ 动画式图形按钮。动画式图形按钮的设计原理很简单,当按下鼠标时,按钮立即换成另一幅图,松开鼠标时又恢复原状,这样在点击按钮时就产生了运动效果。

④ 热点式按钮。热点又称为热对象,从某种意义上讲也是一种按钮,只是我们看不到按钮的标志。但用鼠标点击屏幕上的卡通人物、门窗、小鸟、花草等时,画面上会出现相应的响应。

(5) 对话框

对话框是一个弹出式窗口。运行软件时,除了各种选项和按键操作外,系统还可以在需要的时候提供一个对话框让用户输入更加详细的信息,并通过对话框与用户进行交互。通常在系统运行中,若有一命令需要用户提供进一步的数据时,在命令的后面都会加上符号"…"。只要该命令被执行,系统就会提供一个对话框让用户输入数据。

(6) 示警盒

示警盒也是一个弹出式窗口,不过它与对话框不同,它的功能不在于接收用户输入,而在于提醒用户知道某个情况。当用户出现了不当的操作或给出了如永久性删除文件这样具有"危险性"的命令时,系统通常会以两种方式向用户示警:一种是发出 Beep 声;另一种就是弹出示警盒。Beep 声通常是针对小的错误或是显而易见的错误而发的;示警盒则是在错误较严重或必须让用户进一步与系统沟通时显示出来。

2.多媒体课件人机界面的设计原则

人机界面设计是多媒体 CAI 课件设计的重要组成部分,因为 CAI 系统必须是一个好的人机交互系统。学生在与计算机进行交互的有限学习时间内,不仅要很快地适应学习环境、熟悉操作,而且要通过多种媒体信息刺激感官和大脑,很快进入积极主动的学习状态,获得良好的学习效果。因此,良好的人机界面设计不仅能更有效地实现个别化教学,而且能通过人机会话引导学生思维向纵深发展,同时能使学生在良好的心理状态下进行积极主动的学习。显然,CAI 的人机界面设计因其教学活动的特殊性而更为复杂,要求更高。下面是进行多媒体 CAI 界面设计应遵循的一些基本原则。

(1) 一致性

即同样的界面对象应有同样的行为。例如在应用软件的菜单条当中会有许多选项,如文件(File)、编辑(Edit)、字体(Font)等,这些选项当中又可细分出许多命令项目。很多项目会同时出现在不同的软件当中,如文件之下会有新建(New)、打开(Open)、存盘(Save)及打印(Print)等,这些项目在应用软件中可谓无处不在。对于这些共同项目,在格式和功能上都应力求一致。

(2) 适应性

教育学上很强调人的个别差异。学习者个别差异的存在是一种无法回避的事实,应当受到软件设计者的重视。为了适应个别差异,应尽量让不同的学习者均可以获得他们所需要的学习方式,应该为不同认知风格的学习者提供不同的学习与操作的方法。

(3) 清晰性

在有些电脑软件中,常常会在屏幕上出现一些看起来非常别扭和极不易懂的文字或者其他信息。我们要求多媒体课件的各种提示信息应该力求简单,而且直接以用户日常所使用的语言来表达。按钮、对话框等界面对象要尽量标识清楚,必要时加相应的文字说明。

把事情尽量简单化也是优化人机界面的一个良方。对话框的对话、屏幕画面的控制等均应力求简单。界面对象应加以归类分组,以最简单明了的方式呈现出来。否则只是一味追求多变、复杂,多媒体就会变成“混媒体”。

(4) 敏捷性

无论电脑的运行速度有多快,从用户下命令到执行运算完成之间,必定会有一段反应时间。在实际情形中,系统在完成存取文件、程序调用等操作时,用户等待的时间通常是比较长的。一定要做到以最直接、最快速的方式让用户了解他的指令已经被接受并正在执行。例如以反白、变色来表现某个对象已被选中,显示一个沙漏或者手表形状的图标用于表示命令正在执行中,或者干脆显示如“文件转换中,请稍候!”等语言来缓和用户等待中的不快与迷惑。

(5) 容错性

这里所说需要宽容的错误是指学习者对系统的操作使用,而不是对学习知识的过程。这类错误的产生是源于使用者对系统功能的误解,即对系统的一些非预期的操纵,系统本身应具备足够的能力来避免用户产生错误的输入和不当的操作。一旦错误发生了,也应在错误发生后给用户提供补救的机会和复原的方法,并确保不能让这些预料之外的反应对系统数据造成破坏。

(6) 易学易用性

一个容易学习和容易使用的软件,才可能是一个好软件。否则,无论你采用的技术多先进,设计的功能多复杂,但是用户对它望而生畏,这个软件就没有生命力。因此,要想设计一个受欢迎的CAI课件,就应该使学习者很容易学会如何使用它。一般可以设计一个向导系统以指导学生如何使用该课件,让他们知道通过该软件可以做些什么。还可以设计一套联机帮助手册,手册内部详细列出各种命令与功能的使用方法与步骤。

(7) 所见即所得

用户直接在屏幕上看到他们所处理的每一个对象和操作结果,称为所见即所得。所见即所得可以增强学习者的使用动机,增加他们对自己工作的信心。屏幕上显示出的每一个对象及其所含的行为应与实际对象的行为相符,学习者才不至于产生不确定、猜测或姑且一试的心理。一旦实际的效果与其所预期的相同,他就会对所做的事情兴趣更高,信心更足。

3.屏幕布局、色彩与用语设计

多媒体课件的屏幕设计主要包括屏幕对象的布局、文字用语的选择、色彩的运用等。一个屏幕所具有的显示空间是有限的,如何才能使有限的空间发挥最大的作用,并且不让用户产生局促感和杂乱感是相当重要的问题。

(1) 屏幕对象的布局

合理地安排屏幕对象的位置是屏幕设计的第一步,在进行屏幕布局设计时应遵循以下的一些原则。

① 平衡原则。在屏幕上的对象应力求上下左右达到平衡。数据尽量不要堆挤在某

一处,不要有杂乱无章的感觉。

② 预期原则。每一个屏幕对象如窗口、按钮、菜单条等外观和操作应做到一致化,并使对象的功能和动作可以预期。

③ 经济原则。屏幕上提供了足够的信息即可,去除累赘的文字及图画,力求以最少的数据显示最多的信息。

④ 顺序原则。对象显示的顺序应按照需要排列,不需要先见到的对象就暂时不要显示出来,每一次要求用户做的动作要尽量减少,以减轻用户的认知负担。

⑤ 规则化。画面应对称,显示的命令或窗口应依重要性排列,应尽量将可能会造成不利影响的项目排在次要的位置上。

(2) 文字用语的选择

在多媒体课件中使用文字的最基本也是最重要的原则就是精确、简洁、富有感染力。使用文本表达诸如概念、原理、事实、方法等学习内容时,切忌像书本中那样长篇大论。要充分考虑屏幕的容量,合理地取舍要表述的内容,语言精练贴切,以最少的文字表达尽可能多的信息。同时,还要照顾文字用语与其他媒体元素的关系。

使用文本作标题的时候就更是要字斟句酌,要特别注意文字间的细微差别。对于这一点,多媒体专家沃恩曾写道:"请浏览同义词典,你会惊讶地发现与你预选好的某个词相关、相近的同义词的数量如此之多,所以你一定能够从中挑选出一个最好的"。

对话中所用的语句要尽量避免太专业的"行话"和过于冷僻的词汇,应以简短而常用的字词来表达。英文字应尽量避免缩写,即使用到缩写字也应在最先出现的地方附上完整的字词。语气上应该以正面的语气来表示,不要以太严厉的句子来指责用户的错误,应该以具有方向性、指示性的词语句子取代责备性的语言。

按钮的标识中应使用简单的行动字句,避免用名词,让用户清楚按下按钮后系统会有什么样的结果。在涉及多个选项的情况下,用名词来显示排列,且将同类的名词加以分组,以便于用户归类。

(3) 文本格式及使用

多媒体系统采用了图形化界面和无级变倍的精密曲线字库,所以除对语义的斟酌以外,课件设计者在使用文本时还应认真地考虑如何设计它的诸多外观因素。

① 字体(Font)。如汉字的宋体、仿宋体、楷体、黑体等或西文的Arial、Times、Courier、Impact等。恰当的字体选择与组合不但能使文本活泼、美观,更重要的是不同的字体还具有不同的感情色彩,从不同的字体中我们可以找到柔美、阳刚、优雅、庄重、诙谐、怪异、滑稽、飘逸以及清新等不同的感觉。

② 字形(Size)。也称字号,即字的大小和长宽比,一般是以点阵数来表示,如8点、12点、24点、36点等,点数越大,字也越大。但点阵数与字的实际尺寸并没有精确的对应关系,因为这与具体的显示、打印等硬件设备的设置及条件有关。

③ 样式(Style)。也称风格,指对显示文字、符号的外观视觉效果进行的各种特殊处理,如正常体、粗体、斜体、下划线、轮廓字、立体阴影等变化效果以及字符的色彩和灰度等的变化。

④ 定位(Align)。也称对齐。多行文本块常用的对齐方式有左对齐、右对齐、中央对齐。一般说来,左对齐给人以整齐感,右对齐给人以加速感,中央对齐给人以诗意感。

(4) 色彩在屏幕设计中的作用及使用原则

色彩在屏幕设计中的作用可以归纳为以下4个方面。

① 作为一种组织屏幕信息、形成良好屏幕格式的手段。在建构屏幕时,色彩可以被当做一种很好的格式规划工具来使用。特别是当同一屏幕里不得不包容大量信息,利用惯常的空间区域分隔的方法对它们进行组织和规划已经非常困难的时候。例如,可以用不同的两种颜色来显示两组空间上紧靠在一起而逻辑上毫无关联的文本,相反,对于那些本属于同一主题,而在空间上被分隔得很远的信息,则用同一颜色显示,用颜色的纽带将它们联系起来。

② 充当有特定意义的视觉符号。颜色是有意义的,这种意义来自于人们的长期共识、约定俗成,也可以来自软件设计者的指定。由于颜色的这种性质,可以把它当成一个很重要的屏幕元素来使用。例如,用颜色来指示信息的性质,绿色的按钮表示开始;红色的按钮表示停止;白色的边框表示标题区;蓝色的边框表示正文区;红色区域显示警告信息;黄色区域提供帮助信息。在网络上学习,蓝底白字表示信息来自于教师;白底黑字表示信息来自于同学等。这些都将大大降低学习者的认知负荷,提高人机界面的效能。

在整个软件中色彩的意义一定要具有稳定性、一致性。如在第一个屏幕中用了蓝色作标题栏,那么,此后所有屏幕中的标题栏都应该是蓝色。

③ 借助色彩逼真地反映客观世界。我们周围的世界是五彩缤纷的,在某些教学过程中特别需要以照片、动画、活动视频等来展示一些客观对象和过程,这时候逼真的彩色显得尤其重要。

④ 增添屏幕的吸引力,激起用户的兴趣。尽管许多实验表明,在完成人机交互功能上,彩色显示器并不比单色显示器具有太多的优势,如果色彩使用不当会适得其反,破坏整体设计。但是,有一个因素是无论如何不能忽视的,那就是人们喜欢色彩,彩色的屏幕比只有黑、白、灰的屏幕对人们更有吸引力。特别是对教学软件的使用者来说,更是如此。

在选用色彩时,最重要的是明确色彩使用的目标任务,即色彩的作用是辅助交流,我们最终要达到的目标是完成信息从计算机到人的有效传递。也就是说,色彩的作用是为屏幕增色,而屏幕设计不可依赖色彩。不当的色彩应用,其结果还不如干脆不用。在合理运用色彩时,应注意以下几点。

① 避免同时使用太多颜色。同一画面中不要使用太多的颜色,一般以4~5种为限。过多的颜色会增加学习者的反应时间,增加出错的机会,易于引起视觉疲劳。我们可以用一些其他的技巧,如空间划分、层次变化及几何形状等来配合颜色使用,以增加屏幕的视觉效果。

② 色彩的可分辨性和协调性。自然界中可观察到的颜色有七百五十多万种,而人眼的分辨能力十分有限,在没有对比参照的情况下指认一种颜色尤其困难。如果要同时使

用几种颜色来代表不同的意义,如直方图中的色条,要注意在数量上不能超过6~7种,并且要选择在光谱上有足够间隔的色彩,如红、黄、绿、蓝、棕等。如果需要同时放置多种颜色,需要用文字标注各种色彩的含义。

同时出现的色彩,特别是空间位置上邻近的色彩一定要和谐,尽量避免将对比强烈的颜色放在一起,如黄与蓝、红与绿或红与蓝等,除非要形成一种对比效果。所有文字应当以相同颜色来表示,除非是特殊字词(如超文本中的链源关键词等)。

③ 用色彩起强调作用。活动中的对象与非活动中的对象颜色应不相同。活动中的颜色要鲜明,非活动中的颜色应暗淡。一般以暖色、饱和、鲜艳的色彩作为活动中的前景,以冷色、暗色、浅色作为背景色。用对比色来表现分离,用相似色来表示关联。

④ 定义色彩的含义要与用户的色彩经验和期望相一致。颜色是有意义的,但不同国家、民族、宗教、年龄层次、社会地位的人往往对色彩有着不同的理解。例如同样是蓝色,对商业人士来说,意味着合作品质和可靠性;对于医学界人士,它可能意味着死亡;而对于核反应堆的监控人员,它又意味着冷却和水。

⑤ 色彩的空间位置分布。处于对人眼色彩视觉特性的考虑,应在视野的中心多选用红、绿色,而边沿则比较适于采用蓝、黄、黑色。相对来讲,边缘部分的色彩不易引起注意,所以有必要采用诸如闪烁、动画等其他技巧来配合。

相邻的色块之间只以色度来区分是不够的,它们还应该具有亮度上的区别。比较简单的方法是给色块边沿加上明显的边界线。

⑥ 色彩的顺序。如果要用一个色彩的渐变序列来表达某种顺序信息,如数值从大到小、过程从开始到结束等,那么色彩的排列应与光谱顺序相吻合,这样比较符合人们的视觉习惯。

2.3　多媒体CAI的稿本系统

稿本系统的编写,是多媒体CAI课件开发过程的重要环节。它是多媒体课件设计思想的文字表现形式,是课件制作的直接依据,是沟通学科教师和计算机技术人员的有效工具。

多媒体课件的稿本系统包括文字稿本和制作脚本两部分。

文字稿本应由项目负责人和内容专家(有经验的学科教师)联合编写形成。它将是此后各项工作的重要基础。通常情况下,对课件进行项目分析和教学设计的过程也就包含了文字稿本的编写过程,或者说,文字稿本是对课件项目分析和教学设计结果的文字表述。

在完成了对课件的教学设计和软件系统结构设计以后,应该由专门的稿本编写人员按设计阶段的思想和原则并结合计算机软件制作技术,把由内容专家提供的文字稿本改写成软件制作脚本,以实现教学思想、教学经验与计算机技术的统一和结合。

目前,在CAI课件的编制过程中,编制者往往忽略了稿本的作用,或是把文字稿本与制作脚本混为一谈。其实它们是课件开发过程中两个相对独立、不可或缺的要素。

2.3.1 文字稿本

文字稿本是按照教学过程的先后顺序,描述每一环节的教学内容及其呈现方式的一种形式,通常包括稿本说明和一系列的文稿卡片等内容。

1.稿本说明

课件的开发目的、课件中教学内容的结构形式和控制策略、画面设计的原则和方法等在课件设计、课件制作、课件使用和维护中是至关重要的。它不仅决定了课件中教学内容的排列、结构形式的选定和学习流程的控制,还为每一帧画面的设计、画面的构成和画面的制作提供了原则和方法。也为课件的使用、维护和二次开发创造了条件,提供了根据。

稿本说明主要用于对课件设计、课件制作和课件使用中的各种考虑、各种策略和注意事项进行说明,为课件的制作、使用提供指导性的原则和方法,也为改写制作脚本提供依据。

稿本说明主要包括下面一些内容。

(1) 课件设计任务说明

课件设计任务说明要概要说明以下内容,即课件名称、使用对象、学习形式、学习时间、开发者等等。

课件任务是对课件设计的概括说明。编写稿本前,可以通过任务说明对所开发的课件进行了解。

(2) 开发目的说明

课件的开发目的主要从研究和教育两方面予以描述。

研究目的可以从课件开发方法、学习指导方法、概念形成、学习者特征等方面描述。在给定研究目的时,还应给出如何根据学习记录及其分析结果对研究目的进行说明。

对教育目的说明反映了课件对学习者的学习具有什么样的意义。

(3) 目标及其分析的说明

课件的教学目标表示了课件学习完成后,期待学习者应达到的学习结果。在稿本说明中应列出目标和目标分析的结果,一般可用目标关系图表示。

(4) 课件结构及其控制的说明

课件结构及其控制主要是指课件的程序结构及其控制流程,常以图表或流程图表示。这种流程图实际上就是学习流程。

(5) 策略的说明

策略包括两方面的内容:一是教学内容及其安排的策略;一是教学流程及其控制的策略。策略是用来指导课件设计、稿本编写的原则和思想。策略的说明对于理解课件设计的结果、理解课件中教学内容及其控制流程的设计、稿本的编写都是十分重要的。

(6) 课件在教学中的地位和作用的说明

根据设计目的不同,多媒体课件在教学中的任务也不同。稿本说明应给出课件在课程教学中的地位和作用,并进行适当的说明。如果多媒体课件是作为课程教学的一部分进行安排的，那么，还存在着如何与前后学习内容进行连接的问题。稿本说明应对课件的学习内容与其他学习内容的关联给予适当的描述。

(7) 说明使用本课件需要做哪些准备

为了有效地使用课件，应按教师、学生分别列出学习前的准备事项。例如，对教师，为了运行课件，是否需要准备一定的实验器材，是否要求与其他媒体结合使用；对学生，是否需要携带指定的学习资料、参考书或文具、纸张，在专业知识方面应做哪些准备。

(8) 用于课件设计的参考资料的说明

以上列出的只是稿本说明中包括的一些基本事项。根据学习内容、使用要求和课件开发的需要，还可列出其他的若干事项。

稿本说明是在教学设计的基础上给出的，既用于指导稿本编写，又是对教学设计结果的说明。稿本说明对于理解课件设计、理解稿本、制作课件均具有重要的意义。

2. 卡片式文字稿本

卡片式稿本是一种被广泛使用的稿本形式。在这种形式下，稿本卡片是稿本的基本单元，编写稿本的基本操作是稿本卡片的制作。

文字稿本以卡片为单位进行编写，以后计算机专业人员可以以卡片为基础将其改编为制作脚本。每一张卡片对应一帧画面。根据教学内容的先后顺序综合起来对卡片进行排序，形成一定的系统。

文字稿本卡片一般包括序号、交互要求、媒体类型、呈现方式、内容。如果是练习或测试，则卡片内容应是序号、题目内容(包括提问和答案)、反馈信息等。其基本格式如图2.6所示。

课件名称：________________	序号：________
交互要求：	内　容：
媒体类型：	
呈现方式：	备　注：
反馈信息：	

图 2.6　卡片式文字稿本格式

这些卡片的基本框架、项目和格式可以根据具体需要设计，格式可以是一种，也可以是几种，通常用计算机生成或统一印制，其具体内容则由学科教师输入或填写。卡片中各部分内容的具体意义如下。

(1) 序号

序号是按教学过程的先后顺序排列的，根据教学内容的划分和教学策略的设计，在对教学过程进行合理安排的基础上确定文字稿本的先后顺序。

(2) 交互要求

交互要求是这一部分与其他部分之间的连接关系，根据教学内容和关系、方法和目的,确定该卡片(画面)与其他卡片(画面)之间的联系。

(3) 媒体类型

媒体类型是学科教师根据教学内容与呈现的需要选择的,包括文本、图形、图像、动画、解说、效果声等。在之后的实现过程中,还要由计算机人员进行筛选。

在教学设计过程中,教学内容和教学策略都确定下来以后,着手进行媒体的设计,对媒体设计的成果,也要反映在文字稿本中。一般来说,文字稿本主要由学科教师完成,学科教师一般对媒体的效果比较熟悉,而对媒体的计算机实现要求不很了解。他们对媒体的选择一般是出于媒体使用效果的考虑,所以文字稿本中教学媒体的选用可能不很确切,这就需要在之后的制作脚本中,再由计算机人员对此重新进行筛选,选择那些可以在计算机上实现的,而对不易实现的媒体则要重新考虑选择代用品。

(4) 呈现方式

呈现方式是指每一个教学过程中,各种媒体信息出现的先后次序,如先呈现文字后呈现图像,还是先呈现图像后呈现文字,或者图像与文字同时呈现。另外也指出每次调用的媒体信息种数,如图像、文字、声音同时呈现,或只呈现图像、文字,或只呈现文字等。

(5) 内容

内容即某个知识点的内容或构成某个知识点的知识元素,或是与某知识点或单元相关的问题的内容。练习和测试则以问题与答案以及反馈信息为其内容。

(6) 反馈信息

反馈信息是用于练习测验类内容中,反馈给学习者的有关信息,如成绩、正确答案、提示和指导等。

3.剧本式文字稿本

剧本式稿本就是用编写剧本的方法编写课件稿本,按照教学内容的需要和结构的要求分层次展开和联系各部分画面的内容。

稿本原则上采用树形结构,按出现的先后顺序排定序号;按连接的关系说明连接交互要求;按画面的内容选择相应的媒体等等。

无论采用什么方式的文字稿本,核心是要将要表示的内容信息、相互之间的关系、时间上的关系、层次结构、媒体类型及呈现方式等要求制作的信息包含进去,表现出来。而格式和类型仅是表现形式的不同,没有本质的不同,可根据实际需要灵活使用。

2.3.2 制作脚本

文字稿本主要是由教师按照教学要求对课件描述的一种形式,还不能直接作为多媒体课件制作的依据。文字稿本提供呈现相关内容所需的媒体类型和方式仅是描述性的。例如,我们要用文本形式来呈现一段信息,那么,这段文本在屏幕上的位置、文本的格式、是否使用色彩、如何从这段信息中某一位置链接到相应的知识点等,这些具体要求文字稿本都没有给出,而这又是课件制作所必须的。课件制作人员不一定了解有关学科内容和教学设计的具体问题,因而,设计人员必须交给制作人员一套制作脚本,以确保其制作时有据可依。

1.制作脚本的编写

制作脚本是以文字稿本为基础改写而成的,是沟通课件的构思者与课件制作者之间的桥梁,为课件的技术制作提供直接依据。它的主要作用就是告诉课件制作者具体的制作要求,以使制作人员明确如何去制作课件。制作脚本的主要内容包括界面的元素与布局;画面的时间长度及切换方式;人机交互方式;色彩的配置;文字信息的呈现;音乐或音响效果和解说词的合成;动画和视频的要求;各个知识节点之间的链接关系等。

2.制作脚本的基本格式

制作脚本对课件的编制有着很重要的意义,高质量的制作脚本是课件开发成功的保障,应该引起足够的重视。关于制作脚本的具体写作格式没有一定之规,但是它一定要能够清楚地将屏幕外观设计、各元素的内部链接关系和人机交互机制这三项内容表达出来。

与文字稿本相对应,制作脚本也有两种不同的形式,即卡片形式和分镜头稿本形式。

为便于辨识,在卡片或分镜头稿本页上应注明课件名、卡片序号或页码。

使用卡片时,应每张卡片表示一个独立完整的显示页面,卡片中要分区域清楚地标明页面的知识点;呈现的内容和表示格式;屏幕布局设计描述;呈现媒体描述;链接关系描述;对象呈现的特点、要求和制作的方法指示。对一些需要解释或说明的内容,也要写明。使用卡片的优点之一,是可以在卡片中设计屏幕布局,缺点是每一个显示页要一张卡片,使用数量较大。

分镜头稿本是借用影视的方法。使用分镜头稿本时,一般使用表格的方式,表格中有页面或对象的序号、时间或交互、媒体类型、对象或画面内容、链接关系、动作要求和特点、有关说明等等。一个对象或页面为一行,一个层次或一组页面为一段。

页面或对象的序号应按照层次和顺序分类标注,如1.3、2.2.5等等。

制作脚本的填写,既要简洁清晰,又要表示明确,这样才能充分发挥制作脚本在课件制作过程中的桥梁作用。

2.4　多媒体CAI制作的工具

早期计算机多媒体作品的制作需要计算机编程人员通过编制程序来完成,而内容和创意却是艺术人员、美术人员等非计算机专业人员完成,一般难以实现默契的配合。为了方便多媒体作品的创作,一些公司推出了各种不同类型的多媒体制作处理工具软件。在CAI课件制作时,利用这些软件,就能较好地实现课件要求的效果。这些软件避免了编程,采用简单的时间流程图、程序流程图、图标等简单的方式,使得多媒体创作人员可以不依赖编程人员独立地进行创作。

2.4.1　常用的多媒体编辑工具软件

多媒体编辑软件主要功能是对已有的各相互独立的多媒体素材进行编辑连接,使相互之间建立起有机的联系,实现期望的效果。目前MPC多数采用Windows的操作系统,这些多媒体编辑软件也是在Windows的操作系统环境下工作,具有较多的相近性,如相同的用户界面(都由标题栏、菜单栏、工具条、工作区域等组成),共用的剪贴板等。由于各个软件由不同的公司开发,面向不同的应用对象和方式,也都有各自的适用领域和特点。

1.PowerPoint 简介

PowerPoint 是微软公司 Microsoft Office 套装软件中的一个演示文稿制作和播放软件,用它可以编辑制作屏幕演示文稿、35 mm 幻灯片、HTML 文档、投影机幻灯片,并可打印演示文稿、讲义、备注和大纲等。现使用的主要是 PowerPoint 2000 或 PowerPoint XP,其编辑处理的对象是文本、图形、图表、图像、声音和数字视频形式,具有较好的演示效果,一般在讲座、产品介绍、学术报告中被广泛使用。

2.Authorware 简介

Authorware 是 Macromedia 公司的一个著名多媒体编辑软件。它采用程序流程线和功能图标的形式,通过在流程线上设置图标和对各图标的设置,实现对各种不同类型媒体素材的编辑处理,达到可视化编辑的处理。

Authorware 可以编辑文本、图形、图片、声音、视频、动画等素材,并且有很强的交互能力和多种导航功能;除了采用可视化编辑外,还提供了丰富的函数和变量,用户还可以创建和定义自己的函数和变量,从而将编辑系统和编程语言较好地融合起来;它还具有动态链接功能,可以将其他语言创建的程序或成果导入 Authorware 的程序中。

利用 Authorware 不仅可以编辑制作演示型多媒体课件,还可以利用其强大的交互能力编辑制作练习、测验、辅导等教学课件,也可以编辑制作游戏软件。在播放声音、视频媒体文件时,不仅可以改变其画面尺寸,还可以改变播放速度、视频图像的起止点等。

Authorware 编辑处理完成后,应使用打包发行工具形成可执行文件格式的结果文件,作为编辑处理的结果。在打包工具中,根据需要,也可以将有关素材内容打包成库文件及其他的文件形式等。形成结果的可执行文件(EXE 后缀)在运行时不需要 Authorware 环境支持,但需要带有相应的播放工具和插件。

3.Director 简介

Director 是 Macromedia 公司的另一个著名多媒体编辑软件。Director 是基于时间基础的(Time Line Base)多媒体编辑制作软件,使用演员表(Cast)、剧本(Score)、精灵/分镜(Sprite)和舞台(Stage)等工具,便可以将素材编排制作成多媒体教学软件,配用动作库、Lingo 语言编程,实现各种的交互和控制。

Director 的编辑过程是在时间流程线上设置演员,对各出场演员的表演进行设置,实现对各种不同类型媒体素材的表演的编辑处理,达到可视化编辑的处理。

Director 的演员可以是文本、图形、图片、声音、视频、动画等素材,也可以是控制按钮或控制命令,在素材演员中也可以添加控制命令,以实现很强的交互能力和多种导航功能。利用 Lingo 语言可以在任意位置加入编制的程序段,不仅可以实现交互和导航,还可以实现数据处理等多种编程处理,使编辑系统和编程语言直接联系起来,使其具有其他一些软件所不及的功能。

Director 的编辑处理文件存储的是 DIR 后缀,处理完成后可输出形成 Director 的电影文件(可执行文件 EXE),也可以输出成数字电影(AVI)格式的文件或位图(BMP)序列文件。在 Director 的电影文件执行时,各种交互控制等功能都按照编辑时的设置执行,如果输出成电影或位图,交互和控制都不再执行,但可以作为电影或图片素材。

4.其他软件

除上述的编辑软件外，还有许多其他的多媒体编辑制作软件，其功能上基本类似，按照编辑处理的结构形式，可大致分成以下几类。

① 程序流型。如用VB等编制程序的方法制作。

② 时间流型。按时间顺序编排制作。

③ 页面型。按翻页顺序编排制作。

④ 综合型。结合不同的特点和综合特性制作。

每种编辑软件都有各自的侧重和特点，同类型的则有更多的相似。所有的软件在设计时都希望尽可能地提供给使用人员最大方便，同时有最强的功能，但两者相互矛盾，所以只能有所取舍。在软件完成后，由于取舍的不同，使得软件的功能不同。在制作多媒体CAI课件时，要根据自己的需要选择合适的软件，以保证得到期望的结果。

各种不同类型的软件为了避免编程的专业限制，不得不牺牲一些功能，所以真正要随心所欲地制作多媒体软件，只有编程的功能最全、能力最强、自由度最大，当然，其难度也最大，这也是我们推荐使用具有编程功能的软件的目的所在。可以根据每个人对编程掌握程度的不同适当地使用编程，改善和提高作品的水平及自己的能力。

5.注意事项

使用编辑软件制作CAI课件，主要目标是对已有的媒体素材进行编辑，加入交互、控制等，将独立的素材组织成综合的教学软件，达到教学目的。虽然各编辑软件都不同程度地提供了一些素材的制作、编辑和处理的功能，但在性能和效果上与专业的处理软件相差甚远，在需要处理功能和艺术性较强的时候，一般都要利用专用的软件制作成相应的素材，再用编辑软件编辑引入处理。

对数据量较大的素材，如声音、视频文件，以及数据库文件等，在编辑软件处理时，通常将其作为外部文件链接起来使用，在编辑文件中只保留着相关的信息。为了保证文件的正确链接，所编辑的文件与这些外部文件要保持正确的路径关系。

2.4.2　常用的素材处理软件

从各种途径得到的素材，多数需要进行再加工后才能满足使用的需要。对素材加工处理要使用素材处理软件，素材不同，需要的处理软件也不同。同样的素材，也有不同的软件可以处理。当然，各个软件也都有自己的目的和特点，可以达到不同的处理效果。

1.文字艺术处理

文字艺术处理，一般是对文字加以希望的艺术效果，常用的如阴影、光泽、材质、动感、变形等等。在编辑软件中，都提供一些基本的文字处理功能，如字体、字形、字号、颜色的设置等，利用这些功能和组合，可以实现一些基本的艺术效果，如阴影、立体等。在PowerPoint中，还设置有艺术字处理功能。如果要求艺术效果强时，就需要用专用的处理软件了。

常用的文字特效处理软件有以下几种。

(1) COOL 3D动画字制作软件

COOL 3D是Ulead公司的产品，主要是用来制作三维立体动画特效字，可以实现金、银、彩色等立体的金属或塑料字,可以选择不同材质,不同的灯光效果,不同的字形,不同的变形,不同的运动路径等,得到需要的效果。

COOL 3D 制作的结果可以输出成位图(BMP)文件或视频(AVI)等不同格式文件,作为制作完成的结果素材。

COOL 3D 在文字艺术处理特别是三维动画字处理上可以说是目前能力最强、效果最好的软件。如果在 COOL 3D 中将运动对象引入,通过设置对象的运动、灯光的变化,还可以制作动画。

(2) CG Infinity 标题处理软件

CG Infinity 是 Ulead 公司的 Ulead Media Studio Pro 套装产品中的一部分,主要用之于制作视频文件的标题,具有视频标题处理需要的多种效果,如字体、颜色、阴影、背景、边线、运动、路径设置、变形、选择等等,而且各种效果都可以设置,形成二维动画或图片。

在 CG Infinity 中提供了实现矢量图形的绘制、颜色、变形、运动、旋转、路径设置等功能,可以在 CG Infinity 中绘制图形,以矢量图形的方式制作二维动画。

制作完成后的结果可以输出成图片(BMP、JPEG 等)文件或视频(AVI)等不同格式文件,作为完成的素材。

(3) 其他软件的字处理

除了专用的软件外,多数图像处理软件中,都有文字处理功能,如 Photoshop 等。

2.图片处理

图片处理软件是对已有的的图片或图形进行处理的软件。通过照相、扫描和其他方法获取的图片素材,一般都不能完全适用于课件内容,需要进行处理,如裁剪、变形、叠加、混合、变色及特效加工等,这些只能用图片处理软件完成。

图片处理软件中,最著名的是 Adobe 公司的 Photoshop 软件,它是一个功能强大的图片处理软件,其本身具有绘制、调整、变换、修补等多种图片处理功能外,还有许多外挂滤镜,可以做出令人惊喜的效果。在图像处理应用软件中是被用得最多最广的。

除了 Photoshop 外,还有许多其他的图片处理和绘图软件,每个软件都有自己的特点和主要侧重方面,适用的图片类型、处理效果不同,应根据具体情况选择。在要求不高时,也可以利用一些软件中的简单处理功能进行处理,如使用 PowerPoint 中的图片工具调整图片等。

3.声音处理软件

声音处理包括声音的剪辑、合成、调节、转换等。在一般情况下,声音处理主要是语言解说和背景音乐两类内容,通常解说用 WAV 文件格式,背景音乐用 MIDI 文件格式,如果原有的素材文件格式不合适,就需要进行格式转换。如果原有的声音内容有多余的部分,则需要剪去。在声音处理软件中,转换软件和编辑软件常是独立的,转换软件一般只可以在同类的文件中转换,如 WAV 文件转换为 MP3,不可以将 WAV 文件转换成 MIDI 文件,但可以将 MIDI 文件转换成 WAV 文件。编辑软件一般是对 WAV 文件进行剪接、效果处理、合成等,使其满足使用的要求。

4.视频处理

视频处理包括视频的剪辑、合成、调节、转换等。在一般情况下,视频处理的对象主要是由录像转换的数字电影(通常称为数字视频)和用计算机制作的动画两类内容,都是活动的画面。无论哪种对象,其制作的成本、具有的数据量都是各种媒体中最大的,而且有多种格式和压缩方法。如果原有的素材文件格式不合适,就需要进行格式转换。如果原有的内容有多余的部分,则需要剪去。为了增加效果,在编辑处理中还可以进行特技处理。在处理软件中,使用专用的转换软件,可以将一种格式的视频文件转换成另一种格式的视频文件,或做相反转换,其使用比较简单。使用编辑软件一般是实现对视频文件进行剪接、效果处理、合成等处理,使其满足使用的要求。一些好的编辑软件也可以实现转换功能。

Ulead公司的Ulead Media Studio Pro套装产品中的Video Editor是较易使用、功能较强的视频编辑软件,可以实现多种视频文件(如AVI、MPEG、DAT等)的编辑处理;可以插入图片、文字和背景。该软件提供了上百种转换过渡效果的工具,利用特效通道可以实现多个画面的淡入淡出、叠画、抠像、变形等的工具,可以实现对每个对象独立的二维或三维的运动,制作动感图片效果。在音频通道中,可以实现多声音的混合叠加,可以在一定范围中调节各通道音量的大小。利用不同的输入输出设置,可以实现文件格式和画面大小的转换。

常用的视频处理软件还有Adobe公司的Premiere、Ulead公司的Video Studio(绘声绘影)、使用Macromedia公司的多媒体制作软件Director也可以实现视频文件的编辑处理。处理效果以Video Editor和Premiere较好。Video Editor可编辑的文件类型最多,界面图形化效果好,适合一般人员使用。Premiere则专业性较强,适合于专业人员使用。

5.动画制作

动画制作是多媒体CAI课件制作中必不可少的工作。利用多媒体编辑软件可以实现简单的动画,但要达到较好的效果,就需要使用专用的动画制作软件。不同的内容需要使用不同的动画方式,利用不同的软件。

最著名的三维动画制作软件是3D STUDIO MAX,该软件具有极强的功能和很好的效果,可以制作各种三维图形和运动效果。但是由于其功能多、选择多、设置多,又需要使用者有较强的三维制图感觉和经验,因而使用起来较难,短时间不容易掌握。

使用较多的是二维动画制作软件,较早使用的是GIF Animator,近来较流行的是Flash,该类软件采用以矢量图形方式作图,设置运动路径、变形、颜色等,实现画面的运动。现在使用的多是Flash 5.0以上的版本,其动画制作简单方便,动感强,并且通过编程可以较方便地实现交互式动画,不仅可用于制作动画,还可以直接制作课件。

前面所介绍的CG Infinity软件也是一个很好的二维矢量动画制作软件,使用该软件可以绘制多种图形,填充不同类型的颜色,形成各种运动路径,产生各类的变形等等。用其制作的动画可以输出为不同格式的文件,以满足编辑软件的要求。

2.4.3　素材的一般获取方法

课件的制作是以素材为基础的,素材的好坏及是否充足直接影响课件的效果,因而获取足够的高质量的素材就是制作高质量课件的前提和基础。一般获取素材的方法根据素材的媒体类型不同有所不同,主要有以下几种。

1.自行制作

自行制作的方法主要用于制作文本、图形、按钮、背景、动画、数字视频等具有本课件特殊要求或特别创意的素材。由于内容的不同，文本基本上是自行制作，所用图形素材也由于内容的特殊性需要自行制作。对于一般效果的要求，这两类的素材制作难度不大，可以使用文本编辑软件和多媒体编辑软件制作，一般的人员就可以做到。

对于实际的照片、录像根据需要转换成相应文件，就要使用扫描仪、视频捕捉卡。一般照相和录像时要多做一些，留有选择的余地，转换时要考虑制作的要求，保证效果。

动画制作是在课件制作中难度最大的部分，要根据课件的需要选择合适的类型，既要避免盲目求高，也要避免粗制滥作。一般能用二维动画表现的内容，就不用三维动画，以减少开发的成本和时间。

2.引用已有的素材

对于使用量较大的图片、背景类素材，以及一些难于制作的素材，一般都尽可能引用。引用素材的来源：一是使用已有软件和课件中可以利用的素材，从软件中撷取；另一种是从已发表的素材库中选择，其典型是素材光盘和有关网站的图库。

引用素材时常常不能直接使用，需要根据自己的需要进行加工修改。

2.4.4　素材获取的注意事项

获取素材时要尽可能考虑使其得到更多的利用，因为除了文本素材外，其他素材的获取都需要较多的时间和费用，并且还需要时机。

在一些情况下，制作某一课件的素材时，特别是制作背景图片，常将一些中间结果也保存起来，建立自己的素材库，以备以后可能使用。

当引用素材时，要注意避免侵犯他人的知识产权，应选用免费提供的网络图库，购买正版的素材光盘等等。

2.5　多媒体软件的基本使用

多媒体处理软件的作用核心是对多媒体素材进行处理，无论多媒体编辑软件还是素材处理软件都有许多与其他软件相同和相近的地方，如窗口的形式、菜单栏、按钮工具条、甚至多数的快捷键等。掌握这一特性，利用已有的软件使用知识来了解和使用多媒体处理软件，会使我们达到事半功倍的效果。

2.5.1　编辑软件的基本功能

在 Windows 环境下，编辑软件的功能基本上是相同的，这里所说的基本功能主要有以下几方面。

1.文件操作

Windows 的应用软件基本上具有相同的文件操作，如建立新文件、打开已有文件、另存为一个文件、属性设置、关闭文件、退出程序等。文件操作的方法也都是两种，菜单操作和工具栏按钮操作。一般按钮的数量（功能）比菜单的功能要少，只设置几个主要的功能按钮。

多媒体编辑软件的文件操作也与其他软件基本相同，但在菜单中一般增加有引入文件、输出文件功能，有些还有文件转换功能。使用时，也是以菜单和设置的工具栏按钮的方式进行操作。

2.编辑功能

Windows的应用软件基本上具有相同的编辑操作，如在选择对象的方法上，可以使用鼠标点击、拖动鼠标圈选、用在按下Shift(或Ctrl)键的同时点击实现多选等。同样，在基本的编辑操作方法上，具有相同的删除、剪切、复制、粘贴，而且都可使用剪贴板和相同的热键等。编辑操作的方法也都是两种，菜单操作和工具栏按钮操作。

多媒体编辑软件的编辑操作也与其他软件基本相同，但在菜单中有所增减。使用时，也是以菜单和设置的工具栏按钮的方式进行操作。

3.媒体处理

多媒体编辑软件与其他的应用软件的主要区别在于其具有较强的多媒体编辑处理的能力，因而媒体处理是它的特色。

在计算机的媒体处理方式中，媒体处理主要有两种方式，一种是导入媒体的数据后作为内部数据处理，与编辑程序共同组成一个多媒体应用文件；另一种是导入时在编辑程序中建立有关的链接信息数据，媒体文件仍在原位置，在程序执行时根据链接信息调用该媒体文件。

为减小应用文件的尺寸，对数据量较大的媒体文件多采用外部链接的方式，如声音、视频文件类；对于较小的媒体文件或对象，如文本、图形等，则多以内部方式处理；对于多次使用的媒体文件或对象，还可以建立多媒体库，供重复使用。

媒体的导入操作一般是使用软件提供的相应的菜单或按钮，其操作方法与其他的菜单或按钮相同，根据导入设置的需要，多使用弹出的对话窗进行参数选择和设置。

不同的多媒体编辑软件有自己的特点，在选用时要根据课件设计的要求和结构来选择，同时要考虑媒体的兼容等。

2.5.2　素材处理软件的使用

素材处理软件多种多样，各有特色和相应的适用对象，因而在处理素材时，只用几种软件是不够的，处理不同类型的素材，需要选择对应的软件。

各类素材处理软件都具有Windows应用软件的共性，如文件处理、编辑处理、窗口管理等，也具有自己特殊的部分，如修改、调整、选择、效果等。为了实现这些处理功能，设置有相应的工具箱、菜单、按钮和控制面板及窗口。不同的软件设置不同，具有的功能也不同。在使用这些软件时，要注意菜单栏的不同，掌握各命令和工具的性能和使用方法，控制面板及窗口中控制参数的设置等。

在素材处理时，常需要通过不同的处理手段和过程。有时一个软件不能提供所需要的全部处理手段，就需要使用两个甚至更多的处理软件分别完成不同的加工处理，得到最后要求的结果。为了达到目的，不要局限于使用软件的数量和类型，只要得到效果就可以。当然，在使用软件时，首选的应是功能最强、使用方便、处理效果好的一种。

在图片处理中,推荐的是 Photoshop 软件;在动画文字制作中,推荐的是 CG Infinity 和 COOL 3D;在动画制作中,推荐的是 Flash 和 CG Infinity;在视频编辑处理中,推荐的是 Video Editor。

在选用的时候,要考虑设备的性能,特别是使用配置不高的计算机时,要知道硬件环境能否满足软件运行的要求。如果环境不能很好地满足要求,会造成软件运行中死机或速度过慢,不能正常处理。

2.5.3 编辑制作中的注意事项

每一项工作都有自己的特点和规则,课件制作也有自己的规律和特点,还有一些有关的注意事项。我们在制作课件时需要注意的有以下方面。

1.文件管理

在制作课件或素材处理时,都需要使用一些文件、建立一些文件,素材处理中要建立相关文件、处理后还要形成结果文件,所以使用的文件较多,需要较好的管理。

如其他项目管理一样,制作课件时,应先建立该课件的项目文件夹,再在文件夹中建立不同的分类文件夹,用于存放相应类型的文件。课件的所有有关的文件和信息都存放在这同一文件夹中,使用时尽可能使用相对路径,可以保证文件的链接和调用路径的正确,避免复制和发行时出现找不到文件的错误。

常规建立的子文件夹有声音文件夹、视频文件夹、图片文件夹、库文件夹、临时文件夹、工具文件夹等,需要时还可以建立帮助文件夹。编辑的程序文件、安装文件、说明文件等放置在主文件夹中。

当课件制作完成后,将文件夹及所有文件复制到另一处,删除所有与运行无关的文件,再运行制作好的课件,确认文件的路径和数量。

2.备份管理

在文件处理中,必然要对文件进行修改,由于多媒体编辑或素材处理中,经常同时打开几个窗口,运行不同的软件,有时会争用系统资源,处理不好会造成死机,可能会使文件受损。为避免不必要的文件损坏,要在适当的时候及时保存打开的文件。

在进行素材处理时,要对原文件进行处理,改变文件的内容。为保证原内容不被破坏,在处理前应先建立一个被进行处理文件,只对新建立的文件进行处理,保持原文件不被改变,作为备份。

3.中间结果管理

在素材处理中,常会产生一些有意义的意外结果,可能在有些情况下有用,有必要将其保存起来,以备将来使用。对于这样的结果,应单独建立一个文件夹,作为自己的备用的资料库。

在素材处理时我们也会遇到这样的情况,将素材处理后,有两个或更多的结果可以满足要求,而且难于抉择选用哪一个。这时需要将这些结果保存,到课件中去比较整体效果,再行选择。

第3章　用 PowerPoint 制作 CAI 课件

PowerPoint 是微软公司 Microsoft Office 套装软件中的一个演示文稿制作和播放软件，用它可以编辑制作屏幕演示、35 mm 幻灯片、HTML 文档，并可打印演示文稿、讲义、备注和大纲等。现使用的基本上都是 PowerPoint 2000 或 PowerPoint XP，其编辑处理的对象是文本、图形、图表、图像、声音和数字视频形式，具有较好的演示效果，一般在讲座、产品介绍、学术报告中被广泛使用。

在 PowerPoint 编辑窗口中，可实现大纲幻灯片播放、各幻灯片内容的编辑、动作和切换的选择和设置。在各个幻灯片中可以实现文本、图形的编辑和制作，可导入多种格式的图片并可缩放和裁剪，可以导入声音和视频文件并设置播放方式，还可以通过超级链接与其他软件或程序及数据文件连接，实现资源共享。总之，PowerPoint 编辑功能是较强大的。

在播放时，通过设置播放方式可以实现人工播放或自动播放两种播放控制方式，利用按钮设置和超级链接可以实现顺序播放和控制转移等不同的播放路径和方式。

用 PowerPoint 制作的 CAI 课件，主要适用于教师集中讲授时的辅助演示，也可用于个人学习时的辅导演示，取代板书、挂图，还可以用网络发布教学指导、辅导等教学内容，实现远程教育。

PowerPoint 采用全窗口菜单操作，可视化编辑处理，无需编程，使用简单方便。控制方法灵活，媒体连接简单，转换形式多样，画面动感效果好，有一定的素材处理能力。

一般 PowerPoint 在播放时，播放计算机中需要装有 PowerPoint 和其他相应播放软件平台，因而对软件要求多。由于其主要目标是多媒体演示，人机交互处理的功能和数据处理功能不强，不适合做练习等交互要求和数据处理较多的课件。

3.1　基本界面和使用

使用 PowerPoint，第一步要做的工作就是启动 PowerPoint。启动 PowerPoint 之后，屏幕上将出现如图 3.1 所示的启动界面。其中，窗口右侧的区域为 PowerPoint 的任务窗格。如果是初次启动 PowerPoint，在屏幕上通常还会出现 Office 助手。PowerPoint 作为一个 Windows 操作系统平台上的应用软件，有 Windows 软件共同的形式，如窗口的形式、菜单栏、按钮工具条等，甚至多数的快捷键都与 Windows 软件的相同或共用。

3.1.1　基本界面

PowerPoint 的基本界面由标题栏、菜单栏、工具栏、显示窗、状态栏、滚动条等组成。如图 3.1 所示。

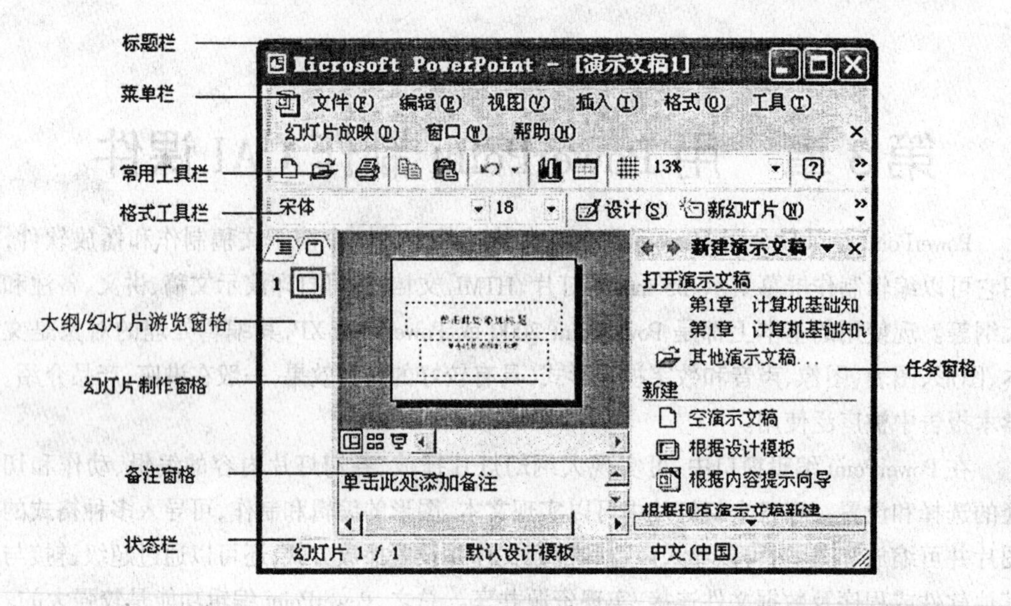

图 3.1 PowerPoint 界面

1. 标题栏

在窗口的最上方,左边显示处理的文件名和软件名称,右边 3 个按钮分别用于实现窗口最小化、正常或最大、关闭控制 。

2. 菜单栏

菜单栏在标题栏的下面,由文件、编辑、视图等 9 组菜单组成,提供了上百条命令,用于创建和编辑演示文稿。在 PowerPoint 中,菜单栏又表现为特殊工具栏,除了菜单命令条外,还有快捷键,用于实现快速操作。

3. 工具栏

工具栏提供快速访问的常用命令和功能,由于命令较多,以功能分成十几个工具栏,包括有常用、格式、绘图、图片、艺术字阴影等。每个工具栏中的按钮对应一个功能或命令,鼠标单击有效。为使界面整洁,每一个工具栏在使用时可以打开,显示为工具条或工具窗口,不使用时可以关闭。

在窗口的最下部,状态栏中显示当前处理和总的幻灯片的页数,选中命令时提供有关选定命令或操作进程的信息。

4.工作区

工作区是制作幻灯片的编辑制作区域,其窗口左下角有一排视图选择切换按钮 ,分别为普通、幻灯片浏览和放映。当窗口不能完全显示内容时,在窗口相应方向出现滚动条,用于调整显示的位置及翻页。

为了便于编辑制作,在幻灯片窗口中,在视图菜单中可选择加入辅助线和标尺。辅助线是用于帮助对齐位于幻灯片内的有关对象,标尺用于显示文本对象中的制表符和缩进设置,或者用于确定幻灯片中各对象的尺寸。

5.大纲/幻灯片浏览窗格

显示幻灯片文本的大纲或幻灯片缩略图。单击该窗格左上角的“大纲”标签,可以方便地输入演示文稿要介绍的一系列主题,系统将根据这些主题自动生成相应的幻灯片;单击该窗格左上角的“幻灯片”标签,则演示文稿中的每个幻灯片按照缩小方式,整齐地排列在下面的窗口中,从而呈现演示文稿的总体效果。

6.备注窗格

备注窗格用于输入备注,这些备注可以打印为备注页。

7.任务窗格

在 PowerPoint 的任务窗格中,根据功能的不同,该区域被分成了 4 组。选择这 4 个任务窗格中的某一个选项,就可以开始使用 PowerPoint 了。

(1) 打开演示文稿任务窗格

该任务窗格列出了用户近期编辑过的演示文稿的名称,用户可从中选择并打开其中任何一篇演示文稿进行编辑、查看,或者在计算机中播放该演示文稿。如单击“演示文稿”选项,系统将显示“打开”对话框以便选择要打开的文件。

(2) 新建任务窗格

在该任务窗格中单击“空演示文稿”选项,可以创建一个新的空演示文稿。提供了多种预先定义好的幻灯片布局供用户选择。

如果在幻灯片版式任务窗格中单击选择某个版式,表示将把所选版式应用于指定幻灯片。此外,当用户将光标移至某个版式图标时,将在该版式图标的右侧出现一个操作指示条,单击该操作指示条将打开菜单。通过在该菜单中选择不同的菜单项,可将选定版式应用于选定幻灯片,或者在演示文稿中插入一个选定版式的新幻灯片。

8.状态栏

在窗口的最下部,状态栏中显示当前处理和总的幻灯片的页数,选中命令时提供有关选定命令或操作进程的信息。

3.1.2　工具栏的设定

在实际使用中,经常需要将工具栏打开或关闭。同时也可以调整工具栏中按钮的数量和设置。

1.工具栏的打开和关闭

选择视图菜单中工具栏,在右边列出所有的工具栏,各栏的左端打勾,表示该工具栏已打开,没有的则为关闭。用鼠标点击要打开的工具栏,可将关闭的工具栏打开,用鼠标点击已打开的工具栏,可将该工具栏关闭。如图 3.2 所示。

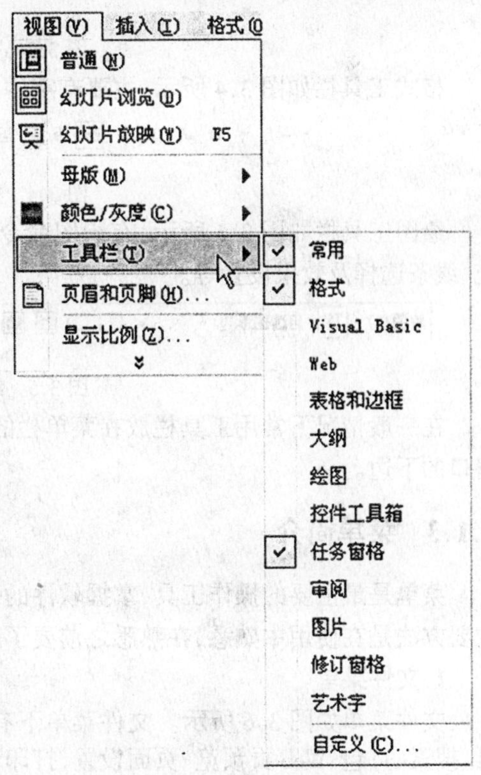

图 3.2　工具栏的设定界面

如果工具栏以窗口的形式出现,用鼠标点击打开工具栏的右上角关闭钮,可以关闭该工具栏。在工具栏上点击鼠标右键,也可以打开工具栏列表,打开或关闭相应的窗口。

2.工具栏的位置调整

打开的工具栏在屏幕上的位置可以用鼠标拖动,进行相应的调整,将其放置在任意位置。屏幕上的工具栏有两种显示形式,工具条和工具窗形式。当将工具栏拖放到窗口的边缘处时,形式自动转换为工具条,将工具栏放置在中间时,形式自动转换为工具窗口。

将所用的工具栏放置在合适的位置,使用时才方便快捷。

3.工具栏中按钮的设置

一个工具栏中有多个按钮,每个按钮都出现时,会使窗口显得杂乱,特别是对一些不常用的按钮,没有出现的必要,可以将其隐藏起来,使工具栏中只显示需要的按钮。

工具栏以工具条形式显示时,在工具条的右端有一个向下的小三角的按钮 ,鼠标在其上时,提示为其他按钮。点击该按钮,出现添加或删除按钮,用鼠标选中时,在右边出现该栏的按钮列表,选择打开的按钮可将其删除,选择删除的按钮,可以将其添加到工具栏中。

4.常用的工具栏设置

一般最常用的工具栏主要是3个,常用、格式和绘图。

常用工具栏如图3.3所示,主要有文件操作中的新建、打开和保存;编辑处理中的剪切、复制、粘贴、撤消、重做;插入处理中的超级链接、表格、图表、新幻灯片及显示比例等。

图3.3 常用工具栏

格式工具栏如图3.4所示,主要有字体、字号、四种类型、排列形式等。

图3.4 格式工具栏

绘图工具栏如图3.5所示,有绘图命令组、编辑、旋转、图形选择、文本框、颜色及填充、线条选择及效果设置等。

图3.5 绘图工具栏

在一般情况下常用工具栏放在菜单栏的下边,其下面是格式工具栏,绘图栏一般放在窗口的下边。

3.1.3 菜单简介

菜单是最主要的操作工具,掌握软件的使用是掌握菜单和按钮的使用。掌握菜单的主要方法是在使用中熟悉,在熟悉之前要了解菜单的种类、功能和用法。

1.文件菜单

文件菜单如图3.6所示。文件菜单下有新建、打开、关闭、保存、另存为、另存为Web页、搜索、打包、Web页预览、页面设置、打印预览、打印、发送、属性、最近的文件名和退出共16个命令。

文件菜单下的命令主要是进行文件的操作，除打包命令外，其他的命令都是在 Windows 环境下通用的，各软件都基本相同。根据文字意义，可推知其命令的功能。

2. 编辑菜单

编辑菜单如图 3.7 所示。编辑菜单下有撤消(上一操作)、重做(或重复)、剪切、复制、office 剪贴板、粘贴、选择性粘贴、粘贴为超链接、清除、全选、复制(制作副本)、删除幻灯片、查找、替换、定位至属性、汉字重组、链接和对象共 18 个命令。

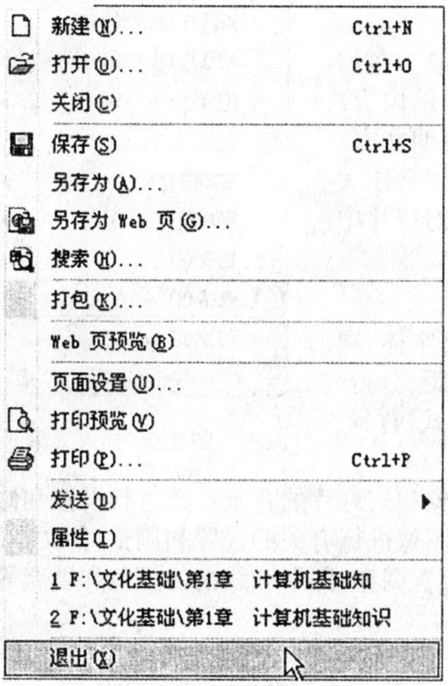

图 3.6　文件菜单

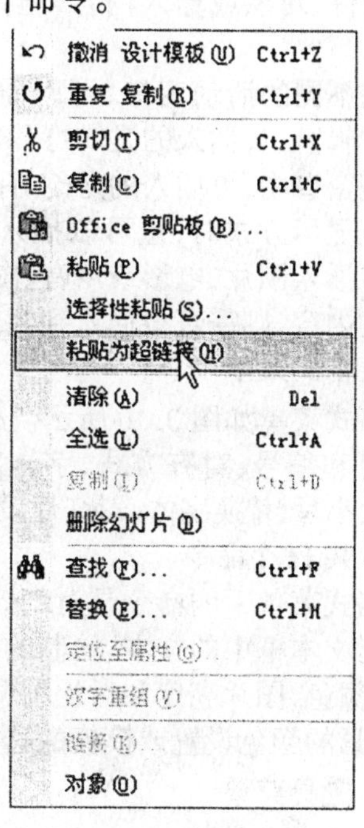

图 3.7　编辑菜单

编辑菜单下的命令主要是对选择的对象进行相应的编辑处理操作。在幻灯片编辑窗口中，是对显示的幻灯片中被选择的对象进行处理；在大纲窗口中，对选中的内容进行处理；在浏览窗口中，对选中的幻灯片进行处理。各编辑命令的功能，可由命令条中的文字意义得出。

3. 视图菜单

视图菜单如图 3.8 所示。视图菜单下有普通、幻灯片浏览、幻灯片放映、备注页、母版、颜色/灰度、任务窗格、工具栏、标尺、网格和参考线、页眉和页脚、标记、显示比例共 13 个命令。

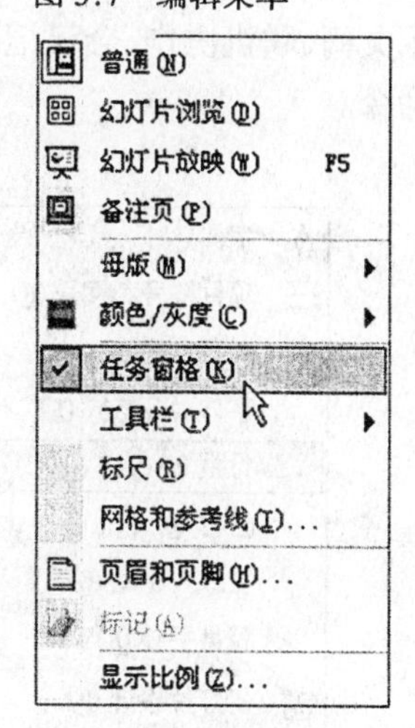

图 3.8　视图菜单

视图菜单下的命令是设置在显示窗口中要显示的内容。使用这些命令，可以选择主窗口中显示的对象，显示内容的方式，需要的工具栏，参考工具和显示比例等。

4. 插入菜单

插入菜单如图 3.9 所示。插入菜单下有新幻灯片、幻灯片副本、幻灯片编号、日期与时间、符号、批注、幻灯片(从文件)、幻灯片(从大纲)、图片、图示、文本框、影片和声音、图表、表格、对象、超链接共16个命令。

插入菜单下的命令是在光标当前位置插入相应的对象。由于插入命令要求确定插入的对象种类,所以执行命令时,先要打开一个选择或输入的窗口,选择插入的文件、对象或输入内容,选择或输入后,内容被插入。

在不同的活动窗口,可以插入不同的对象。在幻灯片编辑窗口,插入的是幻灯片中的显示对象的内容;在大纲窗口中,可插入的是幻灯片或大纲的说明文本;在浏览显示方式时,也可以插入幻灯片。但如果在大纲窗口插入图片、电影或声音、图表等只能在幻灯片中出现的内容,则需直接插入到当前的幻灯片中。

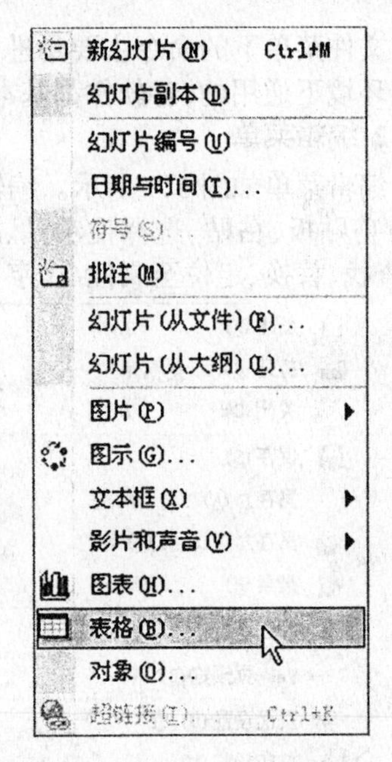

图 3.9　插入菜单

5.格式菜单

格式菜单如图 3.10 所示。格式菜单下有字体、项目符号和编号、对齐方式、字体对齐方式、行距、分行、更改大小写、替换字体、幻灯片设计、幻灯片版式、背景、占符位共 12 个命令。

格式菜单下的命令是对幻灯片中选中对象和幻灯片的背景参数进行设置和修改。主要是对文本框中的文本、绘制的图形、插入的图像进行有关的设置和调整,如文本的字体、格式、颜色、图片亮度和对比度调整、尺寸和位置调整,图形和线条的颜色和填充等有关设置,背景的颜色设置或模板的选择等。

6.工具菜单

工具菜单如图 3.11 所示。工具菜单下有拼写和语法、语言、版式、语音、比较并合并演示文稿、联机协作、会议记录、网上工具、宏、加载宏、自动更正选项、自定义、选项共 13 个命令。

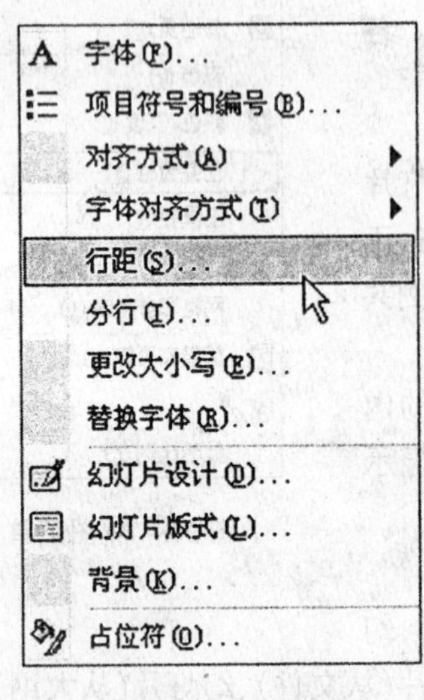

图 3.10　格式菜单

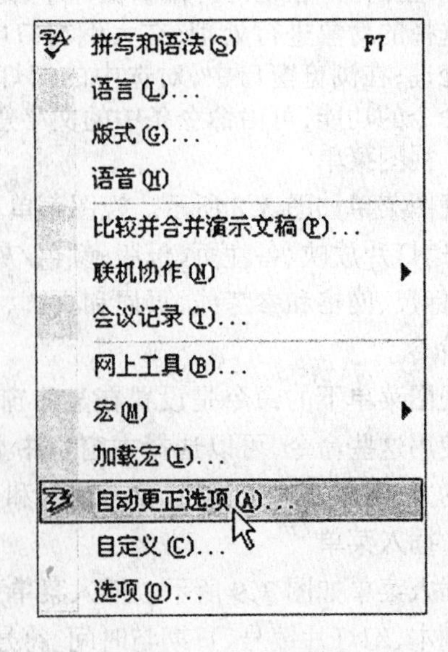

图 3.11　工具菜单

工具菜单下的命令是提供一些处理工具,如对文字拼写的检查、网络联机会议以及宏的操作等。

7.幻灯片放映

幻灯片放映菜单如图3.12所示。幻灯片放映菜单下有观看放映、设置放映方式、排练计时、录制旁白、联机广播、动作按钮、动作设置、动画方案、自定义动画、幻灯片切换、隐藏幻灯片、自定义放映共12个命令。

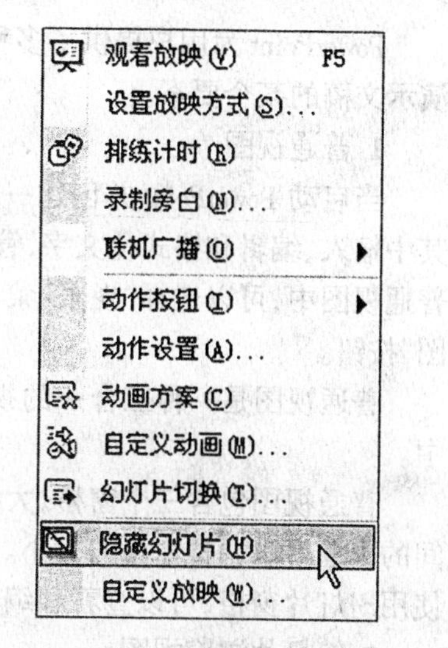

图3.12 幻灯片放映菜单

幻灯片放映菜单下的命令是用于幻灯片播放时的动作方式设置。其中主要是幻灯片中对象的动画设置、幻灯片切换方式的设置、媒体播放方式的设置、交互按钮的设置、定时设置、放映方式的设置。这一菜单栏的使用对幻灯片动画效果及播放作用最大,也最灵活。

动画设置不同,播放时给人的感觉有时会相差很多。不同的设置组合,体现出不同的风格,形成迥异的效果。如何在动画设置中体现创意和效果,需要在实践中体会、总结和提高。

8.窗口菜单

窗口菜单如图3.13所示。窗口菜单下有新建窗口、全部重排、层叠、下一窗格、当前窗口文件列表共5个命令。

窗口菜单下的命令是用于设置当前打开窗口的显示形式,主要用在同时打开处理2个或以上文件的情况。使用其中的命令可以设置文件窗口排列形式、建立新窗口、改换当前窗口等。如果只打开1个文件,这时窗口菜单命令使用得较少。

9.帮助菜单

帮助菜单如图3.14所示。帮助菜单下有7个命令,用于设置Office助手、帮助方式和有关信息。

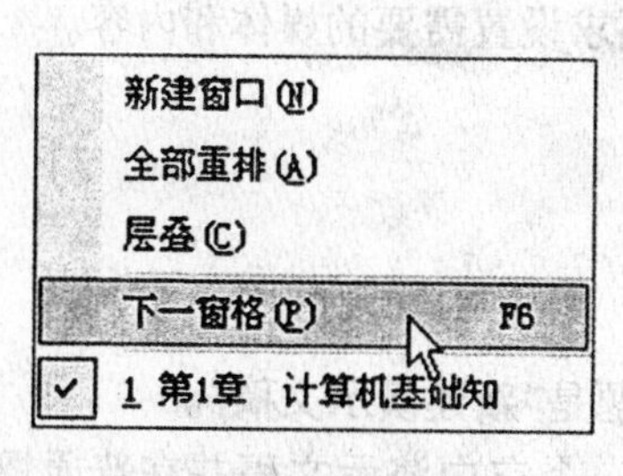

图3.13 窗口菜单

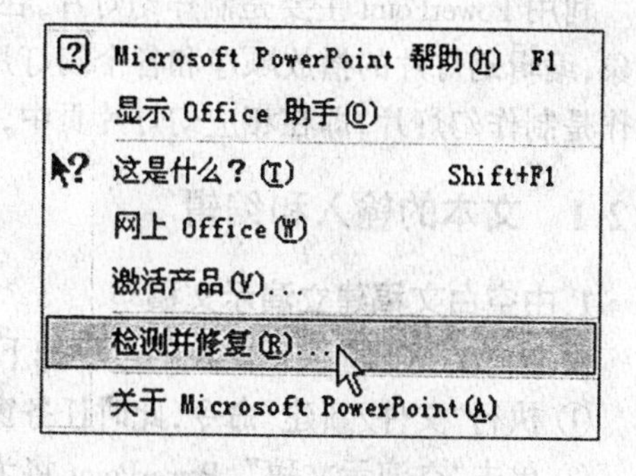

图3.14 帮助菜单

3.1.4 视图方式

PowerPoint 为用户提供了多种不同的视图方式,每种视图都将用户的处理焦点集中在演示文稿的某个要素上。

1.普通视图

当启动 PowerPoint 并创建一个新演示文稿时,通常会直接进入到普通视图中,可以在其中输入、编辑和格式化文字,管理幻灯片以及输入备注信息。如果想从其他视图切换到普通视图中,可以选择“视图”菜单中的“普通”命令或者单击水平滚动条左侧的“普通视图”按钮。

普通视图是一种三合一的视图方式,将幻灯片、大纲和备注页视图集成到一个视图中。

普通视图包含三个窗格,大纲幻灯片浏览窗格、幻灯片窗格和备注窗格。拖动窗格之间的边框可以调整窗格的大小。使用大纲窗格,可以组织和键入演示文稿中的文本内容;使用幻灯片窗格,可以查看和编辑每张幻灯片;使用备注窗格,可以添加备注信息。

2.幻灯片浏览视图

选择“视图”菜单中的“幻灯片浏览”命令或者单击水平滚动条左侧的“幻灯片浏览视图”按钮,即可切换到幻灯片浏览视图中。

在幻灯片浏览视图中,能够看到整个演示文稿的外观。在该视图中可以对演示文稿进行编辑,包括改变幻灯片的背景设计和配色方案、调整幻灯片的顺序、添加或删除幻灯片、复制幻灯片等。另外,还可以使用“幻灯片浏览”工具栏中的按钮来设置幻灯片的放映时间、选择幻灯片的动画切换方式等。

3.备注页视图

PowerPoint 2002 没有提供“备注页视图”按钮,但可以通过选择“视图/备注页”命令来打开备注页视图。在这个视图中,用户可以添加与幻灯片相关的说明内容。

3.2 幻灯片的基本制作

利用 PowerPoint 主要是制作幻灯片,在文件中设置幻灯片,在各个幻灯片中设置有关对象,编辑幻灯片的播放顺序和各个幻灯片中对象的出现顺序。在这些工作中,最基本的工作是制作幻灯片,即在相应幻灯片页中,按稿本要求设置需要的媒体和内容。

3.2.1 文本的输入和编辑

1.由空白文稿建立演示文稿

由空白文稿建立演示文稿的过程如下。

① 执行“文件/新建”命令,此时任务窗格的标题是“新建演示文稿”。

② 单击“空演示文稿”,PowerPoint 将为您创建一个空白演示文稿并在普通视图中显示它。

③ 此时任务窗格的标题是“幻灯片版式”,默认选择是第一种幻灯片版式,如果不能

满足需要，可以在任务窗格中选择一种需要的版式，单击它，当前幻灯片的版式就变成您需要的幻灯片版式了。

也可以使用绘图工具栏中的文本框按钮（建议使用），或使用菜单栏中“插入”项中的“文本框”的选项，选择要使用的是“水平”或“垂直”文本框，然后拖动鼠标在幻灯片中“画”出一个文本框，接着只要在文本框中键入相应的文字就可以了。输入完毕后，将光标移到文本框外，点击鼠标，就结束了文本输入状态。

④ 单击“常用”工具栏上的“新幻灯片”按钮，PowerPoint 就会向演示文稿中加入一张新幻灯片，为它选择版式并编辑它。

⑤ 单击“常用”工具栏中的“保存”按钮，保存所做的设计。

2. 利用内容提示创建演示文稿

如果所要演示文稿是通用的形式，PowerPoint 提供的丰富的提示向导一定能满足您的需要。它会为您规划好一切，并显示最详细的提示，您要做的就是填空。利用内容提示向导创建演示文稿的方法如下。

① 执行“文件/新建”命令，此时任务窗格的标题是“新建演示文稿”。

② 单击“根据内容提示向导”，弹出“内容提示向导”对话框。这一步中没有要选择的内容，直接单击“下一步”按钮即可，之后按“内容提示向导”的提示一步一步做下去。

3. 利用模板创建演示文稿

利用 PowerPoint 提供的模板创建演示文稿的方法如下。

① 执行“文件/新建”命令，此时任务窗格的标题是“新建演示文稿”。

② 单击“通用模板”，弹出“模板”对话框，选择“设计模板”选项卡。

③ 在左边的列表中单击想要的模板，对话框的右边会显示出该模板的示例。

④ 之后的步骤与“从空白演示文稿出发建立文稿”时完全一样，只是幻灯片的背景、字体等都按照模板的设定。

⑤ 单击“常用”工具栏中的“保存”按钮保存。

在输入文本时，可以用以下方法。

① 在输入文本时，可以利用粘贴命令，粘贴是利用 Windows 的剪贴板做中介，在一个幻灯片或文件窗口中，使用编辑菜单中的复制命令、快捷键 Ctrl + C 或复制按钮，可将其中被选中的部分内容复制到剪贴板中；在另一个幻灯片或文件窗口中，用编辑菜单中的粘贴命令、快捷键 Ctrl + V 或粘贴按钮可将剪贴板中的内容粘贴到这个幻灯片或文件窗口中光标所在的相应位置。

② 从文件中引入，利用插入菜单中的对象命令，打开插入对象窗口选择新建选项和相应的软件工具后确认，幻灯片上自动建立一个空白的编辑框，进入相应的输入和编辑状态，可以进行编辑修改。如果选择由文件建立，则自动打开文件选择窗，选择文件并确认后，幻灯片也自动建立编辑框，框中是插入的文件内容，可以进行编辑修改。

使用插入对象命令实现的是一种嵌入，只将选中的对象复制到幻灯片中，之后与原文件再无关系。原文件改变时，引入的文件不随之改变。

插入对象的结果是嵌入一个对象的整体，不能在 PowerPoint 中直接进行编辑修改，需要进入到相应的平台环境才可以进行。

4.编辑修改

编辑修改文本可用格式工具栏中的相应按钮(建议使用)进行设置和修改,也可用菜单栏中格式项中的相应的选项实现,可以改变字体、大小、字形、阴影等。可用绘图工具栏中的文本颜色、填充颜色、边框等设定按钮设置相应内容(建议使用),字体颜色也可用菜单栏中格式项中的字体选项实现。

如果是对框内的文本进行编辑修改,如增加或删除文字,更改一部分文字的大小、颜色或字体等,要在文本编辑方式下进行。

具体做法是当文本框区域中光标为"I"状时,点击鼠标左键(或在要修改的文字处点击鼠标),使文本框成为浮动的文本编辑状态,用鼠标圈选要修改的文字部分或在选择插入的位置点击确定编辑的位置,进行编辑修改。

如果是对整个文本编辑框中所有内容的格式编辑修改,如改变字体、大小、字形、排列方式、颜色、填充方式、边框形式等,应选择对象编辑方式。

具体做法是在文本框区域中光标为十字箭头形状时,单击鼠标左键,使文本框成为浮动的对象编辑状态(对象编辑状态的边框由点形成,如果在文本编辑状态时边框是由斜线构成,按 Esc 键或用鼠标左键单击边框可由文本编辑状态退到对象编辑状态),单击需要的工具栏中按钮,就可以实现修改。如果选择和设置新的颜色和类型,要使用填充或线条右边的小三角按钮,打开一个选择窗进行设置。

如果要修改文本框的位置和长宽比例,可用鼠标拖动边框四周的小四方形手柄,使其满足要求。

在一般情况下,文本内容的编辑修改与 Word 等其他的文本编辑软件基本相同,可以使用编辑菜单中的命令、常用工具栏的按钮和快捷键,具体用法可参考类似软件。

使用绘图工具栏中的艺术字按钮 ,可选择艺术字的形式、颜色、字体等,在幻灯片上加入艺术字。

注意:加入的艺术字不是一般的文本,是特殊的图形,计算机对图形与文本的处理方式不同。

3.2.2 图形的制作、引入和编辑

图形是常用的媒体形式之一,PowerPoint 提供了较强的图形的绘制、引入和编辑处理功能。在幻灯片中形成图形有 3 种方法,即直接绘制、由其他幻灯片或文件处粘贴、导入其他文件。

1.图形的绘制

图形的绘制是使用绘图工具按钮。绘制图形的类型可用绘图工具栏中的"自选图形(U)"按钮(建议使用),也可用菜单栏/插入/图片/自选图形,弹出图形选项菜单,如图 3.15 所示。用鼠标单击选择要绘制的图形类型,进入绘制图形状态(光标变化),将光标移动到起始位置后,拖动鼠标绘出相应图形。

绘制线条图形的类型有直线、单箭头、双箭头、弧线(曲线)、任意多边形和自由曲线 6 种。直线、单箭头和双箭头用于绘制直线图形,利用绘图工具栏的相应按钮,可以设置线条的类型、颜色和宽度。弧线(曲线)、任意多边形和自由曲线用于绘制任意的曲线图形和

平面图形。当绘制的是非闭合曲线时,自动设为无填充色,作为线条处理,选用填充颜色时,以在始末端之间的连线为界填充,当绘制的是闭合曲线时,自动设为当前填充色填充曲线内部。

在自选图形中还有连接符、基本形状、箭头总汇、流程图、星与旗帜、标注、动作按钮和其他自选图形选项。如图3.15中所示。除其他自选图形外,每一选项都有一组标准的基本图形。根据需要选择出图形的形状后,在幻灯片中拖动鼠标,就绘制出了相应的图形。

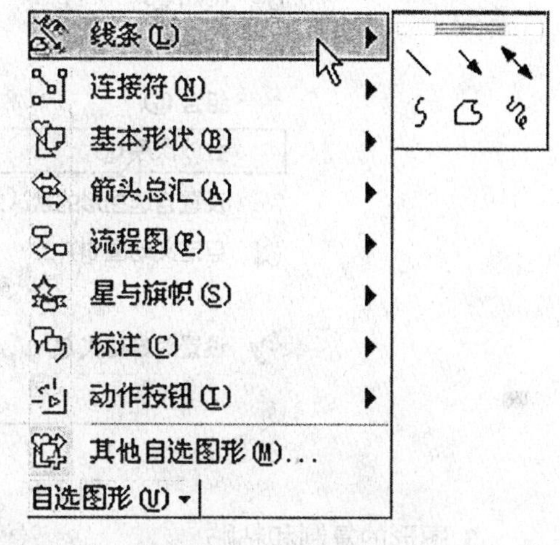

图3.15　自选图形按钮

如果选用“其他自选图形”选项,会自动打开自选图形收藏夹的选择窗口,可在窗口中选择类型和对应的图形,利用窗口中的复制按钮将其复制到剪贴板中,然后再粘贴到幻灯片中。如果有图形文件想引入到收藏夹,也可以在这时进行。

在绘图工具栏中,还提供了直线、箭头线、矩形、圆形4个快捷按钮,使得绘制这几种图形的操作更方便。

使用绘图工具栏中的填充按钮,打开选择框,可以对图形的颜色、填充形式等进行选择和设置,也可以对文本框的背景进行相同的填充和设置。

使用绘图工具栏中的线条颜色按钮,打开选择框,可以对线条和图形边线的颜色、图案形式进行设置,也可以对文本框的边线进行相同的填充和设置。使用线型、虚线线型可以对线条和图形边线进行设置。使用箭头样式按钮可以设置箭头的方向和形状。

2.绘制图形的编辑修改

点击要编辑修改的图形,使得图形进入被编辑状态(边框上出现小矩形手柄)。光标在图形中为十字箭头形状时,用鼠标可拖动图形到希望的位置。将光标移动到图形上方旋转按钮处,拖动它可以旋转图形。光标在手柄处为双箭头形状时,拖动图形边框上的控制手柄,可以改变手柄处线条或图形的边线端点的位置,从而改变线条或图形的形状。对一些可调整形状的图形(如平行四边形、空心箭头、按钮等),拖动图形边上的黄色控点,可以改变图形形状的特征部分(如平行四边形的角度、空心箭头的箭头大小等)。

双击图形,可以打开该图形的格式设置对话框,通过对话框中各项设置的选择和输入,可以改变和重新设置。

对选中的图形对象点击鼠标右键,打开快捷编辑处理菜单,如图3.16所示,其中有常用的编辑和设置命令。需要注意的有叠放次序和组合命令二个。使用叠放次序命令可以改变与其他对象的前后覆盖关系。同时选中几个对象后使用组合命令,可将选中的对象组合为一个对象,也可以利用拆分组合命令将已组合的对象拆分为各单元对象。

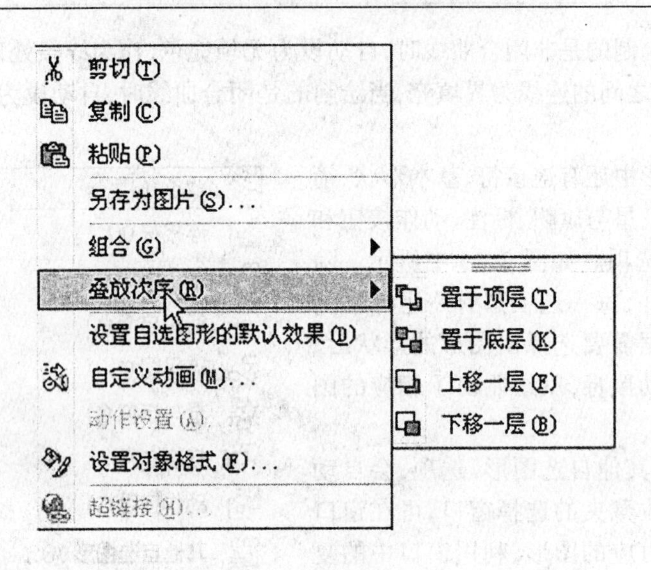

图 3.16　编辑和设置菜单

3.图形的复制和粘贴

图形的复制粘贴也是利用 Windows 的剪贴板做中介,由其他的幻灯片或其他文件中选择需要的图形复制到剪贴板中,再到需要的目的幻灯片中粘贴,实现幻灯片之间图形的复制。如果需要从其他文件的幻灯片中复制图形,则要同时打开 2 个或以上文件,在源文件窗口中,利用菜单中的复制命令或常用工具栏中的复制按钮,将被选出的图形复制到剪贴板中,在目的文件窗口中,用粘贴命令或按钮将剪贴板中的内容粘贴到目的幻灯片的相应位置。

这种复制很有用,主要用做相关图形的制作。如一个由方到圆的图形变化,可先制作一个正方形,将其复制到下一幻灯片,经修改变为圆;再复制到下一幻灯片修改,直到变为圆形,当使用自动播放时,就演示出由方到圆的动画。复制的数量与要求动作的精细程度有关。

4.剪贴画

剪贴画是 Microsoft Office 提供的一组图库,由一些常用的图形和图片分类别组成,用以进行画面的修饰等。如果自己制作的图形或图片有收藏或多次使用的价值,也可以添加到剪贴画库中,还可以将其他的图形或图片收藏到剪贴画库中。

使用插入菜单中的插入剪贴画命令或绘图工具栏中的插入剪贴画按钮,任务窗格为插入剪贴画,选择剪贴画管理器,可以打开剪贴画选择窗口。按窗口中给出剪贴画的类别及其他相应的选择,点击选出所需要的画片,点击复制钮将其复制到剪贴板中,回到幻灯片编辑窗口中粘贴,就将画片粘贴到幻灯片中了。也可以使用其他的方法,即在选中画片后直接拖到当前幻灯片中。

注意:Office XP 中对剪贴画的管理功能进一步加强,执行“插入/剪贴画”命令,任务窗格中会出现剪辑管理器,如图 3.17 所示,按照提示进行即可。在第一次插入剪贴画时,Office 会搜索您的硬盘,查找所有可用的剪贴画,请等待搜索完成。

另一种插入剪贴画的方法是,新建一张带有内容占位符版式的幻灯片,然后单击内容

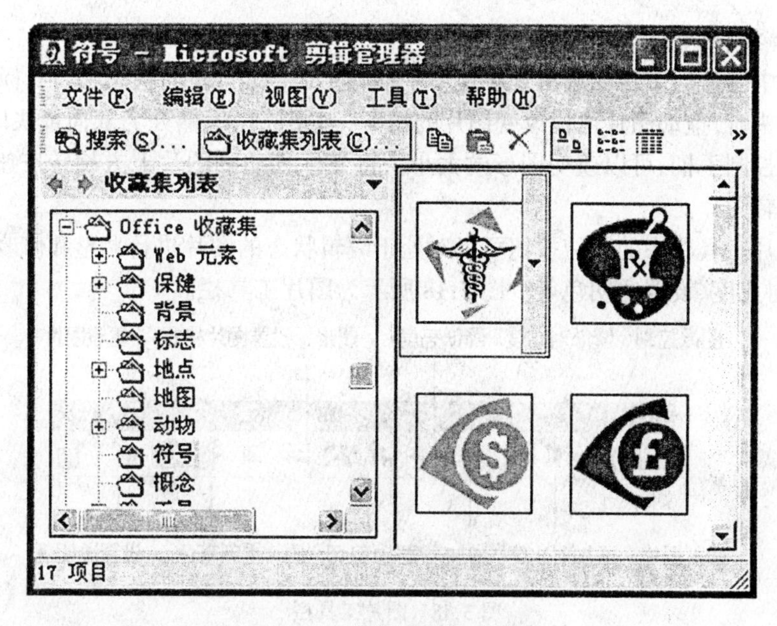

图3.17　剪辑管理器对话框

占位符上的"插入剪贴画"图标，也可以在新建的幻灯片中插入剪贴画。

如果插入的剪贴画是 Microsoft Office 的 WMF 类型的文件，双击该剪贴画将弹出对话框，确定是否将其拆分转换为 Microsoft Office 图形的组合。对转换拆分后的图形可以再组合，调整修改等。其他格式的图形不能被拆分，只能做图片处理。

在 Microsoft Office XP 中，许多剪贴画的分类是为在光盘中或由用户从 Internet 上的 Microsoft 网站中下载后添加的，如果没有光盘或网络，这些分类无法使用。

利用 Windows 的剪贴板做中介，由其他的幻灯片中选择需要的剪贴画复制到剪贴板中，再到需要的目的幻灯片中粘贴，就实现幻灯片之间剪贴画的复制。

3.2.3　图片的插入和编辑

插入图片主要是指引入位图文件。插入图片文件的类型是.BMP、.JPG、.TIF 等类型的图片文件。

1.插入图片文件

使用插入菜单栏中"插入/图片/来自文件"选项，打开选择图片文件窗口，选定图片文件后双击或用插入按钮关闭窗口，图片将插入到当前幻灯片的中间。

插入的图片文件是以嵌入的方式，嵌入后与原文件不再有关。

2.图片的粘贴

利用 Windows 的剪贴板做中介，可以实现幻灯片之间图片的复制，也可以将其他软件中的图片通过剪贴板复制到幻灯片中。

无论是在哪一个软件环境中用复制或剪切命令将一个内容复制到剪贴板中，在对幻灯片进行编辑时，如果剪贴板中的内容可以被幻灯片使用，使用粘贴命令就可以将这个内容贴到幻灯片中。如果不能被幻灯片使用，粘贴命令或按钮无效，不能粘贴。

3.编辑修改

点击选中图片后图片四周出现小矩形手柄，进入浮动的编辑状态。当光标在图片内部为十字箭头时，拖动图片可以改变图片的位置；当光标在手柄处为双向箭头时，拖动图片边框上的控制手柄，可以改变图形的大小。将光标移动到图片上方旋转按钮 ? 处，拖动它可以旋转图片。

使用图片工具栏中的相应按钮可以对处于编辑状态的图片进行调整和修改，如裁剪、调节亮度、对比度、设置透明色等。图 3.18 所示为图片工具栏。

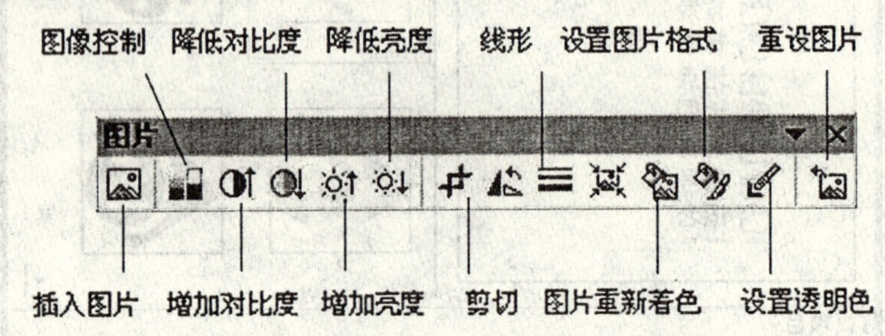

图 3.18 图片工具栏

图片在编辑状态，点击“裁剪”按钮后，光标在手柄处变为裁剪形状，拖动手柄改变图片尺寸同时图像不变化，实现了边缘的裁剪。插入的图片只能是矩形，裁剪也只能在长宽方向上进行。

使用亮度和对比度按钮，可以在一定范围内调整改变图像的亮暗和深浅。

使用设置图片格式按钮，打开设置窗，可进行边框颜色、线形、背景多项的调整。

使用透明色按钮，可以选择被透明处理的颜色，并将其设置为透明色。

使用 ⛰ 按钮，可以使图片旋转。

使用 ⌘ 按钮，可以使图片压缩。

3.2.4 视频文件的插入和控制

插入视频是在幻灯片中引入数字视频文件，实际是建立一个导入相应文件的连接信息。实际的视频文件仍在原处，不能放在文件内部。如果原文件改变，幻灯片播放的是改变后的效果。如果文件的路径改变，会出现找不到文件的提示。

1.视频文件的插入

使用插入菜单栏中“影片和声音”中的“文件中的影片”选项，如图 3.19 所示。打开“文件选择窗”，选择要插入的视频文件，点击“确定”按钮后，影片出现在幻灯片中，并打开对话框，选择当播放到该对象时是否自动播放。

如果使用插入菜单栏中的“对象/视频剪辑”选项，当前幻灯片的中间出现一个摄像机图标，同时菜单栏和工具栏也随之改变。使用编辑菜单，可以设置播放的起止、控制方式等。使用插入剪辑菜单中的 Windows 视频命令，打开文件选择窗口，浏览和选择需要的文件，确定后关闭窗口，图像代替摄像机图标。使用插入剪辑菜单中的属性命令，可以设置播放窗口比例等属性。

能插入的视频文件的格式是 Windows 的.AVI、.MPG、.GIF 等类型的影片或动画片文件，同时要求微型计算机具有相应的播放软、硬件支持。

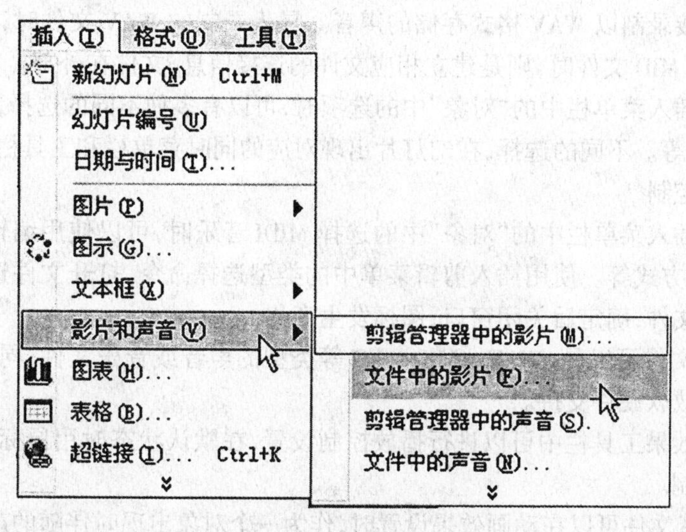

图 3.19　视频文件的插入

2.视频图像的调整

用鼠标单击视频对象，使其为浮动编辑状态，四周出现控制手柄。当光标在图像内部为十字箭头时，拖动图像可以改变图像的位置；当光标在手柄处为双向箭头时，拖动图像边框上的控制手柄，可以改变图像的大小。

调整大小时要注意保证原长宽比例，避免产生变形。

使用线条的设置，可以为图像加上边框。设置线条的颜色、形式、粗细，可以形成不同风格的边框。

3.播放控制

在默认状态下，视频的播放和暂停是用鼠标左键在图像窗口中单击，暂停状态时单击鼠标左键转为播放、播放状态时单击鼠标左键转为暂停。幻灯片中的影片一般在自定义动画的对话框进行播放控制设置。

点击鼠标右键弹出选项菜单，选择自定义动画命令打开动画设置窗口，通过在媒体控制页中对影片的播放选项进行设置。在默认状态时用鼠标单击图像窗口实现播放或暂停控制。

注意：影片总是位于幻灯片的最上层，不能被文字或图片覆盖。

3.2.5　音频文件的插入和控制

插入音频与插入视频相似，但是在幻灯片中引入数字音频文件时，由于导入的文件格式不同，文件的存在方式也不同，有内部文件和外部文件的区别。如果使用的是外部文件方式，当文件的路径改变后，会出现找不到文件，要求重新连接的提示。

1.音频文件的插入

使用插入菜单栏中“影片和声音”中的“文件中的声音”选项，打开文件选择窗，选择要插入的音频文件，点击“确定”按钮后，有一个喇叭图标出现在幻灯片中，并打开对话框，要求选择当播放到该对象时是否自动播放。如果选择的是“录制声音”选项，可以用与声卡连接的麦克直接录制以 WAV 格式存储的声音。导入录制的 WAV 文件时，一般作为内部文件处理；导入 MID 文件时，则是建立相应文件的连接信息，文件在外部。

如果使用插入菜单栏中的“对象”中的选项时，可以有多种不同的选择，如 MIDI 序列、声音、媒体剪辑等。不同的选择，在幻灯片出现对应的同时菜单栏和工具栏也随之改变。

2.编辑和控制

如果使用插入菜单栏中的“对象”中的选择 MIDI 音乐时，可以使用编辑菜单，设置播放的起止、控制方式等。使用插入剪辑菜单中的类型选择命令，打开文件选择窗口，浏览和选择需要的文件，确定后关闭窗口，图标发生变化。

插入音频文件可以是.WAV、.MID、.CD 等类型的声音或音乐文件，同时要求计算机具有相应的播放软硬件支持。

使用动画效果工具栏中可以进行播放控制设置，在默认状态时用鼠标单击窗口实现播放或暂停控制。

.WAV 声音文件可以在动画效果设置时，作为一个对象出现时伴随的声音播放。

3.3　动画效果的设置

PowerPoint 的动画效果是使幻灯片的内容出现时以某种方式渐变显现出来，使用动画效果可以使静止的对象呈现动感效果，使画面生动活泼。在幻灯片制作时，动画效果的设置对幻灯片的效果有非常大的影响，需要仔细设计。

3.3.1　动画效果的设置

PowerPoint XP 在动画效果方面有较大的增强，提供了“动画方案”功能，可以立即将一组预定义的动画和切换效果应用于所选幻灯片或者整篇演示文稿，这样使演示文稿看起来更生动、对观众更有吸引力。

1.应用动画效果的步骤

① 选定要应用动画效果的幻灯片。

② 单击“格式”菜单中的“幻灯片设计”命令，打开“幻灯片设计”任务窗格。

③ 单击“动画方案”链接，如图 3.20 所示。所有的预定义动画在任务窗格中做了分类，如“细微型”、“温和型”和“华丽型”等。

④ 选中“自动预览”复选框，然后在“应用于所选幻灯片”列表框中选择要应用的动画方案，将预览到所选幻灯片的动画效果。

⑤ 若要使所有的幻灯片都应用相同的动画方案，只需在选定应用的动画方案后，单击“应用于所有幻灯片”按钮即可。

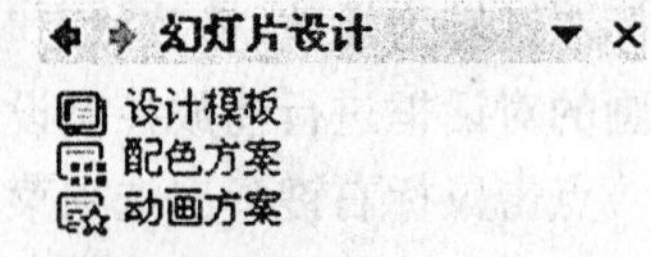

图 3.20　动画效果的设置

注意:PowerPoint 的动画效果只是设置对象出现的方式,并不是真正的动画,所以不要企图用 PowerPoint 的动画效果去制作真的动画。

2. 自定义动画

PowerPoint 2002 提供了新的动画效果,包括进入和退出动画、其他计时控制和动作路径(动画序列中的项目沿行的预绘制路径),因此可以使多个文本和对象动画同步。

PowerPoint 中动画效果的应用可以通过"自定义动画"任务窗格完成,操作过程更加简单,可供选择的动画样式更为多样化。

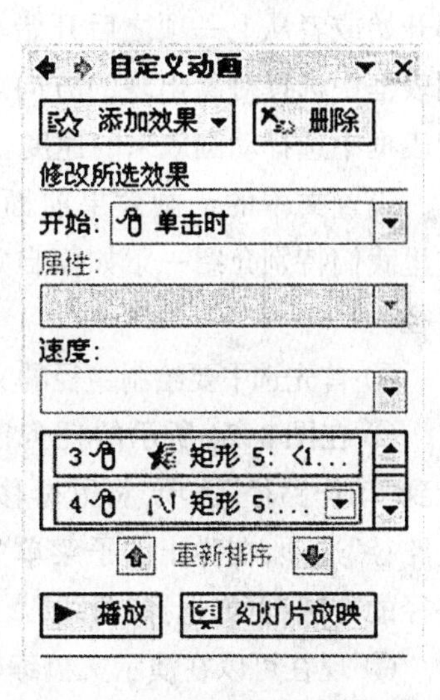

图 3.21 自定义动画任务窗格

自定义动画可以应用于幻灯片、占位符或段落(包括单个的项目符号或列表项目)中的项目。除了预设或自定义动作路径之外,还可以使用进入、强调或退出选项,甚至自定义动作路径。同样可以对单个项目应用多个的动画,这样就使项目符号在飞入后又可飞出。

如果要为幻灯片中的文本和其他对象设置动画效果,可以按照如下步骤进行操作。

① 在普通视图中,显示包含要设置动画效果的文本或者对象的幻灯片。

② 单击"幻灯片放映"菜单中的"自定义动画"命令,出现如图 3.21 所示的"自定义动画"任务窗格。

③ 选定幻灯片中需要设置动画的文本或对象,然后单击"添加效果"按钮,弹出如图 3.22 所示的下拉菜单,其中包括进入、强调、退出和动作路径 4 个选项。进入选项用于设置在幻灯片放映时文本以及对象进入放映界面时的动画效果;强调选项用于演示过程中对需要强调的部分设置的动画效果;退出选项用于设置在幻灯片放映时相关内容退出时的动画效果;动作路径选项用于指定相关内容放映时动画所通过的运动轨迹。

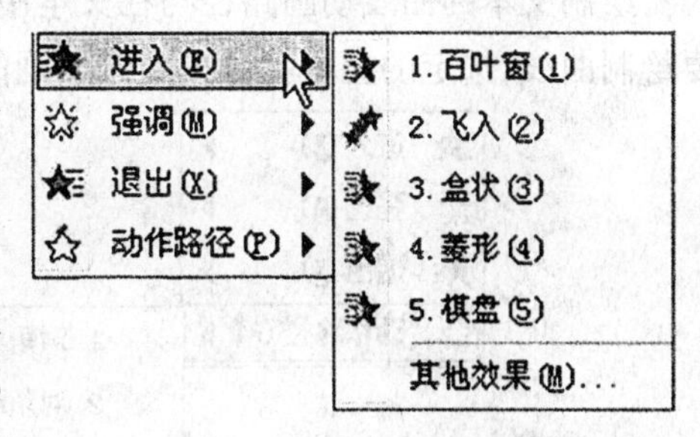

图 3.22 进入级联菜单

④ 如果进入级联菜单中列出的动画效果不能满足用户的要求,则可以单击"其他效果"命令,打开如图 3.23 所示的"添加进入效果"对话框。

⑤ 在"添加进入效果"对话框中选择一种希望的动画效果。

⑥ 单击"确定"按钮。

⑦ 重复上述步骤,可以给幻灯片中的其他对象添加相应的动画效果,也可以对同一对象添加多个动画效果。

此时,在"自定义动画"任务窗格中列出了该幻灯片中的所有动画效果列表,按照时间顺序排列并且有标号，左边的幻灯片窗格中有对应的标号与之对应。

在“自定义动画”任务窗格的上方，可以更容易地设置动画效果。例如，在“开始”下拉列表框中，可以选择鼠标单击时开始、与上一项一起开始或者从上一项之后开始。在“方向”下拉列表框中选择对象出现的方向。在“速度”下拉列表框中选择动画效果的速度。

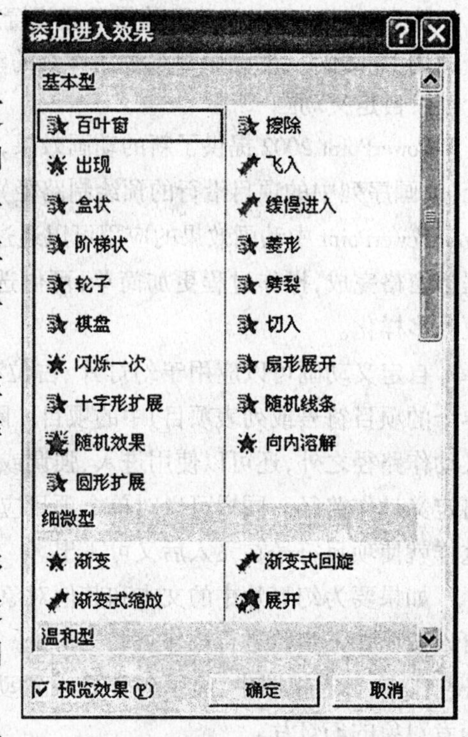

图 3.23　添加进入效果对话框

设置文本的动画效果前面已经介绍过，在这里我们特别介绍一下如何自定义文本的动作路径。

① 首先选中要绘制路径的文本段或文本行。

② 在图 3.24 所示的任务窗格中将鼠标移动到“动作路径”选项，将鼠标移动到“绘制自定义路径”选项，在弹出的子菜单中选择一种绘制路径的方法，例如选择“曲线”。

③ 现在可以在演示文稿编辑区绘制文本的动画路径了。

绘制文本的曲线动画路径与在文本中绘制曲线一样，只要在幻灯片演示文稿区按需要绘制曲线，选定的文本就会按照您所画的路线移动了。

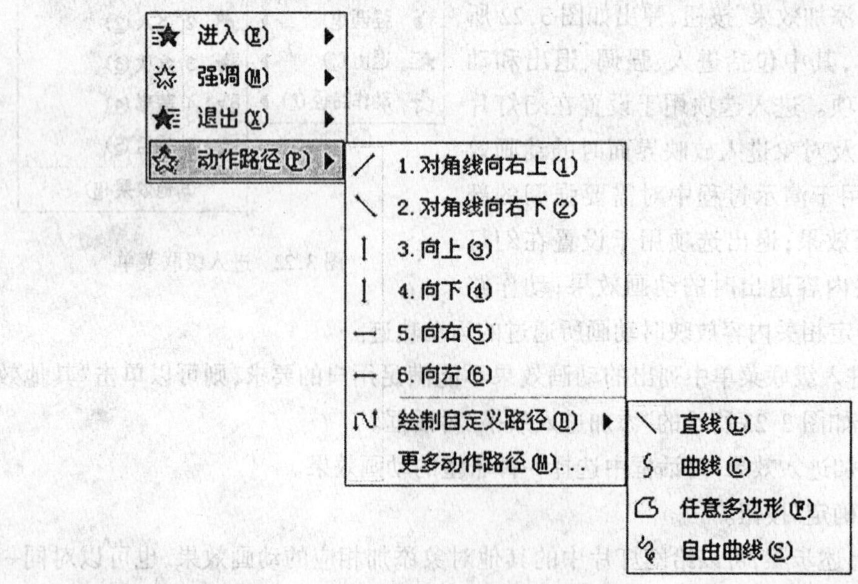

图 3.24　自定义动作路径

3.3.2　动画设置中的声音

用动画效果工具栏中的快速按钮直接设定的动画效果,直接带有声音。用自定义按钮打开对话窗口进行设定的动画效果,可以根据需要在窗口中选择引入声音。

引入的声音文件为 WAV 格式,可以是语言、音乐,也可以是效果音。声音的引入要恰到好处,非必要时以不加为好,切不要引入噪音。

一般引入的声音主要是解说、背景和提示,引入的声音不要太长,要注意声音和画面的同步。

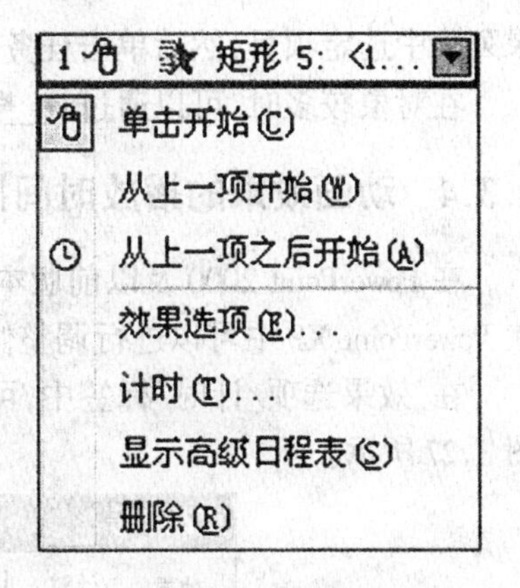

图 3.25　效果项菜单

在自定义动画任务窗格中间的动画效果列表内,指向某个效果项,会在其右侧出现一个向下箭头,单击该向下箭头,会出现如图 3.25 所示的下拉菜单,从效果项下拉菜单中选择“效果选项”命令,出现如图 3.26 所示的对话框。其中包含 3 个标签,效果、计时和正文文本动画。

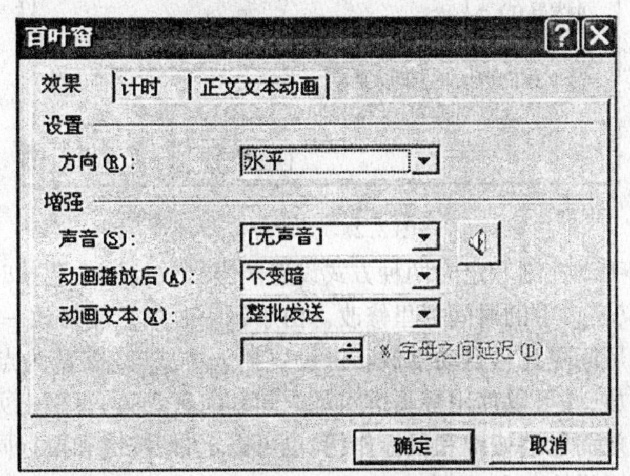

图 3.26　效果标签

在效果标签中,可以设置动画效果的方向、设置随动画效果一起播放的声音以及动画播放后的效果等。

在计时标签中,可以设置开始的发生条件、延时、速度和重复方式等。

在正文文本动画标签中,可以设置含有多个段落或者多级段落的正文动画效果。

3.3.3　动画效果的播放顺序

在一个幻灯片中常有多个要设置动画效果的对象。对文本、图形和图像类静态内容,每一个时刻只能播放一个对象,一个结束后开始播放下一个,不能同时播放两个或以上的动画对象。

播放顺序按设置动画效果的顺序进行,如果要改变顺序,在自定义动画任务窗格的效果列表中选定项目,然后单击任务窗格下方的向上或向下按钮 重新排序 即可。

在对象较多时,可以通过 ▶ 播放 预览观察效果,避免设错设乱。

3.3.4　动画效果的播放时间控制

在 PowerPoint 2000 及以前版本中,每一个对象出现的动画效果作用时间都是固定的,在 PowerPoint XP 中可以进行调整修改。

在“效果选项/计时”标签中,可以设置开始的发生条件、延迟、速度和重复方式等,如图 3.27 所示。

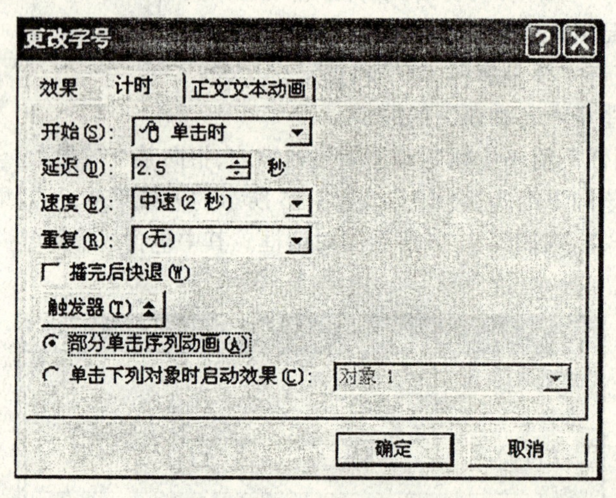

图 3.27　计时标签

播放时可以有手动控制和定时两种方式设置。当播放控制希望按时间编排自动依序进行时,可在自定义窗口中的时间栏里修改。由于每一时刻只能播放一个对象,时间设定只能是在前一事件后间隔几秒自动播放。未设置播放方式时,默认为点击鼠标或按任意键时依顺序向下播放,并可以使用翻页键实现向前和向后翻页,每翻一页是一个对象。可以设置仅用时间播放而取消按键和鼠标作用,也可以定时、按键和鼠标同时有效。

对音频和视频多媒体对象,在自定义窗口中的多媒体设置页中可设置播放方式,若选择继续播放,可在多媒体播放的同时播放后面的动画对象。

3.4　幻灯片的设置和切换

当各个幻灯片制作完成后,要看整体的效果,包含幻灯片的版面背景和各幻灯片之间的切换过渡效果。

3.4.1　背景的设置

在一个课件中有多个幻灯片,它们可以设置为同一背景,但会使画面显得单调。通常是根据幻灯片的层次和分类将各幻灯片分组,每组采用一种背景,各组的背景相近并且协调。

在一般情况下，背景的设置是使用格式菜单栏中的背景命令进行设置。

设置背景时，要注意当前窗口的设置和对象的选择，通常在浏览窗口或大纲窗口中进行。在窗口中，用鼠标点击要设置相同背景的幻灯片，然后使用格式菜单栏中的背景命令打开设置窗口，如图3.28所示。在窗口中按下拉按钮打开选择框，选择颜色或填充方式。根据内容和效果的需要，可以采用单色、过渡色、图案、纹理，也可以导入图片文件。利用预览钮，可以查看效果，确定后点击“应用”按钮确认完成背景设置。

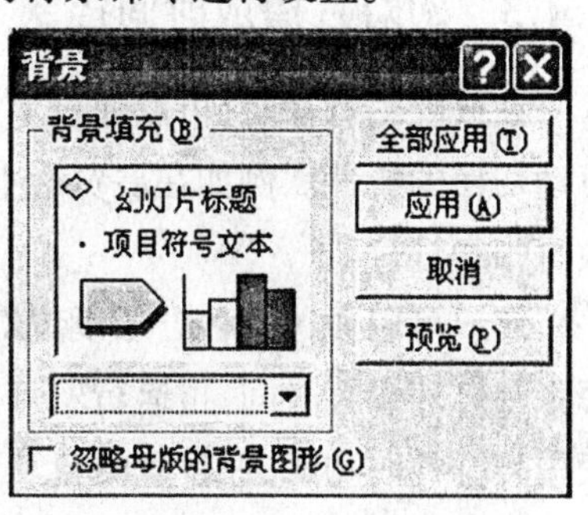

图3.28 背景设置

在幻灯片窗口时，设置背景后，使用应用按钮只用于当前选中的幻灯片，使用全部应用按钮用于所有的幻灯片。

注意：背景不是对象，不能被拷贝复制出来。在复制整个幻灯片时(这种操作要在大纲窗口或浏览窗口进行)，背景和对象一起被复制。

应用设计模版命令也是实现背景设置的一种方法，但它会使所有幻灯片的背景为同一个选择的模板，影响幻灯片的效果(建议不用)。使用菜单命令或快捷按钮，弹出“应用设计模版”窗口，从中选出所要的模版样式后点击“应用”按钮，所有幻灯片的背景都为同一模版样式。

使用菜单中的视图/母版命令，可进入母版编辑状态，对母版进行编辑修改，如增加或删除图形，改变布局等。母版的背景颜色可以使用背景命令进行修改。

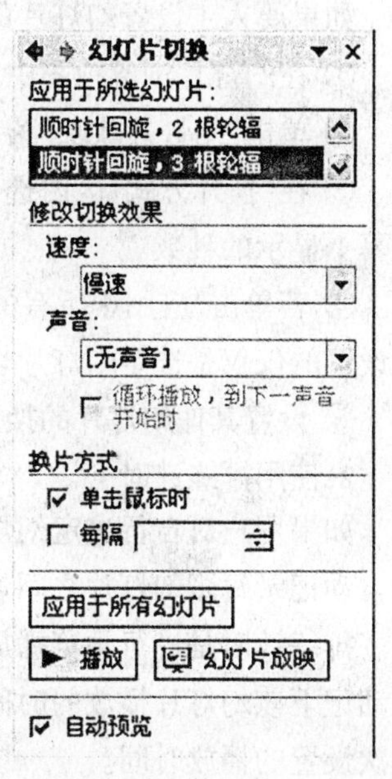

图3.29 幻灯片切换设置窗口

3.4.2 幻灯片切换方式的设置

幻灯片播放时在幻灯片切换过程中使用适当的切换方式和过渡效果，会使播放方便，过程显得生动活泼。幻灯片切换过渡效果与对象的动画效果相同。

视窗为幻灯片方式时，在幻灯片放映菜单下，选择“幻灯片切换”命令，在任务窗格中显示幻灯片切换设置窗口，如图3.29所示。在窗口中利用下拉选项菜单，选择切换的方式、切换速度、设置切换时伴随的声音等。

幻灯片放映时的切换设置可以对当前的一个幻灯片进行设置，也可以成批设置。

设置切换方式也是艺术创作，需要统筹设计，综合考虑。不仅要考虑各幻灯片切换的效果，还要考虑与幻灯片中各对象动画效果的协调配合，做到动、静配合，形式协调。

3.4.3 幻灯片播放时间控制

在放映幻灯片时,可以通过单击的方法来人工切换每张幻灯片,也可以为幻灯片设置自动切换的特性。例如在展览会上,会发现许多无人操作的展台前的大型投影仪自动切换每张幻灯片。

用户可以通过两种方法设置幻灯片在屏幕上显示时间的长短,第一种方法是人工为每张幻灯片设置时间,再运行幻灯片放映,查看设置的时间是否恰到好处;第二种方法是使用排练计时功能,在排练时自动记录时间。

1.人工设置放映时间

如果要人工设置幻灯片的放映时间,可以按照如下步骤进行操作。

① 在幻灯片浏览视图中,选定要设置放映时间的幻灯片。

② 单击"幻灯片放映"菜单中的"幻灯片切换"命令,出现"幻灯片切换"任务窗格。

③ 在"换片方式"区内选中"每隔"复选框,然后在右侧的文本框中输入希望幻灯片在屏幕上显示的秒数。

④ 若单击"应用于所有的幻灯片"按钮,则所有幻灯片的换片时间间隔将相同,不选时设置的仅仅是选定幻灯片切换到下一张幻灯片的时间。

⑤ 设置其他幻灯片的换片时间间隔。

2.使用排练计时

如果用户对自行决定幻灯片放映时间没有把握,那么可以在排练幻灯片放映的过程中自动记录每张幻灯片之间切换的时间间隔。

排练计时是进行预览播放同时计时,在观看播放幻灯片时用鼠标点击"控制和切换",自动记下该幻灯片播放的时间。播放结束时,弹出对话框,选择是否存储并在播放时使用这次设置的播放时间。

3.4.4 幻灯片放映方式

幻灯片制作完成后,根据不同的需要可能要用不同的播放方式,PowerPoint 提供了几种放映类型。使用幻灯片放映菜单栏的设置放映方式可打开设置窗口,进行放映方式的设置,如图 3.30 所示。

在放映类型选项中,有 3 种不同的选择。选择设置为演讲者放映时,无论是否使用人工切换方式,其作用始终存在(由空格键和翻页键实现),人工和定时共同作用。选择设置为观众自行浏览时,翻页键作用始终存在。选择设置为展台浏览时,如果取消人工切换方式,则只能按顺序和定时自动播放。

根据需要,还可以选择是否循环放映、是否加旁白、是否加动画等。

在幻灯片选项中,可以设置播放的起始和结束幻灯片的位置。

在换片方式中,可以选择换片方式。

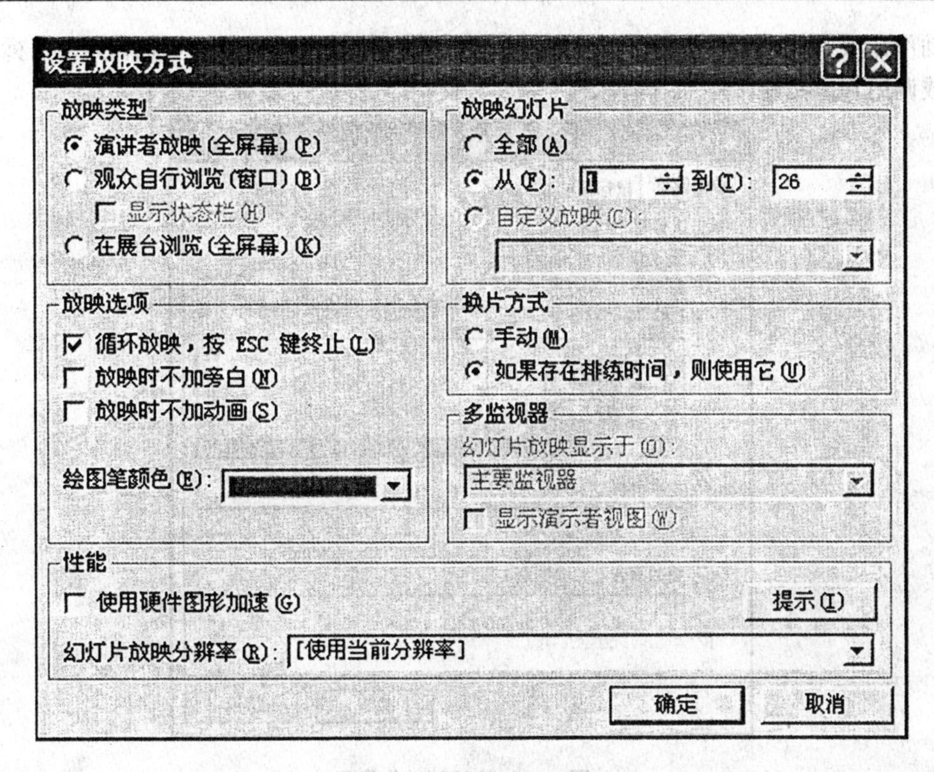

图 3.30　设置放映方式

3.5　交互和链接

多数幻灯片都是顺序播放的，但在实际中，常常希望在观看时能有所选择，这就需要交互和链接。在多媒体编辑软件中，都有不同类型和程度的交互和链接。

3.5.1　幻灯片中的交互

在一个 PowerPoint 的课件中有多个幻灯片，要使其能按需要实现选择播放时，就需要用到交互选择。

1. 按钮

选择幻灯片放映菜单栏中的“动作按钮”命令可以打开按钮选择框，如图 3.31 所示，在提供的按钮中选择需要的按钮类型进行按钮设置。

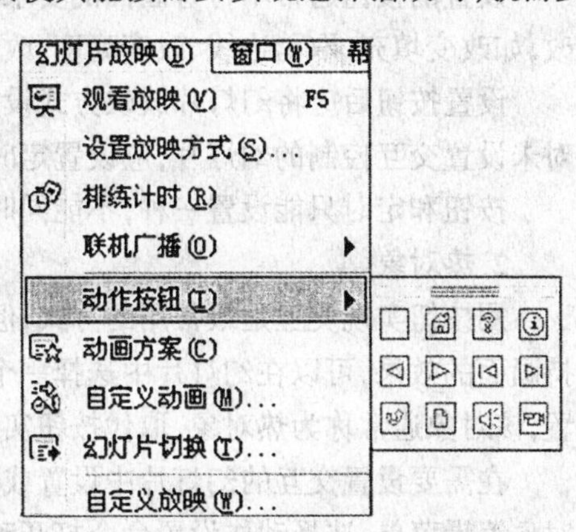

图 3.31　幻灯片放映动作按钮

选择按钮类型后，光标在幻灯片中变成十字形状，这时拖动鼠标可绘出一个按钮，并打开如图 3.32 所示的动作设置窗，在动作设置窗中进行按钮动作时的设置。按钮的动作有单击鼠标和鼠标移过两种方式，分别有一个设置页，页面中的格式相同，但只能选用一个方式。在鼠标动作选项中,选择超级链接到选项,然后再利用下拉按钮可以选择要跳转到的目标幻灯片或调用其他文件。

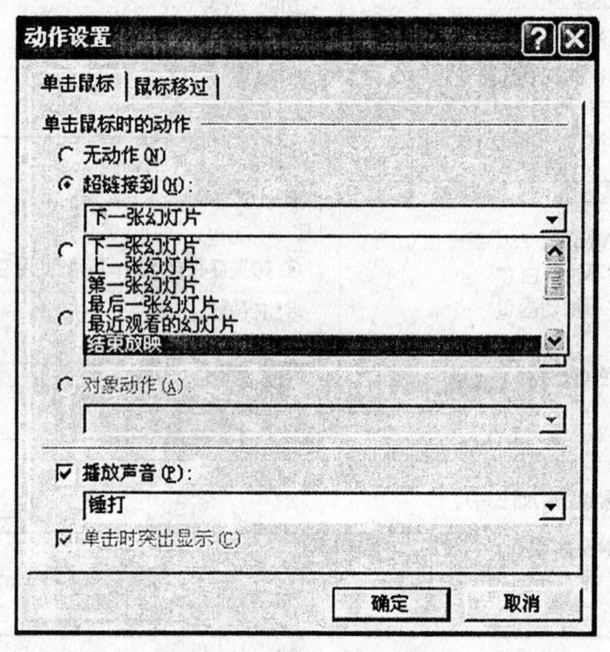

图 3.32 按钮的动作设置

使用在本文件幻灯片中跳转,可以实现任意的播放设置,如利用不同的按钮和动作设置可以分别实现前后翻页、跳转到首页或末页,跳转到任一指定页等。

选择其他 PowerPoint 演示文稿中的幻灯片时,打开文件选择窗口,选出需要的文件,这时弹出一个列有该文件中的各幻灯片序号和标题的窗口。选择要连接的幻灯片并确定可以在动作设置窗口的超级链接中看到链接的目标。在动作有效时跳转到该幻灯片,并由此继续播放到结束,然后返回。

设置窗口中还有播放声音、按钮动作变化的设置,可根据需要选用。

设置的按钮通常不符合画面的要求,我们可以用编辑图形的方法对按钮进行编辑修改,如改变填充、取消边线、改变高度、改变大小和位置等。

设置按钮后应将幻灯片放映方式设置为在展台浏览,并取消人工切换,以免误操作。对未设置交互控制的幻灯片,应设置定时切换时间,保证有正常切换。

按钮和定时只能设置一种,不能同时使用,否则很容易引起混乱。

2.热对象

用按钮实现交互是最常用的方式,但有时按钮会破坏画面的整体效果和美感。为保持画面的效果,可以在幻灯片中选择一个对象作为动作触媒,对其进行需要的超级链接设置,该对象通常称为热对象,取代按钮实现交互。

在需要设置交互的幻灯片中设置或选择一个可用于交互的对象,点击鼠标右键打开对象编辑菜单,选择动作设置命令打开动作设置窗口。对象的动作设置与按钮的动作设置相同,需要注意的是,对象是视频或音频并有播放动作的,在动作设置时,如果选择超级链接,对象动作就无效;要使对象动作为播放或编辑等(在播放幻灯片中进行播放或编辑),就不能进行超级链接。在一般情况下,不要使用视频和音频对象作热对象。

选中热对象后,也可以使用幻灯片放映菜单栏中的动作设置命令来打开动作设置窗口,实现交互的设置。

3.5.2　幻灯片中文件的超级链接

由图 3.30 中可以看到,在幻灯片中的按钮和对象,除了可以实现文本向内跳转到某一幻灯片的交互控制外,还可以作为动作触媒实现与相关文件的超级链接。虽然在动作设置中也实现文件的超级链接,但多数用的是幻灯片间的跳转,而在使用超级链接时,不仅可以链接到本机中的文件,而且可以用于链接到网络。

在动作设置窗口中选择超级链接到其他文件,打开文件选择窗口,选择所需文件,便实现了超级链接的设置。选择文件包括本地和网上需要站点的文件。使用链接到文件时,如果是可执行文件,按钮动作时会自动打开运行;如果是被编辑的文件,则打开相应的编辑软件平台,进入编辑状态。程序运行结束或关闭编辑窗口后,回到当前幻灯片中。

在对象设置时,选中对象后点击鼠标右键,在编辑菜单中选择超级链接/编辑超级链接,打开的是编辑超级链接设置窗口,如图 3.33 所示。在“链接到:”选区中选择原有文件或 Web 页、本文档中的位置、新建文档或电子邮件地址,中间的项目栏中出现相应的选项和列表。通过在项目栏中的选择和设置,对被选择的目标实现超级链接。

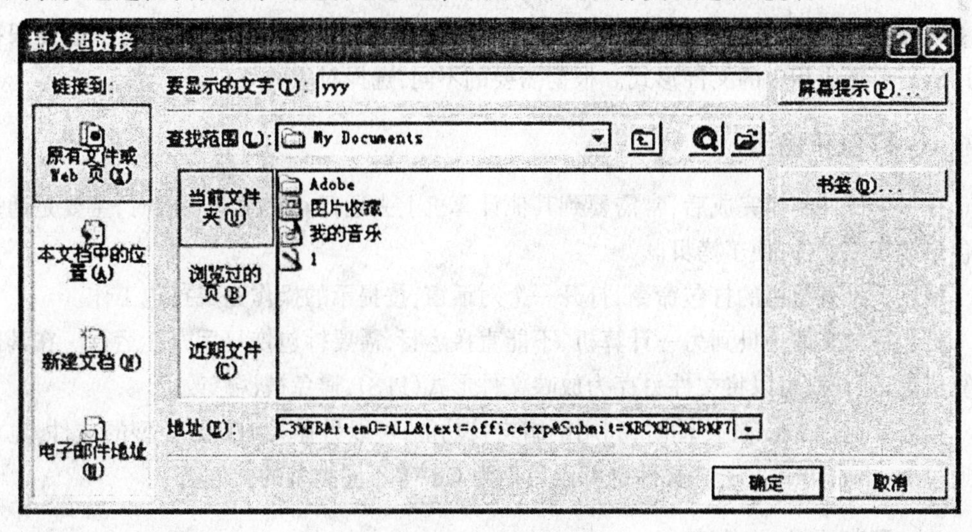

图 3.33　超级链接

如果对在本机内的原有文件超级链接,要对被超级链接的文件的路径进行设置,最好采用相对路径。

被超级链接的文件运行时,要建立相应的运行环境,需要考虑是否会有影响。

对被超级链接的文件进行修改,超级链接的文件随之改变。

3.5.3 幻灯片中嵌入、超级链接及区别

可以在幻灯片的对象中实现将其他应用程序中的数据嵌入到对象内,成为幻灯片内容的一部分。

将嵌入对象选择并存储在剪切板中,利用编辑菜单栏的选择性链接/粘贴链接命令,可以将剪切板中的内容嵌入到对象中。利用插入菜单栏的对象/选择设置,也可以将其他应用程序中的数据嵌入到对象中。

嵌入对象在选中情况下,双击可打开处理软件平台进行修改。嵌入对象被修改后,并不修改嵌入对象原来的程序或数据,两者相互无影响。

链接文件是对已有的文件建立起链接关系,编辑修改时打开处理软件的平台,修改的是原文件,PowerPoint 使用的是原文件。原文件无论在何处修改,PowerPoint 使用的文件都被修改。

利用文件的超级链接,可以在幻灯片的对象中实现与其他软件的数据共享。只使用当前(共享)数据的情况下,可采用嵌入或粘贴的方法引入数据。要使用动态数据(随原数据文件的修改而改变)时,必须采用超级链接。

3.6 打包输出和网络

PowerPoint 演示文稿中的幻灯片制作完成后,只是演示文稿的编辑形式,一般要根据使用的需要形成相应的文件形式。根据需要的不同,选择对应的处理。

3.6.1 打包和输出

在一个课件制作完成后,常需要到其他计算机上去运行。在没有联网时,主要是通过打包形成压缩文件,便于拷贝。

使用文件菜单栏的打包命令,打开一个对话窗,按提示的操作完成打包工作。

打包后的文件拷贝到另一计算机,不能直接运行,需要拆包恢复后方能运行。在其他计算机上运行时,可以将文件另存为放映文件形式(PPS),避免被误修改。

当需要通过 Internet 传输时,利用网络支持功能,可以另存为 HTML 类型的文件,也可以通过 E-mail 方式发送。文件也可以另存为 GIF 等不同类型的文件。

3.6.2 局部网中的共享

在一个幻灯片制作中和完成后,都可以在网络上进行工作。在局部网中,主要是以文件共享的方式实现。在局部网中,将幻灯片文件及有关文件放在一个单独的文件夹内并使其为共享,这时可被其他计算机打开使用。当几台计算机均打开同一文件时,只有最先打开者为可修改形式,其他为只读形式,如果修改,将很可能把文件改错。

如果是共同制作,应该每人各做自己的文件,最后链接合成。

如果是对文件调试修改,应排列一个顺序,网上各人依序进行检查调试,并在文件相应部分附有进行处理的情况和意见,供其他人参考。

如果是发布使用文件,最好是设置成只读文件。

3.6.3　Internet 网中的使用

在 Internet 网中,如果仅仅是演示播放,可以通过网络将放映文件打开放映,或通过 E-mail传输后放映。如果是需要返回某些信息,则需要另建立单独的文件并使其为共享,这时可被其他计算机打开送回信息。

第4章　用 Authorware 制作 CAI 课件

4.1　基本知识

Authorware 是一个基于流程的多媒体编辑制作软件，采用流程线和功能图标的方式进行编辑处理，特别适合于树形结构的内容制作。具有文字、图像、图形、动画、数字电影、声音和音乐等多媒体素材的编辑、组织、播放控制等功能，有较强的交互控制能力，适合用于多媒体课件、学习软件和游戏等的编辑制作。

4.1.1　基本界面

Authorware 的界面是典型 Windows 应用软件的窗口形式结构，由常用的栏目和窗口组成，常用栏目不可以关闭，窗口可由用户根据具体情况打开或关闭，如图 4.1 所示。界面主要包括以下内容。

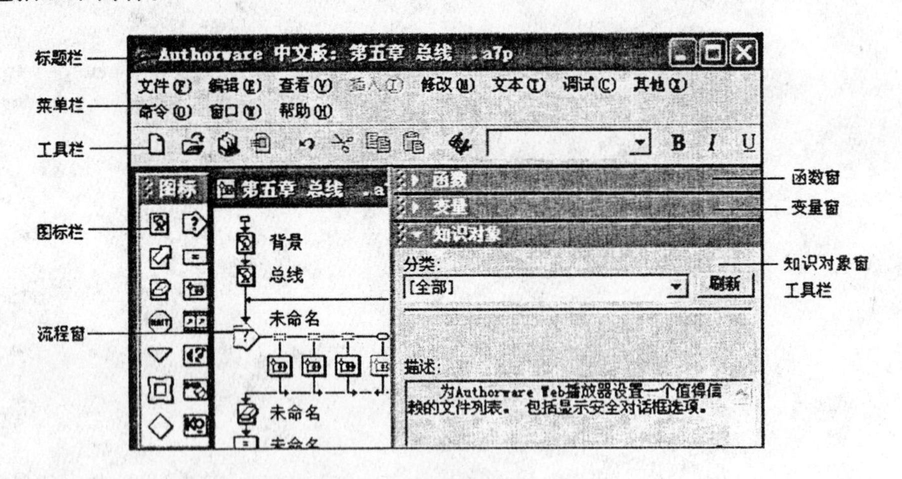

图 4.1　Authorware 基本界面

1.标题栏

标题栏在窗口的最上边，活动状态时为蓝色，未激活时为灰色，左边显示软件的名称，右边显示最小化、最大化和关闭按钮[_][□][×]。

2.菜单栏

菜单栏位于标题栏下面，分 11 个类型的栏目，分别为文件、编辑、查看、插入、修改、文本、调试、其他、命令、窗口和帮助。每个栏目被单击后展开下拉子菜单，子菜单的每一项对应一个功能命令。Authorware 的菜单功能很丰富，有些菜单命令还会根据选定的对象或当前状态的不同而略有变化。

3.工具栏

工具栏在菜单栏的下边,为按钮形式。按钮不是总有效,有效的按钮为清晰的深色,无效的按钮为浅灰色,选定的对象或当前状态不同,有效的按钮也不同。按钮是部分常用菜单命令的快捷方式。

4.图标栏

图标栏在窗口的左边,有常用的 13 个图标,由开始和停止旗标、图标色板等组成。每个图标是一个功能子程序,如显示、等待、擦除等等。图标的作用是通过将对应图标拖曳到流程线上编程,形成计算机的非语言编程。

5.流程窗

流程窗是用图标编程的窗口。新建文件的流程窗中只有 1 个垂直的流程线,没有图标,表示没有程序。流程线上的组图标对应下 1 层的流程窗,第 1 层只有 1 个流程窗,第 1 层中的每 1 个组图标有 1 个自己的第 2 层流程窗。每 1 个流程窗都可以有多个组图标,对应多个下 1 层流程窗。

6.显示窗

显示窗用于显示出显示图标的内容或运行的效果。在显示窗中可以对显示图标中的显示内容进行编辑和修改,也可以对显示的多个显示图标的内容进行调整。显示窗可以用菜单栏/窗口中的工具打开或关闭。

7.输入类型选择窗

输入类型选择窗如图 4.2 所示。该窗口在进入对显示内容进行编辑的状态时自动出现,点击窗口右上角的关闭钮可关闭窗口,同时结束显示编辑状态。在流程窗中双击"显示图标"或者在展示窗中双击"显示对象"可进入显示内容编辑状态。窗口中的 8 个按钮分别对应于编辑调整、文本、线条、图形等的输入选择,窗口上的标题栏中显示被编辑显示图标的名称。

图 4.2　输入类型选择窗

8.显示形式选择窗

在显示内容编辑状态下,可以用菜单栏/窗口中的命令或 Ctrl + M 快捷键打开显示形式选择窗,如图 4.3 所示。在非内容编辑状态不能打开。点击窗口中的按钮可以对被制作或被选中的对象设置需要的显示形式,由上到下依次为不透明、遮隐、透明、反转、擦除和 Alpha 通道方式。要注意,在显示对象中,只有纯白的内容可以作为透明显示,Alpha 通道方式只对导入的具有 Alpha 通道的位图有效。

9.线型选择窗

在显示内容编辑状态下,可以用菜单栏/窗口中的命令或 Ctrl + L 快捷键打开线型选择窗,如图 4.4 所示。在非显示内容编辑状态不能打开。窗口中的图形分别对应于不同线条形式、宽度等的选择,对将要制作或选中的线条应用选择的样式。

所有绘制的线条和图形的外边线都可以通过线型选择窗设置其形式,可以设置线的宽度、箭头方向。如果选择最上部的虚线,则线条不可见。

10.调色板

在显示内容编辑状态下,可以用菜单栏/窗口中的命令或 Ctrl + K 快捷键打开调色板,如图 4.5 所示。在非显示内容编辑状态不能打开。窗口中的各彩色小方块为内部调色板的各种颜色;下部左边的大方块被点击选中时为文本和线条色的设置;点击选中下部右边上面的大方块是前景色的设置;点击选中下部右边下面的大方块是背景颜色设置。

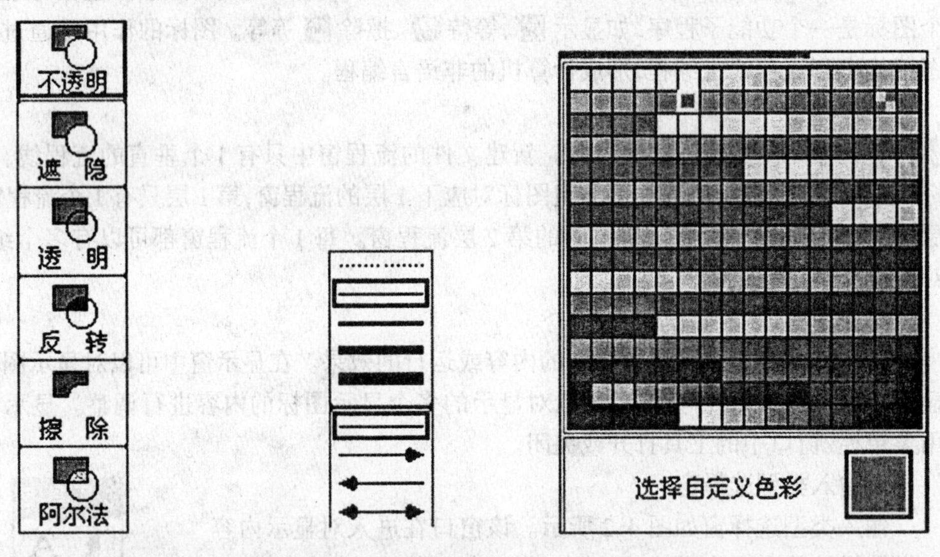

图 4.3 显示形式选择窗 图 4.4 线型选择窗 图 4.5 调色板

11.知识对象窗

知识对象是为方便使用者设置的超级图标,以模块的方式工作。使用者只需按步骤添入有关内容,就完成了编程。可以用菜单栏/窗口中的命令或 Ctrl + Shift + K 快捷键打开。

12.函数窗

在对计算图标的内容进行编辑或其他计算编辑处理时使用,可以用菜单栏/窗口中的命令、工具栏中的按钮或 Ctrl + Shift + F 快捷键打开,窗口中的功能函数为可用的计算和控制命令语句,选择所要的语句,通过粘贴的方法使用。

13.变量窗

在对计算处理、条件设置时使用,可以用菜单栏/窗口中的命令、工具栏中的按钮或 Ctrl + Shift + V 快捷键打开,在自定义变量未设置时自动打开,窗口中包含有所有变量,并可以设置初值、检查运行值。

4.1.2 主要功能和特点

1.用设计图标提供全面创作交互式应用程序

在 Authorware 中,每一个设计图标都可看成是一个功能模块,它们或者能引入并运行某一种多媒体元素,或者能实现某一个程序功能。由若干个设计图标组合成程序的整体结构,使得整个程序更具有逻辑性。同时,Authorware 为每个设计图标提供了相应的操作环境和创作工具,使得整个程序的创作过程好像在一个平台上进行。

2.提供直接在屏幕上编辑对象的功能

在编辑和修改 Authorware 程序时,可单独对某个对象进行编辑创作。只需双击该对象图标,Authorware 就会将编辑该对象所需的工具显示在屏幕上,用户编辑完该对象后,还可以继续编辑程序中的其他对象。

3.提供文本处理功能

Authorware 为编程者提供了多样化的文本处理工具。利用该工具,就可以对演示窗口中引入或直接输入的文本进行修饰,修饰的方法和 Word 中的大同小异,功能也差不多。综合利用各种工具,还能做出文本投影、凹凸等效果。

4.提供图形制作和图像插入功能

利用 Authorware 提供的绘图工具箱,用户可以在演示窗口中创建一些比较简单的图形图像,如椭圆形、矩形和多边形等。而在更多的场合,则直接引入已经加工过的图片,然后对图片的大小、位置和显示模式等进行适当的设置或修改。

5.提供二维动画创作功能

Authorware 提供了 5 种动画设计类型,能方便地实现显示对象的一些比较简单的、二维的运动。从 Authorware 推出以来,动画一直不是它的强项,但它所具备的引入其他三维动画的功能,使得 Authorware 所能演示的动画比起其他软件来毫不逊色。

6.提供多种交互功能

Authorware 所具有的 11 种交互类型,使得它的交互功能十分强大,几乎涵盖了所有的交互类型,以致将其他的同类软件远远地抛在后面。在交互式应用程序中,可以利用文本交互、按钮交互和热区交互等不同类型的交互及组合,实现灵活的交互设计。

7.提供模组和库功能

为了精简程序,Authorware 能建立库文件,当不同的程序用到相同的素材时,可到库中提取。另外,Authorware 允许将整个应用程序分成多个模块,每个模块就是一个独立的交互式应用程序,最后由总程序调用,将这些逻辑结构模块合并成一个多媒体作品。

8.提供数据处理功能

Authorware 并不是多媒体素材的简单罗列,它可以用系统函数和系统变量来回应用户的交互响应,对演示窗口中的数据进行操作,还允许用户利用自己定义的变量和函数进行数据计算。

9.具有动态链接功能

在实际编程时,有一些演示效果或功能用 Authorware 自带的编程语言实现起来比较困难,就可以先用其他语言,如 VB 语言、C 语言等编好,然后利用 Authorware 提供的动态链接功能,将程序使用动态链接库插入到 Authorware 程序中。

10.支持多平台和网络

Authorware 允许用户在一个环境下开始创建,然后移到另一个平台上继续开发。另外,Authorware 中的所有功能,包括动画、交互和数据采集等,都可以用到 Internet 上,编好的 Authorware 程序也可以发布到 Internet 上。

4.1.3 基本使用方法

Authorware 的使用简单方便,适合于没有计算机语言编程经验的专业人员制作多媒体教学软件时使用。其使用方法主要有以下几种。

1.菜单选择

通过使用菜单命令实现需要的功能,完成文件操作、编辑操作、参数设置、窗口设置及控制等工作。

2.窗口选择和设置

在窗口中选择设置项目、要求、方式等,主要完成流程中所用有关参数的选择、过程设计、版面设计等。

3.拖动(图标或旗标)

通过使用鼠标拖动图标,点击选择处理对象,拖动对象,设置版面等,可以方便地完成流程设计、版面设计等。

4.热键

通过热键实现常用功能的操作、状态的切换等,主要用于编辑制作中的操作和调试程序过程。

5.右键快捷菜单

选中流程线上的图标后,点击鼠标右键后弹出快捷菜单,选择其中的命令可以对图标内容进行查看及实现相应的编辑和设置。

4.2 基本使用

无论使用哪种软件,计算机都是按程序指令的流程进行工作。Authorware 是将子程序的指令集成后形成相应类型的图标,将需要的图标按流程的需要依序安排到表示流程的流程线上,就构成一段完整的程序。

Authorware 的流程窗口为树形(分层子程序)结构,第 1 层为根(主程序),第 2 层为第 1 层的分支(子程序),第 3 层为第 2 层的分支(子程序)……每层都应该是一段完整的程序。

使用 Authorware,就是在流程窗口中的流程线上安排图标,再对图标的内容、类型、条件和有关参数进行设置。设置完成,程序就设计完成了。

4.2.1 图标

使用 Authorware 的核心是使用图标,常用的图标及功能如下。

1.显示图标

显示图标主要用于显示内容的设置、输入、编辑及修改,双击“显示图标”可打开显示窗。在显示窗可进行文本的处理、图形的处理、显示方式的选择、颜色的选择和图像的处理等。

一个显示图标可以显示一个对象,也可以显示多个不同的对象,显示多个对象时,按安排对象的先后顺序分层排列,可以通过“菜单栏/修改”中的“置于上层”或“置于下层”命令对选中的对象层次进行排列调整。

2.移动图标

移动图标可使一个显示图标中的所有对象产生二维的移动效果，形成二维动画。在移动图标中要对运动对象、运动方式、运动时间和路径等进行选择和设置。

3.擦除图标

擦除图标是对出现在显示窗内的对象有选择地擦除。一个擦除图标可以擦除一个显示图标中的所有对象，也可以同时擦除多个不同显示图标中的所有对象，但不能擦除一个显示图标的一部分。

注意：电影图标必须用擦除图标进行擦除；擦除可选择不同的过渡方式。

4.群组图标

群组（组）图标是一组图标的代表，对应为当前流程的下一层（子程序）。双击“群组图标”可打开该组的流程窗，在其流程线上添加图标编程。使用群组图标可以使流程结构简洁。

5.等待图标

等待图标使流程在此停留等待，直到满足条件后继续执行。其条件可以是预设的时间、设置的按钮，或者是设定的鼠标、按键动作。

6.计算图标

计算图标是用于输入 Authorware 语句编程的图标，可以实现编程计算或执行控制命令。编程的目的一般是用于改变变量的数值、获取流程执行的信息或改变运行的状态和路径等。

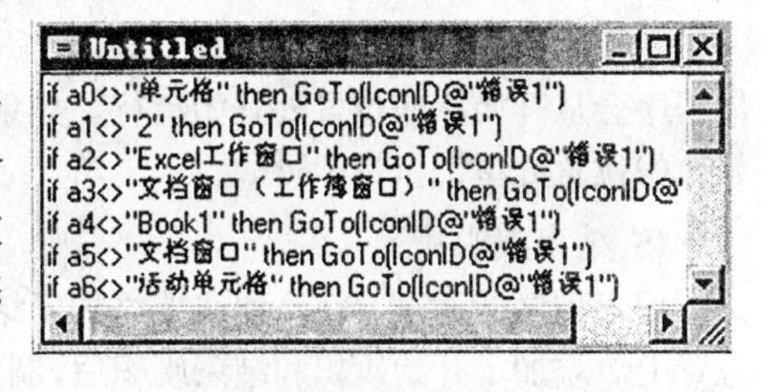

图 4.6　计算窗口

双击“计算图标”可打开计算窗口，如图 4.6 所示。在计算窗口中可设置带有变量和数值的计算语句、函数库中的指令语句等。

7.数字电影图标

数字电影图标也叫动画图标，用于引入电影（计算机数字视频）文件或动画片，并可设置相应的控制，如播放次数、方式、起始位置、停止位置、播放速度等。

8.声音图标

声音图标用于引入声音（包括解说和音乐）文件，并可设置相应的控制，如播放次数、方式、起始位置、停止位置、播放速度等。

9.交互图标

交互图标用于设置交互，通常是与导航图标或组图标结合使用。交互图标中也像显示图标一样可以放置显示内容，一般可以放置背景和交互触媒，也可以设置过渡效果。

交互图标右下可安置多个交互相应分支，各个交互可选择相同或不同的交互方式，如按钮、热区、热对象、目标区域、条件判断等等。

10.导航图标

导航图标用于引导或改变程序流程的流向，通常在框架图标中或与交互图标结合使用,实现相对当前显示页的转移(导航)。导航在一般顺序流程中较少使用。

11.框架图标

框架图标用于实现翻页式结构,以适应顺序阅读的方式。它由一组不同的图标组成,其中入口处的显示图标形成背景,交互图标和导航图标确定翻页的方式,这些合起来称入口段,下部为出口段,没有图标。流程上可以自行修改、增加或删除图标,以达到希望的效果。

框架图标的右面依次放置图标,形成连续的图标群,作为按顺序排列的页面,称为页面集合。只有页面集合中的图标才可以作为导航图标的导航目的。

12.分支图标

分支图标又称决策图标或判断图标,用于实现程序流程的选择和控制,制作自动分支选择和循环结构。

分支图标下可挂接多条路径,形成分支结构,根据需要可选择设置该分支结构执行的方式为随机、顺序或条件等方式中的一种方式。

13.DVD 图标

DVD 图标用以往的 authorware 文件导入 DVD 影像。要用此项用户的计算机必须有一个 DVD 光驱,包含必要的解码器和驱动程序,并安装 directX8.1 或更高的版本。

14.开始旗帜

用于程序的调试。在流程线上添加了开始旗帜后,使用从标志旗处运行程序时,多媒体程序会从开始旗帜位置处开始运行。如果需要取消开始旗帜,只需要在图标栏上的开始旗帜位置处单击鼠标即可。

15.结束旗帜

用于程序的调试。在流程线上添加了结束旗帜后,多媒体程序运行时会停止在这个位置上。添加了开始旗帜和结束旗帜后,制作者可以调试整个程序的中间某一段。在工具栏上结束旗帜位置单击鼠标,可以让结束旗帜复位。

16.图标调色板

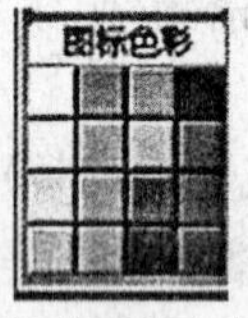

给图标着色。给实现相同功能的图标设置同一种颜色,可以增加多媒体程序流程的清晰度,同时也便于制作者查找修改。

4.2.2 菜单栏

Authorware 提供了丰富的菜单功能,分成 11 组,分别实现文件处理、编辑处理、界面设置、插入选择等命令。

1.文件

文件菜单组可分为实现文件的打开与关闭、存储、引入与输出、打印等不同类型的操作功能。文件菜单组的下拉菜单如图 4.7 所示。

(1) 新建命令

新建命令下有 3 条子命令,新建文件、新建库文件和新建方案命令,分别建立新的编辑文件、库文件和方案。

(2) 打开命令

打开命令是打开已有的文件，也有两条子命令，打开编辑文件和打开库文件。为方便使用，还列出最近处理的文件，最多列出 10 个。

(3) 关闭命令

关闭命令是关闭已打开的文件。当关闭的窗口是被修改过的流程窗时，提示是否保存该编辑程序文件。

(4) 保存命令

只保存已有文件的修改部分，存储速度快。对新文件首次保存时，会弹出保存文件对话窗，要求输入文件名和文件夹等。保存文件时，会自动给文件加入后缀(程序文件为 A7P，库文件为 A7L，模型文件为 A7D，如果使用 5.0 版本，则后缀中间的数字为 5)。

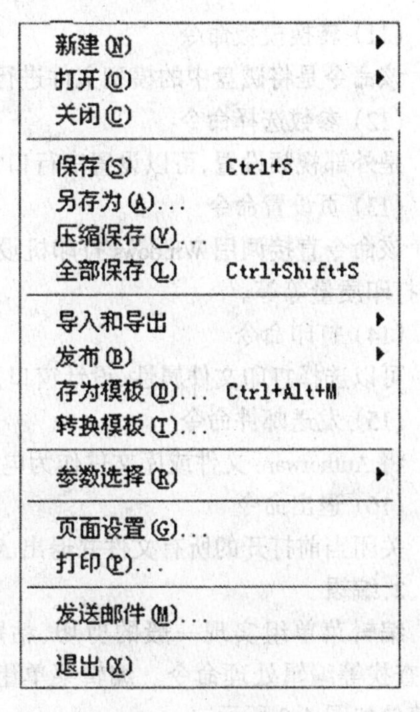

图 4.7　文件菜单

(5) 保存为命令

是将现打开处理的文件换名另存，处理过程与首次保存新文件相同。

(6) 压缩保存命令

采用压缩格式保存，将文件存储为紧凑方式，提高访问速度，优化数据内容，减小文件尺寸，但存储的速度较慢。

(7) 全部保存命令

全部保存文件，包括所有打开的程序文件、库文件、模块文件。

(8) 导入和导出命令

导入媒体

可在显示图标、交互图标中插入由其他工具编辑处理的文本及图形图像文件。分为支持 RTF 格式的文本文件；支持 BMP、JPG、TIF、GIF、WMF 等格式的图像文件；支持某些格式文件的连接，如 Power Point 等。

导出媒体

将程序内含的媒体输出到选择的文件夹，形成一个个独立的文件。这些媒体文件可以是图形、图像、声音、按钮等。

(9) 发布命令

将编好的文件发布到 Internet 或 CD－ROM 中。

(10) 存为模板命令

将选中的一组具有独立功能的图标存储为知识对象文件，可以供以后导入到知识对象中作为模块使用。

(11) 转换模板命令

该命令是将磁盘中的模型文件进行转换,转换成一个 Authorware 格式的文件。

(12) 参数选择命令

是外部视频设置,可以设置串行口,外接设备的型号等。

(13) 页设置命令

该命令直接调用 Windows 打印机设置对话窗,可以设置纸张大小、打印方向、复制份数、打印质量等等。

(14) 打印命令

可以选择打印文件属性、设计窗口及图标的属性设置,最后给出一份打印索引。

(15) 发送邮件命令

将 Authorware 文件或库文件作为电子邮件的附件一同发送。

(16) 退出命令

关闭当前打开的所有文件并退出 Authorware 开发环境。

2.编辑

编辑菜单组实现一般的剪切、粘贴、选择、查找等编辑处理命令。编辑菜单组的下拉菜单如图 4.8 所示。

撤消(U)	Ctrl+Z
剪切(T)	Ctrl+X
复制(C)	Ctrl+C
粘贴(P)	Ctrl+V
选择粘贴(L)...	
清除(E)	Del
选择全部(S)	Ctrl+A
改变属性(R)...	
重改属性	Ctrl+Alt+P
查找(F)...	Ctrl+F
继续查找(A)	Ctrl+Alt+F
OLE对象链接(K)...	
OLE 对象	▸
选择图标(I)	Ctrl+Alt+A
打开图标(O)...	Ctrl+Alt+O
增加显示(D)	
粘贴指针(H)	▸

图 4.8　编辑菜单

(1) 撤消

撤消本次操作,恢复到以前的状态,此命令可以消除误操作带来的损失。

(2) 剪切

将选定的一个或多个图标、显示图标或交互图标中的一个或多个对象删除并放置到剪贴板中。剪贴板中原来的内容被更新。

(3) 复制

将选定的一个或多个图标、显示图标或交互图标中的一个或多个对象复制到剪贴板中。剪贴板中原来的内容被更新。

(4) 粘贴

将剪贴板中的内容复制到选择的位置,图标粘贴到流程线上,显示对象粘贴到显示图标或交互图标中。剪贴板中原来的内容不变。

(5) 选择粘贴

可以控制选择粘贴对象的格式,这个命令对于 OLE 对象的连接与嵌入非常有用。

(6) 清除

将选定的图标或对象删除。

(7) 选择全部

将当前工作的流程窗中的所有图标或当前展示窗中的所有对象选中,供进行编辑处理使用。

(8) 改变属性

更改图标中的部分的属性。

(9) 重改属性

对已更改的图标属性再次修改。

(10) 查找

可在整个文件的显示文本、计算图标、图标标题等中查找指定的字符串,并可以替换成另一字符串。

(11) 继续查找

对查找命令对话窗中指定的字符串进行再次查找。

(12) OLE 对象链接

在弹出的对话窗中显示出当前连接的 OLE 对象列表,每行包括对象文件名、类型及更新方法等。在对话窗中可以进行打开文件编辑或中断连接等操作。

(13) OLE 对象

对选定的 OLE 对象进行处理,有 5 个子命令,实现对 OLE 对象的(激活、编辑)、属性、改变和制作图像等处理。如果选中的是包含 OLE 对象的图标,则仅出现 3 个子命令。

(14) 打开图标

将选中的图标打开,显示图标、交互图标打开的是展示窗,其他图标打开的是设置对话窗。

(15) 增加显示

打开一个图标,同时将此前最近一次打开的展示窗口的内容打开以便于对照编辑。一般用于带展示窗的图标,相当于按住 Shift 键再用鼠标双击点选图标。

(16) 粘贴指针

用来确定欲粘贴的图标和当前小手的相对位置。

3.查看

查看菜单组的命令用于改变界面风格的一组开关命令,命令前面有勾表示该开关选中打开,鼠标点击改变状态。查看菜单组的下拉菜单如图 4.9 所示。

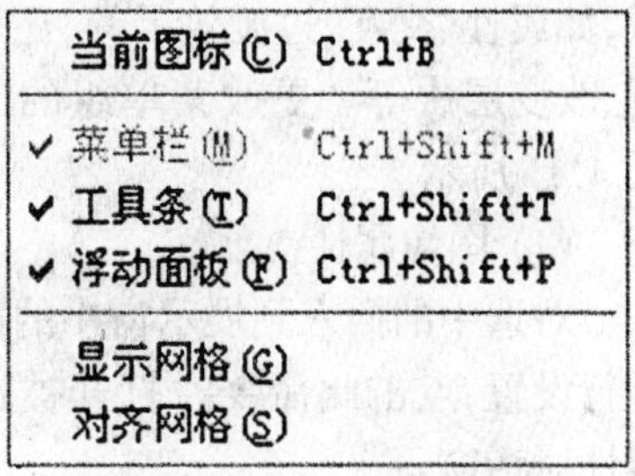

当前图标(C)	Ctrl+B
✔ 菜单栏(M)	Ctrl+Shift+M
✔ 工具条(T)	Ctrl+Shift+T
✔ 浮动面板(F)	Ctrl+Shift+P
显示网格(G)	
对齐网格(S)	

图 4.9　查看菜单

(1) 当前

为当前展示窗口找到相应的图标,对复杂的程序调试时很有用。当忘记正在编辑的展示窗口属于哪个图标时,由此命令可立即找到该图标。

(2) 菜单栏

用于显示或隐藏菜单栏,仅在全屏幕运行程序时有效,一般不用。

(3) 工具栏

用于显示或关闭工具栏。

(4) 浮动的面板

对最后打开的浮动窗口打开或关闭。与用窗口的关闭钮相同。

(5) 显示网格

格线开关。打开或关闭格线标尺,供编辑调整时参照。

(6) 对齐网格

编辑调整定位开关。打开时,在展示窗中调整对象位置时只能按网格位置定位,以便对齐。

4.插入

插入菜单组的命令用于插入模块、图像、OLE 对象、动画、ActiveX 控件等。这组命令一般要先选定图标或用手形标记确定图标在流程线上插入点的位置,再选择执行相应命令。插入菜单组的下拉菜单如图 4.10 所示。

图 4.10 插入菜单

(1) 图标

在流程线上插入图标。

(2) 图像

用于在显示图标或交互图标的展示窗中插入图像。在自动打开的对话窗中进行选择文件和设置参数。

(3) OLE 对象

用于在显示图标或交互图标的展示窗中插入 OLE 对象。在自动打开的对话窗中选择文件和设置参数。

(4) 控件

插入外部控件,主要是 Microsoft Actuvex 控件。

(5) 媒体

用于引入其他媒体如 GIF、Shockwave Flash Movie、Quiktime 等类型的媒体文件。

5.修改

更改菜单组的命令用于文件或图标的设置,如属性、交互、过渡效果等,还用于排列位置、改变层次等。更改菜单组的下拉菜单如图 4.11 所示。

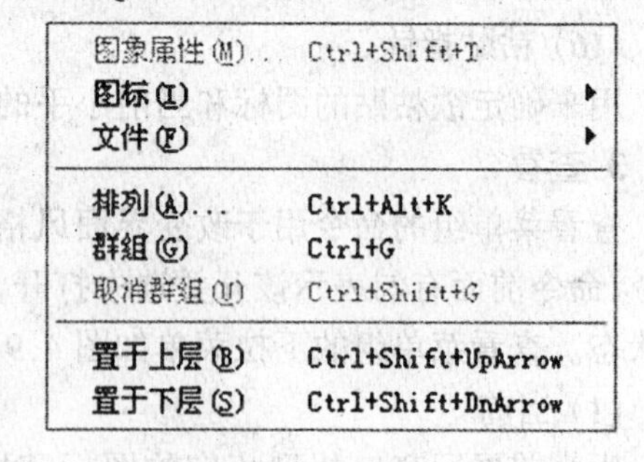

图 4.11 修改菜单

(1) 图像属性

对选中的插入到展示窗中的图像属性等进行设置,点击此命令时打开被选中图像的属性对话窗。

(2) 图标

对选中的图标进行设置,有 9 个子命令,包括属性、路径、响应、计算、特效、关键字、描述、链接、库链接等。点击子命令时打开对话窗,在窗口中进行选项和设置。

(3) 文件

对整个文件进行设置,有 4 个子命令,分别为属性、字体映射、调色板、航行设置。点击子命令时打开对应窗口,在窗口中进行选择和设置。

(4) 排列

打开或关闭排列选择窗。通过选择窗口中的样式对选出的一组对象实现排列。可实现的方式有左、中、右、上、中、下、水平等距、垂直等距。

(5) 群组

对选出的一组对象组合,使之作为一个整体对象使用。可以对显示图标中选中的多个对象组合形成一个对象。也可以对一个流程窗中被选中的多个图标组合为一个组群图标,组群图标的流程窗中是被选中组合的各图标。

(6) 取消群组

对通过组合形成为一个整体的对象取消组合,恢复为各独立的个体。

(7) 置于上层

对选中的对象在自己所在的显示图标中提高一个层次,以免被遮盖。可以多次使用。

(8) 置于下层

对选中的对象在自己所在的显示图标中降低一个层次,以免遮盖其他对象。可以多次使用。

6. 文本

文本菜单组的命令用于对展示窗中(包括计算窗)的文字进行设置,如字体、大小、样式(风格)、对齐方式及滚动方式、热字等的设置。文本菜单组的下拉菜单如图 4.12 所示。

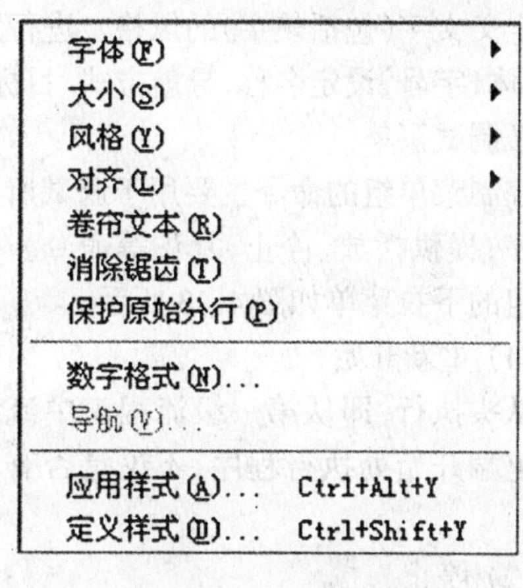

图 4.12　文本菜单

(1) 字体

Authorware 使用的是 Windows 字库中的字体。在选择字体时,菜单右边列出已用过的字体,可选用。选择最下边的其他,则打开字体选择窗,在上面小窗口通过滚动条选择字体,下部窗口中列出字体样板。

(2) 大小

在选择字号时,菜单右边列出已用过的字号,可选用。选择下边的其他,则打开字号选择窗,在上面小窗口输入数字(在英文输入状态有效),下部窗口中列出字号样板。利用尺寸上、尺寸下可以增大和缩小字号。

(3) 风格

样式又称风格,有 6 个子命令,常规、加粗、倾斜、下划线、上标、下标,用于改变文字的显示效果。

(4) 对齐

对齐方式用于文本的排列方式,有左齐、居中、右齐和正常 4 种形式。

(5) 卷帘文本

滚动用于设置大段文字以滚动方式显示。采用滚动方式时,文本框右侧出现滚动条和滑块,供输入和显示时使用。

(6) 消除锯齿

选定该选项可以使文本显示时消除锯齿现象,但会引起边缘清晰度下降。

(7) 保护原始分行

为避免程序到另一台计算机上运行时,由于重新定义文字格式而改变了行的长度,造成断行,用此功能可以强制文字行的长度不因格式的改变而变化,以消除断行现象。

(8) 数字格式

用于设置嵌入文本中的数值型变量的显示方式,如是否用“,”分隔,小数点后的位数等。

(9) 导航

只在文本编辑状态下有效,对文本中的导航进行设置。

(10) 应用样式

对选择的文字应用已设定的文字的风格样式,包括显示、光标、导航交互等。应用时弹出一个窗口,显示出已有的样式供选择。

(11) 定义样式

定义文字(包括热字)的风格。进行定义时弹出对话窗,在窗口中设置样式文字的颜色、字体、字号,设定名称、导航方式、目标等。

7.调试菜单

控制菜单组的命令主要用于调试所编辑的程序,提供播放、停止、复位等命令。控制菜单组的下拉菜单如图4.13所示。

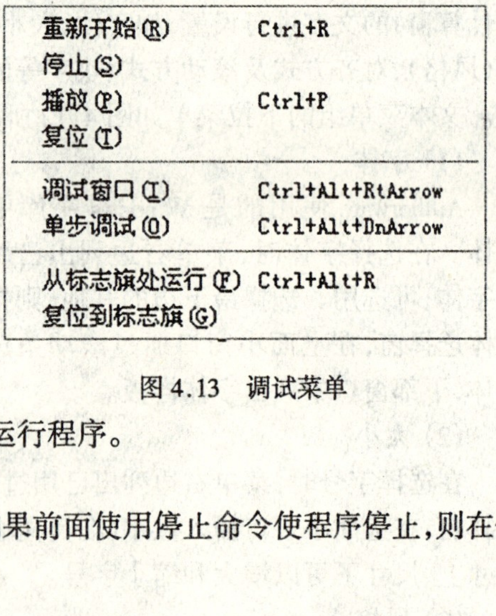

重新开始(R)	Ctrl+R
停止(S)	
播放(P)	Ctrl+P
复位(T)	
调试窗口(I)	Ctrl+Alt+RtArrow
单步调试(O)	Ctrl+Alt+DnArrow
从标志旗处运行(F)	Ctrl+Alt+R
复位到标志旗(G)	

图4.13　调试菜单

(1) 重新开始

从头执行,即从第一级流程窗中流程线的最上端开始处执行程序,不论是否有旗标存在。

(2) 停止

停止运行程序。关闭运行窗口也同样停止运行程序。

(3) 播放

开始执行程序。一般在起始处开始执行,如果前面使用停止命令使程序停止,则在停止处开始执行。

(4) 复位

清除跟踪,重新设置程序开始处,清除断点和控制面板窗口中跟踪程序执行的信息,清除展示窗,使播放命令从头开始。

(5) 调试窗口

单步执行,每点击一次,程序执行一步,实现单步运行并显示组图标或分支结构里有关的信息。

(6) 单步调试

单步跳跃,点击一次也执行一步,但对组图标和分支结构(包括交互、决策和框架图标)正常执行。

(7) 从标志旗处运行

从标记(旗标)处开始执行程序。

(8) 复位到标志旗

清除断点和控制面板窗口中跟踪程序执行的信息到开始旗标处,使播放命令从开始旗标处开始执行。

8.其他菜单

其他菜单组的命令包含4个有关程序信息处理的命令。其他菜单组的下拉菜单如图4.14所示。

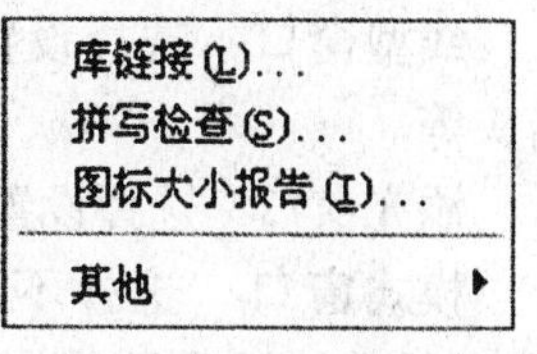

图4.14 其他菜单

(1) 库链接

打开连接库窗口,在窗口中可以查看所有在本程序文件中打开的图标库中的连接图标,并可以中断连接。

(2) 拼写检查

可检查指定内容中的英文单词拼写是否有错,若查出错误可提示修改。

(3) 图标大小报告

打开对话窗,存储有关图标及其连接信息的文件。

(4) 其他

有一个子命令——音频格式转换,将选定的 WAV 格式音频文件转换成 Authorware 专用的 SWA 格式音频文件,文件尺寸大约可减小1/4。

9.命令菜单

命令菜单如图4.15所示,菜单提供了 Authorware 的在线资源和一些编辑器,用户还可将自己的指令加入到该菜单中。

图4.15 命令菜单

10.窗口

窗口菜单组提供活动窗口的管理命令,用于打开或关闭活动窗口。窗口菜单组的下拉菜单如图4.16所示。

(1) 打开父群组

打开父群组图标。

(2) 关闭父群组

关闭父群组图标。

(3) 层叠群组

将选中的群组图标重叠。

(4) 层叠所有群组

将所有的群组图标重叠。

(5) 关闭所有群组

关闭所有的群组图标。

(6) 关闭窗口

关闭当前窗口。

(7) 面板

面板中有 4 项,属性、函数、变量和知识对象。

(8) 显示工具盒

设置窗口命令集,可打开如下 4 个窗口。

线型窗口　选择设置各种画线的粗细、箭头等。

添充窗口　选择设置各种填充风格。

模式窗口　选择不透明、外部透明、透明、反转等。透明只对白色有效。

颜色窗口　打开调色板窗口,供选择线条和文字、前景、背景的颜色使用。

(9) 演示窗口

打开展示窗口,供观察编辑对象使用。

(10) 设计对象

前置/关闭流程设计窗口,在命令的右边列出打开的流程窗名称,当该窗口被遮盖时将其前置到最上部,供编辑使用。当该窗口已在最上部时,将其关闭。

打开父群组(O)
关闭父群组(N)
层叠群组(S)
层叠所有群组(M)　Ctrl+Alt+W
关闭所有群组(C)　Ctrl+Shift+W
关闭窗口(W)　Ctrl+W
面板(A) ▸
显示工具盒(N) ▸
✔ 演示窗口(P)　Ctrl+1
设计对象(D) ▸
函数库(L) ▸
计算(U) ▸
控制面板(C)　Ctrl+2
模型调色板(M)　Ctrl+3
图标调色板(I)　Ctrl+4
按钮(B)...
鼠标指针(R)...
外部媒体浏览器(E)...　Ctrl+Shift+X

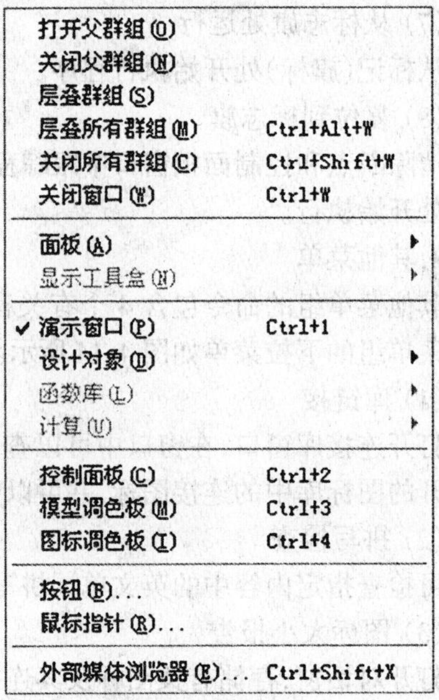

图 4.16　窗口菜单

(11) 函数库

打开查看程序库窗口,在窗口中列出所有在本程序中使用的库文件名,选择其中一个可以打开,查看其内容。

(12) 计算

前置/关闭计算窗口,在命令的右边列出打开的计算窗名称,当该窗口被遮盖时将其前置到最上部,供编辑使用。当该窗口已在最上部时,将其关闭。

(13) 按钮

打开按钮对话窗口,可在窗口中对列出的按钮进行编辑,也可以添加自制的按钮。

(14) 鼠标指针

打开鼠标指针对话窗口,可从窗口中列出的光标进行选择所喜欢的光标形式,也可以添加新的光标。

(15) 外部媒体浏览器

打开一个浏览窗口,显示出所有连接的外部媒体文件、路径以及连接他们的图标。

11.帮助

利用帮助菜单可获取有关软件的信息和使用方法的帮助。

4.2.3　工具栏

工具栏中提供了 4 组 16 个和 2 个单独的快捷按钮,每个按钮对应一个菜单命令,当移动鼠标使光标在按钮上时,会出现与按钮相应的文字提示,使用户使用操作起来简单方便。

1.文件操作按钮组

这一组中有新建、打开、保存全部、导入4个按钮,对应文件菜单中的相应命令。

2.格式按钮组

这一组中有恢复、剪切、复制、粘贴4个按钮,对应编辑菜单中的相应命令。

3.查找按钮

这是一个独立的按钮,对应查看菜单中实现查找文本的命令。

4.字体风格按钮组 Normal B I U

这一组中有粗体、斜体、下划线3个按钮,对应文字菜单中的相应命令。

5.播放按钮

是一个独立的按钮,当无旗标时执行从开始处播放程序,当有旗标时按钮上的图形变化为白色小旗,并由白色旗标处开始执行程序。

6.窗口控制按钮组

这一组中有控制面板、函数功能窗口、变量窗口和知识对象4个按钮,对应视窗菜单中的相应命令。

4.3　流程设计

流程是软件的结构图和运行路线,是总体的框架与关系,是程序科学合理的根据和实现。一个好的程序是建立在科学合理的流程的基础上的,因而流程设计是最重要的基础。

4.3.1　流程设计的原则

流程设计应符合以下原则:

- 结构简单
- 易于使用
- 修改容易
- 条理分明
- 层次清晰

4.3.2　流程的常用类型

在Authorware中常用的流程主要有两种类型,一是树形,另一种是网形。在实际制作中,主要是以树形结构为主,网形结构中网的横向联系则利用导航功能来实现。

无论哪种类型,都要由模块化结构形成。把握模块的科学分割及流程走向的合理,是形成最佳流程的关键。

4.3.3　流程的结构设计

流程的结构设计要根据需要和可能来进行,或者说是根据稿本的结构进行设计,如果稿本没有清晰的层次和结构分布,则应修改稿本。

流程的结构设计主要是按层次模块化程序结构之后确定流程走向。将稿本要求表现的内容分层、分块分解，形成最小表示单元，再将进出走向设定，结构设计就完成了。

1.流程与图标

流程的表现和实现有多种方式，在 Authorware 中使用的是流程线和计算图标。程序是在流程线上按箭头指示的方向由上到下、由左到右的方向运行，流程线上的图标也按此顺序执行。在计算图标中有转移命令或导航图标时，流程按转移命令或导航图标的要求改变流程到指定的图标处继续执行。

2.流程的检查和调试

流程的检查和调试应先分层分块进行，可由下向上，也可由上而下。既要注意各部分的效果，又要注意整体的协调。

在对有组图标和分支图标的部分检查调试时，要先对组的内部和各分支部分进行检查调试，保证其正确。

流程的设计和检查调试要反复进行，必要时进行修改，尽量做到最佳。

4.3.4 Authorware 的流程设计

Authorware 的流程设计是以树形结构为基础的。在流程设计前，首先要确定流程的结构，如有多少部分、组成分多少层次等等。在设计中，一般应先形成结构图，然后通过在流程窗中放置图标，形成流程的结构。

1.形成流程结构

在主流程窗中可通过交互、决策和框架图标设计形成相应的分支结构。各分支中用组群图标产生下一层流程窗，分支流程窗中再设计自己的分支，直到最低一层，流程的设计就完成了，如图 4.17 所示。

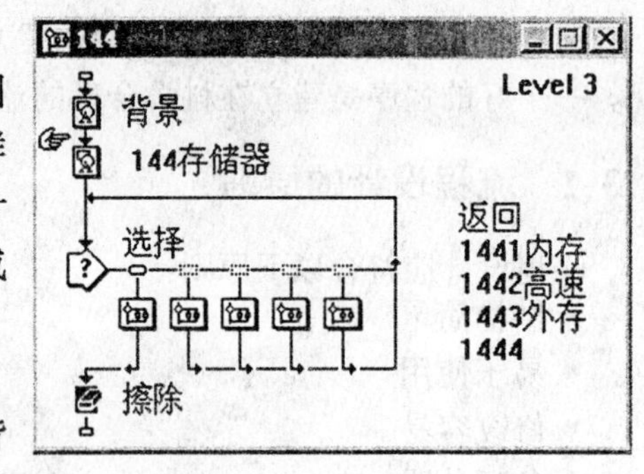

图 4.17 流程结构

2.背景内容的安排

一般在主要的中间层面，都设置相应的背景、交互的对象或有关的说明等，这类内容一般在交互图标前用显示图标或其他可以显示的图标显示出来。对于具体的内容，一般安排在最底层的显示图标中。

在各交互设置时默认的是相互擦除，所以各交互及其响应在结束后将被自动擦除。交互前的显示图标内容不会被自动擦除，所以在交互结束出口处要设置擦除图标，将交互图标前的背景等不需要的显示内容擦除，保证这一流程框中显示内容的出现和擦除相同。

3.转移与导航

由于树形结构有较强的分支归属，有时会感觉到使用不方便，如由一个主分支下的最底层到另一个主分支下的一个最底层，要层层退出后再层层进入，需要多次操作，使人感到很繁琐。在需要时，可以使用在计算图标中用转移语句的功能实现无条件转移或条件转移的方法，也可以使用导航图标或其他导航功能实现转移的方法使其直接到需要去的目标处。

4.注意

① Authorware 中的显示内容在没有设置擦除时是逐层覆盖的,显示太多会影响运行速度,所以在背景和其他交互前的显示内容不需要时,应使用擦除图标将其擦除,尽可能使显示和擦除相对应。

② 在交互图标前的显示内容如果在交互的响应分支中被擦除,当交互响应结束返回后,这些被擦除的内容不能再出现。解决的方法可以使用显示图标中加背景覆盖的方法(保留其不被擦除),在交互响应结束返回处将覆盖的背景擦除。也可以将这些需要重复出现的内容放在交互图标中显示,在交互的响应分支中擦除,当交互响应结束返回到交互图标时又重新显示。

③ 转移语句可以将流程转移到任何图标处,但转移目的的图标名称必须是惟一的,导航图标的导航目的图标必须是框架图标下页面集合中的图标。非页面集合中的图标不能作为导航的目的。

4.4　显示设计

多媒体课件设计的主要目的是将文字、图形、图像等内容合理地显示和组合起来,表示所要表达的信息,因而显示设计是灵魂、是核心。显示设计包括展示媒体的尺寸、位置、颜色、方式、运动等。

在 Authorware 中,显示静态内容是设置在显示图标和交互图标中;动画和电影由数字电影图标引入;使用运动图标可以使一个显示图标中的显示内容产生运动;用擦除图标可以擦除一个或多个图标中的显示内容,用修改菜单中的图标过渡设置可设置显示对象出现的过渡方式;用擦除图标窗口的过渡设置可设置对象的擦除的过渡方式。

4.4.1　文字的设置

文字的设置有几种不同的方式,可以得到不同的效果。

1.直接文本制作

利用 Authorware 提供的文本编辑功能直接制作文本内容。Authorware 提供的文本功能相对简单,只有文字的字体、大小、颜色、对齐和排列以及 4 种格式的选择,可以制作一般的文本内容和简单的标题,难于做出艺术性强的文字效果。

加入文本的具体方法是双击要加入文本的显示图标或交互图标,进入显示图标编辑状态,这时展示窗被打开,在同时输入选择窗也打开,选择输入选择窗中的 A 文本输入按钮,进入文本编辑状态。在展示窗中要输入文本的位置点击鼠标,形成文本输入条(框),光标变成“I”形,选择要用的输入法输入文本,就制作了文本。文本输入条上的直线表示文本框的宽度,两端的小方框表示文本框的端点,线上下的小三角分别表示首行和一般行的起止位置。调整方框和三角的位置可以改变文本的宽度和位置。

文字较少的文本直接在一页中显示,较多的文本内容可选择分页显示或滚动显示方式。字体和大小等根据页面的需要设置,颜色要与背景相搭配。

2. 引入其他软件的文本

如果要导入纯文本文件(TXT 和 RTF 格式),可以直接导入。方法是用文件菜单中的导入命令,弹出导入文件窗口,导入文件窗口如图 4.18 所示。

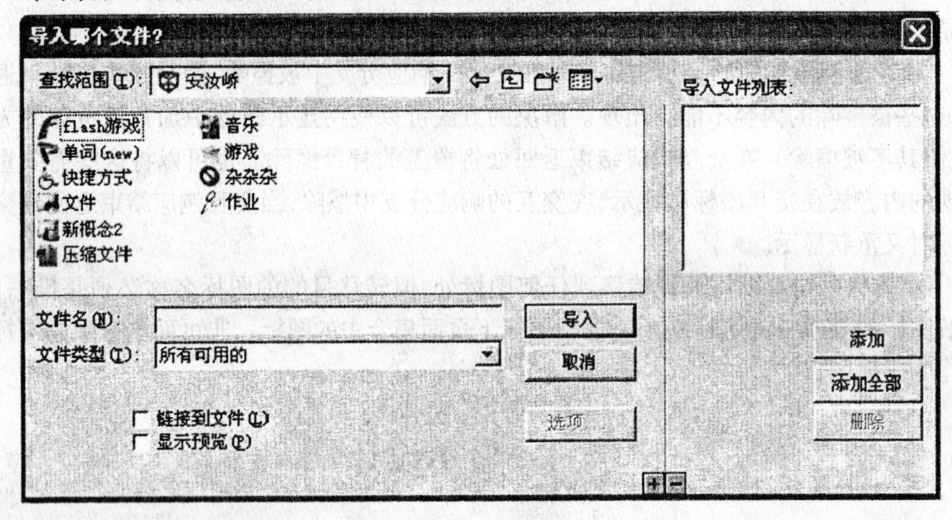

图 4.18　导入文件窗口

在导入文件窗口中选择需要的文件,不选择"链接到文件"的选项时,所导入的文本作为程序的一部分,保存在文件内部;若选择了"链接到文件"的选项,文本文件以链接的方式导入,不在程序的内部。使用外部文件链接方式时要保证文件相对的路径不变,程序运行时才能正确链接。用对话框右下角的"+"号可以一次导入多个文件。

如果在其他软件中已经有要用的文本,也可以利用剪贴板将需要的部分复制进来,减少输入的工作量。若只要文本内容,在打开的原文本文件中选出所要的文本部分,复制到剪贴板中,在 Authorware 的文本输入状态下,在要加入文本的位置将剪贴板的内容粘贴上去,再设置字体、颜色等,与输入的文本相同。

在用剪贴板粘贴非纯文本文件中的文本时(如 word 文件中的文字),会弹出一个文本格式对话框,如图 4.19 所示。

在文本格式对话框中,分别设置分页和目标方式,在分页部分有忽略(忽略分页符)和建立新的显示图标两个选择,在方式选择部分有标准和滚动两个选择。选择需要的选项后确认,完成文本的导入。

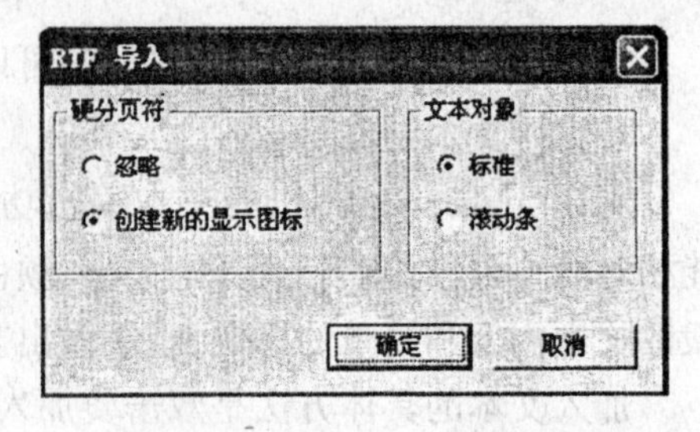

图 4.19　导入文本对话框

3. 引入图形方式的文本

若想引入艺术效果较好的文本,如 PowerPoint 中的艺术字、Photoshop 制作的特效字等,已经不是文本方式的内容,只能用图形或图像方式,作为图像进行处理。

以图形或图像方式引入时,先在打开的要引入对象的文件中选出所要的对象部分,注意要在对象编辑状态(不能在文字编辑状态)下选择引入的对象,用复制命令将其复制到剪贴板中,再到 Authorware 中打开要引入对象的显示图标的展示窗,用粘贴命令将剪贴板的内容粘贴到展示窗中,然后调整对象的尺寸和位置等。

4.文本的编辑修改

文本方式制作或导入的文本对象制作完成后,仍可在 Authorware 中进行编辑修改。要注意,文本有两种编辑状态,文字编辑和对象编辑状态,分别用输入选择窗中的字符 A 和箭头 选择进入。在文字编辑状态,用鼠标在要修改的文字处点击或拖动,文本对象区域转变成文本输入状态,再选择要编辑修改的文字进行编辑修改,就可以实现文本内容的编辑。在对象编辑状态,用鼠标点选要编辑的文本,文本框两端出现 6 个小方框,他们是对象调整手柄。用鼠标拖动四角的手柄,可同时改变文本框的长度和位置,拖动中间的手柄,可改变文本框的长度。在文本框的长度改变时,文本方式制作或导入的文本字体的大小不变,行数按需要变化。

以图形方式通过剪贴板粘贴引入 PowerPoint 的文本框对象,只有对象处于编辑状态时,用鼠标点选要编辑的对象,对象四周出现 8 个小方框,他们是对象调整手柄。用鼠标拖动四角的手柄,可同时改变对象的长度、宽度和位置,拖动中间的手柄,可改变文本框的长和宽。文本框中文字的大小将受长宽比的改变而变化,间距也随之改变,需要注意。

以图像方式引入的 PowerPoint 中的艺术字、Photoshop 制作的特效字等,只能是作为图像对象进行处理。

4.4.2　图形的设置

图形是指常规的规则或不规则的几何图形,是直接在计算机上绘制的,许多种软件都具有这类画图功能。Authorware 可以直接制作一般的图形,但对艺术性要求较强的图形,需要用功能更强的软件制作,做好后再引入到显示图标中。

1.直接制作

Authorware 在显示图标内容编辑状态下,利用输入选择窗的不同选择,可实现固定角度直线(水平、垂直、45°斜角)、任意直线、圆或椭圆、直角矩形、圆角矩形、任意多边形的绘制。利用这些功能组合,可形成所需要的图形。

拖动鼠标可绘制所选定类型的图形,同时按住 Shift 可绘制固定角度直线、圆和正方形。绘制结束时,在刚绘制的图形端点处出现调整手柄,可以调整图形的位置。多边形每个线段端点都有手柄可调整,圆角矩形的左上部单独的手柄用于调整圆角的半径,利用线条设置、调色板、填充方式、显示方式设置等可选择需要的线条类型、线条和填充颜色等。

2.编辑修改

要修改绘制的图形,先要进入对象的编辑状态,在展示窗编辑的输入选择窗中点选箭头按钮,进入对象整体的编辑状态。在对象整体编辑状态下,点选要编辑的图形,选中对象后四周有 8 个控制手柄,拖动手柄可以进行对象的缩放,拖动对象中不透明的部分可以实现对象的移动。

在对象的编辑状态下选中要编辑的对象,再在输入选择窗中点选对象绘制时所使用的工具按钮后,这时进入对象的内容编辑状态,对象上各编辑点出现编辑用的小方框的调整手柄,用鼠标拖动调整相关的手柄,可以实现对象图形的编辑修改。

3.图形的组合

复杂的图形,可以用一些基本的图形组合来形成。先画出各部分图形并编辑修改到合适的颜色和形状,然后将各个图形组合形成需要的图形,再将其组合成一个整体。

组合的方法是先选择要组合的所有对象(要连续选择多个对象时,可以使用圈选法,也可以在按下 Shift 键后用鼠标点击要选的对象)后,使用更改菜单中组合命令,就实现了所选图形对象的组合。

4.4.3 其他显示内容的插入

在展示窗中出现的内容除文本和图形外,还有图像和数字电影。图像可以使用内部或外部文件形式,数字电影多数情况下是使用外部文件形式。

1.图像的插入

图像的插入要在显示图标中进行。双击要插入图像的显示图标,进入显示图标编辑状态,使用插入菜单中的图像命令,打开图像插入窗口,点击导入按钮打开文件选择窗,选择需要的图像文件导入。图像设置窗如图 4.20 所示。

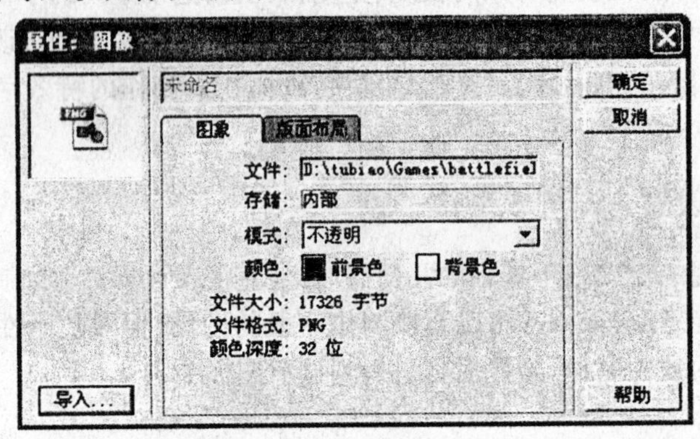

图 4.20　导入图像设置窗

图像设置窗有 2 个页面,图像页面和设计页面。在图像页面中,显示导入图像文件的路径和文件名、在文件中存在的方式(内部或外部)。可调整设置图像的显示方式(不透明、遮隐透明、反转、擦除或阿尔法模式等),并提示导入文件的类型、文件尺寸等。

在窗口的设计页中,以像素为单位,以展示窗的左上角为位置参考点,可以设置图像的位置。选择比例选项,可以在水平 X 方向和垂直 Y 方向的数据栏中直接输入图像尺寸的方法设置图像的大小,也可以在下部输入百分比设置图像的大小。选择裁切选项,在下面的裁切图形中选择保留的部分,再输入图像尺寸,可以实现图像的裁剪。

在流程窗中对图标编辑的状态下,使用文件菜单中的导入命令,可以直接打开文件选择窗,当选择需要的图像文件导入时,会自动在流程的插入位置添加一个显示图标,将插入的图像嵌入到该显示图标中。

2.数字电影的导入

数字电影的导入要在电影图标中进行。双击流程线上要插入数字电影的电影图标,打开数字电影设置窗,如图 4.21 所示。点击窗口中的导入按钮,打开文件选择窗,可以选择需要的数字电影文件导入。

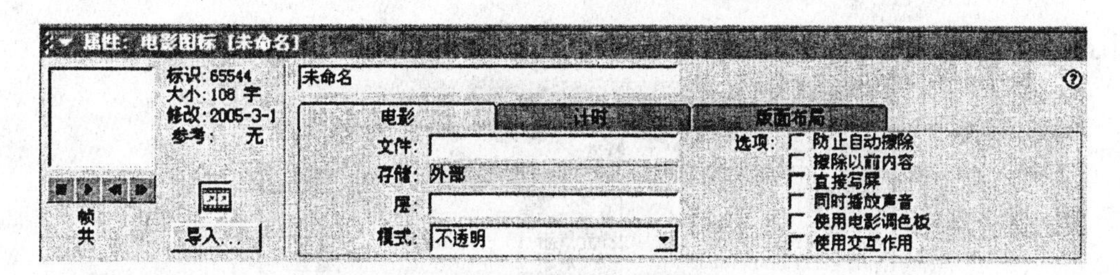

图 4.21　数字电影的导入

在设置窗口中有 3 个页面，在电影页面中可以选择文件的路径；在时间页面中可以设置对数字电影播放的次数、速度、起始帧和结束帧，还要设置播放的同步方式；在版面布局中，可以设置图像是否可以被移动。

数字电影图标中可以导入不同格式的电影文件，不同格式的数字电影的可设置内容不相同。有些尺寸可变(如 AVI 文件可以在展示窗中选中后拖动手柄缩放)，有些尺寸不可变，有些可以设置透明方式，有些则不可以。

4.4.4　展示的设置

所有显示对象都在展示窗中出现，恰当设置显示对象的层次和顺序，可以较好地实现表达效果。

1. 显示图标中对象的排序

在一个显示图标中，可以有多个显示对象，一个显示图标中的所有对象都只能以相同的方式同时出现。在没有设置的情况下，按对象制作和引入的先后顺序自动排列，先出现的在下层，后出现的覆盖前面的对象。在实际制作中，很难一次将顺序安排的正确，需要进行调整。调整的方法是先选出要调整前后顺序的对象，然后使用修改菜单中的置于上层或置于下层命令，实现对象向上和向下的层次调整。

2. 显示图标的层设置

在没有对显示图标的层进行设置时，流程线上的各显示图标按流程执行顺序先后显示，后出现的对象覆盖先出现的对象。但是在实际中有时需要先出现的对象不被后出现的对象覆盖。为了实现这样的效果，Authorware 提供了显示图标的层次设置。

使用修改菜单中的“图标/属性”设置命令，打开图标属性设置窗口，在窗口中的层设置栏中输入要设置的层次号后，单击“确定”按钮完成。在实际显示时，层次号高的显示图标内容覆盖层次号低的显示图标内容，未设置图标层次的显示图标默认为最低层。在设置时要先安排好各层次、结构和图标的关系，避免设置的随意性。

4.4.5　设置过渡效果

为了增加显示内容出现的动感效果，显示图标的内容出现时可以设置有一定动感的过渡效果。Authorware 提供了几十种不同类型的过渡方式供选择。当设置显示过渡效果后，这个显示图标中的所有对象将全部同时依此方式出现。

使用修改菜单中的“图标/特效”命令或用鼠标右键点击显示图标弹出快捷菜单后从

中选择特效命令,打开特效方式设置窗口,如图 4.22 所示。

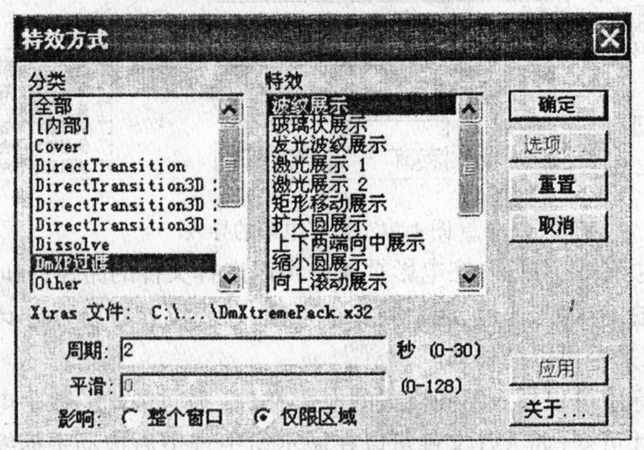

图 4.22 过渡效果对话框

在窗口左边类别选择栏中可选择过渡效果的类别,在窗口右边效果设置栏选择需要的形式后,点击"确定"钮完成设置。在不了解实际效果时,可点击"应用"钮,在展示窗中显示预览这一过渡效果。

每一种过渡方式都有相应默认的过渡时间和平滑度设置,多数过渡方式在设置时可以修改。一般的过渡时间设置为 0.5 ~ 2 s,可以根据实际需要设定。在设置时要考虑好各层次、结构的关系,一般相同的层次、模块选用相同的方式,不同的层次、模块选用不同的方式。避免由于设置的随意性破坏整体的和谐和层次感。如果选择仅限区域,则只在该图标中有内容的矩形区域发生效果,如果选择整个窗口,则在全画面发生效果。

4.4.6 运动的设置

在移动图标的作用下,显示图标的内容可以按设置的方式、路径、时间(速度)产生相对的运动。一个移动图标可以实现一个显示图标中内容的运动,一个显示图标中的所有内容都只能按同一方式同时做相同的运动,不能分开。对于不同运动的对象,必须将其放在不同的显示图标中,用不同的移动图标设置各自的运动。

在需要产生运动的流程位置放置移动图标,然后进行运动设置,可以随放随设,也可以一次放置多个图标后一起设置。设置运动时,先要确定运动的对象已经显示在展示窗中可见到的位置,供设置运动时选择。

双击"移动图标",可以打开移动属性设置窗口,也可以在调试状态播放,使显示内容按流程出现,当执行到移动图标时,由于未进行运动设置,程序会暂停,自动弹出移动图标属性设置窗口,如图 4.23 所示。在打开的窗口中进行运动的选择设置,设置完成确定后,在属性标题栏中点鼠标右键,折叠或关闭窗口。如果是在调试状态自动弹出的窗口,关闭窗口后程序将继续的运行。

注意:一个移动图标只能实现对一个显示图标中所有内容的运动。

1.移动图标的五种类型

Authorware 的移动图标提供了 5 种运动方式,分别如下。

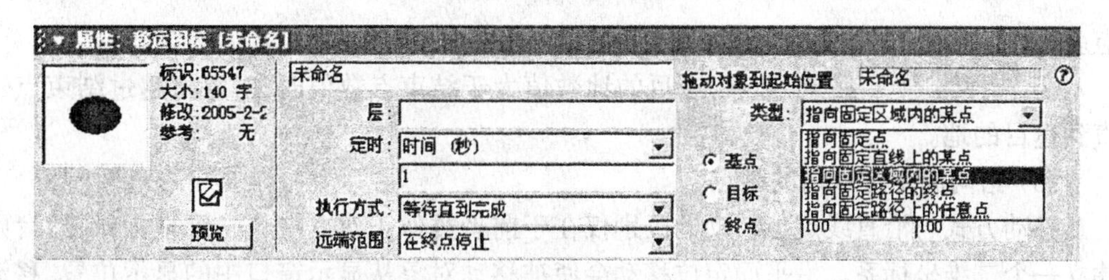

图 4.23　移动属性设置对话框

(1) 指向固定点

对象由起始位置直接到目的坐标点。坐标以展示窗的左上角为参考点，单位是像素。

选择“指向固定点”设计方式时提示信息。

① 对象。用于显示动画对象所在的图标名称。

② 目标。用于显示或输入动画对象运动后的目标点坐标值。

③ 层。用于定义动画对象的层级。

④ 定时。用于设置动画对象的运动速度，可以选择“时间(秒)”或“速率(秒/英寸)”两种方式，其下方的文本框用于输入时间值或速率值。

⑤ 执行方式。用于设置运动对象的同步方式。选择“等待直到完成”选项时，程序必须等到移动图标执行完毕，即对象运动结束后才能继续向下进行；选择“同时”选项时，程序可以和移动图标同步执行，即程序在对象运动的同时继续向下进行。

(2) 指向固定直线上的某点

对象由起始位置直接到一个设定直线上的点。这个设定直线可以设定起始和终止坐标，并可以设置在线上的目的坐标。坐标也是以展示窗的左上角为参考点，单位是像素。

选择“指向固定直线上的某点”设计方式时提示信息。

① 基点。选择该选项，在演示窗口中拖动对象，可以确定直线的起点。

② 终点。选择该选项，在演示窗口中拖动对象，可以确定直线的终点。确定了起点和终点位置之后，演示窗口中会出现一条直线，对象移动结束后，终点位置一定位于这条线上。

③ 目标。用于设定对象的运动终点，其数值可以在出发点和结束点之间，也可以超出其范围。但是一定位于出发点和结束点所决定的直线上。目标的值可以是数值、变量或表达式。

该标签中的大部分选项与“指向固定点”设计方式标签相似，不同的选项有两个。

一是“执行方式”选项中多了一个“永久”选项，选择该选项后，如果移动对象的目标采用变量或表达式控制时，该选项会在程序执行的过程中一直监控着变量，一旦变量值发生变化，就移动对象到新的位置。

二是增加了“超出范围”选项，用于设置当“目的地”超出直线起点和终点范围时的选项。

① 选择“循环”选项，当目的地数值大于结束点数值时，将以目的地数值除以结束点数值，余数为对象运动的实际目的地。

② 选择“在结束点停止”选项，当目的地数值大于结束点数值时，对象只运动到结束

点就停止。

③ 选择"到上一终点"选项,当目的地数值大于结束点数值时,对象将越过结束点一直到达目的地。

(3) 指向固定区域内的某点

移动方式与沿直线定位移动的区别仅在于前者类似于建立一个一维坐标系,后者则建立一个二维坐标系。沿平面定位移动会使被移动对象从显示窗口中的显示位置,移动到指定区域内的二维坐标位置点。

选择了该设计方式后,参数与"指向固定直线上的某点"设计方式的参数相同,此处不再重复。每个选项后面都有 X、Y 参数,这个参数并不是指该点的屏幕坐标,而是用于定义该点在规定区域内的坐标值,系统默认规定区域的左上角基点为(0,0),右下角终点为(100,100),当然用户可以根据需要对参数进行修改。另外,对象运动的目的地坐标值也可以修改,既可以直接输入数值,也可以用变量表达式来定义。

(4) 指向固定路径的终点

对象由起始位置沿设置的运动路径到结束位置。设定的路径在起始位置和结束位置之间,可以是直线,也可以是折线,还可以是由弧线组成的曲线。在折线或曲线上点击鼠标左键可以设置可控点,折线上的可控点是三角形,曲线上的可控点是圆形。用鼠标拖动对象产生运动路径;在路径线上双击可添加编辑点,拖动编辑改变其位置调整运动路径。在编辑点双击鼠标左键可实现折线与曲线路径形式的转换,选中编辑点可用窗口中的删除钮删除,也可以按撤销按钮,对设计内容撤销。

(5) 指向固定路径上的任意点

指向固定路径上的任意点的动画设计方式,可以使对象沿折线或曲线路径运动到路径上的任意点。

在基点、目标和终点 3 个选项文本框中输入数值,可以确定路径的起点、目的地和终点的参数值。

2.移动的基本设置

在移动图标属性设置窗口中的左上边是对象显示窗,如图 4.23 所示,显示选定的运动对象,左下边是预览按钮,中间上面的第一栏是被运动对象的图标名称,下面一栏是下拉式菜单的运动方式设置,中下部有动作和设计两个设置页。

在移动图标属性设置窗口中,可以设置显示层次、运动时间、同步方式和运动的条件等。运动的对象显示层次在运动时高于任一层不运动的对象,设置层次高的对象覆盖比其层次低的对象,要根据显示的需要设置。运动的路径长度和运动的时间决定了运动的速度,在 Authorware 中,所设置的运动都是匀速的,在确定运动的路径后,运动的时间就决定了运动的速度。根据需要设置时间,可以实现希望的速度。当希望两个以上的显示图标以不同的方式、路径运动时,前面的运动同步方式要选择同步(Concurrent)方式,以使其在移动图标工作时,继续执行下面的流程,最后一个运动可以使用等待到做完(Wait Until Done)方式,也可以使用同步方式,在后面加定时等待图标,保证动作的执行时间。

在设计页中,按不同的运动方式有不同的设置,如设置目的点坐标、线(行)的起始和结束坐标、矩形(格线)的左上角和右下角的坐标等,有的点只需要 X 轴坐标一个坐标值,有的则需要 XY 两个坐标值。可以用鼠标拖动对象设置有关的参数,也可以在相应的栏中直接输入数字,如起始、结束、目的的坐标。

设置完成后,可使用左下角的预览钮观察动作是否满意,不满意可调整设置,满意后点击确定钮完成。

4.4.7　擦除的设置

已显示的内容如果没有被擦除时,该显示对象始终存在,但可以覆盖,当覆盖的内容消失后,被覆盖的内容将重新显示出来。对于不需要再出现的显示的内容,需要用擦除图标将其擦除。使用擦除图标的方法与使用移动图标的方法基本相同。

在需要进行擦除的流程位置放置擦除图标,然后进行擦除设置,可以随放随设,也可以放置多个后一起设置。设置擦除时,先要确定擦除的对象已经显示在展示窗中可见到的位置,供设置擦除时用鼠标点击选择被擦除的对象。

双击擦除图标可以打开擦除设置窗口,也可以在调试状态播放,使显示内容按流程出现,当执行到擦除图标时,由于未进行擦除设置,程序暂停,会自动弹出擦除设置窗口。在打开的窗口中进行设置,设置完成确定后,在属性标题栏中点鼠标右键,折叠或关闭窗口。如果是在调试状态自动弹出的窗口,关闭窗口后程序将继续运行。

在擦除设置窗口中也有两个页,擦除页和图标页,页面部分如图 4.24 所示。

图 4.24　擦除图标属性设置对话框

擦除页是用于选择擦除对象和选定擦除形式,在显示窗中点击要擦除的对象就将其擦除。点击特效栏右端的按钮,可打开擦除过渡方式选择窗(与显示过渡方式相同),选择合适的擦除方式后,再设置相应的参数,可实现动态擦除。图标页中显示该擦除图标所擦除的显示图标列表,对于被错误选中擦除的显示图标,可用删除钮从表中删去,取消对其的擦除作用。

一个擦除图标可以擦除多个显示图标的内容,但都是在同一时间用同一方式处理的,不能有不同的时间和方式。如果需要用不同的时间或方式,就要用不同的擦除图标来分别完成。

4.5　交互和响应

Authorware 的一个突出特点是有非编程的交互响应设计功能,从而在课件制作中较容易地实现交互,而交互式课件是课件类型中的主流,有着无可比拟的优点。

4.5.1 交互和响应的作用

实现人机交互是 CAI 课件的主要优点之一。由人们不同的需要、欣赏类型、习惯以及课件结构和内容的要求，形成了不同的交互和响应方式。

1.交互的基本概念

交互是计算机以一种方式获取操作人员发出的选择指令信息。如我们在屏幕显示的按钮上点击鼠标，就给计算机一个选择操作该按钮的指令。计算机根据获得的鼠标信息和计算机内原保存的按钮显示位置的信息，判断出要求的操作。计算机根据判断的结果，按照事先编制好的程序，执行一系列相应的操作。这些操作在执行过程中或结束时，返回一个可以被看到或听到的结果，作为这一指令的响应。

在 Authorware 中交互的设置是在流程线上放置交互图标，在交互图标的左下方放置该交互响应内容的图标(通常用组图标)来构成。响应图标一般要有两个以上，在交互图标和响应图标中间出现有分支的流程线，双击流程线交点的小图形，可以打开交互设置窗口进行交互设置。

交互和响应是成对出现的，是因果关系，不能分开。

Authorware 中提供了 11 种不同的交互方式，在一个交互图标的右下方放置第一个响应内容图标后自动弹出选择框，要求对该响应选择设置一种交互方式。最常用的交互方式是按钮方式，比较常用的还有热字或热对象、热区、热键等。响应类型对话框如图 4.25 所示。

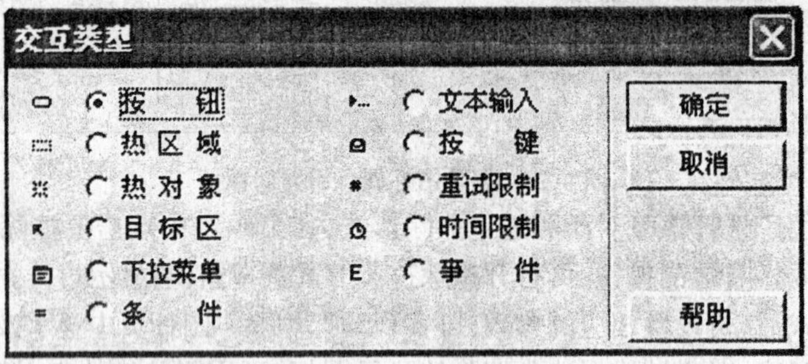

交互类型

按　　钮　　文本输入　　确定
热 区 域　　按　　键　　取消
热 对 象　　重试限制
目 标 区　　时间限制
下拉菜单　　事　　件
条　　件　　　　　　　　帮助

图 4.25　响应类型对话框

在已有响应分支的左边放置响应内容图标时，Authorware 将其看做为新的响应分支，也要自动弹出选择框，要求对该响应选择设置一种交互方式；在已有响应分支的右边放置响应内容图标时，Authorware 将其默认为左边响应分支类型的重复，不弹出选择框，即不要求对该响应再选择设置。如果需要更改，可在交互的设置中修改。

2.交互的类型设置

当放置第一个交互响应内容图表时，需要进行交互类型选择，如图 4.25 所示。而后放置其他交互响应图标将会默认与前一个相同。需要更改交互类型时，双击交互图标右侧流程线上交点的小图形，弹出对应其下部响应分支的交互设置窗口，如图 4.26 所示。

窗口中显示所用交互对象的名称和类型，左面的小窗口中是响应的流程图标，“打开”按钮用于打开该交互的响应图标。如果使用按钮交互方式，交互对象窗口下出现一个标

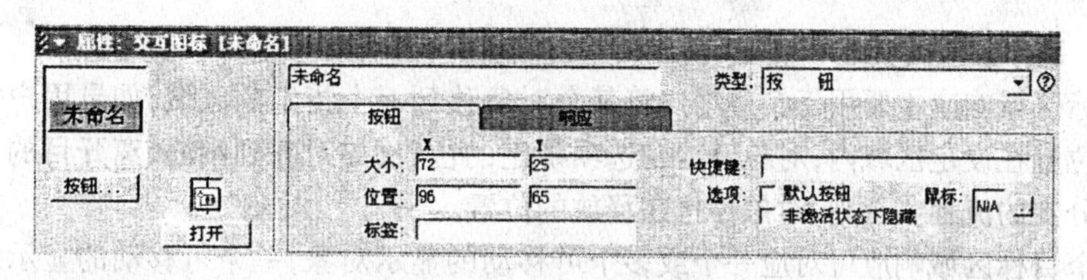

图4.26　交互设置对话框

有按钮文字的按钮,双击该按钮打开按钮编辑窗口,可以进行按钮的编辑设置。

窗口中部是交互设置部分,有两个设置页,一个是交互对象设置页,对不同的交互方式,给出对应的选项;另一个是交互响应设置页,用于对交互的出口流程(分支)、擦除等的设置。

(1) 按钮的交互和响应

最常用的人机交互方式是操作按钮。用鼠标按动操作按钮,向计算机发出指令,计算机按确定的程序进行工作,完成规定的任务。为使操作人员了解计算机工作的情况,计算机要在不同的过程中分别表示出自己的响应效果。按钮的形状和对应的状态可以选用由系统提供的形式,但为了美观,一般都根据背景画面自行设计制作。

(2)热区的交互和响应

热区是用一个屏幕上指定的区域来代替按钮作用,当鼠标在此区域内点击或在其上时产生交互,向计算机发出指令,产生提示或使计算机按确定的程序进行工作,完成规定的任务。热区是一个可调整大小和位置的矩形区域。

(3) 热对象的交互和响应

热对象是用一个显示图标中的全部内容做交互对象,而且仅当显示图标的显示画面中有对象的区域时有效。与热区的区别是热区与显示图标无关,无论用几个显示图标,显示画面中有多少内容,都可以有多个热区,分别为不同的交互对象完成不同的交互。热对象交互中一个显示图标中无论有多少对象,都是同一交互作用。热区的区域只能是矩形区域,热对象则是显示图标的显示画面中的不透明的对象部分。

(4) 文本输入的交互和响应

文本输入是在屏幕上指定的文本框内输入有效的文字,按回车键后有效。输入文本在交互中进行判断,如果响应图标有名称,输入该图标的名称就判断为正确,否则为错。如果响应图标没有名称,则输入被认为有效,输入的文本在系统变量“Entry Text”中。判断输入正确时进入下面的响应分支完成规定的任务;如果输入不正确则不进入响应分支;如果有多个文本输入交互,则从左到右顺序进行判断,进入正确的分支;如果有多个文本输入交互下左边第一个分支没有名称,其右边的文本交互都不会有效。

(5) 菜单的交互和响应

菜单是 Windows 的常规交互样式,可以提供大量的功能命令,为多数人所熟悉。菜单应按命令种类分组,利于用户查找。

菜单交互中的响应分支中可以继续使用菜单交互,作为菜单组中的命令;也可以再使用菜单交互,作为子菜单,形成菜单的嵌套。由于每一组交互对应一组菜单,所以只有在用永久交互方式时,才能使组菜单始终保持有效。

(6) 目标区域的交互和响应

目标区域响应主要用于希望用户将某个对象移到一个指定的区域,如果用户使对象移动的位置在设定区域内,对象停留在选项确定的位置(如对齐到中心、离开目的),并执行响应分支的流程。否则,对象停止在释放的位置。

一个目标区域响应可对应一个或多个可移动的显示对象,一个可移动的显示对象也可以对应多个目标区域响应。

(7) 条件的设定和响应

条件的设定是设置一个确定的条件,如某一数字变量的值相等或逻辑变量值的真假,也可以使用表达式,当满足设定的条件时,程序执行响应分支的流程。

条件设定和响应可用于测验考试、练习等课件内容的制作。

(8) 按键的设定和响应

这里的按键是指常用的热键,即单独按下某一个指定键后,进入下面的响应分支的流程。指定键可以是数字键,也可以是字符键,但不可以是 Authorware 中的热键,以避免造成调试运行时的混乱。

(9) 尝试限制

尝试限制通常是与其他交互方式配合使用,如要求用户通过使用文本交互或按键交互输入口令、密码、允许练习的次数等。在尝试限制中设置交互允许的次数,如果用户已达到设置的交互次数,则进入尝试限制下的响应流程,执行该子流程的图标命令,通常是给出提示并转向其他部分(如转到结束程序处退出)。

(10) 时间限制

时间限制也是与其他交互方式配合使用,是设置用户在这一交互中允许的最长时间,如进行限时答题等练习或游戏使用。在时间限制中设置限制的时间,应考虑用户交互需要的时间和思考的时间,保证时间设置的合理。

在时间限制和尝试限制交互时,其交互分支都应为“退出交互作用”方式,不能使用“再试一次”和“继续”的分支方式,否则会在交互中循环计时或尝试不停,失去作用。

3.交互的其他设置

在交互对象设置页中,除了选择交互方式外,还有其他的设置选择,如光标的类型、按钮的引入、热区的大小及位置等等。这些设置关系到使用的便捷程度、画面的布局、颜色的搭配等课件效果,都需要认真对待。

(1) 光标的设置

在交互中,常常在按钮、热区、热对象处将光标改变形状,以图形语言来说明这是一个可以点击的交互对象,让用户较容易地识别,以避免无目的地寻找。

Authorware 提供了在交互设置时选择光标的功能。点击按钮、热区或热对象设置页中的光标选择按钮,可以打开光标选择窗口。在窗口中提供了系统已有的不同类型的光标,可以根据需要选用。也可以自己制作光标文件,导入后选用。

(2) 交互出口分支的设置

Authorware 的交互响应出口有 3 种路径选择,如图 4.27 所示。分别为继续、重试和退出交互,一般使用的是重试和退出交互 2 种。

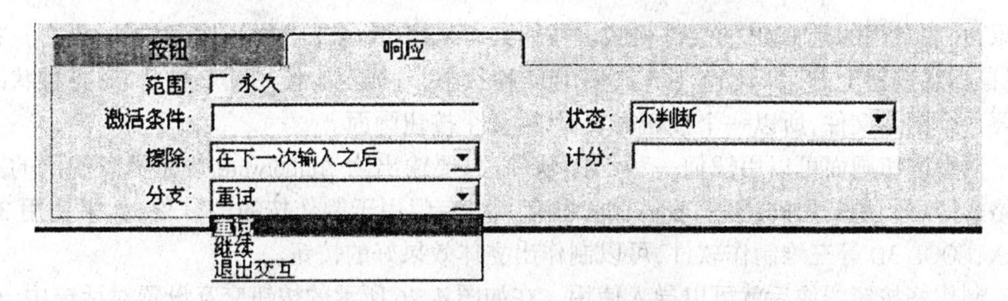

图 4.27　交互响应设置页

重试的流程是当响应流程结束后程序返回到本交互的入口,继续重复进行本交互的过程,可以选择交互选择中的任何一个交互分支重新进入。在一般情况下,多数的按钮、热对象和热区交互都采用重试的分支结构。

退出交互的流程是当响应流程结束后进入交互下面的流程,表明退出这一组交互程序,返回到上一层。所有的交互结构在设置时至少要有一个分支要被设置为退出交互的分支结构,以保证该交互可以正常地结束,当然也可以有多个退出交互的分支,这要根据具体情况确定。

(3) 交互对象的设置

当使用热对象交互时,要选择确定该交互对应的对象。使用文本交互时,要设置交互的文字内容。使用时间限制时,要确定限制的时间。这些都是对交互对象的设置。

在交互对象设置页中,Authorware 根据所选的交互方式给出相应的提示,如单击一个对象去构造热对象,热区的位置和大小,要求输入的文字等。按设计的要求和页中的提示选项进行选择和设置,给出交互所需要的要求对象和参数。

(4) 其他设置

在交互响应(回答)设置页中,除要选择分支外,还有有关是否擦除前面的显示内容、是否进行判断,以及是否使用永久交互等选项。对各选项根据实际需要进行选择和设置,注意比较不同选择时的区别,就容易掌握和使用了。

交互的种类虽然较多,开始使用时让人感到无所适从,但先从使用按钮开始,逐渐应用其他类型并注意相互间进行比较,特别是找出各种交互的不同点,并且联想到应用的效果,就能很快适应并为其灵活的方式和效果有所感叹。能否正确使用交互,是实现课件制作的主要关键,我们必须充分注意和认真领会。

4.5.2　交互对象的制作使用

交互界面是最能体现设计者风格的部分,其中用于交互的对象又是关键的表现点,如按钮的图形和方式、热对象的风格和布局、热区的位置和尺寸,都影响使用者的情绪和效果。

1. 按钮的制作和引入

Authorware 虽然带有一些按钮,但是比较单一,尤其是不能和内容相呼应,所以较好的课件都是自己根据内容和画面来制作需要的按钮,然后添加到按钮库中。

制作按钮首先是做出按钮的对应画面,并将其存储为图像文件,为保证图像有较好的效果,一般常用的是 BMP 的文件格式。按钮共有未按(普通未选择)、按下(鼠标点击)、在上(鼠标在按钮上方)和不允(不允许使用)4 种状态,一般至少使用前 2 种状态,每种状态需要一个图像文件,所以一个按钮需要做 2~4 个按钮画面。

制作按钮画面可以用任何一种绘图软件,只要输出为 Authorware 按钮可以使用的文件格式即可。最常用的还是 Photoshop,也有一些专门用于制作按钮的软件,如果使用 3D MAX、COOL 3D 等三维制作软件,可以制作出立体效果好的按钮。

制作好按钮图像后就可以导入使用。在如图 4.26 所示的按钮交互设置对话窗中,点击“按钮”按钮打开按钮设置窗,在设置窗中点击“添加”(也可用“编辑”,但会代替原按钮)按钮,弹出按钮编辑窗,如图 4.28 所示。用鼠标点击选择左上部的按钮状态(在未按、按下、在上、不允),再点击右下部的图像“导入”钮,弹出导入文件选择窗,选择为该按钮状态所制作的图像文件导入,将几个状态的图像分别导入后,点击“确认”关闭窗口,在按钮窗中就建立了新的按钮。

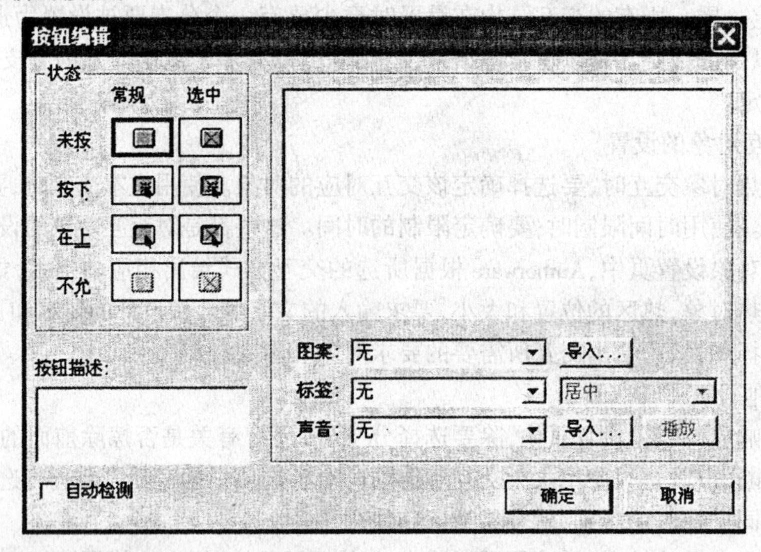

图 4.28 按钮编辑

一般使用按钮的几个状态,就要导入几个文件,以使用户通过图形文件的变化来判断按钮的对应状态。对于不使用的按钮状态,不需要导入。也可以只使用一个图像,这时使用按钮的过程中按钮没有变化,显得单调。

按钮的图形和颜色要和整个画面相协调,大小比例和形状要合适。由于导入的按钮大小由图像尺寸决定,所以在制作按钮图像时要先确定好大小,或者先做较大的图像,做好后再在存储前调整到需要的尺寸。由于一个按钮的几种状态、一个交互的几个按钮都有较强的相关性,所以在制作第一个按钮时就要为后面按钮的制作留有可使用或借鉴的余地,避免重复劳动,浪费时间和精力。

一个按钮可以被使用在多个相同和不同的交互中,也可以被其他的文件使用。平时积累一些按钮,注意使用按钮的方式,对制作课件是很有帮助的。

2.热对象的制作和引入

热对象作为交互对象,是一种图形指示语言,不仅要和整个画面协调,而且和交互响应的内容有直接的关系。热对象一般是与内容有直接关系的小画面,可以是图形、图像,也可以是动画或视频,采用相应的软件制作后通过显示、动画或电影图标使其出现在展示窗中。

每个热对象都要独立使用一个图标,对应一个响应流程。在流程响应的安排上,要确保热对象在交互使用前出现,才能被点击进入该响应流程。热对象可以是与其他交互平行,也可以在其他交互响应中出现,成为条件使用。

3.热区的设置

热区是设定一个矩形区域,在该区域内鼠标动作进入响应流程。由于热区的设定是根据显示画面中的内容设置的,所以热区的大小要与画面的相应内容相配合。

一个画面上可以有多个热区,每个热区有自己的响应分支,相同操作的热区范围不能重合,最好有一定的间隔,避免操作时的失误(如果两个热区采用不同的操作方式,如鼠标在区域和单击两种,热区可以重合)。

由于热区在画面上没有自己的表示,不容易让使用者了解是否有热区存在,所以一般都使光标在热区范围内时有形状改变,或使图像变化,或者加入相应的文字提示,以便于使用者辨识和使用。

4.文本交互的使用

文本交互要求使用者用键盘输入一定的文本内容,通常用于输入口令、密码。在课件中,多用于学习者做练习或模拟考试。

用于口令或密码时,一般只有一个文本交互对象和一个退出按钮两个交互对象,不应设置其他的交互。要求的输入内容也常常是确定的(通常是交互响应的图标标题),直接在交互过程中判断。

用于练习或模拟考试时,由于输入内容的多样性,可以在交互中不做判断(响应图标标题为空白),输入完成后按回车键就进入响应分支,在响应分支中进行判断。键盘输入的内容是在系统的交互作用变量中,需要使用计算图标将其转存到自己定义的变量中,然后再对内容进行判断处理,给出结果。

判断处理需要使用 Authorware 的功能(函数,Function)编制程序,需要有一些编程基础知识。

5.其他

其他几种交互对象要求的内容较少,有对上面几种交互的了解,不难进行其设置,就不再介绍了。

4.5.3　响应分支的设计

响应分支是交互中的主要实质内容。在一般情况下,交互的响应分支应使用一个组图标,由这个组图标导入一个下一层(子层)的流程窗,在这个子层的流程窗中安排响应的内容。在子层中可以放置各种图标,包括交互图标。子层中的交互又导入它的下一子层,形成了交互的嵌套,也就是程序的层次结构。

1.交互的层次设计

在一般的课件中,流程的结构都是在 3~5 层之间,除最低层外,多数使用交互进行响应的选择。层次的设计安排,要根据课程的结构和课件制作的目的来考虑,层次不宜太多,一层中的交互的项目也不宜太多,其中最主要的是要使人感觉到条理清晰,结构合理。

一个交互中的各分支是一层,一层中的各响应分支应为相同的档次级别,即相同的类型,如:绪论、第1章、…、第8章;1.1、1.2、…等。不同分支中的子层中相同的层次也应为相同的档次级别,如1.3、2.2、3.5、6.4…等等。各分支(主要是主分支)的下面层次数不必完全相同,如有的章中节为最低层,有的章中有节,节中有目,目中还要分一、二、…,1、2、…

2.层次的风格设计

课件的总体风格要根据内容、使用目的、使用对象来确定。层次的风格,是指画面的布局、背景的着色类型、图像的出现方式、文本的字体和颜色、按钮或交互的方式等等。在保持总体风格的前提下,每个层次,每个交互分支,还要有自己的风格差异,能够让使用者由风格上感受到内容的变化。

一般来说,一个分支要有自己的特色,不同分支的相同层次的风格也应在主体上相同,即大风格一致,细节上差异,要给人以既有整体、又有区别,既有连续、又有变化的感觉。

3.交互的退出

在第一层的交互退出时,应进入结束段,由于结束段流程执行完成后,要结束Authorware的工作,返回到系统或原先的环境中,所以应称为退出。在任一子层的交互退出时,由于是返回上一层,所以应称为返回。

在有多层的交互返回时,各层的返回应有所区别,让使用者了解当前所在的层和返回后流程的位置,避免无效的操作。

4.6 框架、导航与分支

交互是在程序流程中一种由使用者直接选择控制的分支结构,在流程设计中,还需要其他类型的分支结构,如使用相对选择,按照某一条件控制等等。由交互组成的流程只能是树形结构,在使用时有许多不方便处,需要有更方便的选择方式。

4.6.1 页式结构和框架图标

页式结构是按人们看书的方式和习惯形成的结构。人们根据内容的分类不同,将书按章、节、目分成不同层次,在同一层次中,一般按页的先后顺序阅读。在特殊情况下,还会有选择章、节、向前翻一页、向后翻一页、到本部分的首页或末页等翻阅的需要。

为了适应这种需要,就要有这种以相对当前页面(图标)位置关系的转移(导航)功能的图标或模块,无论当前是在哪一位置,都可以向前或向后相对移动。使用交互和导航功能可以设计出这种功能,框架图标就是为用于这种页式结构而设计的专用图标(由交互图标和导航图标组成)。

1.框架图标

框架图标内部由一组图标组成,双击框架图标,可以打开框架图标内部流程结构,如

图4.29所示。其中流程入口处设置有一个显示图标显示按钮框架，用一个交互图标进行交互选择，用导航图标作为响应分支的内容，用导航功能确定翻页的方式，这些合起来称为入口段。下部为出口段，没有其他类型的图标。在框架图标中流程线上的各图标都可以修改、增加或删除，以实现希望的交互效果。

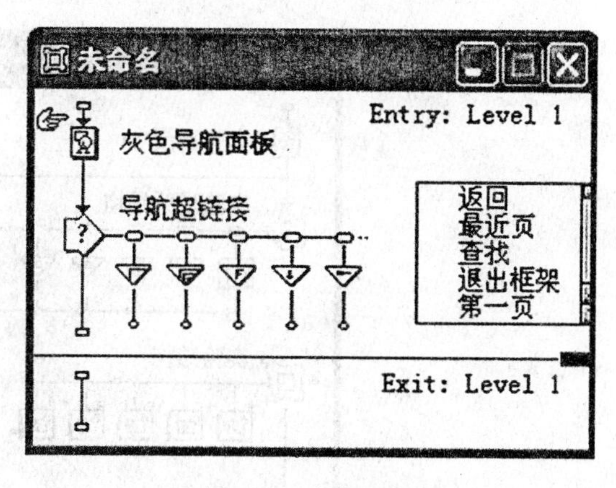

图4.29　框架图标

在框架图标中，为避免按钮框架被其他显示内容覆盖，入口处显示图标的层次被设置为1，通常将其删除，自己另行设计。

页面的转换由框架图标中的导航图标实现。框架结构的交互中预设了可能用到导航方式的8种方式，基本上满足了翻页的需要。在实际中，可根据需要增删和修改，并可双击图标打开对话窗进行设置。这里交互的分支都要使用返回方式，不要用其他方式。

2.页面集合

在框架图标的右下方顺序放置各页内容的图标，叫做页面图标。页面图标可以是组图标或其他有关图标。由这些图标共同组成一章或一节的部分，被称为页面集合，如图4.30的下部所示。一个页面集合对应一部分相对完整的内容，可以作为一个模块，也可以是一个多媒体内容。

在执行翻页功能到端点时，继续翻页将自动翻到另一端，在这一页面集合中构成一个闭合的循环。如果想要在最前页或最后页处继续翻页时能自动跳转到相邻集合部分的最后页或最前页，可以在最后页处加入两个计算图标或导航图标，前一个实现转移到下一集合部分的第一页，后一个实现转移到上一部分的最后一页，从而实现跨越各部分的连续翻页。

3.导航图标

导航图标可以放在流程线的任意位置，无论是否在框架图标内，使用方法和作用都是相同的。双击导航图标可以打开对话窗，进行需要的设置。导航有最近、附近、任意位置、计算和查找5种类型，分别实现按原路返回或按列表返回、在本集合内导航、在全文件内导航、按条件(计算等得到的图标标题)导航和按查找到的词或短语导航。

合理使用导航和框架结构，可以实现任意的导航链接，构成非常方便使用的课件结构，减少交互的操作。如在图4.30中，在交互中使用导航图标，可以实现流程结构上无直接联系的直接链接跳转。

使用导航需要有较强的条理和清晰的结构，用导航图标时要特别注意确定航行的目的地，导航时航行的目的地只能是页面集合中的图标，所以一定要目标明确，不然就会使自己迷失方向。尤其是不要导航到有循环的流程中间去，进入死循环，形成死机现象。

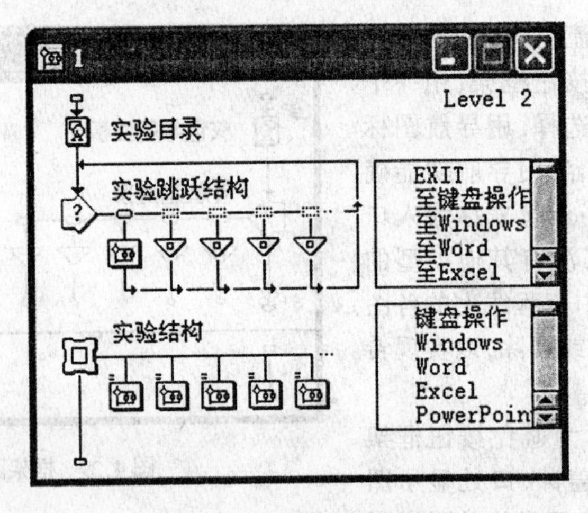

图 4.30　框架及导航应用

4.6.2　超文本导航

超文本导航是把一些具有特定意义的专用文字设置为“热字”，当在屏幕上用鼠标点击“热字”时，启动导航功能，转入到相应的显示内容。

1.超文本导航的结构

超文本导航也是利用框架图标和有关图标组成一个或多个页面集合，但是在框架图标中，将不需要的交互和导航图标删除，形成导航的目标。

在需要的显示图标中设置含有“热字”的文本内容，利用这些“热字”实现导航，而不再需要使用交互图标，并且不受流程结构的限制，可以导航到任意一个框架下的页面。

2.建立超文本导航

建立超文本导航的具体操作步骤。

① 建立页面集合。与一般框架图标的页面集合建立方法相同。

② 定义热字风格及确定热字。在显示的文本中改变有导航作用的文字显示。

③ 分派超文本链接。设置每个热字要导航的目的页。

需要注意的是，热字一般是一段文字中的特殊词或词组，为突出它具有的导航作用，在显示上应和其他文字有较大的区别。但作为一段文字中的一部分，所有文字又要给出是一个整体的感觉，因而在具有热字的文本风格和热字的风格设计时要有充分的考虑。

3.热字的风格设计

热字的风格在一般情况下与其他字的文本在字体、大小上都相同，通常采用改变有关文字的颜色、字形（采用加粗、斜体或下滑线）的方式。

使用文本菜单中的定义样式命令，可以打开文本风格设置窗，在窗口左下部的按钮中有更改、增加和删除 3 个按钮，分别实现对已有风格修改、新建立风格和移除已有风格的设置。点击相应按钮后，选中要使用的字体、字形、字号、颜色后，对需要导航的风格，在窗口的右边进行交互设置。通过选择的方法选择鼠标的动作是单击、双击还是在内部指针，自动加亮，光标图形，确定该风格是否用于导航等设置。设置完成后，点击完成按钮完成设置。

4.热字的风格使用

一段文字可以分成几个部分，分别使用相同的或不同的风格，也可以使用对单独的文字字母应用风格。在编辑状态下，选中要使用风格的文本部分，使用文本菜单中的应用样式命令，可以打开文本应用样式框，其中显示已定义过的文本风格，用鼠标点击要选用的风格，被选中的文字就以该风格显示。如果风格中有超文本导航设置并且没有定义航行目的地，将弹出导航目的地选择窗口，供选择导航目的地。

4.6.3　分支结构

分支是程序设计的重要概念和方法，采用分支结构可以改变单一的顺序结构，使得程序结构更科学合理，更实用方便。分支结构利用分支(决策)图标和各分支的路径图标构成，路径图标一般用组图标。

交互和导航虽然也实现分支功能，但与用决策图表形成的分支结构的主要区别在于是人工控制和自动执行。分支结构不需要操作人员的干预，由计算机按事先设定的程序进行，交互、框架和决策3类分支结构的作用不同，适用的对象不同，以满足不同的需要。

分支有顺序分支、随机分支和计算分支3种。

顺序分支是在分支图标(又称判断图标)下的各路径图标按从左至右的顺序自动执行，可以执行一遍，也可以设置为执行指定的遍数，还可以连续执行直至有键按下强制停止或在一个设定变量满足要求时停止。

随机分支是在程序进入分支图标时由计算机在分支的路径图标中随机抽取一个执行。随机分支有完全随机分支和部分随机(又称随机不重复)分支2种。完全随机分支是每次进入分支时都由所有的分支路径中随机抽取一个，部分随机分支则是每次从未抽取的分支路径中随机抽取，抽过的不再抽，避免了完全随机分支可能某些分支路径多次被抽取而有些分支路径可能抽取不到的情况。

计算分支路径的执行方式是由程序根据图标中变量或表达式的值来确定进入某个分支。

在课件设计中，分支结构多用于测验中的随机出题、条件分析等。

注意：由于分支结构不要用户干预，在选择重复执行时，如果未设置次数或时间的限制，可能会使程序进入死循环。

4.7　变量与函数

大多数的应用软件都有自己的脚本语言，并且这些语言都有自身的特点，例如，Office 中有 VBA，Flash 中有 Action，3DS MAX 中有 MaxScript 等。作为多媒体集成软件，Authorware 也不例外，它具有自身的变量、函数和表达式，将它们与流程线上的图标配合使用，往往会产生令人称奇的效果。

Authorware 不仅提供了大量的系统函数和变量，同时也允许用户自定义函数和变量，这使得 Authorware 的功能得到了无限的扩展。另外，Authorware 为了使自身成为名副其实的多媒体集成工具，还提供了开放的接口，如支持使用 Xtras 和 Activer X 控件等。本节将重点介绍 Authorware 语言基础，同时结合具体实例介绍 Xtras 和 ActiverX 控件的属性和方法。

在 Authorware 中，使用变量和函数的场合主要有 3 种，分别是在对话框中、在文本对象中和在计算图标中使用变量和函数。通常情况下，变量和函数的值在对话框和文本对象中直接使用，而在计算图标中，函数主要用于执行某些功能，变量则应用于表达式中。

4.7.1 变量

变量在计算机程序中起着关键的作用，是实现条件判断的根据。变量在程序运行中可以是变化的，也可以是不变化的。用于反映计算机和程序执行情况的变量称为系统变量，由用户自行定义的变量称自定义变量。在 Authorware 中，变量分为字符型变量（存储字符串信息）、数值变量（存储整数、小数或运算表达式）和逻辑变量 3 种类型。

1. 系统变量

(1)系统变量的基本含义

所谓系统变量，就是由 Authorware 开发者预先定义好的变量，用户可以直接使用它，系统变量有固定的符号和特性，名称全部以大写字母开头，由一个或几个单词组成，单词之间没有空格，如 VedioSpeed、Year 等，其名称大部分都能反映出它的功能。

根据系统变量的使用方法不同，可以将系统变量分为独立变量和引用变量 2 种。

① 独立变量。指可以单独使用的变量，有的与图标无关，有的与最近使用过的图标有关，如“EntryText”、“FullDate”、“FullTime”等。

② 引用变量。引用变量的后面跟着一个“@”符号，其后再加上流程线上的某个图标的名称，这样就可以得到该图标的相关信息，例如“Movable@IconTile”。

(2)系统变量的种类

Authorware 共提供了二百多个系统变量，分为 11 个类别，它们都存放在变量对话框中，如图 4.31 所示。

下面，我们简要介绍各类别的变量，对于具体某个变量的属性及使用方法，读者可以通过变量对话框来查看。

① 文件操作与管理类。文件类变量主要用于文件的操作，如存储当前磁盘的剩余字节数、当前文件的路径和文件名，设置一个搜索路径等。

② 决策判断类。决策类变量主要用于决策判断，其中包括流程线中判断图标的相关信息，经过判断图标的次数，判断分支中当前路径和已被选中的次数等。此类变量可以为测试类型的问题统计成绩。

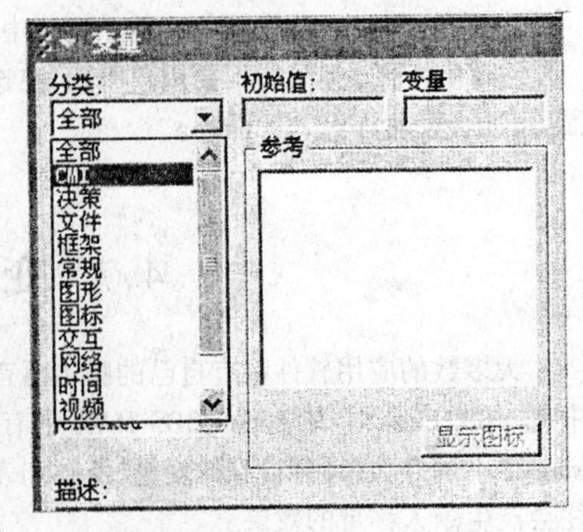

图 4.31　变量对话框

③ 框架管理类。框架类变量主要用于存储关于框架图标和定向图标的信息，包括框

架结构的总页面数、当前链接的页面以及搜索某一对象的位置等。

④ 图标管理变量。图标类变量主要用于存储图标的内容和信息,包括图标显示区域的大小、位置以及按钮的 ID 号标识。前面我们制作的显示音量实例就使用了此类变量。

⑤ 交互管理变量。交互类变量用于存储人机交互的内容,如用户在文本响应中输入的文本信息、交互响应的正确或错误匹配次数等。这类变量最多,涉及到方方面面。巧妙使用其中的一些变量,可以极大地提高程序的效率和灵活性。

⑥ 图形管理变量。图标类变量主要用于存储演示窗口中的信息,包括当前图片所在的层数、绘图函数所绘制对象的坐标值等。

⑦ 时间管理变量。时间类变量包含所有的时间管理信息,如当前计算机的时间:年、月、日、时、分和秒。这些时间变量不仅用于跟踪系统时间,也可以控制程序的进程。

⑧ 常规变量。常规类变量主要用于存储程序的通用信息,如安装时的登记信息、机型以及键盘的当前状态等。

2.自定义变量

虽然 Authorware 提供了很多系统变量,但有时仍然不能满足设计需要,这时可以自定义变量。自定义变量的名称是用户自己定义的,一般要求简单明了,但不能和系统变量的名称相冲突。对于自定义变量而言,Authorware 允许用户设置初始值和添加简单的说明信息。

3.变量的使用

使用变量的情况有两类,一类是获取或修改变量的值,另一类是利用变量来控制程序的运行。获取或修改变量的值一般在计算图标或其他图标的附加计算中进行,也可以在有用户输入的部分由用户输入;利用实现变量控制一般是在图标的条件设置或编程处理中进行。

4.计算图标

计算图标是一个计算编程窗口,在窗口内可按规定的语句和格式实现运算和程序语句的编程。关闭计算窗口时系统会提示是否存储这改变了的“计算图标”,如果计算或编程中有新的变量,还要求对新变量赋初值和说明。

4.7.2 函数

仅靠图标和流程所能实现的功能毕竟有限,为避免编程工作又能实现编程效果,Authorware 中引入了函数。函数又称功能,是一些常用的程序语句,可以由系统提供的函数库中剪贴后修改,也可以由用户自行编写,还有一些函数为外挂程序插件。一些网站提供某些函数,这类函数需要下载拷贝到自己的计算机中,然后装载到系统中。

1.函数的种类

系统提供了 18 类函数,包括文本和字符处理(Character)、CMI 管理信息、文件处理(File)、常用普通(General)、跳转和退出(Jump)、数学运算(Math)等等。另外装载函数在当前文件名的分类中。

2.函数的使用

系统函数主要在程序流程线上的计算图标、其他图标上附加的计算和对话框的文本输入区域中使用。使用函数的方法是,在计算窗口或对话框中的合适位置将选出的函数粘贴,然后根据需要输入参数和相应变量,确认正确后关闭计算图标窗口。

4.8 打包与发行

所谓打包就是将调试好的 Authorware 生成程序脱离 Authorware 编辑环境,可以直接运行的应用程序文件。所谓发行就是将开发的软件脱离开发环境到其他计算机上去运行。

1.文件的类型

Authorware 根据需要的不同,在编辑制作完成后,可输出的文件类型不同。程序文件打包有半脱离方式和全脱离方式两种,打包后的程序文件其文件后缀分别为.A5R 和.EXE。当使用到库文件时,库文件也需要打包,打包后的库文件后缀为.A5E。

2.文件的路径

使用库文件及带有音、视频外部文件时,尤其是通过发行后,文件的绝对路径根据计算机的不同而改变,使程序找不到目标文件。为避免这种情况,制作时就应使用相对路径,保证所有的内容在同一个大文件夹中分类保存,以保证打包后的相对路径不改变。

3.随同发布的模块

系统中的一些功能程序模块插件不能被打包到程序文件中,程序运行时又必须使用,所以要将这些模块按相对路径拷贝到文件夹内,供程序使用。这些模块主要是运动、过渡(在安装后使用的 Authorware 软件的程序文件夹中有 Xtras 文件夹和许多 X32 文件)和音视频播放处理文件。打包后的文件执行后如果找不到文件或插件,将弹出提示框,根据提示将需要的文件复制到程序文件中即可,也可以用此来检查需要哪些插件。

4.发布前的考虑

发布前要考虑允许使用所发布软件的设备的环境,如 CPU 速度、内存和硬盘空间、显示卡和声卡等多媒体支持能力等。还要考虑使用人员的水平和能力,安装和运行的方式等,确保发布后能正常运行。

5.检测和评价

在对应发布的环境下进行软件的试运行,检测运行的速度、效果、交互和响应,检查是否符合设计要求和使用惯例,在运行正常的前提下,才能根据评价标准进行评价。试运行时一定要将所有情况都要遍历到,以免漏掉错误。

第5章　Photoshop 图像处理软件的使用

图像处理软件用于对已有的静态图像处理,实现艺术加工,达到希望的效果。图像处理软件有许多种,其中最著名的软件是 Adobe 公司的 Photoshop。Photoshop 是一个功能强大的图像处理软件,其本身具有绘制、调整、变换、修补等多种图像处理功能,可以处理多种格式的图像文件,其中的 Alpha 通道可以被多种多媒体编辑软件使用,还有许多外挂滤镜,可以做出令人惊喜的效果。在图像处理应用上,是目前最优秀的软件。

5.1　基本概念

Photoshop 目前使用较多的主要是 6.0、7.0 版本,新推出的 8.0 版本也被逐渐应用,有英文版和中文版。在多媒体课件制作中使用 Photoshop 主要完成三大方面的任务,即对图片素材进行所需要的处理,制作按钮、背景及绘制图形、动画等素材。

5.1.1　文件格式

计算机进行图像处理时,是将表示图像的相应的数据存储和处理,用数据表示和存储图像的规则不同,形成的数据文件形式就不同,处理的方法也不同。一种表示的方法有一个对应的文件类型,也就是我们所说的图像文件格式。

目前使用的图像文件格式有几十种,可以分成两大类,即位图图像和向量图像。

1. 位图图像

位图图像,亦称为位图像或栅格图像,是由称做像素(图像元素)的单个点组成的。这些点规则排列,各点有独立的颜色以构成图样。当放大位图时,可以看见赖以构成整个图像的无数单个方块、不规则图形、线条的边缘形状和颜色显得参差不齐。然而,如果从稍远的位置观看它,位图图像的颜色和形状又显得是连续的。

由于每一个像素都是独立的颜色,与相邻的像素的颜色无关,可以通过改变相应像素的颜色来改变原图,从而产生需要的效果,诸如加画阴影和改变颜色等。如果对已有的位图图像进行放大尺寸的处理,计算机将按要放大的比率在相应位置插入需要的像素,并按相邻像素颜色的平均值填充颜色;缩小位图尺寸则是通过按缩小比率减少像素来使整个图像变小的,由于取消了一些像素,可能会使原图变样。

2. 向量图像

向量图像,也称为面向对象的图像或绘图图像,在数学上定义为一系列由线段连接的点。向量图形是由操作人员用手动或通过程序自动画出的,一个图形是一个元素,又称为对象。每个对象都是一个自成一体的实体,在计算机中使用对应的数据表示一个对象的颜色、形状、轮廓、大小和屏幕位置等属性。在改变对象的属性时,只需改变该属性的数据值,就实现了图像的改变。如改变圆的大小,只需改变其半径值;改变颜色,只需改变颜色值等等。这些改变,是对一个对象的整体改变,可以在维持它原有清晰度和弯曲度的同时,多次移动和改变它的属性,而不会影响其他对象。

3. Photoshop 的文件格式

Photoshop 处理的图像文件是位图图像文件,不能直接处理向量图像文件。Photoshop 使用的是 PSD 文件格式,打开和处理的文件是 PSD 文件格式,在一般情况下保存的也是 PSD 文件格式,但它同时支持大多数的位图图像文件格式,如 TIF、JPEG、BMP、PCX、FLM、PDF、PICT、GIF、RAW、IFF 等,可达二十多种,都可以直接打开处理和保存。

在位图文件格式中,有不同的压缩算法,形成不同的格式,常用的无压缩文件格式如 *.BMP 文件、无损压缩文件格式如 *.TIF 文件、有损压缩文件格式如 *.JPG 等。不同的文件格式,具有的信息表示也不同,如 *.PSD 格式中除图像内容外,还具有通道、路径等多种信息及形式。

用 Photoshop 打开一种位图格式的文件后,可以通过选择存储为另一种位图格式的文件,从而实现不同位图文件格式的转换。

5.1.2 色彩模式

我们的世界是丰富多彩的,而丰富多彩的世界也是由各种颜色组合而成的。但是,在计算机图像中要用一些简单的数据来完全定义颜色是不可能的,人们就用一些不同的色彩模式来定义色彩,不同的色彩模式所定义的颜色范围不同,它们的使用方法也具有自己的特点。Photoshop 可以支持多种色彩模式,包括黑白、灰度、双色调、索引色、RGB、CMYK 等加法混色和减法混色等。

1. RGB 模式

RGB 是 Photoshop 中最常用的一种色彩模式,不管是扫描输入的图像,还是绘制的图像,几乎都是以 RGB 模式存储的。

RGB 模式的图像有很多优点,比如图像处理起来很方便,图像文件相对较小,并且在 RGB 模式下可以使用 Photoshop 所有的命令和滤镜。RGB 模式是由红、绿和蓝三种颜色组合而成,然后由这三种原色混合出各种色彩。

2. CMYK 模式

CMYK 模式是一种印刷模式,在本质上与 RGB 模式没有什么区别,只是它们产生色彩的方式不同,RGB 模式产生色彩的方法是加色法,而 CMYK 模式产生色彩的方式是减色法。CMYK 模式的原色为青色、洋红色、黄色和黑色。在处理图像时,一般不用 CMYK 模式,主要是因为这种模式的文件大,占用的磁盘空间和内存大,而且在这种模式下许多滤镜都不能使用,这种模式一般是在印刷版面设计时才使用。

3. Bit map(位图)模式

Bit map 模式只有白色和黑色两种颜色,它的每一个像素都是用一位二进制数来记录。Bit map 模式的缺点就是不能表现色调丰富的图像,只能表现具有黑白两色的图像。要将一幅彩色图像转换成黑白图像,必须先把它转换成灰度模式的图像,然后再转换成黑白两色的位图模式的图像。

4. Gray scale(灰度)模式

灰度模式图像的像素是由8位分辨率来记录的,因此能够表现出256种色调,利用256种色调可以将黑白图像表现得很完美。

灰度模式的图像可以和彩色图像及黑白图像相互转换。但要指出的是,彩色图像转换为灰色图像要丢掉颜色信息,灰色图像转换为黑白图像时要丢失色调信息,所以从彩色图像转换成灰度图像,然后由灰度图像转换为彩色图像时已不能再是彩色图像了。

5. Lab模式

Lab模式是一种Photoshop内定的色彩模式,它是一种过渡模式,我们一般不会直接接触到,它是目前色彩模式中包含色彩范围广泛的模式。Lab模式定义色彩有三个参数,其中L代表亮度,a是由绿到红的光谱变化,b是由蓝到黄的光谱变化。

在一般情况下,使用显示器做最后输出时,使用8位(24位)RGB彩色方式。

使用色彩模式的选择转换功能,可以有弹性地转换多种色彩模式。

5.1.3 主要功能

- 处理图像尺寸和分辨率
- 实现简单的绘画
- 文本编辑和处理
- 图像明暗和彩色的调整
- 图像局部或全体的修改
- 图像的旋转和变形
- 图像的艺术化处理

5.2 基本界面

Photoshop的工作界面和Windows的多数软件的工作界面基本相同,也是由主窗口、标题栏、菜单栏、工具按钮、控制面板等各个相应的功能部分组成,如图5.1所示。

5.2.1 标题栏

Photoshop的标题栏与其他软件相同。

5.2.2 菜单栏

菜单是Photoshop的重要组成部分,和其他的应用程序一样,Photoshop根据图像处理的各种要求,将所有的功能命令分类后,分别放在9个菜单中。它们分别为文件、编辑、图像、图层、选择、滤镜、视图、窗口及帮助菜单,如图5.2所示。

1. 文件菜单

文件菜单是所有菜单中最基本的菜单,与其他软件的文件菜单功能基本相同,主要是用于对文件的设置、打开与存储等操作。

2. 编辑菜单

该菜单下的命令有8类,主要用于对选定图像、选定区域进行各种编辑修改的操作。

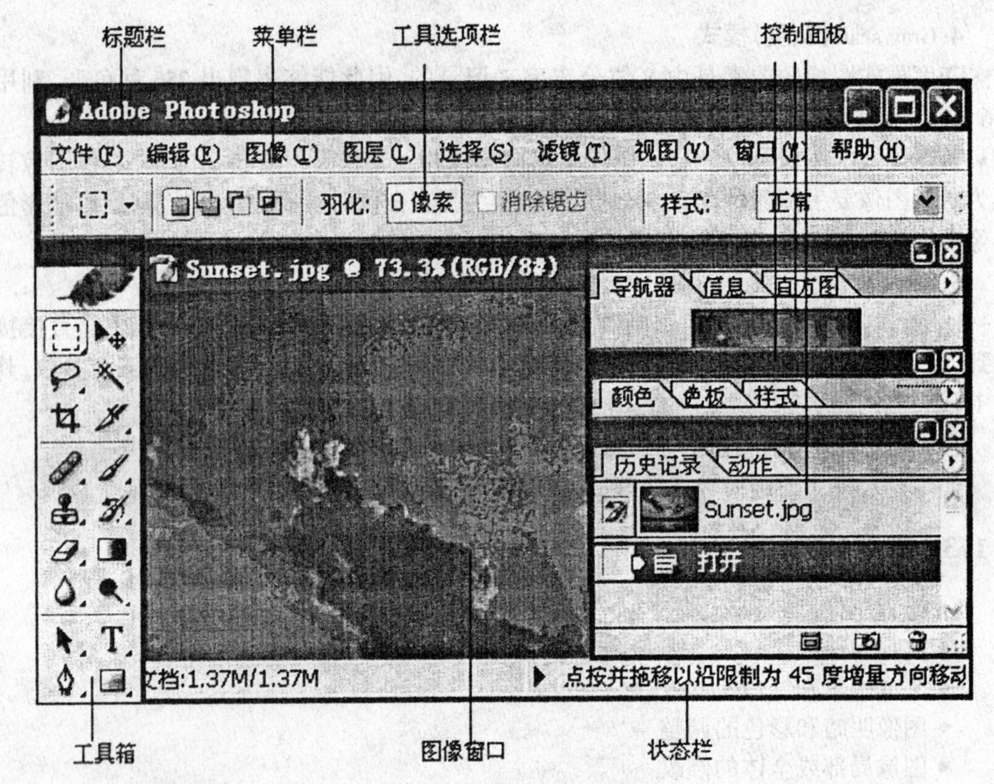

图 5.1 Photoshop 基本界面

文件(F) 编辑(E) 图像(I) 图层(L) 选择(S) 滤镜(T) 视图(V) 窗口(W) 帮助(H)

图 5.2 菜单栏

在 Photoshop 中经常要用到此菜单,此菜单的一些常用编辑命令和其他应用软件中的编辑菜单的功能相差不大。一些图形编辑处理命令,如填充、描边及自由变换和变形等,是 Photoshop 图像编辑处理所特有的。

3.图像菜单

图像菜单下的命令有 8 类,主要用于图像模式、图像色彩和色调、图像和画布大小等各项的设置和调整,通过对图像菜单中的各项命令的应用可以调整图像的许多参数,使制作出来的图像更有特色。掌握了图像菜单中的各项命令后才能创造出高质量的图像作品。

4.视图菜单

视图菜单提供一些辅助命令,它是为了帮助用户从不同的视角、窗口管理 Photoshop 的各个窗口的显示与阵列方式。它的命令比较简单。

除了以上介绍的几个菜单外,还有 4 个菜单为图层菜单、选择菜单、滤镜菜单以及帮助菜单,将在后面再做相关介绍。

5.2.3 工具箱

工具箱在屏幕上可移动,一般放置在屏幕的左边,提供有关的图像处理工具。Photoshop的工具箱包括了51种工具,但是在工具箱中并没有全部显示出来,而只是显示了20多种工具,其他的工具隐藏在带有黑色实心小三角的工具项中。打开这些隐藏的工具的方法有两种。一种是将鼠标移到含有多个工具的图标按钮上,单击鼠标左键并按住不放,此时出现一个包含有多个工具的选择面板,拖动鼠标到用户要选择的工具图标处释放即可选择该工具。另一种则是按住Alt键不放,单击工具图标按钮,可在多个工具之间进行切换。

工具箱可用窗口菜单中的相应命令打开或关闭。

5.2.4 选项栏

选项栏在屏幕上可移动,一般放置在屏幕的菜单栏之下。选项栏中是对已选用工具的参数和特性进行设置的按钮,选用的工具不同,选项栏中的按钮数量和功能也不相同。

选项栏也可用窗口菜单中的相应命令打开或关闭。

5.2.5 控制面板

Photoshop的控制面板是非常有用的工具,用于编辑处理的操作控制和进行相应的参数设定,如颜色的选择、图像编辑、移动、显示信息、历史记录等等。

Photoshop共有12个控制面板,在默认状态时分为5组,其中导航、信息和直方图为一组,颜色、色板、样式为一组,历史记录、动作为一组,图层、通道、路径为一组,字符、段落为一组。

各控制面板也可用窗口菜单中的相应命令打开或关闭,根据自己的需要,也可以对常用的控制面板重新编组。每个面板都有多个模式或选项可供选择,点击标签右端的小按钮可弹出下拉选择菜单,进行选择。

1. 导航控制面板

导航控制面板可使用户非常方便地对图像进行放大或缩小,帮助用户迅速地查看图像的任何区域。图5.3所示为导航控制面板。

图5.3 导航控制面板

从图中可以看到导航控制面板有3部分,第1部分为视图显示;第2部分为文本框,显示图像的显示比例;第3部分为比例调节滑杆,可以改变图像的尺寸。通过对这3项的控制,可以实现以下的功能。

- 改变图像的显示部位　在导航控制面板中可以看到有一个红色的线框,线框中的内容是当前工作窗口显示的范围,使用鼠标在小窗口中移动这个红框(满框不可移动),可改变图像的显示部位。

- 缩放图像视图　在控制面板中缩放图像有3种方法。当要选择缩放整数倍时可以使用滑杆左右两边的放大和缩小按钮;如果不是整数倍则可以使用滑杆移动或在文本框里添加数值。

2. 信息控制面板

信息控制面板中显示RGB色彩模式和CMYK色彩模式的色彩信息、鼠标的坐标位置和选择区域的大小，如图 5.4 所示。

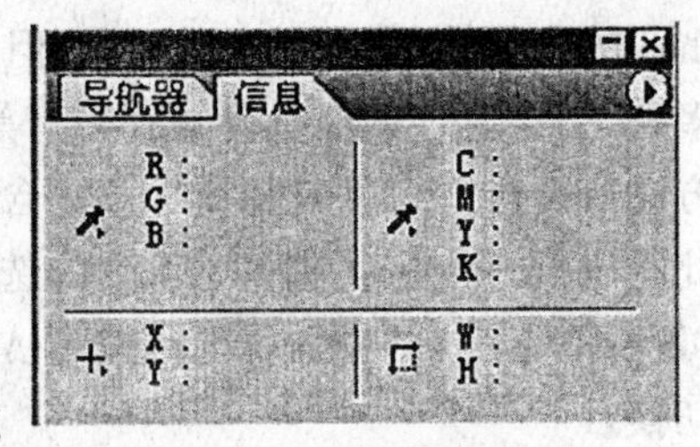

图 5.4　信息控制面板

3. 历史记录控制面板

历史记录控制面板如图 5.5 所示。历史记录中顺序记录了未经过改变的各种操作，在面板中点击相应的操作记录，可以直接转到该步操作的结果处，类似于编辑菜单的撤消或恢复的功能。对历史记录操作要优于使用编辑菜单中的撤消和恢复操作，因为它很直观地显示了用户进行的各项操作，并且可以一次直接到达目的地。

图 5.5　历史记录控制面板

用户使用鼠标点击历史记录回到某一项操作后，如果用户未进行新的编辑操作，还可以通过点击后面的记录返回。如果单击后又进行了编辑操作，则这个历史操作后的所有操作将被删除，从当前点开始继续记录。所以当用户选择了某一个历史操作时，要仔细考虑后再进行另外的操作。

在默认状态下，历史记录面板中保留最后 20 项，超过的部分被丢弃。如果需要保留中间的结果，可以建立快照，也可以使用下面的按钮将一个中间结果直接建立为新的文件。

4. 颜色控制面板

颜色控制面板用于设置前景色和背景色，也用于吸管工具的颜色取样，如图 5.6 所示。在面板中是 RGB 模式，3 个文本框分别代表了 R、G、B 颜色的数值。用户如果要改变前景色，只要用鼠标单击一下前景色颜色块，然后移动 R、G 和 B 色的滑杆即可改变前景色彩的设置，也可以在文本框中输入数值改变颜色的混合色，最好的办法就是在色谱框中用鼠标单击选择一种颜色。

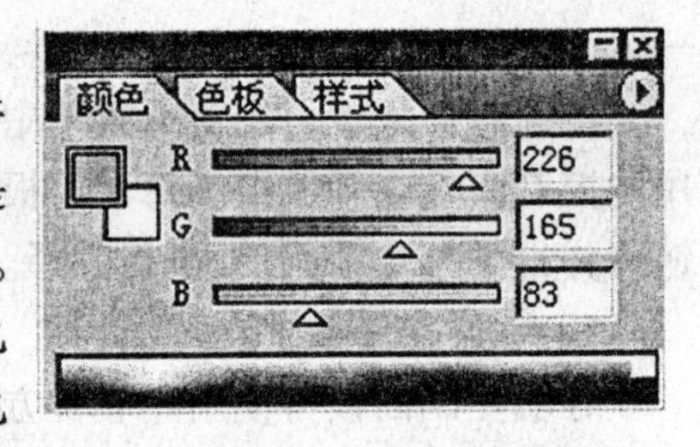

图 5.6　颜色控制面板

5. 色样控制面板

色样控制面板如图 5.7 所示，是一种快速选取颜色的色板，虽然它选取的颜色没有颜色控制面板的颜色丰富，但也能满足一般图像的要求。当鼠标移到色样控制面板上时，鼠标将变成吸管状，这时点击鼠标即可选取色样代替前景色或者背景色。

6. 样式控制面板

样式控制面板，它主要是实现对图层样式的控制，如图 5.8 所示。用户可以在此看到系统提供的多种图层样式，另外用户也可以使用图层样式编辑命令，编辑一些图层样式加到此面板中。当用户要使用某一个图层样式时，只要使用鼠标单击某一个图层样式即可。用户可以先输入一个文本，然后单击某一个图层样式图标，即可以制作出这种图层样式的效果。

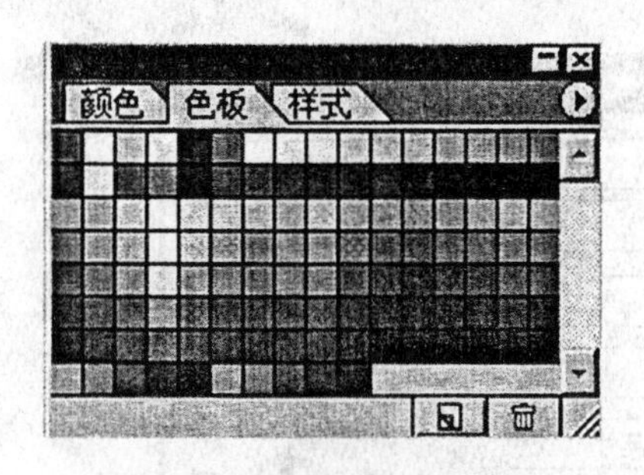

图 5.7　色板控制面板

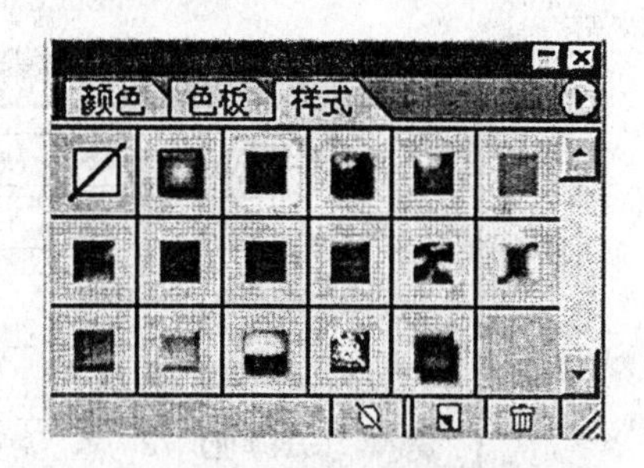

图 5.8　样式控制面板

在实际中,用户是把工具箱、选项栏、控制面板和菜单的各项命令相互配合使用,以实现 Photoshop 的各种设置、调整、编辑修改等功能。

5.2.6　状态栏

窗口下边的状态栏中显示有关文件的信息和操作处理的状态,包括图像窗口显示比例、图像文件信息、当前工作状态和操作时工具提示等。

5.2.7　图像窗口

图像窗口是显示被处理的图像、进行编辑或处理图像的区域,也就是进行实际图像处理工作的窗口。Photoshop 中可以打开多个图像文件窗口,每个图像窗口上部是自己的标题栏,右边和下边是滚动条。图像窗口和其他窗口一样,可以设置最大化、最小化及用鼠标拖动任意设置。

图像窗口的标题栏中除显示文件的名称、格式(扩展名)外,还显示该文件的缩放比例,便于了解实际文件的大小。要注意,窗口的大小并不直接代表图像的大小,还要考虑显示比例,窗口的大小不影响图像的尺寸。

5.3　基本的设置和编辑处理

Photoshop 是 Adobe 公司的一个功能强大的图像处理软件,可以从不同的方面和程度对图像进行处理。在对图像进行处理前或处理中,经常需要对图像或工具进行设置,然后进行处理,以达到预期的效果。

5.3.1　文件的设置

文件的设置包括对新建文件的属性、显示方式、工作方式等的设置,以及对已打开文件和存储文件的属性的设置。

1. 新建文件

使用文件菜单栏中的新建命令,弹出一个新建文件对话窗,如图 5.9 所示。通过设置窗口中相应的文件名、图像尺寸、背景颜色及方式,可以新建一个图像文件。

新建文件对话窗中文件名由用户输入,默认为未标题,并按照已建立新文件的序号排

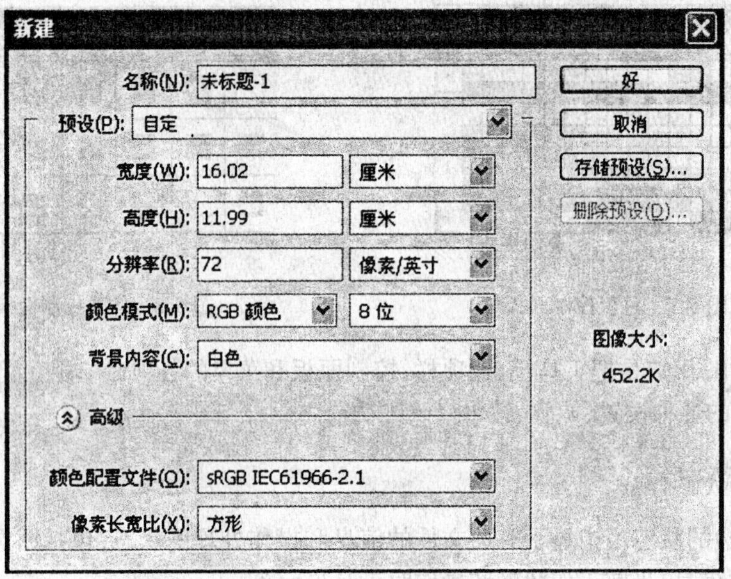

图 5.9　新建文件菜单

列为 - 1、- 2、- 3、…图像大小要根据建立图像文件的目的设置,在计算机屏幕显示时,使用像素或点作单位。当打印输出时,使用长度(厘米或英寸)为单位,像素越多或长、宽越大,文件就越大。图像模式根据目的设置,一般显示选用 RGB 方式,印刷选用 CMYK 模式。背景选项根据需要可以选择白色、背景色或透明方式,一般情况下选透明较好。

使用长度作单位时,还要注意分辨率,默认的是 72 dpi,是一般显示器的分辨率,而普通打印机的分辨率都在 150 ~ 600 dpi,印刷制版一般在 600 dpi 以上,应根据实际的需要设置。

2. 打开文件与格式

使用文件菜单栏中的打开文件命令,弹出一个与 Windows 操作系统下其他软件相同的打开文件选择对话窗,在弹出的打开文件对话窗中,通过选择盘符、文件夹和文件名,可以打开所选择的图像文件。

在打开文件时可以使用文件类型选项栏选择要打开的文件类型,如果使用所有文件选项,则可以打开所有能被打开的文件类型。Photoshop 虽然使用 PSD 文件格式,但可以打开 BMP、JPEG、TIF、RAW、GIF 等多种格式的文件。

3. 存储文件与格式

处理后的图像需要存储为图像文件,不同的用途,需要存储的文件格式不同。使用文件菜单栏中的存储命令,如果被存储的文件格式是已被保存的 PSD 文件,文件直接存储并替代原文件;如果被存储的文件是新建的未标题文件或者文件格式不是 PSD 文件,并且增加了图层,将弹出一个存储文件对话框,在弹出的存储文件对话框中,通过选择盘符、文件夹和文件格式,选择或输入文件名,可以存储为所选择格式的图像文件。

使用文件菜单栏中的存储为命令,将弹出一个存储文件对话框,在弹出的存储文件对话框中,通过选择盘符、文件夹和文件格式,选择或输入文件名,可以存储为所选择格式的图像文件。

如果是用于编辑修改后形成其他图像的基本文件，最好存为PSD文件格式，如果仅用于显示的图像或图像已经处理完成，不再修改，可存为BMP、JPEG等格式的文件。

无论打开的文件是哪种文件类型，都可以通过存储文件对话窗中文件类型的选项，设定存储的文件类型。使用这一功能，Photoshop可以实现多种图像文件格式的转换。

5.3.2　工具的选择和设置

在Photoshop的工具箱中有很多工具，它们的功能强大，且各有自己的特点。掌握了这些最基本的工具才能很方便地进行图像的创作和编辑。

Photoshop的图像处理工具在工具箱中，用相应的图形按钮来表示，如图5.10所示。工具箱中有的是单一功能按钮，有的是一组同类按钮中被选出的一个。单一的工具按钮按下时为被选中，分组的工具是前次在本组中选用的，需要再选择时，点选该工具按钮不放就出现全组工具栏，再拖动鼠标到组中所要的工具按钮处点击选出。

如果选项栏存在，点击选项栏相应的按钮或下拉窗口，可对所选工具的参数和效果进行设置。

工具箱中的工具根据其用途分为8类，分别实现不同的作用。

图5.10　工具箱

1. 选择范围工具

当对图像的一部分进行编辑处理时，要先选择出要处理的区域，保证处理工作只在选择区域内进行，不会改变区域外的图像。选择工具是使用得最广泛的工具。

选择区域的工具在工具箱中有选择框、套索、魔棒3种按钮。

(1)选择框工具

这是一种最基本、最常用的区域选择工具，其中选框按钮中有4个选择，分别用于矩形、圆形、一行或一列的区域选择，如图5.11所示。

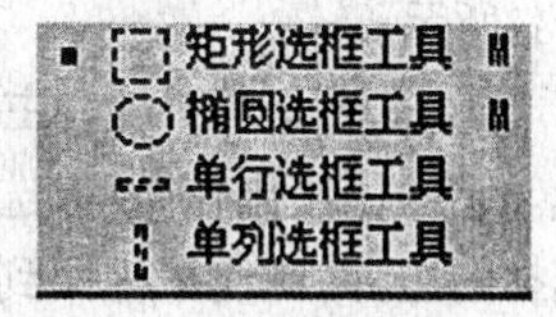

图5.11　选框工具

① 矩形选框工具。该工具用于在图像或图层中选取矩形的区域，供用户编辑使用。它的选项栏设置如图5.12所示，其各项参数意义如下。

图5.12　矩形选框工具

● 选择方式　四个按钮依序分别是新选择、选择区相加、选择区相减、选择区相交。

● 羽化项　表示选择区域边缘的柔和程度，数值越大柔和程度越明显。

● 消除锯齿　选中此项，选取的边界较光滑，不会出现锯齿。该选项只对椭圆形选取工具有意义，其他三个选项都是水平垂直选择，不可能出现锯齿，也无需消除。

● 样式项　共有3种方式，为正常方式、按比例方式和固定尺寸方式。使用正常方式，则鼠标在图像中拖动所产生的矩形区域为选择区域；使用按比例方式，将按宽度和高度所设定的比例来进行选取；使用固定尺寸方式，则每次选择只是按照固定的尺寸来选择,如果使用固定尺寸则要在工具栏中先设置固定尺寸的大小。

使用矩形选择框工具要注意使用技巧,特别是与功能键组合使用,可以使选择的方法很灵活。一些常用的组合方法如下。

- 按住 Shift 键拖动鼠标,将选出正方形区域。
- 按住 Alt 键拖动鼠标,将以拖动的开始处作为中心进行选择。
- 按住空格键鼠标将变成一个徒手工具,可用它来移动图像。
- 按住 Shift 键拖动鼠标进行选取,可以增加一个选择区域。
- 按住 Alt 健在原来的选择区域拖动鼠标,可以减少一个选择区域。
- 按住 Shift + Alt 组合键可以选出一个和原来的区域相交的区域。
- 按住 Ctrl + Alt 组合键拖动选择的区域可以把该选择区域拷贝到新的位置。

② 椭圆形选取工具。椭圆形选择工具和矩形选择工具的使用基本相同,组合使用的方法也基本相同。

③ 单行选取工具。单行选取工具用于在图像(或某一层)中,选取出 1 个像素宽的横行区域。当图像中已经有了 1 条选择线,按 Shift 键再在图像中单击,则可以添加 1 条选择线。

④ 单列选取工具。单列选取工具用于在图像(或某一层)中,选取出 1 个像素宽的竖列区域。当图像中已经有了 1 条选择线,按 Shift 键再在图像中单击,则可以添加 1 条选择线。当图像中已经有了 1 条选择线,按 Alt 键再在线上单击,则可以删除选择线。

(2)套索工具

套索工具也是一种常用选择区域的工具。当区域的选择不是规则的矩形、正方形时,应用套索工具更方便一些。套索按钮中有曲线套索、多边形套索、磁性套索 3 种,如图 5.13所示。

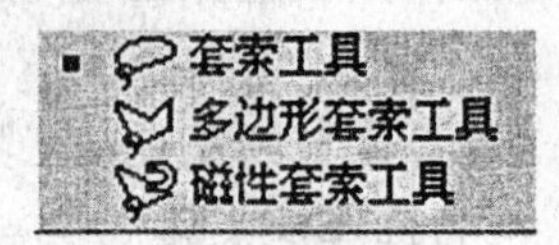

图 5.13 套索工具

① 曲线套索工具。主要用于选择形状不规则的曲线区域。它的用法比较简单,选择好曲线套索工具后,使用鼠标在图像窗口中拖曳鼠标,形成选择的边界,当使鼠标回到起点形成闭合区域后释放鼠标左键,即可实现曲线套索的区域选择。用户也可以在未到起点时释放鼠标,这时系统将自动地把起点和终点以直线连接起来形成闭合曲线。

② 多边形套索工具。主要用于选取形状不规则的图形,如多边形、三角形等。使用多边形套索工具是在多边形的一条边的端点点击鼠标左键,到该边的另一个端点(也是多边形另一个边的端点)处再点击鼠标左键,就形成选择区的一个直线边。每点击一次鼠标左键就形成多边形选择区的一个边,直到闭合形成的多边形选择区(如果在未闭合前双击鼠标左键,该点与起点之间以直线自动闭合,形成选择区)。

③ 磁性套索工具。是 3 种套索工具中功能最强大的工具,主要用于不同颜色图像任意图形的选取。使用磁性套索工具时,在选取图像的边缘处点击一下鼠标左键,形成一个锚点(定位点),沿图像边沿拖动或移动鼠标(鼠标左键动作时会形成新锚点),在图像颜色差别较大的边缘形成选择边线,在边线闭合处动作鼠标左键就形成选择区域(如果在未闭合前双击鼠标左键,该点与起点之间以直线自动闭合,形成选择区)。

(3)魔棒工具

魔棒工具用于选择颜色区域,在欲选颜色处点击一下鼠标,该颜色的区域就被选中作为选择区。使用魔棒工具时在选项栏中有一个容差设置,该选择是确定容许颜色差别的程度(可设置范围为0~255),数值越大,选取的范围越大。

(4)色彩范围命令

使用选择菜单/色彩范围选择命令也可以实现颜色选择。使用色彩范围选择命令打开一个对话框,可以在其图像中用吸管选择图像中的颜色作为选择区。与魔棒的区别是色彩范围命令一次选择的是整个图像中所有符合颜色范围的区域,魔棒则只选择连通的颜色区域。

在选择状态下,当鼠标在选择区域中时,使用鼠标拖动选择的区域或移位键,可以移动选择区,同时使用选择菜单栏中的命令,可以实现对选择区的旋转、放大或缩小,对可能多次使用的选择形状,可以用选择菜单栏中的命令,将其存储,供以后使用。

注意:使用选择工具时,在选项栏中有新选择区、相加选择区、相减选择区、交叉选择区的选择方式,用来选择时实现不同的选择操作。这些也可以用按键和鼠标组合操作实现。

2. 绘图工具

绘图工具在工具栏中有笔、喷枪和橡皮擦,用来在窗口中绘制图形。笔按钮中有铅笔和毛笔2种,铅笔是硬笔,绘制的线条边缘清晰;毛笔是软笔,绘制的线条边缘可设定为清晰、过渡和湿边(水彩效果)3种不同的效果。喷枪除了设置边缘效果外,还可以设置压力,压力越大喷出的颜色越重。橡皮擦用于擦除多余的部分,也有软边和硬边效果的设置。

选择这些绘图工具后都有相应的选项栏,在选项栏中可以选择设定该绘图工具相应的参数,如笔的形状、大小、模式和不透明度等。如果选项栏未打开,可以用双击所选工具的方法或在窗口菜单栏中用 显示选项(N) 命令打开选项栏。

3. 颜色选择

颜色选择用于确定绘图或填充时所用的颜色。颜色选择的工具在工具箱中有颜色取样器(吸管)、前景色选框和背景色选框,还可以在窗口菜单中打开颜色面板或色板面板来实现选择。

吸管工具用于吸取当前活动文件窗口中显示的颜色,作为前景色或背景色。用吸管工具时,在选中颜色处,点击鼠标便实现了颜色的选取。当色板面板被打开时,可以吸取色板中的颜色,也可以在打开多个文件窗口时,选择另一个文件中的颜色。

用鼠标直接点击色板面板中的颜色块,可以将该颜色设定为选择的颜色。在颜色面板中通过调整RGB三基色的数值也可以选择和改变要选择的颜色。

点击前景色选框或背景色选框,可打开调色板,在调色板中使用鼠标点击颜色,可以选择所要的色调和明度。点击前景色选框和背景色选框之间的双向箭头,可实现前景色和背景色之间的转换。点击前景色选框和背景色选框左下角的黑白框,可将前景色选框和背景色选框设置为黑白方式。

4. 填充工具

填充工具在工具箱中有油漆桶和渐变色两种,用来在窗口或选定区域中填充颜色。油漆桶用于单色填充,渐变色用于不同颜色和深度的变化填充。

油漆桶的颜色选择与画笔相同,在选项栏中的设置也和画笔类似。在已有画面的图层中使用油漆桶填充时,只对选中区域该图层中相同颜色的区域填充,颜色相差大的部分和不连通的区域不能一次填充,可多次填充。

渐变色在选项栏中可选择已有的类型,也可以自己编辑设置。双击选项栏中渐变色样本条,可以打开渐变色编辑器窗口,设置各点的颜色和透明度,可以将设置的结果建立为新的样本保存,对已有的样本文件也可以载入选用。在使用过渡色填充时,与已有图形无关,选中区域完全被填充。渐变色填充在选项栏中也可以对填充方式和效果进行选择和设置,达到希望的结果。

5. 变焦与移动

为适应大小不同的图像处理,在工具箱中有放大镜,用变焦的方式将图像放大或缩小,以满足处理的需要。

一般使用预设的放大倍率放大或缩小,通常使用快捷键较方便,在使用放大镜工具状态下,可以点击鼠标右键弹出显示选项菜单,选择放大或缩小,也可以用视图菜单中的放大、缩小命令实现相应操作。

图像放大后会使图像大于显示窗口,这时候显示窗口出现滚动条,拖动滚动条可使图像在窗口内移动,但不改变画布与图像之间的相对位置。使用手形(抓手)工具可以代替滚动条,实现快速移动。

使用导航器面板可以快速定位和调整图像的显示比例。面板中红色框内是当前显示的区域,用鼠标拖动红色方框可以改变显示的区域。

使用移动(箭头)工具可以移动当前图层或选中区域的图像,它改变图像与画布之间的相对位置,与图像的大小无关。

使用鼠标拖动操作,在选择状态下可以拖动选择区,在图像移动状态下,可以移动选择区域中当前图层中的图像,如果没有确定选择区,则移动整个图层的图像。不仅可以在一个文件窗口中实现图像或选取的移动,在打开的几个不同文件的窗口之间,也可以实现选择区或图像的移动,但这个移动是复制粘贴方式,不改变原来的选择区或图像。

6. 修改工具

为对已有的图像进行一些效果处理,在工具箱有模糊、锐化、涂抹及减淡、加深、海绵工具按钮,用鼠标拖动来对图像中的部分颜色和亮度进行修改,以实现处理的效果。

模糊、锐化、涂抹工具是对图像的清晰程度进行修改,减淡、加深、海绵工具是对图像颜色的明暗、浓淡进行修改。修改工具使用选项栏设置有关参数,与绘图工具类似。

7. 文字工具

除了对图像图形处理外,工具箱中有一个文字工具T,用于加入文字处理功能。选择文字工具后在图像窗口上拖动鼠标,就可建立一个文字对象图层,同时在拖动的区域形成文字框。在选项栏中设置相关选项和参数,如字体、颜色、大小等,选择需要的输入方法输入文字，实现文字处理。

如果文字框大小不合适，可以调整文字框四周的手柄改变其位置和大小。使用字符/段落面板可以放大或缩小文字、改变行间距，使用变形按钮，通过在变形面板中的设置可以实现文字的变形。

使用文字工具形成的文字自动建立一个单独的图(文本)层，如果要编辑修改文字，选中文字工具和文本图层，并在已有的文字上拖动鼠标，进入文本编辑状态，选中要编辑的文字，可以进行相应的文字编辑处理。

8. 路径工具

路径是在Photoshop中进行向量作图的方法。除用于制作图形外，还可以用作选择、变换以及区域的逻辑处理等，是很有效的工具。

工具箱中的路径工具有钢笔、图形、路径选择3组工具，分别用于手动绘制编辑路径、使用图形形成路径和路径选择编辑等处理。

路径和选择区可以相互转换使用，对路径可以描边和填充，形成相应的处理。在存储为PSD格式文件中，路径也被同时存储。

9. 图章工具

图章工具有仿制图章和图案图章2种。

仿制图章类似于放大尺，也类似于加盖图章，需要先进行定义然后使用。定义仿制图章(按住Alt键并用鼠标在图像上的参考点处点击，在选项栏中可以选择单层或所有层)时复制一个图像，在选项栏中选择一个合适的画笔形式(保持仿制图章工具状态)，在需要使用图章的图像窗口或图层中相应位置涂抹(拖动鼠标)，就将图像仿制到该处。涂抹从参考点开始，涂抹笔的形状和涂抹区域决定了仿制的形式和区域，每次涂抹仿制一次图像，多次涂抹可多次仿制。

图案图章也可以自定义，使用矩形选框选择需要的图章图案(包括所有图层)，然后使用编辑菜单中的定义图案命令，弹出定义图案对话框，设定后将其加入到图案选择面板中。点击选项栏中的图案钮可打开图案选择面板，选择需要的图案，并选择合适的画笔形状，在需要使用图章的图像窗口或图层中涂抹(拖动鼠标)，将图案排列填充到画面中。一般是填充整个画面形成一个背景。

10. 历史记录画笔

历史记录画笔是对打开已有图像文件的一种恢复处理，有历史记录画笔和历史记录艺术画笔2种。

当图像被改变后，使用历史记录画笔可以将其恢复到打开时的情况。如果是多层的PSD文件，历史记录画笔只能恢复原始的相应层；如果是单层的文件，在新建的图层中，使用历史记录画笔可以局部复制图像。画笔的使用和图章类似，也是选择需要的画笔形式在需要的位置涂抹，重复涂抹不改变效果。

历史记录艺术画笔与历史记录画笔的区别只是在涂抹时加入了艺术效果，效果的形式在选项栏中可以选择设置。

5.3.3 图像处理

Photoshop对图像的处理主要是进行编辑加工，实现粘贴、删除、叠加、复制等处理，并可用工具、滤镜等对图像进行艺术处理。

1．基本编辑

Photoshop 对图像的基本编辑是指用已有的图像进行变换、剪裁等处理，形成所需要的图像。Photoshop 的编辑处理与 Windows 的其他应用软件类同，常用工具主要是剪切、复制、粘贴、删除、变换和移动。除移动工具是在工具箱中外，其他在编辑菜单栏中，编辑菜单栏中的部分命令如图 5.14 所示。这些工具也有各自的热键(又称为快捷键)，菜单命令的右端是该命令对应的热键，使操作更方便。

剪切(T)	Ctrl+X
拷贝(C)	Ctrl+C
合并拷贝(Y)	Shift+Ctrl+C
粘贴(P)	Ctrl+V
粘贴入(I)	Shift+Ctrl+V
清除(E)	

图 5.14　编辑菜单

基本编辑处理的操作和其他软件也基本相同，剪切是将当前图层处于选择区域的内容转移到 Windows 的剪贴板中；拷贝是将当前图层处于选择区域的内容复制到 Windows 的剪贴板中；合并拷贝是将所有显示图层处于选择区域的内容合并复制到 Windows 的剪贴板中；粘贴是将剪贴板中的内容粘贴到当前图层上面新建的一个图层中(每次粘贴都在当前图层的上面新建一个图层)。

使用基本编辑操作主要是对图像画面进行常见的编辑操作，如将一个图像中选择的部分合并到另一个图像中；将一个图像的一部分清除；将一个图像的一部分移动到新的位置等，这些和文本等其他编辑软件中的编辑概念、操作方法都相同。

这些基本编辑操作既可以在一个打开的图像文件窗口中的不同图层中进行，也可以在几个打开的不同图像文件窗口中进行，还可以在其他打开的图像和非图像文件的图像对象中进行，如将 PowerPoint 或 Word 文件中的图形复制粘贴到当前图像文件中，将选中的图像部分复制粘贴到 PowerPoint 或 Word 文件中等等。

注意：一些基本编辑操作命令是以选择区作为对象的(指对选择区中的内容有效)，如剪切、复制等，没有确定选择区时，这些命令无效；一些基本编辑命令在有选择区时是对选择区进行处理，未设定选择区时则对当前图层的全部内容进行处理，如移动、变换等。

2．选择处理区域

对图像进行编辑处理时，设置选择区是非常重要的，直接影响处理的效率和效果，所以在设置选择区选择图像的不同部分时要注意图像的特点和所用工具的性能，根据具体情况恰当地使用选择工具，如魔棒选择颜色、选框选择圆或方形、磁性套索选择图形等等。

选择好工具后，还要注意利用选项栏中的选项，如实现单选、多选(选择区相加)、区域内选择取消(选择区相减)、选取两选择区共有部分(相交部分)等不同的选择方式，以适应选择的需要。

使用选择菜单栏中的命令可以取反选择区域，选择菜单栏中的部分命令如图 5.15 所示，可对选择的区域进行调整。结合使用不同的选择工具、方法和选项，快速、准确地设定选择区，是图像处理的一个重要技能。

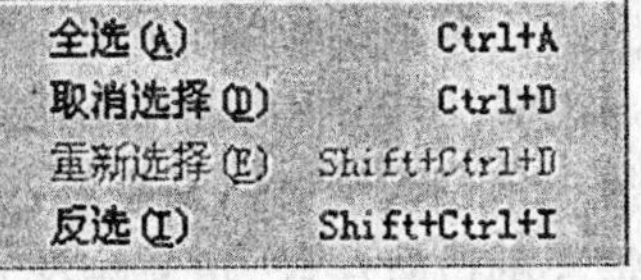

图 5.15　选择菜单

3．图像调节

图像处理的一个主要作用是对已有的图像画面的显示效果进行调整，如对亮度、对比度、色饱和度的调整，以便使画面的视觉效果更好。对不同的图像进行组合时要使各部分的亮度、对比度、色调相搭配合适,也需要进行相应调整。

Photoshop提供了对图像或选择区域的亮度、对比度、色调、色饱和度等的调整工具,这些工具在图像菜单栏中,如图5.16所示。先选择需要调整图像所在的图层和区域,再点击菜单中要进行调整的项目,打开调整窗口,设定调整参数,通过预览确认合适后,点击确定关闭窗口,完成调整。

对小的局部进行调整时,也可以使用修改工具进行调整修改。

4. 图像和画布的调整

Photoshop的菜单图像栏中,提供了调整图像和画布的命令。在选用命令后,弹出对话窗口,在窗口中设置参数,可调整整个图像的尺寸、画布的尺寸、旋转画布和图像等。

图5.16 图像菜单

(1)修改图像的尺寸

选中已打开并要调整的文件窗口使其激活,单击图像菜单栏中的图像大小命令,打开图像大小对话框,如图5.17所示。在像素大小选项组或文档大小选项组中的宽度和高度文本框中键入数值后,单击好按钮,就修改了图像的尺寸。

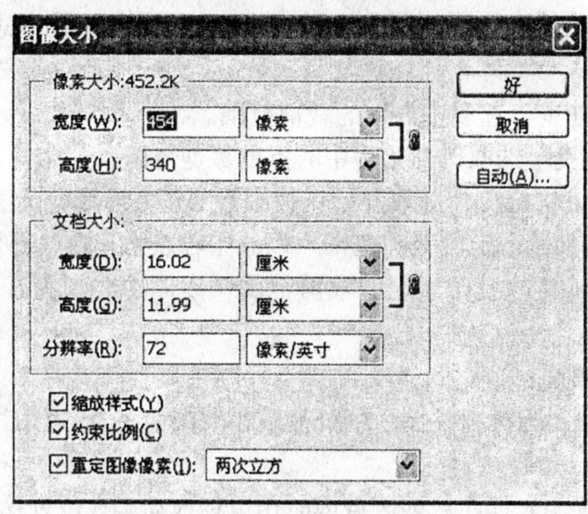

图5.17 图像大小对话框

注意:在屏幕上显示的图像是以像素为单位的,设置图像大小时应以像素为单位,尤其不要将单位搞错,使图像错设为过大的图像,处理时间很长,甚至死机。

使用图像大小命令只能将原有图像进行放大和缩小,并不能增加图像的空白区域或裁剪掉原图像的边缘图像。

(2)修改图像的版面(画布)大小

打开要修改的图像,然后单击图像菜单栏中的画布大小命令,打开画布大小对话框,如图5.18所示。

对话框中有当前大小组和新建大小组两部分设置。

当前大小组显示当前图像的实际大小。

新建大小组用以设置新的宽度和高度值。当新设定值大于原尺寸时，Photoshop 会将在原图像大小不变的基础上增加空白的区域；当新设定值小于原尺寸时，Photoshop 会弹出提示对话框，提醒用户新画布大小小于原来画布大小，将进行一些剪切，单击继续按钮进行裁剪。在定位区域内选择设置图像在窗口中的相对位置。

图 5.18　画布大小

(3)分割图像

我们使用画布大小命令可以进行图像裁剪，但这种方法不能随意选择和控制剪裁的结果。Photoshop 提供了一个很好用的裁剪工具，用于在打开的图像文件窗口中选取任意的矩形区域，裁剪称心的图像。这个裁剪工具不仅可以自由控制裁剪的大小和位置，而且可以在裁剪的同时进行旋转图像、改变图像分辨率等操作。

① 裁剪范围的选定。在工具箱中的裁剪工具按钮上单击鼠标，然后将鼠标在要选择的区域按住鼠标的左键之后移动鼠标进行拖曳选定范围。释放鼠标，出现一个四周有 8 个控制手柄的裁剪范围。鼠标和功能键组合使用，可以方便快捷地进行特殊裁剪范围的选定。

- 按下 Shift 键拖曳　选取正方形的裁剪范围。
- 按下 Alt 键拖曳　选取以开始为中心点的裁剪范围。
- 按下 Shift + Alt 键拖曳　选取开始点为中心的正方形裁剪范围。
- 按下 Alt 键拖动已选定的裁剪范围　以原中心点为开始点进行扩张或缩小。
- 按下 Shift + Alt 键拖动已选定的裁剪范围　以原中心点为开始点，高与宽成比例地扩张或缩小。

② 裁剪范围的调整。

- 改变裁剪范围　光标在控制手柄处变成小双向箭头，通过用鼠标拖动手柄实现调整。
- 改变裁剪位置　光标在裁剪区域内时用鼠标拖动实现位置移动。
- 旋转裁剪范围　光标在裁剪范围外变成小弧形双向箭头，拖动时可以实现旋转。
- 缩放裁剪范围　按下 A1t 键拖动手柄，以中心点为中心实现比例缩放。
- 按下 Shift + A1t 键拖动已选定的裁剪范围　以原中心点为开始点，高与宽成比例地扩张或缩小。

③ 结束裁剪状态。

- 取消裁剪操作　按下 Esc 键。
- 完成裁剪操作　当确定按选定裁剪框进行后，完成裁剪方法可以用以下任一方式：

按回车键；

鼠标双击选择图像；

鼠标单击工具箱，在弹出的对话框中选择裁切选项；

单击鼠标右键，在弹出的对话框中选择裁切选项；

选择图像菜单中的裁切命令。

5. 绘制图形

图像处理的很多时候需要使用图形，这些图形一般是规则图形或与图像内容有关，可以直接在窗口中绘制。

(1) 使用选择区绘制图形

根据选择区的需要使用适当的选择工具，在窗口中做出选择区，使用填充工具可以对选择区图形的内部进行填充，填充的选择区就形成了实芯的图形；使用编辑/描边命令可以对选择区图形的边线进行描边，所描边线为图形的轮廓线，形成了空芯的图形。

(2) 使用绘图工具绘制图形

使用画笔、喷枪等绘图工具，可以手动地绘制图形，即在选择好工具后，在工作窗中拖动鼠标，就绘制了图形。使用画笔时要注意选项栏的设置，如笔的粗细和形状、线的形式和颜色、透明度等，使选用的工具和参数适合需要。如果要绘制直线，可以在按下Shift键后在需要画线的端点处点击鼠标左键，两次点击之间产生一条直线。

(3) 使用其他文件的图形

计算机绘图时使用矢量图形是最方便的，Photoshop是位图的图像处理软件，所以其绘图功能并不强。实际中我们常用自己熟悉的软件中的绘图工具绘制图形，再利用Windows剪贴板将制作后的图形复制粘贴到图像窗口中，较快地实现图形的绘制。

(4)填充的设置

使用填充工具可以对选择区和封闭的同色区域进行填充，可以使用单色填充，也可以使用渐变色填充。在使用渐变色填充时，在选项栏中可以选择相应的渐变颜色和渐变方式，也可以定义自己的渐变色。

注意：使用填充的透明度，不同的透明度会产生不同的效果。

(5)几点注意事项

在绘制图形时，最好新建一个空白的图层，在空白图层中进行绘制，避免破坏原有的图像内容，制作完成后再将图层合并。

如果有选择区存在，只能在选择区中进行绘制。使用选择区，可以设定合理的绘图范围，限制绘制区域，保证绘制效果。

6. 文字

使用文字工具 T 可以在图像上叠加文字，加入的文字在新建的独立文字图层中，每加一个文本对象就建立一个对应的文本层。这些图层可以使用图层合并命令将其合并成一个图层。所加文字只是普通单色，通过选项栏的选择设置，可选择横排或竖排、字体、大小(字号)、颜色等，还可以通过变形和调板按钮打开设置窗，设置文字的变形、间距、缩放、排列等。

在Photoshop中，文本可以有两种方式存在，一种是段落文本，一种是点文本。段落文本方式中,文本内容超过宽度限制时能自动换行;点文本方式中,文本不能自动换行,需要使用 Enter 键换行。

(1) 文本的输入

选中工具箱中的文本输入工具 T ,选项栏中为文本选项,可以设置文本类型、排列、字体、尺寸、对齐方式、文本颜色等参数。如图 5.19 所示。

图 5.19　文本工具栏

在图像上要设置文本的位置处单击鼠标,出现输入文本位置的闪烁竖线光标,这时输入文字入的文本为点文本。在图像上要设置文本的位置处拖动鼠标拉出一个矩形框,矩形框左上方为输入文本位置的闪烁竖线光标,这时输入文字的文本为段落文本。

如果输入的段落文本超出了所定义的文本输入区,文本输入区右下角将出现 ⊞ 标记。将鼠标指针放置在 ⊞ 标记之上,按住鼠标并拖动控制点,以调整文本输入区的尺寸,使更多的文本显示出来。

(2) 文本的编辑修改

输入好文本后,可以对文本进行编辑修改。用鼠标在文字上拖动,可以选中要编辑修改的文字;使用选项栏中的设置可以设置字体、尺寸、颜色;使用调板可以调整文本的间距、缩放、段落的对齐方式、缩进方式等属性;使用变形可以使文本成为弯曲变形的文字(只对整个文本作用)等。

(3) 文字罩板的使用

使用文字罩板时,图像上显示出现罩板,输入的文字只形成文字对应的选择区范围,并且不创建新图层,使用这个选择区,在已有图层或另建新图层上使用填充和滤镜功能,可取得文本功能所没有的文字效果。例如,火焰字、彩虹字、球面字的制作。

文字罩板确定后,形成的是文本对应的选择区,不能再被编辑修改,可以使用选择命令等进行移动、扩边、反选等处理。要注意使用文字罩板要及时对形成选择区进行处理,以免被其他操作撤消选择区。

5.3.4　历史记录

在对图像进行编辑加工时,难免会有一些不必要或不合适的操作,要取消前几步的操作,可以使用历史记录面板,如图 5.5 所示。

历史控制面板是一个非常有用的工具,用户可以利用它撤销前面所进行的任何操作,并可在图像处理过程中为当前处理结果创建快照,以及将当前处理状态保存为文件等。

(1) 操作控制

在历史记录面板中,分栏记录着有效的各步操作,点击要退回的操作栏,即退回到该步。如果未进行新操作,历史记录不变,点击可以到已经做过的任一步,进行新操作后,该步以后的纪录被清除。

利用历史记录可在不同操作步骤处实现分别处理,例如进行存储,在当前状态创立新文档或者进行相应处理，可以形成相关又不同的图像文件。

(2) 选项处理

点击面板右侧的按钮，可以打开选项菜单，如图 5.20 所示。进行设置或选择创建新文档、建立快照等。利用快照功能，可将有用的处理中间结果记录下来，存储为相应文件，特别适用于制作按钮、动画画面。

注意：如果用户同时打开了多个图像文件，每个图像文件均有自己的历史记录面板内容，只有活动的突现文件的内容出现在面板中。

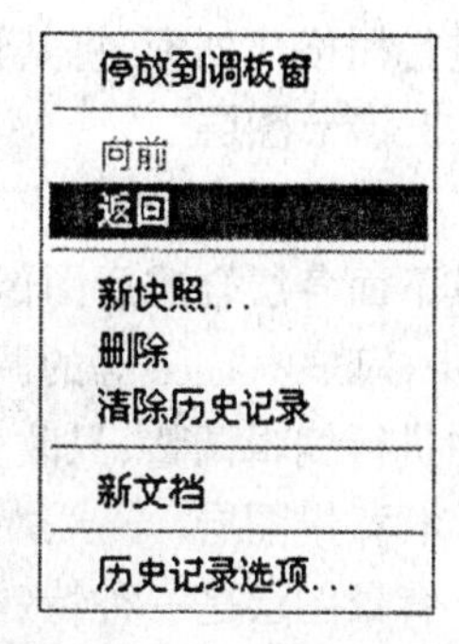

图 5.20 历史记录控制面板

5.4 层的使用

图层是 Photoshop 重要的一个工具，也是制作出精致的效果所必不可少的工具，用户如果能有效地用好图层工具，再配以其他的工具如路径等的使用，能制作出效果很好的图像。

5.4.1 层的概念

图层的使用在图像处理中是一个很重要的内容，不只是 Photoshop 中有图层使用的功能，其他的一些图像处理软件也提供了类似的功能。由于编辑处理是对每层图像单独处理，使图像的编辑处理简单方便。图层就像一张透明的纸，用户可以在每一张纸上绘制需要的图形，然后将这些透明的纸按照要求的次序进行叠加，如果用户需要还可以进行透明纸上图像的合并。

每个图层都可以有自己独特的内容，各个图层相互独立、互不相干，但是它们又有着密切的联系，用户可以把这些图层进行随意的合并操作，以达到想要的效果，所以它们给用户在图像的编辑中提供很大的自由度。

使用图层时每层都要有明确的目的和意义。一般都是将相对独立的图像或工具作为单独的层，如文字层、背景层、普通层、调节层等，以便每层进行独立处理时不影响其他层。

1. 普通图层

普通图层是一般概念上的图层。在图像的处理中用户用得最多的就是普通图层，这种图层是透明无色的，用户可以在其上添加图像、编辑图像，然后使用图层菜单命令或图层控制面板进行图层的控制。普通图层的作用是构成图像一个层面或一个屏蔽。

2. 文本图层

当用户使用了文本工具后，系统即会自动地新建一个比较特殊的图层，用字母“T”表示，这个图层就是文本图层。在 Photoshop 中，使用图层/文字菜单中的命令，可以实现点文本和段落文本的转换、文本转换成路径等多种处理，一些处理如移动、裁剪等可以不需要转换成普通图层就可实现。

由于文本图层不是位图图层，不能在文本层上进行绘图、擦除等位图的编辑处理，需要进行栅格化处理,将其转换成位图的普通图层后才能进行。

3.调节图层

调节图层不是一个存放图像的图层,它主要用来控制色调及色彩的调整,或是用于调整其下面各层合成后图像的亮度、对比度、色调等。它存放的是图像的色调和色彩,包括Level、Color Balance等的调节,用户将这些信息存储到单独的图层中,这样用户就可以在图层中进行编辑调整,只改变显示的效果而不改变原始图像。

4.背景图层

背景图层是一种特殊的图层,它是一种不透明的图层,是最后面的背景图像,总是处于最下面,它的底色是以背景色的颜色来显示的。当使用Photoshop打开不具有保存图层功能的图形格式如BMP、JPEG、GIF、TIF时,系统将会自动地将其作为背景图层。

背景图层一般是被锁定的,不能进行剪切、移动等编辑处理。要进行这类处理时,需要使用图层转换命令将其转换成普通图层或复制新的图层。

5. 填充图层

填充图层是一个显示图层,只用来填充选择区或者整个画面,填充有单色、过渡色、图案3种填充类型,可以填充相应能够的图形内容。

填充层可以作为背景,也可以作为图像的一部分,组合成需要的图像。

5.4.2　图层命令

Photoshop对图层的处理主要是使用菜单命令和图层面板下边的按钮,也可以在选中图层后,在图层面板中使用点击鼠标右键的方法弹出快捷菜单进行操作。

1. 图层菜单的使用

在图层菜单命令中,有11组共26个命令,其中一半是命令组,具有下一级子菜单命令。使用这些命令,可以实现对不同类型图层的建立、删除、复制、编辑等操作,这些命令中许多也可以用热键实现。

我们仅以新建图层为例介绍使用图层菜单的方法。对于其他的命令,可以根据其命令名称、弹出的窗口等,判断其功能、作用和使用方法,也可以通过实验操作了解其功能和使用方法。

用图层菜单中的新建命令可以建立新的图层,新建图层菜单命令如图5.21所示,其中有6个命令,分别为建立普通图层、背景图层、图层组和链接的图层组的选择命令,另外两个命令为通过拷贝和通过剪切建立图层。

(1) 图层

此命令用于新建一个普通的图层,点击此命令将打开一个对话框,如图5.22所示。在此对话框中要求用户输入图层的名称,如果用户不输入,则系统使用默认的文件名为图层1、图层2等,在对话框中用户可以设置在图层面板中表示的颜色、图层中图像不透明度的值和图层的模式,通过复选框设置是否与前一图层组合。

(2) 背景图层

此项命令是一个活动式的命令,当图像有背景图层时为背景图层转换命令,即将背景图层转化为一个普通图层;如果图像文件没有背景图层,此命令将当前图层变成背景图层，将其锁定并置于图层面板的最底层。

(3) 图层组

图层组是 Photoshop 中新增的功能，它可以将多个图层组合到一起形成图层组，以便于对图层的组织和管理。图层组类似于 Windows 的文件夹，可以包含多个图层，但不可以包含图层组和背景图层。

在图层面板中可以展开图层组，显示出所包含的图层，用鼠标拖动图层，可以改变图层的位置，也可以改变图层所在的图层组。

(4) 图层组来自链接

该命令用于建立一个基于链接的图层工作组，在使用此命令之前必须建立一个图层剪辑组，否则此命令将不处于激活状态。

(5) 通过拷贝的图层

该命令用于将当前图层中的选择区复制粘贴到一个新建的图层中，如果用户的选择区中没有任何内容，会显示出错信息，如果用户没有设定选择区域，将复制粘贴图层的全部内容。

(6) 通过剪切的图层

该命令将当前图层中的选择区域进行剪切后粘贴到一个新的图层中，如果用户的选择区中没有任何内容，则显示出错信息，如果用户没有设定选择区，这一命令不可用。

注意：使用拷贝和剪切建立图层层的命令不会将图像内容复制到剪贴板中。

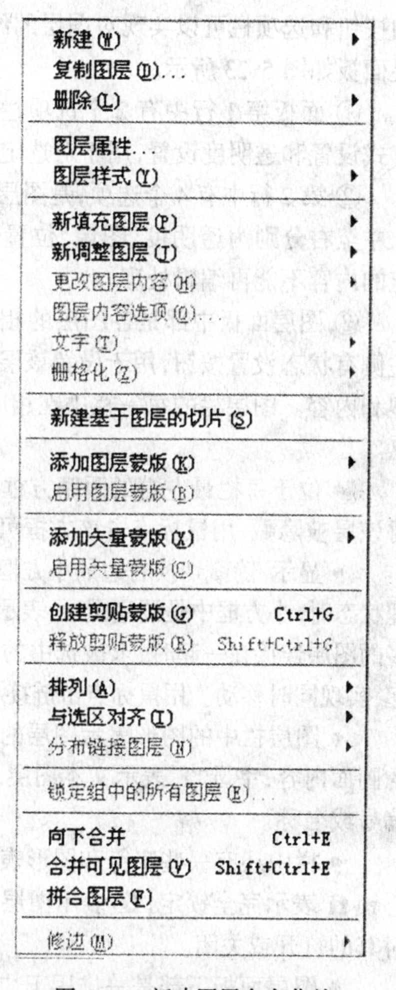

图 5.21　新建图层命令菜单

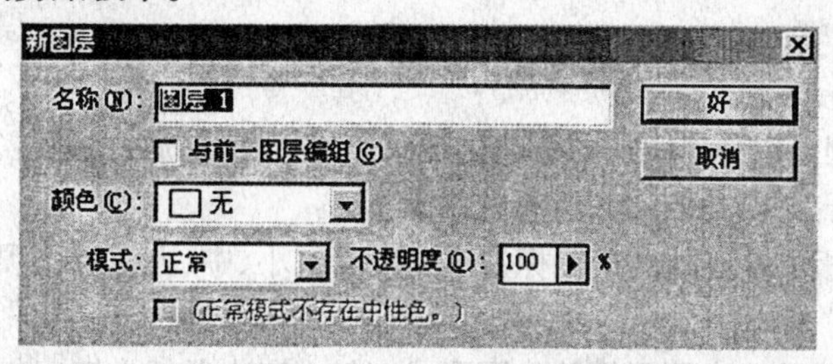

图 5.22　新建图层对话框

在使用图层命令时，先要选择确定当前图层，新建图层位于当前图层的上面，成为新的当前图层。除新建图层命令外，其他命令都是对当前图层进行操作。选择图层的操作是在图层面板上用鼠标点击要选的图层栏，使其为蓝色，蓝色的图层就是当前图层。

2. 图层面板

在实际对图层操作中最多使用的还是在图层面板上的命令。在图层面板上通过相应的按钮和选项栏可以实现对图层的绝大部分操作。图层面板如图5.23所示。

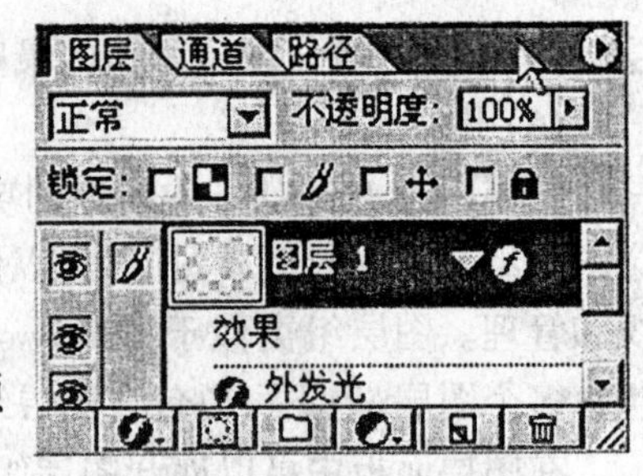

图5.23　图层控制面板

① 面板第1行中有2个选项栏,分别是图层显示方式设置和透明度设置,用于对选定的图层进行设置。

② 第2行中有4个选项,是图层锁定内容的选项,从左至右分别为透明度、图像、位置和全部锁定,被锁定的内容不能再编辑处理。

③ 图层面板中部是各图层的相应分栏显示,每栏左侧有状态设置按钮,用于设置该层的状态,在栏中以相应的缩略图和文字表示图层的类型和内容。图层栏的每一栏中在相应位置以相应的图形或字符表示该层的状态和有关信息。

- 位于每栏最左端的眼睛方框是显示设置按钮,眼睛出现时该层被显示,眼睛消失时该层被隐藏,用鼠标点击该方框可以实现显示/隐藏的切换。
- 显示/隐藏切换右边的小方框是对该层的处理和连接的按钮,当该层处于被选中处理状态时,小方框中是画笔图形,表示可以处理;未选中时小方框中为空白;如果将两个或更多的图层连接在一起时,未被选中的图层的该方块显示链锁图形,与选中的图层连接在一起,实现同时移动。用鼠标点击链接/取消链接小方框,可实现链接/取消链接的切换。
- 图层栏中的图形表示图层的类型,活页夹图形表示图层组;缩略图表示相应图层的画面内容;字母“T”表示文本图层;带有调整杆的图形表示调整图层。图形右边是图层编号或名称。
- 栏中还有一些字符和图形表示该层的性质和状态,如空心锁表示部分锁定、实心锁表示完全锁定;表示图层效果的样式;表示图层组或效果组,点击可以实现对其的打开或关闭。
- 图层面板下部是一排用于快速图层操作的按钮,从左至右分别为新图层样式、新图层蒙版、新图层组、新调整图层或填充图层、新图层、废纸篓,用于对图层的建立、删除等操作。

3.快捷菜单

点击鼠标右键可以弹出图层命令的快捷菜单,进行图层属性设置、复制、删除等处理;双击该栏可以打开效果样式窗口,进行效果设置。

① 在图层面板的空白处点击鼠标右键,弹出无、小、中、大四个选项,用于设置各图层栏的显示形式。

② 在图层面板的选中图层栏的各图形或字符上点击鼠标右键,弹出与之相对应的选项,用于设置和操作。图形或字符不同,快捷菜单的内容不同。

③ 在图层面板的选中图层栏的名称或空白处点击鼠标右键,弹出图层操作的快捷菜单,可进行属性设置、复制、删除等图层操作。

④ 在图层面板的选中图层栏上双击鼠标左键,弹出图层样式设置窗口,可进行图层效果的设置,包括发光、浮雕、纹理、光泽等图层效果,图层样式设置窗口如图5.24所示。

在图层样式窗口中可以选择对本图层需要使用的效果,如投影效果可以实现光照产

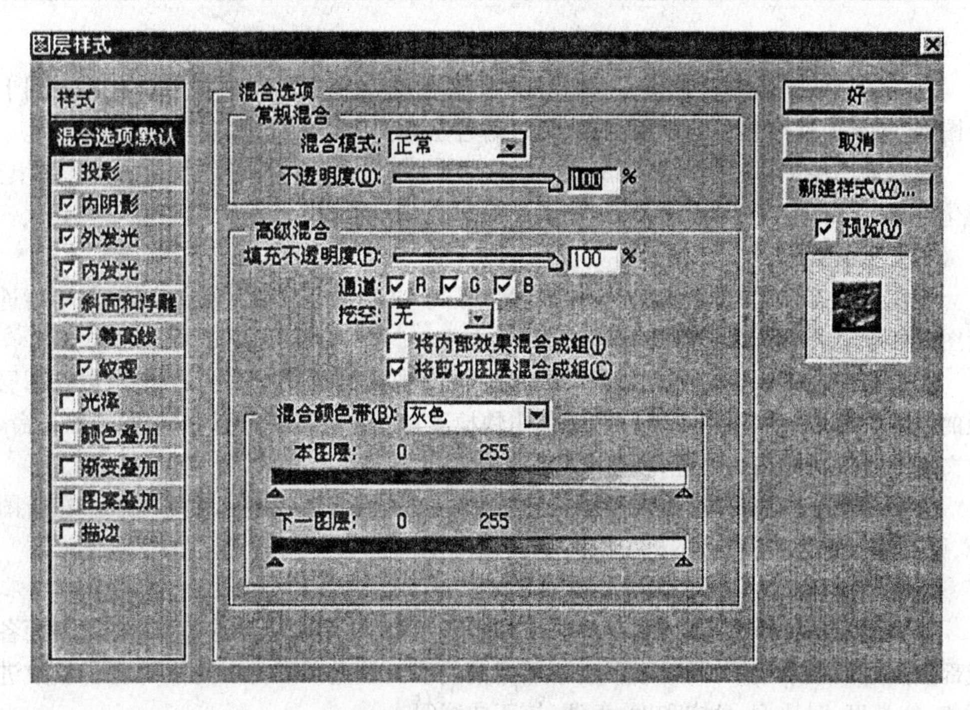

图5.24　图层样式设置窗口

生的阴影效果;发光效果产生边缘光照的效果;斜面和浮雕可以产生立体效果等等。这些图层效果无论是否有选择区设置,对整个图层中的内容都进行相同的处理,如果要求具有不同的图层效果,就要使用不同的图层,分别进行图层样式设置。

每个图层效果都有相应的参数设置,在图层样式窗口中双击左边的各效果名称,中间的选项参数就切换到该效果的选项设置上(使用图层/图层样式命令可以直接打开一个效果样式的选项菜单,在图层面板中直接双击已使用效果的子图层,也可以直接打开这个效果样式的选项菜单),在右边的小窗口中可以看到效果样本,并可以将设置的样式保存起来反复使用。

图层的实际效果较难以语言来描述,它的设置对效果的影响很大,建议选择大中小不同字号的文本、空心实心不同的图形在不同的图层进行各效果的实验,观察并总结不同效果和效果设置的特点,还应注意不同效果样式组合的效果和特点。

5.4.3　图层的应用和编辑处理

图层是Photoshop图像处理的一个重要特性和工具,恰当地应用图层可以有效地提高工作效率和改善处理效果。在使用图层时,每层都应有明确的目的和意义,在一般情况下都是将相对独立的图像或工具作为单独的层,如文字图层、背景图层、普通图层、运动层等,以便每层都能进行独立处理,并且不影响其他图层。

1.背景图层的转换

背景图层处于锁定状态,虽然可以进行一些处理,但有些处理不能进行,要进行处理时,需要将其转换成普通图层。双击图层面板中的背景图层栏,可以弹出改变该层为新图层的属性对话窗,设置参数后确定,可将背景图层改变为普通图层,然后再进行处理。

2.普通图层的处理

Photoshop的图像处理多在普通图层中进行，一般一个文件中根据需要有几个到十几个图层，每层由一个相关的画面构成，通过对各层画面内容的处理，实现需要的效果。

在普通图层中可以实现各种画面及相应效果的处理，如选择、复制、粘贴、绘图、填充、羽化、变换等等。

3.文字图层

在使用文字工具时，自动建立一个文字图层。文字图层只能用做文字处理，不能进行绘图类处理，如画笔、填充、擦除等。

如果要将文字图层转换为普通图层，以便能够按照普通图层进行处理，可以在图层面板的相应文字图层栏上点击鼠标右键弹出快捷菜单，或者使用图层菜单中的栅格化命令，对文字图层进行栅格化处理，就将文字图层转换为普通图层了。

文字图层可以与可见(允许显示或有效)的图层合并，形成新的普通图层。在新图层中，原有的效果都被锁定，不再可以改变，但对新图层可以重新设置。

4.调整图层

调整图层是一个非显示图层，只用来调整显示特性，用这种图层可以改变其下面各层或部分图层的显示效果，同时不影响原图像的内容。调整图层可以对多种显示参数进行调整，如亮度、对比度、色饱和度、色调、校正曲线等。

当没有选择区时，调整图层是对当前图层的全部内容进行调整；设定选择区后，调整图层按照选择区形成图层蒙板，则只对选择区中的内容进行了调整。调整图层可以与下一图层进行编组，对被编组的图层进行调整，编组外的各图层不受影响，从而使调整更灵活方便。调整图层也可以与其他的图层合并，形成新的普通图层。在新图层中，调整的效果都被合并，不再可以改变，但对新图层可以重新设置。

5.图层顺序的调整

Photoshop的图像显示时按层的顺序叠加的，图层面板中最上面的一层显示在最上面。当需要改变图层的上下顺序时，可以在图层面板中直接拖动图层栏到需要的位置，也可以用图层菜单栏中的命令进行调整。

6.图层的合并

为了实现需要的画面效果，常使用多个普通图层的内容组合来形成完整的画面，当处理完成后，根据需要可以将相关层连接在一起，保证画面上各层位置的正确，也可以将图层向下合并，使被选中的图层与其下一层合并为一个普通图层。

处理好的图层可以使用图层菜单栏中的合并图层命令进行合并形成新的图层，也可以组成图层组，还可以使用链接、锁定等功能，使各层画面的相对位置关系固定下来。

7.图层的编组与序列

利用不同的图层相互组合会形成不同的画面效果。当图层较多时，为了保持这些处理好的画面效果不被误操作破坏，又不想合并图层以保持各图层原来的独立性，可以使用编组命令将其与前一图层编组。

当图层较多时，为了便于管理，可以建立图层序列，将相邻并相关的一组图层组成一个图层序列(类似于文件夹)，需要处理时展开，不需要处理时收拢。当使用图层样式时，会自动建立一个图层序列。

8.图层的备份

当我们对一个图像进行处理时,很难有把握一次将图像处理得令人满意,为了保证原始图像不被破坏,常使用图层作为备份,即先对已有的图像、构成的局部内容、构成不同透明度图像的叠加、动画中不同画面的变形和运动、图像显示效果的调节等,进行图层或图层组的复制,然后在复制的图层中进行处理,保证原有的内容不被破坏。最后完成时,再将原有的内容图层删除。

9.部分图层效果的保存

当我们对一个图像进行处理时,经常是在不同的处理阶段由部分图层形成一个需要的图像效果,并要将这个效果保存起来,然后再继续处理形成新的效果。实现这个处理的方法有多种,存储的文件可以是不同的格式,使用不同的方法实现。

如果存储的是不包含图层的文件格式,可以将不需要的图层隐藏起来后,使用文件/另存为菜单命令打开存储文件选择窗,将这一效果图像存为一个独立的文件;也可以使用编辑/合并拷贝菜单命令将其复制到剪贴板中,然后使用文件/新建菜单命令新建一个文件窗口,将剪贴板中的这一效果图像粘贴到新建的文件窗口中,再进行保存或处理。如果这一效果图像是为其他软件制作的内容(如幻灯片的内容),也可以直接粘贴到其他软件的窗口中。

如果存储的是包含图层的文件格式的 psd 文件,需要先将文件保存,将不需要的图层先删除,使用文件/另存为菜单命令打开存储文件选择窗,将这一效果图像另存为一个独立的文件,然后重新打开原文件或再另存为其他文件继续进行处理。使用另存的文件时,也可以使用历史记录,将删除的图层恢复,回到原状态。

5.5 通道和蒙版

Photoshop 为修改图像提供了通道(Channel)和屏蔽(Mask)两种处理方法。

5.5.1 通道的概念

所谓通道是指在 Photoshop 环境下,将图像按照颜色分离等成基本颜色的单色图像,每一个基本颜色图像使用一条独立的通道,或者说一个通道可以表示一幅单色图像的信息。当打开一幅以彩色模式建立的图像时,通道调板将按照使用的颜色模式和组成它的原色分别建立通道。在 Photoshop 中,通道有两种,即存放图像颜色信息的通道和存放蒙板及透明度信息的 Alpha 通道。

图像的颜色模式决定所创建的颜色通道的数目。例如位图、灰度图、索引色的图像都只需要 1 个通道, RGB 模式图像有 3 个默认通道,即红色通道、绿色通道和蓝色通道,另外再加 1 个用于编辑图像的混合通道。

而 CMYK 模式图像中包含 4 种通道,即青色通道、洋红色通道、黄色通道和黑色通道,包括所有的颜色通道和 Alpha 通道在内,一个图像最多可有 24 个通道。

在进行图像编辑时,用户单独创建的通道称之为 A1pha 通道。在 A1pha 通道中,存储的并不是图像的颜色,而是用于存储选定区域的图形和有关参数。利用 A1pha 通道,可以做出许多独特的效果。

将文件以 PSD 格式保存时,通道的图形和参数也被保存,通道的图形和参数可以被本文件随时调用,也可以被别的文件调用。

通道的管理操作和图层类似,主要是通过菜单、通道面板和右键快捷菜单等实现,通道面板如图 5.25 所示。

图 5.25　通道面板

5.5.2　通道的增加和删除

新建一个文件时,自动形成基本的通道。如果打开已有的 psd 文件,则带入已有的通道。在实际处理中,除基本的通道外,还可以根据需要增加和删除新的通道。

1. 新建通道

一般新建通道都是 A1pha 通道,是存放可改变透明度的蒙板的效果通道。

通常建立新通道是单击通道调板底部的创建新通道按钮,可以直接建立一个新通道。新通道将保持上一次建立通道时确定的选择,并会按照被创建的顺序自动命名。建立通道时的选项主要是按照选择区形式还是以蒙版形式建立这个通道,默认时新通道是以蒙版形式建立的,要更改设置,可按下 Alt 键同时单击按钮或在面板中双击要更改的通道,弹出通道设置对话框,然后修改。

2. 删除通道

删除通道首先要选择删除的通道,然后单击调板底部的垃圾桶按钮,弹出删除通道的提示对话框,点击确认按钮删除。

按下 Alt 后单击垃圾桶按钮,将选中的通道拖到垃圾桶按钮,点击鼠标右键从弹出的快捷菜单中选用删除通道(Delete Channel)命令都可以删除通道,并且不出现提示对话框。

3. 通道与选择区的转换

在存储文件时通道被同时存储,而选择区不能被直接存储,要想将选择区保存后多次使用,可以将选择区转换为通道后存储,使用这个存储的选择区时先确定这个通道,再将通道转换为选择区。转换的方法有选择菜单中的命令和按钮 2 种,使用选择菜单中的命令可以实现不同文件中的转换,使用按钮只能在本图像文件中转换。

使用选择/存储选择区命令弹出对话框,将有关选项设定后将选择区作为通道被存储到选定的文件中。使用选择/载入选择区命令弹出对话框,将有关选项设定后将选定文件中的通道作为选择区导入到图像文件窗口中。

使用通道面板下面的转换按钮,可以快速实现由选择区建立通道和由通道建立选择区的转换处理,但这个处理只能在本文件内部进行,不能应用到其他文件中。

4. 其他操作

使用屏蔽遮罩时将自动增加通道。点击在通道面板的右上角的三角形可打开通道工具栏，进行 Alpha 通道和专色通道的增加、复制和删除处理。

复杂的 Alpha 通道会大大占用图像存储所需的磁盘空间，所以在存储图像前最好删除不需要的 A1pha 通道。

5.5.3　通道的制作和使用

通道的作用主要是与选择区相配合，实现对图像的处理。在一般情况下，通道用于两个方面的作用，一是作为图像处理的中介，形成选择区；另一是提供 Alpha 通道的罩板，供其他软件实现不同区域不同透明程度的效果时使用。无论通道起什么作用，都先要在通道中制作出相应的图形，然后才能实现希望的效果。

1. 通道图形的制作

如前所述，可以先制作选择区，然后将选择区转换为通道，但一般都是使用选择工具形成规则图形的选择区，并且选择区不能随意修改。在更多的时候，为了能得到满意的通道图形，我们可以通过绘图方法来直接制作或修改通道中的图形。

在通道面板中选中要处理的通道后，使用绘图工具可以在图像窗口中直接绘制或修改，形成单色的通道图形，如用画笔、橡皮擦、喷枪等工具绘制，也可以用选区的羽化、填充、删除等处理，还可以使用变换、调整等命令处理。

2. 通道的应用

使用通道做图像处理时，主要是作为蒙板(遮罩)和选择区使用，绘制的通道图形如果用作罩板时，有图形的部分是遮罩的部分；转换成选择区时，有图形的部分是选择区的部分。形成什么样的的通道图形，就可以形成相应的选择区和罩板，实现对应的处理。

绘制通道图形的透明度不同，虽然转换成选择区的形状相同，但处理时的效果不同，如使用填充工具填充选择区时，通道图形的透明度直接影响填充的透明度。

使用选择/羽化菜单命令，可以使选择区边缘为渐变的效果，用这种选择区形成的通道图形边缘也是渐变的，给出柔和的边缘效果。如果使用软边毛笔绘制通道中的图形，图形的边缘也是渐变的。

当为支持 Alpha 通道方式的软件(如 Authorware)制作图像时，利用 Alpha 通道方式显示可以实现图像的半透明叠加、边缘羽化等艺术效果，这时 Alpha 通道中图形的深浅表示透明的程度，越黑透明度越高。使用 Alpha 通道方式显示时必须使用 PSD 文件格式，所以要存储为 PSD 文件，软件在显示图像时的应用选项中选择 Alpha 通道显示方式，才可以将 Alpha 通道的半透明效果和渐变效果显示出来。

5.5.4　蒙版的概念

蒙版也称为遮罩或罩板，是将一个区域定义为遮蔽范围，使被遮蔽的范围不受任何编辑操作的影响，保证编辑图像工作只在指定范围内进行。

蒙版与选择区在选择方面的功能基本相同，两者都可以转换到通道中，所以也可以互相转换。两者的区别在于选择区一般使用选择工具产生和形成，蒙版是通过选择区及绘图工具在通道及蒙版状态下绘制产生和形成的，并在通道中被保存。蒙版是在通道中存在的一个实在的形状，可被编辑修改，可由别的文件中引入，也可以提供给别的文件使用，从而使不同的文件具有相同或相关的选择范围。

5.5.5　蒙版的建立

蒙版主要有快速蒙版和通道转换成蒙版两类。

快速蒙版是使用工具箱的下部的快速蒙板按钮◘可按当前选择的区域建立一个临时的快速蒙版,并在通道面板中建立一个快速蒙版通道。选中快速蒙版通道使其为当前通道后,使用选择工具和绘图工具等可对快速蒙版进行必要的编辑修改,使之符合处理时的需要。

如果当前编辑使用,用标准模式按钮◻回到图像编辑,快速蒙版转化为选择区域,快速蒙版也被取消,可在此区域中编辑修改图像。若要保留快速蒙版,可在通道面板中将通道拖到建立新通道钮上。

用选择工具、文字蒙板等建立的选择区,用通道面板的将选择区存储为通道钮可以建立相应的 Alpha 通道,通道的图形就可以认作为蒙版。在通道中可以对图形进行调整修改,处理后再使用通道面板的将通道作为选择区载入钮,可将通道中对应蒙板的图形转换回选择区进行处理。

使用在图层面板下的添加蒙板快捷按钮可以对当前图层建立一个链接的蒙板,注意在图层面板中建立这个链接的蒙板的同时,在通道面板中建立了其相应的通道,并且在这个通道中,才能进行蒙板的设计绘制。

5.6　路径及使用

路径是 Photoshop 用来绘制图形、形成不规则图形或选择区等功能和操作的方式,相当于在 Photoshop 中实现向量图形的绘制和处理。

5.6.1　路径的概念

路径是使用相应工具绘制和编辑出来的线条图形,包括开放的线段和闭合的线条图形。这些图形并不是图像的内容,但和图像或处理的过程有关,也可以转换或加工成图像某一层的内容。在保存的 psd 文件中,路径也被保存起来,可以重复使用。

通过对路径的描边、填充等的处理,可以将路径图形转换成 Photoshop 一个图层中的图形;还可以将路径转换成为选择区、通道等,实现不同区域、形状的选择和多种处理,是很有用的工具。路径的管理操作多数是在路径面板中进行,路径的编辑制作则是使用工具箱中的路径绘图工具和对应的命令来实现,路径面板如图 5.26 所示。

图 5.26　路径面板

5.6.2　路径的制作修改

使用路径主要有两种情况，绘制图形和制作选择区。要使用路径，首先要绘制和编辑出路径，然后再进行处理。

1. 路径的绘制

路径可以分为两种基本类型，自由路径和规则路径。自由路径由人员按照自己的意图随意绘制，可以是任意的图形，规则路径是用一些常用图形的边线构成路径，将绘制路径转为绘制规则图形。可以单独使用一种路径，也可以将不同的路径组合，形成需要的路径。

(1)路径绘制的状态和条件

一个图像可以有多个路径，绘制路径图形时要在选中的路径中进行，如果没有合适的路径，就要建立新的路径。要使用图形工具绘制时，由于图形工具既可以绘制路径，也可以在当前图层中绘制可视的图形，还可以制作通道内的图形，所以要注意当时所在的图层、通道和路径的位置，避免破坏已有的内容。

在通常情况下，绘制路径时，新建一个空白图层和一个空的通道，绘制路径时既使有影响也可以在绘制完成后将不需要的图层或通道删除，对需要的图层或通道可以与其他图层或通道合并或保留。

(2)自由路径的绘制

自由路径的绘制只能使用工具箱中的钢笔来实现。选择钢笔工具后，在工作区域中点击，就留下一个锚点，在另外一处点击，留下另一个锚点，两点之间留下一条直线，就是一段路径。如果在按下鼠标的同时拖动，在锚点处就拉出一个切线，在两点之间留下的是以切线为斜率的曲线。一段段逐点描绘，就可以绘制出需要的曲线和图形。

在钢笔工具组中，选择自由钢笔工具，在工作区域中拖动鼠标，可以自由绘出路径的曲线和图形。钢笔工具组中的其他工具(增加锚点、删除锚点、修改锚点)，主要是用于对已有路径的修改的工具。

(3)规则路径的绘制

规则路径的绘制一般是使用图形工具。选中并设置所要图形工具后，在工作区域中拖动鼠标，就绘制出相应的路径图形。

2. 路径的编辑修改

对绘制的路径图形不满意，可以进行编辑修改。对绘制的路径，用钢笔工具组中的编辑修改工具，可以对选中的路径进行锚点的增加、删除、变形(直线和曲线转换)；用路径选择工具，可以实现对组合路径或单独路径的选择、对锚点和曲线的移动等；点击鼠标右键弹出快捷工具菜单，也可以进行锚点的增加、删除、路径的变形转换等处理。

路径的编辑修改与在图层中制作的图形图像的编辑修改有很多相同之处，因而在选用路径选择工具后，可以使用相应的菜单命令(如剪切、复制、粘贴、变换等)进行编辑修改。使用这些方法，可以将路径按照自己的设计构成图形，形成需要的路径形状。

5.6.3 路径的使用

使用路径主要实现两类目的,利用路径形成图形和利用路径形成选择区。无论哪种目的,在使用路径前,都要使用前面介绍的方法编辑修改路径,使图形满足使用的要求,然后使用相应的处理,达到需要的效果。

1. 路径的描边和填充处理

路径的本身并没有意义,要将路径的图形处理后形成真正的图形,才可以成为图像的一部分。常用处理的方法有两种,描边和填充。

常用的描边和填充方法是使用路径面板下边的相应按钮,可以快速实现描边和填充处理。在选中的路径上点击鼠标右键,弹出快捷工具栏,选择描边或填充路径命令,弹出对话窗,设置相应的选项后,就可以实现要求的描边和填充的效果。

注意:描边和填充处理是在当前的显示图层中实现,在选中路径后,还要选择或确认要处理的显示图层,避免将描边或填充的处理加到不需要描边和填充处理的图层,破坏原有的图层内容。

2. 路径转换为选择区

在图像上绘制并调整路径,使其成为希望的选区图形,将路径的图形转换成选区,可以得到任意希望的选区图形,以便于在选区中对图像进行处理。常用转换方法是使用路径面板下边的路径转换为选区按钮,快速实现转换处理。在选中的路径上点击鼠标右键,弹出快捷工具栏,选择建立选择区命令,弹出对话窗,设置相应的选项后,也可以实现按路径建立选择区的处理。

注意:使用按钮虽然能快速转换,但没有选项设置,不能改变转换的效果。如果使用右键快捷菜单命令,可以有多种选择区形式的选择,并且有羽化范围为的选项,可以实现不同的转换效果。

3. 路径转换为通道

路径和通道之间不能够相互转换,但都可以转换为选区,利用选区作为中间媒介,可以实现路径和通道之间的相互转换。

在路径面板和通道面板下都有将路径(通道)转换成选区和由选区转换为路径(通道)的快捷按钮,利用这些功能,先转换为选区,再由选区转换为路径(通道)。

路径是矢量图形,可以较方便地调整修改,在制作较复杂的选区、通道以及需要调整修改的选区或通道时,多以路径作媒介进行存储和修改。

5.7 滤镜的使用

在 Photoshop 中,滤镜是对图像处理的主要工具,是实现艺术效果处理的重要手段和方法,通过滤镜功能的处理,可以在图像上产生各种特殊的处理效果。Photoshop 中自带了一些滤镜,可以实现对图像的一些特效处理功能,还有一些公司推出许多不同的外挂滤镜,如 KPT(Kai's Power Tools),Eye Candy 等,用其可以做出令人意想不到的效果。

5.7.1 滤镜的概念

滤镜是对已有的画面按一个规则进行处理,使画面改变,产生一种效果,如波浪扭曲、模糊、纹理、渲染等等,相当于通过一个光学滤镜看画面的效果。

滤镜的图像处理是对图像的数据进行计算处理形成新的图像数据。由于图像有多层,滤镜处理也只能采用分层选择的方式。由于每次只对一个选择区域、一层图像单独处理,使编辑加工很方便,而且互不影响。

使用滤镜时计算机的计算量很大,需要较长的计算时间,选择参数时,可以利用预览窗口,以避免不必要的处理时间。

5.7.2 滤镜的类型

根据滤镜的处理效果分类,可以将滤镜分成相应的类别,内部滤镜主要有风格化、模糊、变形、渲染、纹理等十几类,外挂滤镜的种类更多。滤镜菜单如图5.27所示。

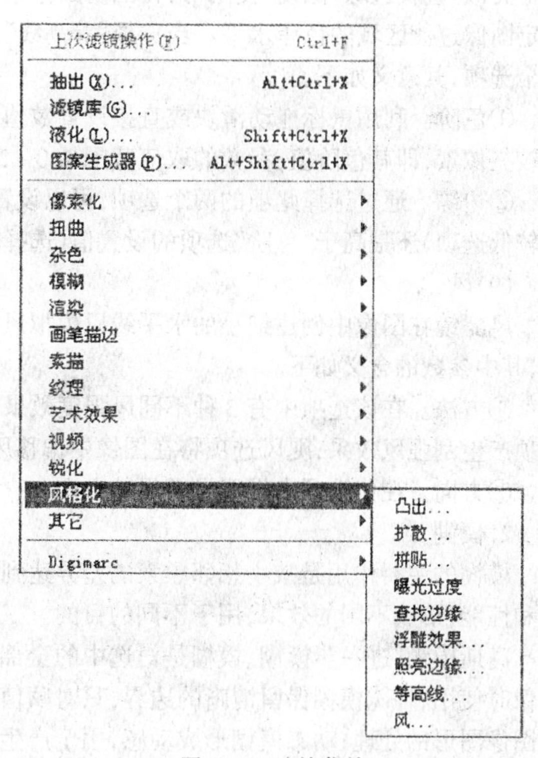

图5.27 滤镜菜单

1. 风格化滤镜

风格化滤镜在图像中通过置换像素,并且查找和修改图像中的对比度,从而在图像或者选择区上产生一种绘画式或印象派的艺术效果。

风格化滤镜命令有9个子命令,分别为凸出、扩散、拼贴、曝光过度、查找边缘、浮雕效果、照亮边缘、等高线、风。

(1)凸出...

可将图像转换为三维立体块或金字塔形锥体,从而生成特殊的三维背景效果。注意,此滤镜命令不能对图像选区进行操作。

(2)扩散...

通过随机移动像素或者明暗互换,可使图像选区产生一种类似油画或毛玻璃的分离模糊的效果。

(3)拼贴...

将图像分割成有规则的拼贴块,从而形成拼图状的磁砖效果。

(4)曝光过度

将图像正片和负片混合,从而产生摄影中的曝光效果。

(5)查找边缘

在图像中搜寻并标识有明显颜色过渡的区域,并在白色背景上用深色线条勾画图像的边缘，从而强化图像的过渡像素，产生一种轮廓铅笔勾描过的图像效果。

(6)浮雕效果...

通过用原填充色勾画图像轮廓和降低周围像素色值，使图像或选区显得突出或下陷，从而生成具有凸凹感的浮雕效果。

(7)照亮边缘...

类似查找边缘滤镜，可以描绘图像的轮廓并调整轮廓的亮度、宽度等，从而为轮廓增加霓虹灯的照亮效果。

(8)等高线...

类似“查找边缘”滤镜，使用时，将围绕图像边缘均匀的画出一条较细的线，这样可以确定图像过渡区域的色泽水平。当选择“等高线”滤镜命令时，将弹出一个对话框，其中有两个选项，其意义如下。

①色阶。利用鼠标拖动滑块或直接设置数值，可以设定边缘线对应的是较暗像素还是较亮像素，即其色阶值，参数的取值范围从 0～255。

②边缘。通过选择此项的两个选项，可以设置边缘线是低于“色阶”选项的设置值(选择较低选项)还是高于“色阶”选项的设置值(选择较高选项)。

(9)风 ...

风滤镜在图像中创建细小的水平线以模拟风的效果。选择此命令时会打开一个对话框，其中参数的含义如下。

①方法。在该选项中有 3 种不同风强度效果，其中风选项产生一般的刮风效果；大风选项产生刮强风效果；飓风选项将在图像中偏移风线条。

②方向。在该选项中设置风效果的方向。

2.模糊

模糊的主要作用是减小相邻象素的差异达到柔化图像的效果。模糊滤镜也有多种功能和性能，形成不同的效果，用于不同的目的。

高斯模糊、进一步模糊、模糊是对选中的全部内容进行处理，通常是用在制作背景类图像时使用；特殊模糊保留清晰的边界，只对阈值以下的图像部分进行模糊处理，一般用于图像图形的处理；动态模糊形成动感，用于产生直线运动的效果；径向(放射状)模糊用于旋转效果。

3. 渲染

渲染的主要作用是加入光效、云效等自然效果。利用渲染，常可以达到出乎意料的效果。

(1)云效

云效滤镜有云彩和分层云彩两种滤镜，主要用于产生背景图像。

云彩滤镜以前景色和背景色分别作为云色和底色，使用介于前景色与背景色之间的随机值，生成柔和的云彩图案。若要生成色彩较为分明的云彩图案，可按住 Alt 键后使用云彩命令。

分层云彩滤镜以前景色和背景色分别作为云色和底色，使用随机生成的介于前景色与背景色之间的值，生成云彩图案，此滤镜将云彩数据和现有的像素混合，其方式与差值模式混合颜色的方式相同。第一次选取此滤镜时,图像的某些部分被反相为云彩图案。应用此滤镜几次之后,会创建出与大理石的纹理相似的凸缘与叶脉图案。

(2)光效

光效滤镜有光照效果和镜头光晕两种滤镜,主要用于对图像效果的处理,尤其是交互对象的效果处理。

光照效果通过改变 17 种光照样式、3 种光照类型和 4 套光照属性,在 RGB 图像上产生各种光照效果。还可以使用灰度文件的纹理(称为凹凸图)产生类似三维的效果,并可以存储自己的样式以在其他图像中使用。

镜头光晕模拟亮光照射到相机镜头所产生的折射。通过点按图像缩览图的任一位置或拖动其十字线,指定光晕中心的位置。

渲染中还有三维变换和纹理填充滤镜,可以实现三维变换和纹理填充。

4. 艺术效果

该组滤镜仅限于 RGB 颜色模式和 Multichannel 颜色模式,而不能在 CMYK 或 Lab 模式下工作。它们都要求图像的当前层不能为全空。这些滤镜可以给你带来各种各样的艺术效果,可独立发挥作用,也可配合其他滤镜效果使用,以取得理想的效果。

艺术效果滤镜的主要作用是对图像进行加工处理,产生某种人工的艺术效果,如壁画、油画、水彩画、彩笔、涂抹等等。通常是在背景、装饰、动画中为烘托气氛使用。

5. 扭曲(变形)

扭曲滤镜是按照一定的方式在几何意义上扭曲图像,产生模拟水波,镜面反射等自然效果。其中波浪、波纹、海洋波纹、水波(锯齿)都是产生水面波纹效果;极坐标、旋转扭曲产生旋转效果;玻璃产生透过玻璃观看的效果;挤压、球面化产生凸凹或飘动效果;扩散亮光(辉光漫射)用于产生边缘光照或反光的效果;切变按设定产生弯曲的效果。

扭曲滤镜主要用于加工背景,也用于图像的效果处理。

6. 纹理

纹理滤镜是模拟某一自然存在的纹理来处理图像,形成艺术效果。纹理滤镜中有龟裂缝、颗粒、马赛克拼贴、拼缀图、染色玻璃、纹理化不同的处理,分别实现对应的效果。不同的颜色、不同的纹理,产生不同的效果。

纹理滤镜多用于背景图像的处理,也用于产生绘画中物体的表面效果。

滤镜的种类很多,限于篇幅我们不能逐一介绍,并且不同的滤镜、不同的参数设置处理的效果也不同,有些差别还很大,滤镜的效果很难用语言描述,多说也无益。熟悉和掌握滤镜的主要方法是实践。滤镜的选择和设置也因使用者的风格各有所异,在开始使用滤镜时,要注意观察所用滤镜、设置和效果的关系,并尽可能多做一些滤镜效果实验练习,增加对滤镜的了解和使用的经验。

除内部滤镜外,还可以加入外挂滤镜。外挂的滤镜则有更多更好的功能和效果,可以在实践中练习和体会。

5.7.3　滤镜的使用

滤镜的使用很简单,先选定要处理的图层和区域(为确定选区时对整个图层处理),然后在菜单/滤镜中选择要用的滤镜点击,即弹出选项窗口,设定有关参数后确定,计算机就开始自动处理。

1.使用滤镜的基本规则

使用滤镜时,有如下的基本规则。

① 最后一次使用的滤镜出现在滤镜菜单的顶部,可对图像进行第二次操作。

② 滤镜只能应用于当前的可见图层的选择区(如果无选择区则对当前层内容处理)。

③ 滤镜不能应用于位图(黑白)模式、索引颜色或 16 位通道模式的图像。

④ 一些滤镜只能用于 RGB 图像,而一些滤镜完全在内存中处理。

⑤ 应用滤镜时的处理速度比较慢,可以使用预览功能对图像进行预览。

2.使用滤镜的注意事项

原则上滤镜可以多次重复使用,也可以各种滤镜交替重合使用,没有什么限制。在实际使用中,由于每种滤镜有自己的算法,交替使用滤镜时,各运算处理的结果有些是加强、有些是削弱,所以不能随意组合使用。

一般说来,一个滤镜可以多次使用以增强处理效果;无关并且不排斥的两类滤镜可以根据需要的先后交替使用;排斥其他(取消其他滤镜效果如云彩)的滤镜只能最先使用或单独使用;效果相反的滤镜则不能一起使用,以免互相抵消效果。

在使用滤镜时要注意选择区的设置,不同的滤镜对不同的选择区进行处理,可以得到不同的处理效果。

滤镜处理并没有严格的处理禁忌,只是效果的好坏而已。如果与选择区、通道(通道中的图形也可以用扭曲等滤镜处理)配合使用,会形成许多特殊的效果。有些一般看起来是相互矛盾的滤镜组合,使用恰当的话,可以形成新的效果。

要用好滤镜却不容易,不仅要有美术功底,还要有丰富的想像力,并对滤镜有一定的熟悉和操控能力,才能在最恰当的位置选择恰当类型的滤镜,实现恰到好处的处理,得到希望的效果。

5.7.4 外挂滤镜

外挂滤镜是一段图像处理程序插件,是一个相对独立的软件,多数是其他公司配合 Photoshop 开发,供用户使用的。一些外挂滤镜使用前先要进行软件安装,也有的滤镜直接复制到 Photoshop 的插件文件夹(Plug - Ins)中,安装后在滤镜菜单下出现相应的滤镜选项,供使用者选择。

图像处理不仅需要技术和技巧,还需要较好的艺术水平和能力,更主要的是要有创意,有创造性,它也是一种创作。创造的源泉来自于实践,只有多做、勤练、善比较、多思索,才能创作出精品。

第6章　视频编辑软件的使用

视频编辑软件是用于编辑和制作数字电影和动画片的软件，是基于录像编辑的思路和效果来处理活动画面，在课件制作时主要用于录像素材和动画素材的处理。

近些年来，随着家庭型数字摄像机的普及和多媒体技术的迅速发展，许多软件开发厂商推出了各自的视频编辑处理软件，一些多媒体软件公司也将其经典的软件改造升级，使之功能和性能有极大的改善和提高，使用更简单方便。在实际中，为了适应使用者不同的目的和能力，相应的视频编辑软件有多种，一般可分为普及型和通用型两类。

普及型的视频编辑软件主要是对已有的视频文件进行通常的剪接编辑、过渡效果处理、配音和配乐等。这类软件功能比较简单，所以掌握和使用起来也比较简洁方便。这类软件典型的有 Ulead 公司的 Video Studio，Pinicle 公司的 Studio DV 等，各类数码摄像机及视频系统配置的视频处理软件，都可以实现一定程度的编辑功能。

通用型的视频编辑软件主要是较专业的多媒体制作人员或视音频编辑人员使用。目前较多使用的视频编辑软件主要有两种，一种是 Adobe 公司的 Premiere，一种是 Ulead 公司的 Ulead Media Studio Pro。两种软件都支持一些视频捕捉卡，所以也作为视频捕捉卡的配套软件使用。Premiere 支持实时播放功能，即编辑后不必生成新的视频文件时可立即播放，适合于录像内容的编辑制作；Ulead Media Studio Pro 在编辑视频后需要生成预览文件或创建新文件，需要较长的处理时间，较适合后期的多媒体制作。

Premiere 的处理功能较强，具有较多的视频编辑专业特点，适合于较专业的人员使用；Ulead Media Studio Pro 由采集、编辑、效果等几个部分组成，采用图形化命令按钮，在保证功能的同时，使用界面简单直观，所以对使用人员的专业知识要求不高，适合各类人员使用，也适合用于制作课件素材。

Ulead Media Studio Pro 是一个套装软件，其中包括视频编辑软件(Video Editor)、音频编辑软件(Audio Editor)、视频捕捉软件(Video Capture)、视频绘制软件(Video Paint)、视频特效文字制作软件(CG Infinity)。在一般要求时，利用这些软件，就可以完成视音频文件的编辑制作。

在此介绍 Ulead Media Studio Pro 6.5 版本中的 Video Editor 部分，该版本比以前的版本增加了 DV(数字视频)、MPEG-2(DVD)、MPEG-1(VCD)以及其他 AVI 文件格式的编辑制作功能，使可处理的素材来源更广泛，输出文件的格式更多，更灵活实用。

6.1　基本界面

Video Editor 在 Windows 环境下工作，与其他应用程序有同类的界面，即由标题栏、菜单栏、工具栏及可打开或关闭的工作窗口、工具窗口、显示窗口等组成，如图 6.1 所示。由于是专用软件，所以各栏和窗口的功能有所不同。

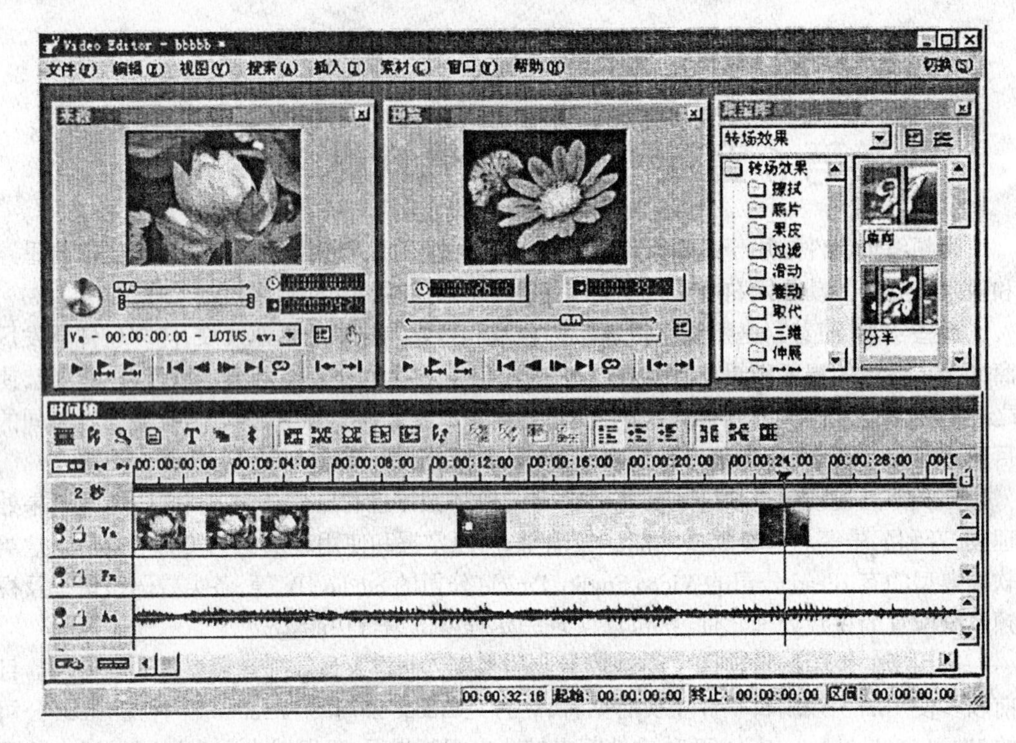

图 6.1　基本界面

6.1.1　菜单栏和工具栏

1. 菜单栏

菜单栏中有文件、编辑、视图、搜索、插入、素材、窗口和帮助共 8 组菜单。

(1)文件菜单

文件菜单中主要实现文件格式的设置、文件的保存、打开、文件格式的转换及目标文件的创建等操作。通用的文件处理命令与其他的软件相同,如文件的新建、打开、存储、关闭等;还有一些特殊的文件命令,如格式的设置、文件格式的转换等。

特殊的命令如图 6.2 所示。

图 6.2　文件菜单

①智能。用于检查转换使用文件的类型是否匹配、对处理的文件进行转换、链接等。

②打包。将工程文件和编辑对象发送到选定的文件夹,作为一个工程包备用。

③数据速率分析。对素材文件的数据率、关键帧等特性进行分析,供编辑使用。

④创建。用于根据编辑完成的结果创建出一个视频或音频等需要类型的文件。

⑤转换。将素材文件转换为另一种文件格式。

⑥媒体播放器。打开要使用的媒体播放器。

⑦选择设备控制。选择要使用的视频设备或控制方式。

⑧输出到录像带。用于将视频文件输出到时间轴或文件(屏幕)。

⑨导出。将视频文件输出连接到网页、电子邮件、或数字视频文件中。

⑩布局模板。选择使用已存储的显示布局模板或存储自己安排调整屏幕窗口的布局为模板。

⑪自定义帧大小。设置图像帧的尺寸(以像素为单位)。

⑫项目设置。设置工程编辑处理中要使用的有关参数。

⑬预览文件管理器。观察和删除预览文件。

⑭参数选择。选择设置软件有关的工作参数。

实际中,较多使用的命令是创建、工程设置等较少的几个,有几个命令基本用不上。

(2)编辑菜单

编辑菜单中用于对所选对象的编辑操作,如剪切、复制、粘贴等,都与其他软件的编辑方法相同。特殊的专用命令主要是设置编辑方式,如图6.3所示。

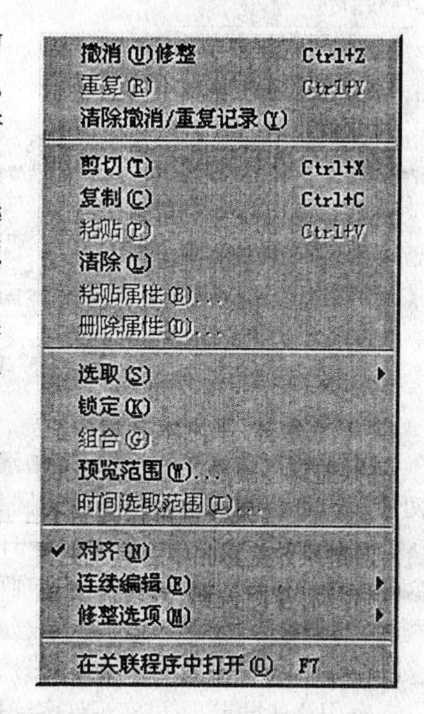

图6.3　编辑菜单

①锁定与解锁。是一个触发翻转命令。将选中对象的锁定状态取反,使编辑对象在时间轴上锁定或解除锁定,避免误操作影响。

②组合与拆组。是一个触发翻转命令。在按下Shift键的同时拖动鼠标拉出选择框,选择框所涉及到的对象同时被选中,使用编组命令可以将选中的各对象组成一个组合对象,在用鼠标拖动组合对象改变其位置时,编组作为一个对象处理,内部的相对位置关系不变。

③时间选取范围。设定预览窗口中起始和结束的时间。

④对齐。编辑对象贴近边缘对齐放置。

⑤连续编辑。设置编辑的后续对象与前一对象衔接的方式,有不连续、单轨连续和多轨连续三种方式。

⑥修整选项。整理素材的方式,有正常、覆盖、缝合3种方式。

- 正常模式下的素材长度按编辑操作单独改变,不能影响其他对象。
- 覆盖模式下将素材的多出部分在编辑拉出时覆盖相邻素材的重合部分。
- 缝合模式下在拉动两素材相衔接的端点时,始终保持端点的衔接。

⑦在关联程序中打开。打开多媒体工作室中相关的处理程序,如Video Paint、Audio Editor等,对选中的对象进行处理。

(3)视图菜单

视图菜单中提供各窗口的打开和关闭命令,打开相应窗口,选择查看的内容,如图6.4所示。可以查看的有预览、提示记号管理器、时间轴显示模式、标尺单位、滚动锁定、素材属性、工具栏和面板、播放素材共8个内容。

(4)搜索菜单

搜索菜单中提供所插入的各素材及编辑时设置的标志信息,如图6.5所示。其中有转到、查找素材、查找下一个、查找未链接的素材、查找空白时间槽和在聚宝库中查找共6个命令。点击菜单命令打开相应对话窗,可以找到需要的信息或位置。

(5)插入菜单

插入菜单中提供素材插入的命令,插入不同类型的素材,如图6.6所示。可以插入的文件素材有视频文件、音频文件、声音文件和图像文件;可以插入内部的素材有标题(字幕)素材、色彩素材和静音素材;还可以插入项目文件。

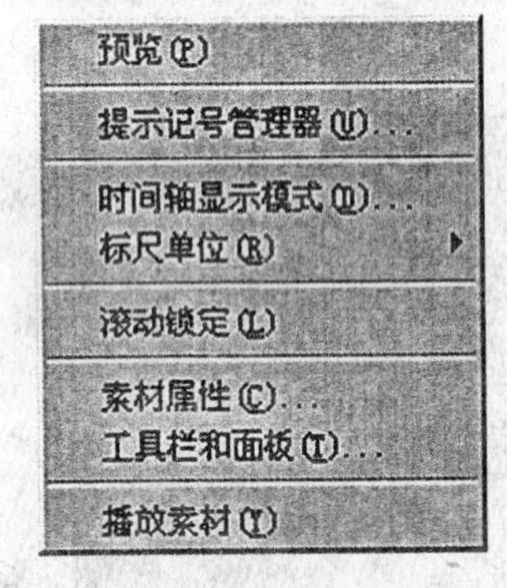

图6.4　视图菜单

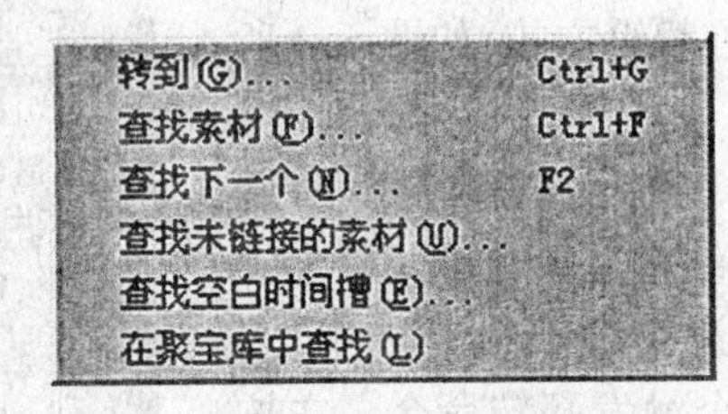

图6.5　搜索菜单

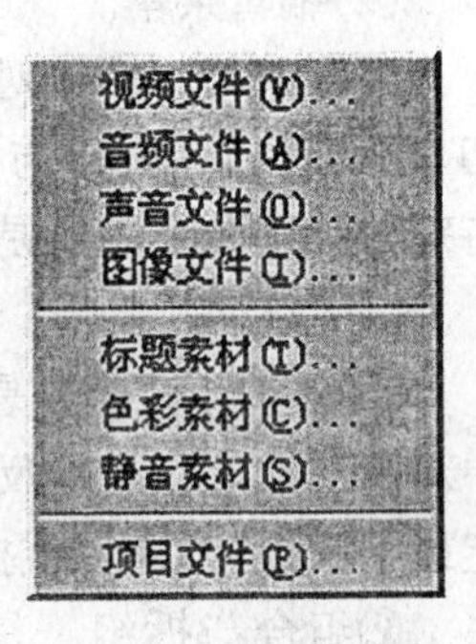

图6.6　插入菜单

(6)素材

素材菜单中提供对已经引入的素材进行设定的命令。所选择的素材对象类型不同,对应有效的设定命令也不同;对不同类型的通道,可设定的内容也不同,如图6.7所示。

对视音频信号通道中的对象,可以进行滤波、锁定、速度、颠倒、替换等处理设定;对视频通道中的对象,还有移动路径选项可打开运动设定窗口、冻结帧格、彩色校正等设定;对覆盖(附加轨迹)通道中的对象,有覆盖选项打开覆盖窗口;对过渡、标题(字幕)、色板类对象,也有对应的命令打开其相应的设置窗口。

利用这些设定,可以实现许多特技效果,如Va与Vb之间的各种切换过渡效果;不同对象动态变化的合成效果;抠像、淡变、叠加等的合成效果;静像、快速和慢速的变速效果、颠倒(倒放)效果等等。

(7)窗口菜单

窗口菜单中提供界面中打开或关闭有关窗口的命令,实现界面中窗口的管理。使用方法与其他的软件类同,点选相应窗口命令打开或关闭,如图6.8所示。

在下拉菜单中,有标准工具栏、聚宝库、来源窗口、预览窗口、修整窗口、快捷命令面板、状态栏7个窗口开关命令,最下面的是停靠时间轴窗口的方式设置,有固定时间轴(固定窗口)和浮动时间轴(可调整的窗口)两种方式。

注意:时间轴是主要的编辑工作区,其窗口的形式直接影响工作界面的布局,通常都使用浮动时间轴的方式。

(8)帮助菜单

帮助菜单提供有关的帮助信息命令,与其他的软件使用相同,如图6.9所示。

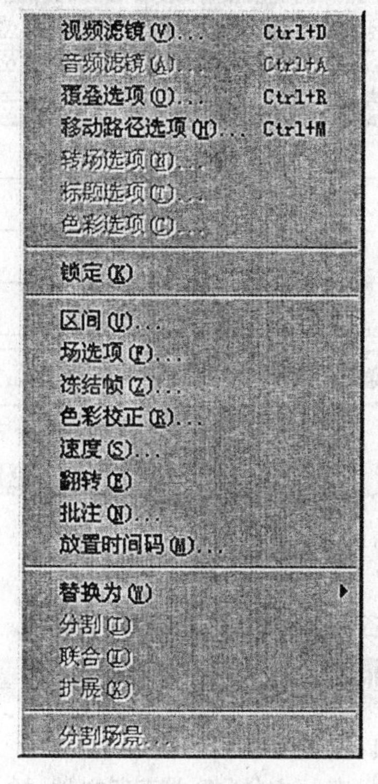

图6.7　素材菜单

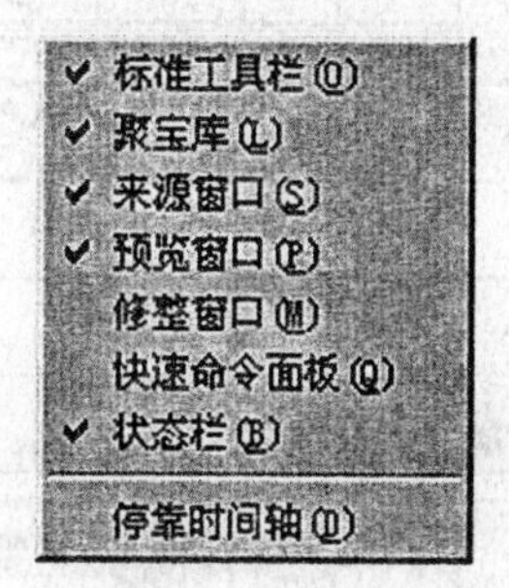

图6.8　窗口菜单

图6.9　帮助菜单

2. 工具栏

Video Editor 6.5有两个工具栏,在主窗口中的标准工具栏和在时间线窗口的属性工具栏。标准工具栏所有的按钮命令作用都与相应的菜单命令功能相同,如图6.10所示。

图6.10　工具栏

标准工具栏和其他Windows应用软件的工具栏类似,除文件操作和编辑操作的按钮外,还有搜索、窗口管理和参数设置按钮。

属性工具栏主要提供视音频编辑的快捷命令按钮,方便编辑操作。

6.1.2　时间轴窗口

Video Editor 6.5的编辑处理的基点是将画面按时间排列,展示这一排列并进行编辑工作的是主要操作窗口,称为时间轴(Time Line)。时间轴窗口可以设置为固定方式或浮动方式,固定(停靠)方式不可调整,浮动方式则可拉动窗口的边框调整窗口的大小。在一般情况下,建议使用浮动方式。

时间轴窗口中有自己的标题栏和工具栏,其工具栏称为属性工具栏,工具栏下面依次为时间标尺、预览线和标记条、视频通道、音频通道、状态栏,如图6.11所示。

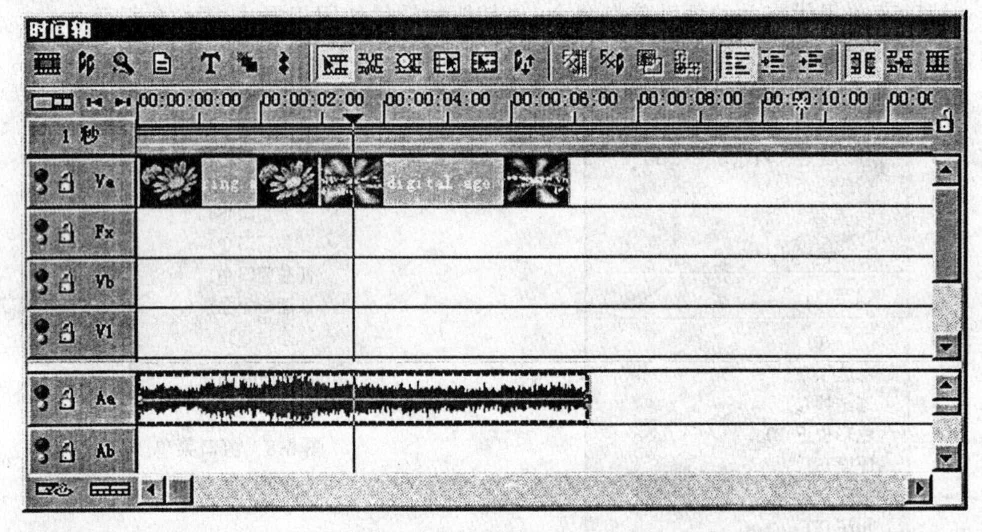

图6.11　时间轴窗口

1. 属性工具栏

属性工具栏在时间轴窗口上部,由用于编辑的各种按钮组成,如图6.12所示。

图6.12　属性工具栏

按钮从左到右按顺序依次为插入视频文件、插入音频文件、插入声音文件、插入图像文件、插入标题素材、插入色彩素材、插入静音素材;素材选择、剪刀、缩放、时间选取、轨选取交叉淡化;视频滤镜、音频滤镜、覆叠选项、移动路径;不连续、单轨连续、多轨连续;正常修整、改正修整、缝合修整。利用这些工具,可以实现对素材进行插入、剪辑、加入渐变和运动效果等的处理,完成编辑制作任务。

属性工具栏中的按钮命令基本上都包含在菜单中,按钮是为编辑时方便操作设置的。

这些按钮按照其功能分为5组,顺序排列为插入按钮组、编辑工具组、效果命令组、衔接选项组、整理命令组。

2. 时间按钮、标尺和标记

为了适应不同编辑内容和目的的需要,在时间轴窗口中设置有按钮、标尺、标记等,如图6.13所示。时间标尺是为编辑视音频对象时安排长度和位置而设置的标记和尺度。标尺的单位可根据需要改变,适应不同的编辑目的。

图6.13　时间标尺

① 为了设置通道的显示形式,在时间标尺的左端设置有显示方式设定钮。按下按钮

时打开显示方式设定窗,可以设定通道的显示方式,如图 6.14 所示。其中视频通道中对象的显示方式有胶片、略图、文件名三种类型的模式,可以选择视频通道显示的高度和方式;音频通道中对象的显示方式有声波和文件名两种模式,可以选择音频通道显示的方式和高度。当以文件名和略图模式时,可以选择设置通道中素材背景的颜色。

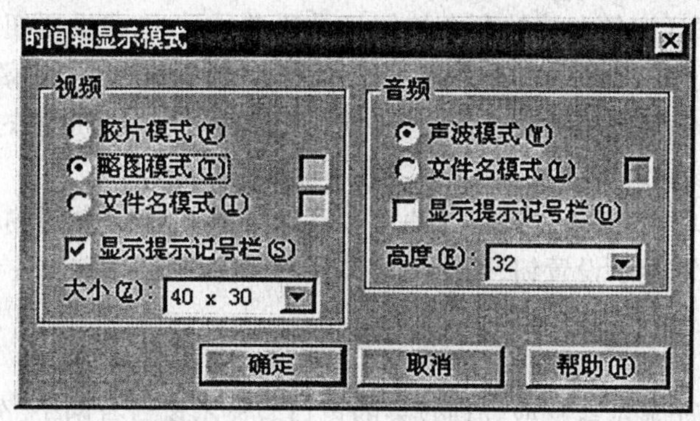

图 6.14　时间轴显示模式

② 与显示模式设定按钮相邻的是编辑点查找钮。向前和向后两个按钮分别向前或向后查找各对象的编辑点(断开点)和记号点,将垂直预览线移动到所查到的编辑点位置上。

③ 编辑点查找钮的右边是时间标尺。时间标尺显示的是小时:分:秒:帧。当鼠标在时间标尺上点击,会在光标下出现垂直预览线,同时预览窗中显示该点编辑的效果。用鼠标在时间标尺上拖动预览线,在预览窗中显示的内容将随预览线的位置改变而改变,呈现出点动播放的效果,可做编辑时的参考。

④ 显示模式设定钮的下面是标尺设定钮,按下可打开菜单选择标尺刻度。根据实际需要,可选择适当的标尺挡位,以利于编辑和观察。

⑤ 在标尺设定钮的右边有两窄一宽的三条预览线,两条窄线是预览标记线,上面一条窄预览线出现绿色线段时,表示该时间段的视频预览已建立;在中间一条窄预览线出现的红线表示音频预览已建立;下面宽一些的是预览设置条,用鼠标在预览设置条上拖动,出现蓝色线段为设置预览范围,用于在预览窗中观察编辑处理的效果。预览线下面是标记(记号)条,在标记条中用鼠标点击可设置标记(记号),作为编辑和观察的关键点,便于观察和查找。预览和标记条的右端是移动锁定钮,锁定后不能再移动编辑。

3. 编辑通道部分

时间轴窗口中面积最大的部分是用于编辑处理的通道部分,是主要的工作区域。按照编辑素材的不同,分为视频通道和音频通道两大部分,中间由隔离条分开。为了便于插入、编辑素材,每个部分中又水平分成独立的通道,可以用于插入和安排素材。

① 视频通道。视频通道中有两个主通道 Va 和 Vb,用于放置主画面对象。Va 与 Vb 两通道中间是转换通道 Fx,用于放置转换效果对象,完成 Va 与 Vb 两个通道中对象之间显示切换的特技效果。下面的 V1、V2 等是覆盖通道,用于放置各类效果画面,如抠像、淡变、文字等,覆盖通道数量默认为 3 个,也可由用户设置,最多可设 99 个。各个视频通道分层排列,Va 在最底层,依序为 Vb、V1、V2……

② 视频通道下面是音频通道。音频通道和视频通道是一一对应的，如果引入的视频对象带有声音，声音信号将和视频信号在时间相同，位置上对应，编辑时同步处理。如果引入的对象无声音，其对应的音频通道为空白。在任意的空白音频通道部分，都可以另行插入声音。

③ 视频和音频通道的左端的两个按钮灯是通道显示/隐藏设置钮，用鼠标点击可以改变状态。上面绿灯亮时该通道正常显示；下面红灯亮时该通道被隐藏，预览和创建结果文件时都不出现。锁状按钮是通道锁定钮，锁头开启时可以对通道中的对象移动、调整和修改；锁头锁着时该通道被锁定，其中的内容不能被编辑处理。

④ 时间轴窗口的下部和右部有滑动块和滚动条，用于调整轨道窗口中显示的内容；左端是属性设置钮和显示设置钮，用于当前文件的属性和显示特性的检查和编辑设置。

6.1.3　显示窗口

显示窗口是用于显示素材或处理效果的窗口。显示窗口有两个，分别是源文件窗口和预览窗口，如图 6.15 所示。源文件窗口用于显示选择的素材，在时间轴窗口中双击一个素材片断，可将该素材片断在源文件窗口显示出来，并可以使用窗口中的工具进行剪裁处理。预览窗口用于显示预览线处的处理效果。当在时间标尺上拖动鼠标时，预览窗口显示的内容随鼠标移动的位置变化，在生成预览文件后，可以播放编辑的结果。

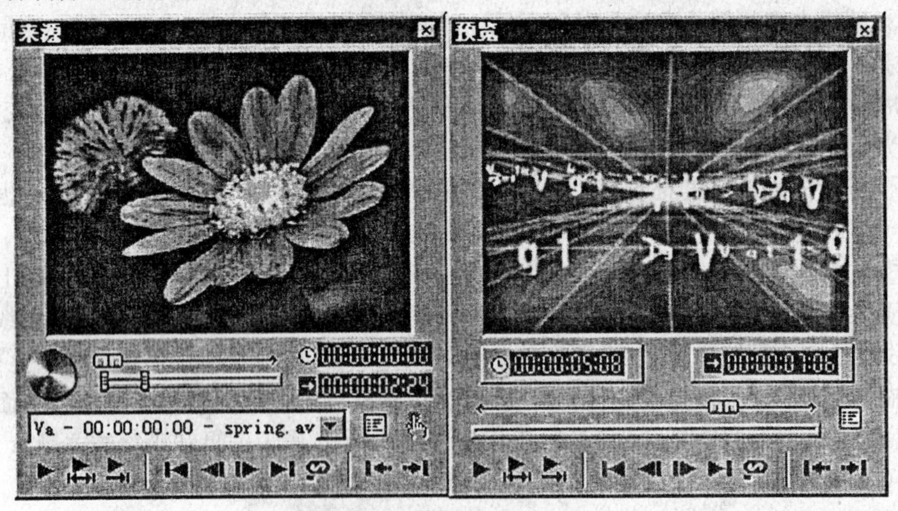

图 6.15　源文件窗口和预览窗口

1. 时间显示

两个显示窗口都有两个时间显示窗。左端有一个钟表图形的时间窗显示的是滑动播放钮当前所在时间的位置；在源窗口中左端有箭头图形的时间窗中显示选择预览素材的长度；在预览窗口中左端有箭头图形的时间窗中显示编辑处理结果预览段的时间长度。

2. 播放控制

两个显示窗口都有滑动播放钮、播放控制钮及选择钮。

① 滑动播放钮在滑动线上，用鼠标沿线拖动滑动播放钮，可以选择观看的时间位置。

② 选择钮在滑动播放线下面的选择条上，当在时间线窗口上设置预览区域后，选择

条上出现两个选择钮,拖动选择钮可以设定选择的起始和停止范围标记。在源窗口中,是对源文件选出编辑的部分,在预览窗口,是选择观看范围。

③ 下面一排按钮是各类播放控制钮。从左到右依次是播放、从标记开始播放到标记结束、播放到标记结束、前一编辑点、后退一帧、前进一帧、下一编辑点、循环、以滑动播放钮的位置设定起始标记、以滑动播放钮的位置设定结束标记。这些控制按钮为观察素材和编辑效果,选择素材的编辑点,观察一段编辑效果等提供方便的操作。

④ 在源窗口中,左下部有一个圆形的变速穿梭播放旋钮,用不同的角度表现不同的播放速度,实现变速播放。

3. 信息及命令

两个窗口中都有一个菜单按钮,用于打开窗口操作菜单。这些菜单命令主要是对显示窗口的操作,用于设置窗口、导入素材等。

在源窗口中,菜单按钮左边有一个通道栏,用下拉按钮可拉出所有显示过的素材通道及对象时间,并可以选择更换。在右边有一个手形按钮,当通道中的素材端点与源窗口的选择标记不同时,按下手形按钮将该素材按新的选择标记裁剪。

6.1.4 产品库

产品库(Production Library),又叫百宝箱或聚宝库,窗口如图6.16所示。产品库是为了编辑使用方便所设置的数据库。库中按照类型分成6个不同的文件夹,分别存储了当前编辑的工程(Project)、多媒体库(Media Library)、画面转换效果(Transition Effect)、运动路径(Moving Path)、视频滤波器(Video Filter)、音频滤波器(Audio Filter)。前2个是数据文件,后4个是特效处理工具。

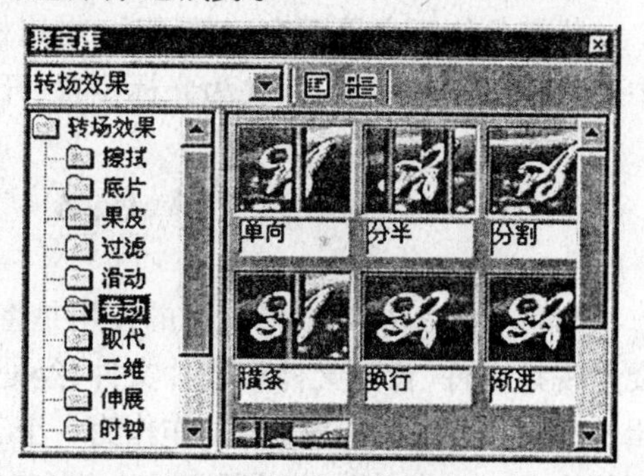

图6.16　产品库窗口

1. 工程文件夹

工程文件夹中保存的是对各引入素材文件的连接标注,在引入和编辑文件时自动产生或修改,一般用于查看对素材的处理。这部分不需用户处理。

2. 多媒体库文件夹

多媒体库文件夹提供一些常用的素材,有视频、音频、图片3类,按类存储在相应的文件夹中,供编辑时使用。

利用窗口上提供的工具或点击鼠标右键,可以对库的内容进行修改,如删除、插入、编辑素材文件等,也可以将自己的一些常用素材连接到库中。在通常情况下,使用者将常用的素材放入库中,如片头过渡、背景音乐、陪衬景色、文字背景等,在编辑时引用。

3. 画面转换效果文件夹

画面转换效果又称为转场效果,只能在过渡通道中使用,实现Va与Vb之间转换的过渡效果。库中提供了3D、滚动(Roll)、划变(wipe)12类几十种不同的转换效果,恰当地选用过渡效果,会使作品增加生动的效果。

选择不同类的文件夹，在右边窗口中出现相应效果演示，如果演示停止，可在窗口中再点击使其活动演示，在窗口中观察合适的方式，选择使用。

每种方式在使用时，都要打开过渡特性设置窗口进行相应的设置。

4. 运动路径文件夹

运动路径是提供使被编辑的视频对象在屏幕上运动的效果。文件夹中提供了5类21种运动效果，每种运动的路径、图像尺寸等都可以设置。

5. 视频滤波器文件夹

视频滤波器文件夹中提供了7类几十种视频图像滤波器，用于对编辑的视频对象进行特效处理，达到模糊、波动等不同的效果。在使用时要通过设置窗口设置相应的参数。

6. 音频滤波器文件夹

音频滤波器文件夹中提供了12种音频滤波器，用于对声音进行效果处理。使用时也要对其进行设置或调整。

6.1.5 状态条

状态条位于主界面窗口的下边，右边根据编辑操作显示相应的时间数据等。如在选中对象后，从左端开始依次为光标位置、开始时间、结束时间、对象存在(表演)时间。

6.2 基本使用

Video Editor视频编辑软件的作用是将准备好的素材进行编辑加工处理，这些素材主要是视频文件、音频文件和图片文件，经处理后再创建结果视频文件。当直接存储这个编辑文件时，因为软件将编辑工作作为一个工程设计，所以将这个编辑文件作为工程文件，后缀为DVP。存储的该工程文件中包含有关插入各素材文件的资料、编辑时所做的标记、有关编辑处理的设置等信息，但不包括被插入的素材文件，所以不能被播放。

对于编辑的结果，是创建并存储为一个新的视频文件，这个文件是独立的，可用媒体播放器播放，也可以作为素材被其他软件引用。在创建时要选择合适的文件格式和压缩方式，创建的视频文件主要是AVI、MPG格式，AVI文件的压缩方式较多，要认真选择。

6.2.1 基本设置

视频编辑软件本身要按一种视频标准格式工作，一般的素材是视频文件，也具有一个自己的格式，创建输出的文件也需要设定视频格式，以保证可被使用。

视频文件的格式包括画面大小、参考基准、帧速、压缩类型、压缩质量等。包含伴音时，还有音频声道、压缩方式、采样频率等。

1. 设置项目模板

在打开Video Editor后，首先出现项目模板设置窗口，如图6.17所示，要求进行工程的有关设置。在窗口中列出软件带有的几种设置和已设置使用过的设置，可以根据自己的需要检查现有的设置是否合适，有合适的设置可以直接选用，如果没有合适的设置，可以自行设置。用对话窗中的创建钮可打开设置窗进行设置，所设置建立的项目模板可以保存起来，长期使用。

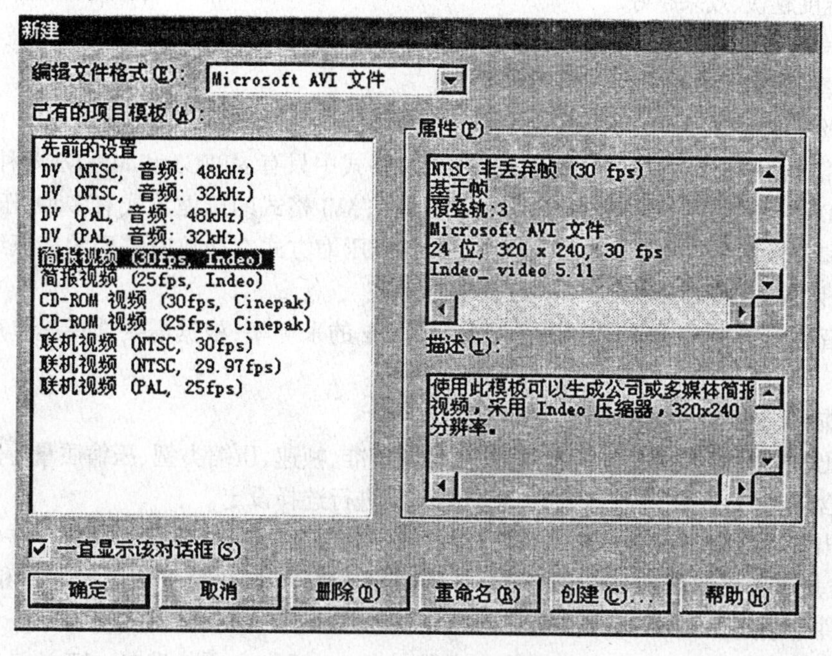

图 6.17　项目模板设置窗口

项目模板的设置是确定编辑处理的模式，要根据实际情况和需要选择或设置。在一般情况下要按照制作的素材源的格式设置，或者按照要求目的文件的格式来设置。

设置项目模板窗口中有编辑器、常规、高级、压缩 4 个页面，分别实现编辑条件和方式的设置；图像大小的选择和帧速率；临时文件夹的位置；压缩的方式等。

在视频编辑页中有 3 项选择内容，如图 6.18 所示。我国的电视制式为 PAL 制、25 帧/s的帧速率(fps)，美国、日本的电视制式为 NTSC 制，30 帧/s 的帧速率，在电视标准栏中，国内选用 PAL(25 帧/s)，日美选用 NTSC (30 帧/s)；在帧格类型栏中，是选择参照点，一般选用基于帧格的；在附加轨迹栏中，选择需要的附加轨迹数量，初始给出 3 个，可根据实际需要加减其数量。

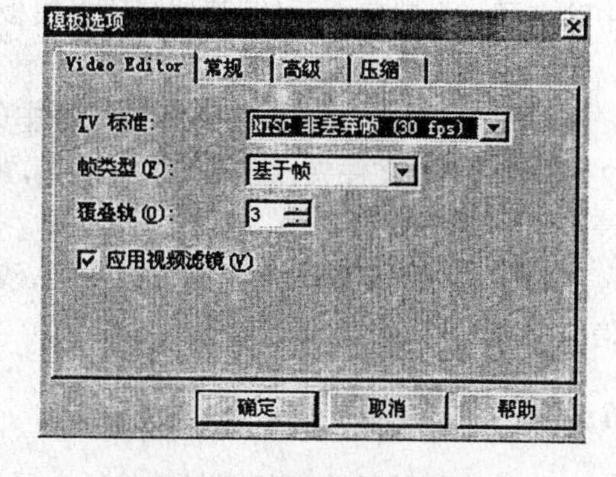

图 6.18　设置项目模板窗口

常规页面中有单一视频编辑、单一音频编辑、视频和音频编辑的选择；图像大小的选择和帧速率选择。图像大小的设置与文件格式有关，如果使用 AVI 文件格式，适宜编辑微机中的 AVI 格式的素材文件；如果使用 MPEG 文件格式，适宜编辑 VCD、DVD 格式的文件。AVI 文件的分辨率可以选择已有的标准，如 320 × 240、352 × 288、480 × 320、640 × 480、720 × 576 等，也可以自己设置；MPEG 文件的分辨率只能选择固定的标准，如 PAL 制的 VCD，是 352 × 288，NTSC 制的 VCD 是 352 × 240，PAL 制的 DVD 是 720 × 576，NTSC 制的 DVD 是720 × 480。一般情况下，项目模板的设置与素材的特性越相近，处理的速度越快、效果越好。

如果是 AVI 文件格式，帧速率可以由 15 帧/s 到 25 帧/s 中选择；如果是 MPEG 文件格式，帧速率只能是 25 帧/s。

高级页面中选择一般不用设置。

压缩页面中选择文件的压缩方式。MPEG 格式中只有 MPEG1 和 MPEG2 两种，相应有 VCD 和 DVD 以及 PAL 和 NTSC 电视制式的选择；AVI 格式的压缩方式有多种，压缩程度、数据量和信号损失等指标相差也较大，并且各个压缩方式在播放时需要的解压缩程序不同，需要认真选择。

在音频设置中，一般使用 PCM 编码，44.1kHz 的采样率，根据需要选择是单声道或双声道。

2. 输出文件的设置格式

输出文件设置格式中包括画面大小、参考基准、帧速、压缩类型、压缩质量等的选择设定。包含伴音时，还要对音频声道、采样频率等进行选择设定。

输出文件可以是只有视频、只有音频、同时有视频和音频 3 种类型文件。在创建输出文件时，是通过文件菜单中的创建命令打开创建文件窗口，在窗口中进行选择和设定后，进行文件的创建。

在创建文件窗口中，要先确定输出文件的基本类型，主要是选择 AVI 还是 MPEG 类型，在有特定要求的情况下，也可以选择其他类型，如 FLC、MOV、RM 等格式的电影或图片序列文件等。

在确定输出文件名后，一定要用选项按钮打开创建文件的格式属性设置窗，检查输出文件的格式设置是否合适，不满足要求时要更改相应的设置。输出文件格式的选项设置中除多了一个裁剪页面外，其他与项目模板设置的选项基本相同。

3. 改变项目设置

在编辑状态时，可用文件/参数选择中的设置选项更改一些有关的项目设置，如预览文件位置，临时文件夹，编辑文件的格式，背景颜色，在工程设置中改变项目模板的设置等。

由于视频压缩基本上都是有损压缩，改变模板格式会由于视频文件格式的转换产生信息的丢失，影响图像的质量。

6.2.2 录像编辑

录像编辑就是将视频素材文件插入后，剪裁出所需要的部分，再按希望的时间顺序编排起来，进行播放或产生并存储为一个新的视频文件。

编辑的基本操作是插入、剪切和连接。将素材取出插入到相应的位置，剪切掉多余的部分，将相应的各素材部分按需要排列起来，形成要求的内容。

1. 插入视频

使用属性工具栏中的视频文件插入钮或插入菜单中的插入视频文件命令，可打开插入文件对话窗，选择到所需文件后双击鼠标或点击打开按钮打开文件。将鼠标移到视频通道的空白处，点击鼠标左键，图像文件出现在通道上，就实现了视频文件的插入。如果使用媒体库中的视频文件,可在百宝箱窗口中打开文件夹,点击选择需要的素材,用鼠标将素材直接拖放到通道上,在要放置该素材处点击鼠标左键插入。

2. 剪切视频

剪切视频有两种方法,直接剪切和掐头去尾。

直接剪切是使用属性工具栏中的编辑工具。按下剪辑选择按钮进入选择状态,用鼠标点击素材可选出被处理的对象,进行编辑处理。按下时间轴窗口中的剪刀按钮进入素材剪切状态,鼠标变成剪刀,移动剪刀到素材欲剪断处点击鼠标将其剪断;再按下剪辑选择按钮回到选择状态,选择剪断后不需要的片断部分,按 Delete 键删除或用鼠标右键弹出快捷菜单中的删除命令删除。

掐头去尾是将素材的两端或一端多余的部分去掉。这可以在素材被选择的状态下,用鼠标双击所要选的素材文件使其到源文件显示窗,通过播放确定剪辑的时间点;选定起止两端的标志在对应点上;按下右部的手形钮,通道上的文件长度随着改变,实现了掐头去尾的剪辑。

如果剪辑掉的部分不多,也可以在选择状态下,将鼠标移到选中要剪辑素材的端点处,待光标变成两个相向的小箭头时,按下并向中间拖动鼠标,使素材的段点缩短到需要的剪辑点,实现剪辑。

正常的视频文件时间是由源节目时间确定的,所以插入视频文件的最大时间长度为文件自身的长度,在编辑时可以剪短,可以在中间剪切组合,但不能变长。如果使用视频文件同时带有声音,在剪切编辑视频时,音频部分同时被处理。

3. 连接和预览

将剪辑好的素材各段依编辑顺序逐个选中,用鼠标拖动,按要求的时间顺序安排在 Va 或 Vb 通道上,然后用鼠标在时间线上拖动(光标变成放射状小圆圈),可在预览窗口观察编辑连接的效果。如果没有问题,可用预览播放命令生成预览临时文件后观看,或用文件菜单栏中的创建视频文件命令打开输出窗口,设置参数和选项,输出到磁盘创建新的视频文件。

无论生成预览临时文件还是创建视频文件,都需要大量的计算。画面越大,时间越长,需要计算机处理的时间越长。

6.2.3　加入文本

在录像编辑时常要加入文字做标题或文字说明。

使用属性工具栏中的文本插入按钮或插入菜单中的插入文本命令,可打开插入文本对话窗,如图 6.19 所示。

在文本输入框中可以输入所需文字,也可以由其他文件中利用剪贴板复制有关的文字,还可以直接插入 .TXT 纯文本文件中的内容。

在插入文本对话窗中进行有关的选项设置,如选择字体、字号、格式、颜色;设置背景透明、轮廓、阴影、滚动等后,点按确认按钮形成文本剪辑并关闭窗口。将鼠标移到视频通道需要的位置处,点击鼠标左键,文本素材出现在通道上。

文本素材只有放在覆盖通道上,才能实现文字背景的透明。如果放在 Va 或 Vb 通道

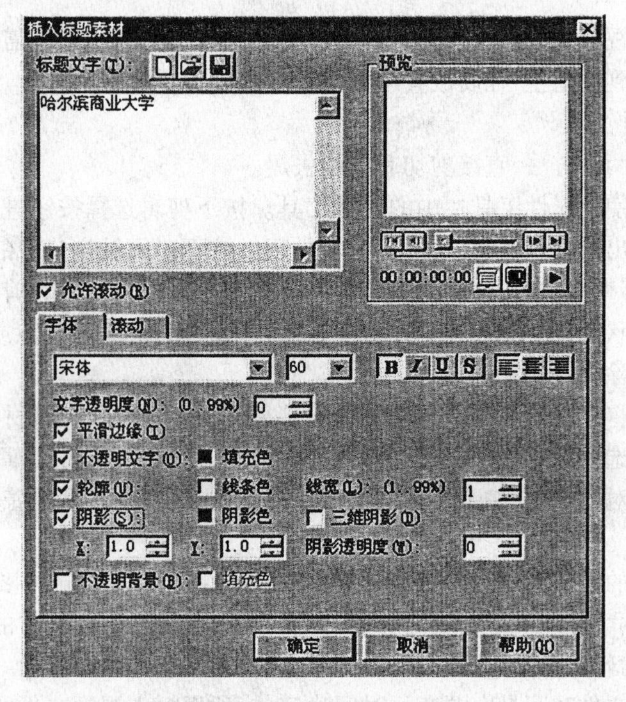

图 6.19 插入文本对话窗

上,不能实现背景透明效果,但可以加入单色的背景,如用做字幕等。如果字数较少,可以使用静止效果,如果文字多于一屏,可以选择启用滚动效果。在滚动效果中设置页中,可以选择不同的起点、终点设置,实现不同方向的滚动。

注意:如果启用滚动效果,文字的长度和滚动的时间要适当选择,保证适合一般的阅读速度,避免滚动过快看不清或过慢使人疲倦。无论是静止还是滚动效果,都属于静图(可以预知后面的情况),可以拖动通道中插入文本素材的端点来调整其时间长度,使之适合要求。

6.2.4 加入色板

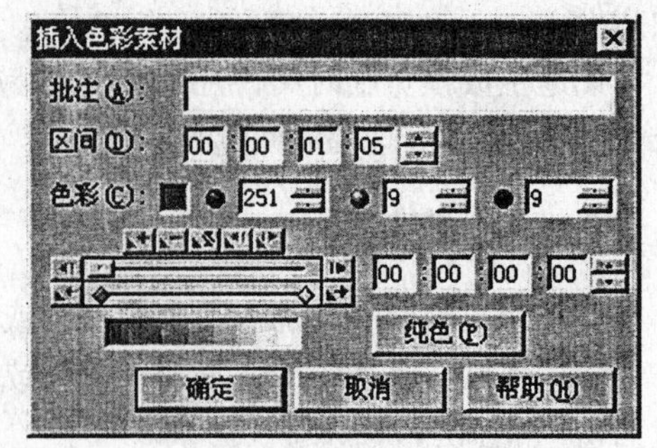

图 6.20 插入色板设置窗

在有些时候需要加入单一颜色或随时间渐变的单色,作为背景衬托或前景覆盖,与相关的素材组合处理,并适当使用技巧,可以实现特殊的效果。

使用属性工具栏中的色板插入钮或插入菜单中的插入色板文件命令,可打开插入色板设置窗,如图 6.20 所示。窗口由用于说明的注释栏、用于持续时间设置的时间栏、用于关键帧设置的控制调整器、用于关键帧颜色设置的预览条和设置栏等组成。用鼠标在持续时间栏的时、分、秒、帧的格中点击选中,然后输入数字或用加减按钮,可以设置或调整要插入的色板对象持续的时间。

在新打开的窗口中只有两个关键帧,用滑动线上的小菱形块表示,当菱形块为红色时表示当前演示位置在该关键帧处,只有在关键帧处才可以进行该点的颜色设置,在相邻的两个关键帧之间的各帧颜色按过渡色自动形成。用鼠标点击菱形块,可选中该关键帧为当前帧的位置,进行颜色设置;拖动菱形块,可以改变该关键帧的位置;用鼠标拖动滑动线上部的小矩形时间滑块或在右边的时间窗中输入相应数值,可以改变当前帧的位置;使用矩形滑块上部的"+"按钮,可将当前帧设置为关键帧;对选出的关键帧可用"-"按钮取消其关键帧设置。

适当设置关键帧的数量和位置,用各关键帧的不同颜色,可以做许多色彩变化的效果。如果点击纯色按钮,关键帧处均为相同颜色,关键帧失去作用。

设置好色板点击确定按钮后,窗口关闭,将鼠标移到要放置色板的目标视频通道的相应位置处,点击鼠标左键,色板插入到通道中。

插入色板的默认时间长度为30帧,由于也是静图,可以拖动通道中插入的素材的端点来调整其时间长度,使之适合要求。

6.2.5 加入图片

在录像编辑时利用图片可以构成一段静止的视频画面。恰到好处地使用动静配合的编辑手法,会收到很好的效果。

使用属性工具栏中的图片插入按钮或插入菜单中的插入图片文件命令,可打开插入图片文件对话窗,选择到所需文件后双击鼠标或点击打开按钮打开文件,将鼠标移到要放置图片的目的视频通道的相应时间处,点击鼠标左键,图片插入到通道上。如果已将图片文件插入到媒体库中,可打开文件夹,将素材直接拖放到通道上,点击鼠标左键插入。

插入图片的默认时间长度为30帧,由于也是静图,可以拖动通道中插入的素材的端点来调整其时间长度,使之适合时间要求。

6.2.6 加入声音

声音包括配音、解说和配乐,是录像编辑的一个重要内容。

使用属性工具栏中的声音插入按钮或插入菜单中的插入声音文件命令,可打开插入声音文件对话窗,选择到所需文件后双击鼠标或按打开钮打开文件。将鼠标移到目的音频通道的相应时间处,点击鼠标左键,声音被插入到通道上。如果已将声音文件插入到媒体库中,可将素材直接拖放到通道上,点击鼠标左键后即实现了插入。

插入的声音文件一般情况下为WAV格式的文件,也可以是AVI文件中的声音,以及MPEG文件中的声音等。

正常的声音文件时间是由源节目时间确定的,所以插入声音文件的最大时间长度为文件自身的长度,在编辑时可以缩短,可以在中间剪切组合,但不能变长,编辑方法和视频文件相同。如果使用视频文件同时带有声音,这个声音不能单独剪切编辑,只能和视频部分一起编辑处理。

6.2.7 创建文件

在Video Editor中,我们新建、打开、编辑保存的都是项目文件,即DVP文件。项目文件只保存相关的编辑信息,并没有形成可作为结果使用的视频文件。当编辑完成后,还需要将编辑结果通过创建处理生成视频文件,作为最后的结果。

使用文件菜单中的创建视频文件(创建音频文件)命令,可打开创建文件对话窗,按照前面介绍的输出设置方式进行设置,确定文件存储的位置和名称,创建出结果的视频文件。

创建时弹出演示窗,上部显示正在处理的画面,下部显示有关的时间和文件信息,包括预计处理的时间、已经处理的时间、还需要处理的时间、预计文件的数据量、已处理的数据量、现有磁盘空间等。这些只是统计预测,会随处理的内容改变,可以作为创建时的参考。

由于视频文件较大,创建需要的时间较长,需要的磁盘空间也较多,创建前要先确认存储目的盘上有足够的空间。如果磁盘空间不够,或者在创建过程中停止,已经作过的创建工作不能被保存,必须重新开始。

6.3 特效处理

使用基本编辑处理的简单功能,可以将要表现的内容都按要求实现基本的剪接和编辑处理,但画面的直接切换给人的感觉生硬(通常将这种直接的变换称为“硬切”),缺乏艺术效果,而且在一些画面处理时,需要用画面的叠加、嵌入、组合等效果表明特定的意义,这就需要使用特殊的方法处理,通常称为特效处理。

在对视频信号编辑时,利用特效处理方法,一是为了构成特效画面来表达编导的意图,另一是恰到好处地使用特效编辑手法,可使画面生动活泼,得到丰富多彩的效果。

6.3.1 转换效果

转换效果是在两个主要视频画面之间进行切换,实现两段视频素材画面之间的过渡连接,通常又称为转场。Video Editor 在产品库中提供了十几类、百多种转换效果的工具,使用产品库中的转换效果,可以实现 Va 与 Vb 之间画面需要的转换效果。

点击产品库窗口使之激活,在下拉式菜单中选择转换效果文件库,在其下面的窗口中将想要的文件夹打开,在右边的窗口中观察并选择想用的转换效果方式。选中后,将其直接拖放到 Fx 通道上,点击鼠标左键插入,这时自动打开转换选项设置窗,如图 6.21 所示。在窗口中设置有关参数和选项后,点击确定关闭窗口。

除在拖入转换效果形成转换片断素材时自动打开转换选项设置窗外,双击已放置在 Fx 通道上的转换素材,也可以打开转换选项设置窗。在转换选项设置窗的左边是转换(过渡)选择、分割(分度)数量、边框颜色、边框宽度、软边沿和过渡方向选择等设置栏。

不同转换类型,所需设置的内容有所不同,要根据实际的需要和创意选择设置。

在转换栏中设置转换的顺序(由 Va 到 Vb 还是由 Vb 到 Va);在分割栏中设置切换时将画面分割成的数量;分割栏下面的颜色方格和数字栏设置边框的颜色和宽度;在软边缘栏中设置边框软边缘程度;在方向栏中选择过渡变化的方向。

在转换选项设置窗的中间是样本窗口(预览窗)、控制点调整器、预览控制、过渡程度

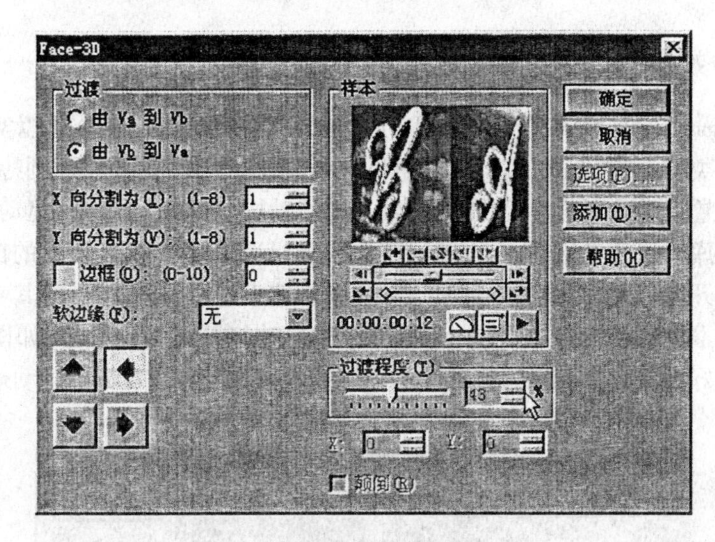

图 6.21　转换效果设置窗口

设置等。

预览窗下边的控制点调整器中有关键帧设置钮、时间标识(预览)滑杆、关键帧调节条。5个设置钮分别用于增加、取消关键帧、设置相反过渡、向前或向后逐帧移动中间关键帧的控制。帧是视频图像中最小的时间单位，是一个完整的画面，关键帧是在这一帧图像上可加以控制，作为可以设定的图像素材中的控制点。关键帧的数量和位置要根据实际需要的控制点设置。用鼠标拖动预览滑杆上的滑块到需要设置关键帧处，点击“+”按钮将该处设置为关键帧(加一关键帧)；在关键帧处用“-”按钮可取消关键帧。用鼠标拖动表示关键帧的小菱形块可改变关键帧的位置，对选出的关键帧用移动钮可以向前或向后逐帧移动其位置。

在窗口选择设置后的效果可以用预览窗观察。控制点调整器下面是预览控制按钮。右边的播放钮用于播放所设置的效果预览；其左边的彩色钮选择演示样本还是使用实际素材效果；半圆形表头可打开预览速度选择，选择不同的预览速度；时间栏表示预览的时间位置。除了播放预览外，还可以用手动方式，用鼠标拖动预览滑杆上的小矩形钮，可以实现手动预览。

下边的过渡程度滑杆用于设置在各关键帧处实现过渡的程度，通过在不同关键帧处的时间位置和过渡程度的设置，可以使在不同时间段中的过渡速度改变，实现变速和非完全的甚至是可逆的过渡效果；下面的颠倒选项可以颠倒两个过渡画面的表演角色。

转换在 Va、Vb 两通道之间，在转换时间段中两通道的图像都必须同时存在，在无转换处若两通道的图像都存在，则 Vb 覆盖 Va。一般的转换时间长度应设置在 2～4 秒，如果时间长度不合适，可以在编辑状态下，在时间轴窗口中用鼠标拖动边界来改变时间。

若转换效果设置的不理想，可双击该段过渡素材打开对话窗，修改有关参数和选项。如果对所选的转换效果方式不满意，也可以再拖入其他方式到该段素材，重新进行设置，原来的转换效果方式被替换，设置被刷新。

6.3.2　运动效果

Video Editor 在产品库中提供了设置通道中素材运动的运动效果，可以实现各视频通道中画面不同类型、不同方式的运动，还可以改变图像的大小和形状，起到特殊的效果。

选中要设置运动的素材后，点击时间轴上的运动按钮可打开或激活运动效果库窗口，也可点击产品库窗口使之激活，在下拉式菜单中选择运动效果库，在下面的窗口中将运动路径文件夹打开，在右边的窗口中观察运动效果。选中想用的方式后，将其直接拖放到要加运动效果的素材段落上并点击鼠标左键，这时自动打开运动设置窗，如图 6.22 所示。在窗口中设置好有关参数和选项并确认后，点击确定钮关闭窗口，加入运动效果的工作完成。

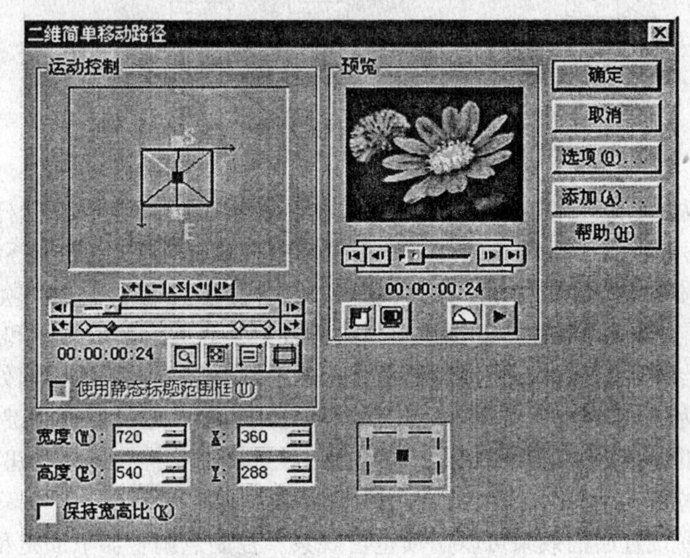

图 6.22　运动效果设置窗口

在设置窗口左边是动作控制部分，用于设置运动路径和图像大小。左上部的目标设置窗口中表示对象在屏幕上的出现情况，目标设置窗口下边有设置钮、时间标识(预览)滑杆、关键帧调节和预览类型选择控制设置等，5 个设置钮分别用于增加、取消关键帧、设置相反过渡、向前或向后逐帧移动中间的关键帧的控制。关键帧的设置与过渡效果中的关键帧的处理相同。

运动路径在两个关键帧之间为直线，可以用鼠标在左上部的小设置窗口中拖动表示各关键帧位置的小方块调整该帧在屏幕上的位置，在两关键帧之间图像按路径均匀变化。为了改变图像的大小，在关键帧处可以在下面的各栏中通过输入数值来设定该帧的位置和大小，图像在两关键帧之间也是均匀过渡变化的。

预览类型选择控制设置按钮用于设置目标窗口的显示方式，分别是放大、中心、实际图像和边线显示。主要使用的是后两个方式。左边的时间栏中指示当前在目标设置窗口中运动对象在时间轴上当前的时间位置。

所有的运动设置都只能在关键帧处设置，无论是运动还是图像的尺寸，当相邻的两个关键帧不同时，由前一关键帧到下一关键帧之间按线性关系变化，即均匀变化。对于不需要变化的部分,可以设置两个完全相同的关键帧,使这两个关键帧中间图像不发生运动和变化。

在关键帧处通过设置窗可以对图像的尺寸和位置进行设置,都是以像素为单位。无论原素材图像尺寸为多少,都是按照模板设置的图像尺寸为标准,并按照所用的运动方式设置关键帧和改变尺寸。尺寸和位置可以直接输入数字,也可以用加减钮修改。

设置窗口的中部设有样本(预览)窗口,用于预览运动效果。在预览窗口下边有预览滑块和控制钮,用鼠标拖动滑杆上的滑块可以进行手动预览,用按钮可以前进、后退或到起、终点;时间栏中表示当前画面的时间;时间栏下面的按钮用于选择预览方式和播放预览。

不同类型的运动需要设置的内容也不同,在多数情况下,窗口左边的设置内容基本相同,是基本的设置,如关键帧、图像尺寸、在屏幕上的位置等,此外,在一些运动类型中还有自己相应的设置内容。在二维高级(2D Advance)类型中,有可以设置变形的窗口,可以在运动的同时产生图像的变形,还有X、Y两个坐标轴方向的角度设置,产生旋转的效果。在三维(3D)类型中,可以设置X、Y、Z三个坐标轴方向的旋转角度;无论是2D还是3D中的旋转角度,都可以使用直接输入角度值或用旋钮旋转两种方法设置。在柱形和球形运动类型中,有半径、中心位置、旋转角度的设置,使用直接输入数值或用旋钮旋转的方法设置。

若运动设置的效果不理想,可以选中该段素材后,再按下属性工具栏中的运动路径钮打开对话窗,修改有关参数和选项。如果对运动方式不满意,也可以再拖入新的方式到该段素材,重新进行设置,原来的运动方式被替换,设置被刷新。

6.3.3　覆盖效果

覆盖是视频处理中常用的技术处理手段,也是处理中对艺术水平、技术水平要求最高、创意性最强、使用最灵活的方法。通常使用覆盖的处理是抠像和叠画。覆盖效果仅对V1、V2、V3等覆盖通道中的素材有效,Va或Vb通道中不能实现覆盖效果。

使用覆盖效果是选中要设置的素材片断后,按下属性工具栏中的覆盖效果按钮,打开覆盖设置对话窗,如图6.23所示。覆盖设置窗口上部有覆盖素材、覆盖预览、高级控制三个部分。

覆盖素材用于观察和设定关键帧、选取样本等,无论是抠像还是画面叠加都使用这一窗口;下面的类型栏主要用于抠像或混合运算,用下拉菜单的方式提供可选择处理的类型方式,即以图像的哪一个参数作为处理标准,遮罩(蒙板方式)为覆盖通道使用覆盖模板的类型选项,可以从覆盖素材、视频文件、图像文件三种中选择。

在预览框中的预览窗中可观察覆盖处理的效果,下面的时间滑杆、播放钮与动作设置窗中的预览作用相同。预览可以设置为效果、只有前景和只有蒙板三种之一,在不同的情况和需要时使用。

考虑背景光的不均匀等因素,下面的近似值(容差)栏用于设置抠除相近的颜色。反转覆盖(颠倒附加轨迹区域)是将选择区域反转,抠去与选择区域不同的部分。

高级栏主要用于设置调节画面的Gamma曲线值,该值适用于在图像运算处理时调整

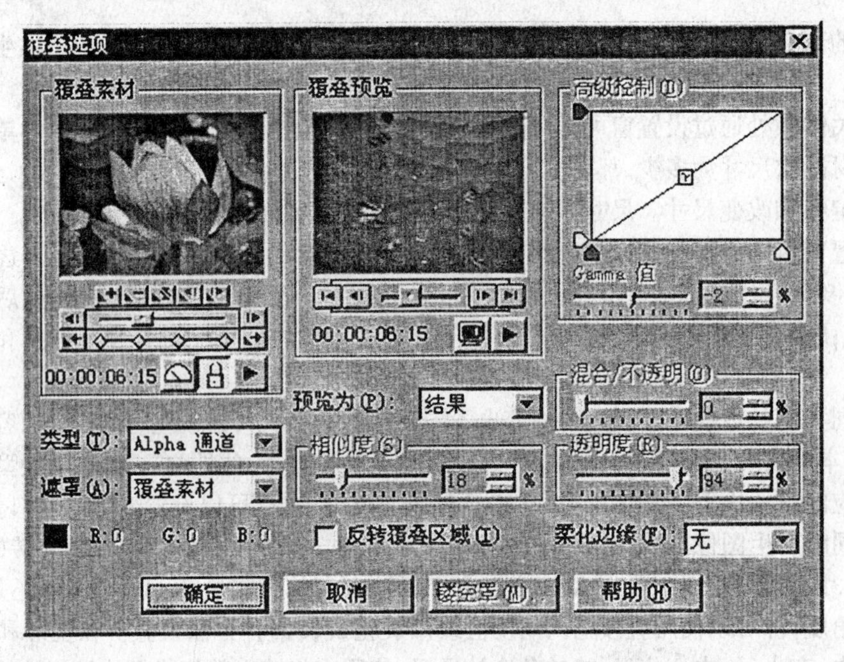

图 6.23　覆盖选项窗口

处理的标准,不同的数值形成运算的结果不同。阻光值和透明度的设置,用于调节设置各关键帧画面的显示程度和透明程度。

1. 抠像

抠像是将一段素材中的特殊部分(前景)取出(保留),其他部分(主要是背景)去掉,使保留部分与后面的素材画面组成新的录像画面。做得好的,可以达到以假乱真的效果。在通常情况下要抠像的素材都是专门摄制的,以保证抠像处理的效果。

抠像处理用的素材一般要求保留部分要与去除部分(背景)有明显的区别,通常使用颜色(色度)来区分,所以背景都采用与前景各部分颜色差别都很大的单色,如单一纯蓝、纯绿色背景,而且前景中没有与此相近的颜色。

要抠像处理的素材只能使用在覆盖通道中,选中要处理的素材片段,按下属性工具栏中的覆盖效果钮,打开覆盖设置对话窗。抠像的类型一般选用色度键(Chroma Key),遮罩使用当前的素材段,选择关键帧后使光标移到窗口中覆盖素材的画面中,光标变为吸管(取色器),用取色器选择要抠去的颜色,再设置要抠去颜色的容差(Similarity)数值,预览结果满意后,点击“确定”关闭窗口。

在两个关键帧设置处设置抠像时,如果设置得不同,两个关键帧之间的图像抠像也是渐变的。设置抠像时也是只能是在关键帧处设置,一般至少要两个关键帧,保证有稳定的画面显示,对各关键帧都要查看是否需要更改。需要时可以加减关键帧和调整关键帧的位置。在不同的关键帧设置不同的颜色和容差,效果也会改变。

2. 叠画

叠画是将一段素材的画面与后面的素材画面相叠加,使两个画面叠加在一起,同时在屏幕上出现。叠画的实质是使前面的一个素材画面为透明方式,透过前一画面可以看到后面的画面。

叠画的处理与抠像的处理方法基本相同,区别只在选项设置中。选择要处理的片段,按下属性工具栏中的“覆盖效果”钮,打开覆盖设置窗,选择处理方式为无(None),遮罩方式为覆盖通道(Over Layclip),选择关键帧,再设置透明(Trasparency)数值,预览结果满意后,点击“确定”关闭窗口。

叠画的程度取决于设置的透明度,在两个关键帧之间的透明度按线性逐渐过渡变化。通过对在不同位置的关键帧设置不同的透明度,可以形成变化的叠画效果。通过加减关键帧和调整关键帧的位置,在不同的关键帧设置不同的透明度,可以实现多次变化的效果。

3.类型与遮罩

在抠像中我们选择了色度键类型,在类型选择栏中还有其他的选项,除无选择抠像选项外,还设有颜色键(Color Key)、明度键(Luma Key)、色度键(Chroma Key)、Alpha 通道、灰度键(Gray Key)、相乘(Multiply)、相加(Add)、相减(Subtract)、差异(Difference)、蓝幕(Blue Screen)10 种类型,类型的选择是选用蒙板对象中的哪一个参数作为抠像的参考标准。

颜色键　用所选蒙板文件中的某颜色值作为参考构成相应的蒙板。

明度键　用所选蒙板文件中的某亮度值作为参考构成相应的蒙板。

色度键　用所选蒙板文件中的某色度值作为参考构成相应的蒙板。

Alpha 通道　使用带有 Alpha 通道的蒙板文件中的蒙板。无 Alpha 通道的蒙板文件无效,可以形成 Alpha 通道的边缘渐变的效果。

灰度键　用所选蒙板文件中的中间灰度值作为参考构成相应的蒙板,将覆盖文件的颜色和亮度减半,为半透明方式。

相乘、相加、相减、差异　这 4 种类型都是将覆盖素材的 RGB 值与背景素材的 RGB 值进行运算,产生新的 RGB 值,产生加黑、醒目、加亮、变暗等效果。

蓝幕　使用蓝屏技术创建遮罩。主要用于纯色作背景的图像,会使图像改变颜色。

遮罩是用于抠像的模板,在抠像时按遮罩的选择区域将图像抠出。遮罩有覆盖素材、视频(Video Matte)文件或图像(Image Matte)文件 3 种方式。覆盖素材就是用自身的内容形成遮罩;视频(Video Matte)文件是用一个外部视频文件的内容形成遮罩;图像(Image Matte)文件是用一个外部位图的内容形成遮罩。

为了调整实现的遮罩效果,要注意设置容差数值,特别是对于色键、亮度等遮罩设置时,需要仔细观察和反复设置,才能达到令人满意的效果。

使用视频文件方式形成遮罩时,遮罩随所选文件中内容图像的变化而改变,是活动的遮罩。要注意, 这时选择用于遮罩的文件和用于覆盖的文件是两个文件,前一文件只产生遮罩,后一文件只在遮罩中覆盖(显示),这是与附加轨迹素材方式的根本区别。由于遮罩是变化的,所以要注意两个文件内容的配合,才能实现希望的效果,否则很容易穿帮。

使用图片(图像)遮罩时,由于使用的遮罩文件是静态画面,所以形成的遮罩是固定不变的,比较容易使用。但也存在覆盖轨迹素材中的内容与遮罩位置配合的问题。根据实际需要,可以通过加减关键帧和调整关键帧的位置,对覆盖轨迹素材加相应的运动等方法,控制和实现两者的配合。

在使用遮罩抠像时,可以在不同的关键帧设置不同的透明度,实现多种变化的效果。

如果要取消一个素材中已经设置的特效处理,可以在该素材上点击鼠标右键打开快捷菜单,使用其中删除效果命令将其删除。

使用特技可以给画面增加许多吸引人的效果,但并不都表达或含有信息,而且使用特技效果越多,计算量越大,形成预览文件或创建文件需要的时间越多,并且很容易产生画蛇添足的感觉,需要仔细斟酌。

6.3.4 视频滤镜

在 Video Editor 中,提供了 1 组 7 类五十余种视频滤镜用于对视频素材的处理。视频滤镜是按一定的规律对视频画面进行处理,使画面变形或产生其他的效果。

使用视频滤镜和使用过渡效果、覆盖效果的方法基本相同,也是用鼠标点击窗口使之激活,选择视频滤镜,在窗口中观察效果,如图 6.24 所示。

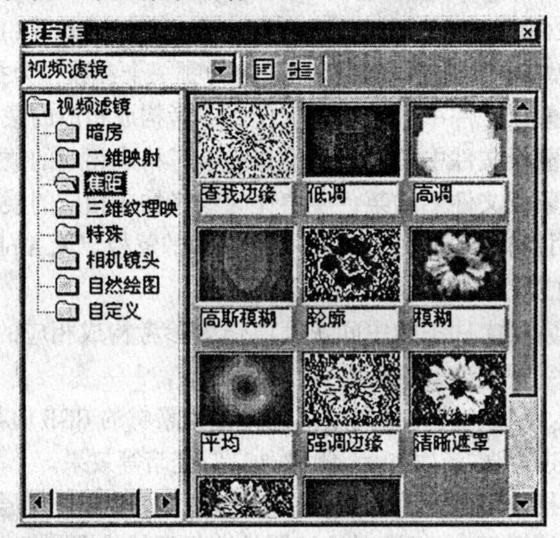

图 6.24　视频滤镜窗口

选中想用的方式后,将其直接拖放到通道中要加视频滤镜效果的素材片断上,点击鼠标左键加入,这时自动打开滤镜选项设置窗,如图 6.25 所示。设置有关参数和选项后,确认后点击确定钮关闭窗口,加入效果的工作完成。

在滤镜选项设置窗中有源素材窗、预览窗、控制点调整器、滤波器设置等。用控制点调整器可以设定需要的关键帧,与其他(如覆盖、运动)的关键帧相同;在预览窗中观察效果;不同的滤波器要求的设置内容也不同,在设置部分给出根据滤镜要求的设置内容,选择或设置相应的内容;用隔离区按钮,可以选择罩板作为隔离区,只对罩板选择的区域进行滤镜处理。通过预览观察处理的效果,在调整到满意后,用确定钮完成选项设置。

注意:不同的滤镜效果不同,设置的可调整参数数量和内容相差也较大,有的滤镜只有一项可调整的参数,有的可调整的参数则有十几项,并且意义不相同。

使用属性工具栏中的视频滤镜按钮或素材菜单中的视频滤镜选项,可打开视频滤镜使用设置窗,如图 6.26 所示。

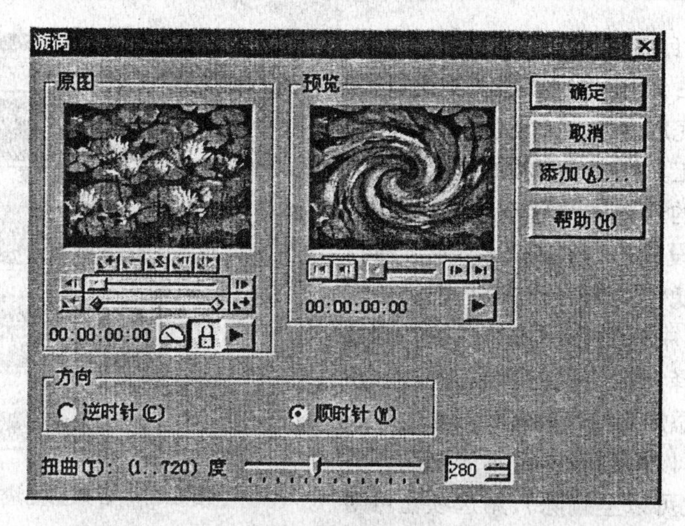

图 6.25　视频滤镜设置窗

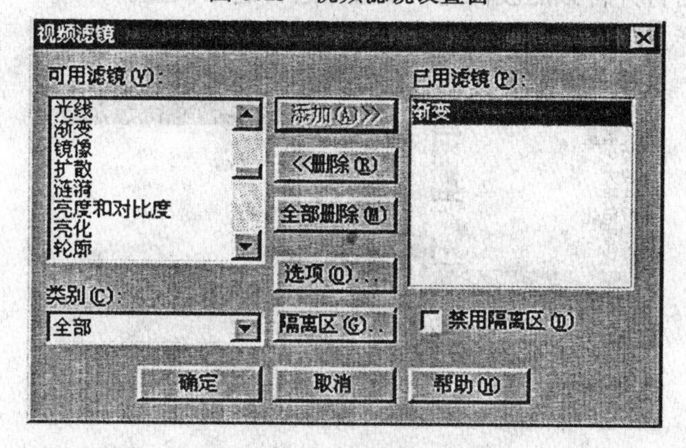

图 6.26　视频滤镜对话框

窗口的左边是滤镜的分类列表,右边是选用的视频滤镜列表,中间是功能按钮。从视频滤镜列表中选择所需使用的视频滤镜,用添加钮将其添加到应用视频滤镜列表中,用删除钮可以从列表中对不需要的滤镜删除(也可以全删除),用选项钮可对选用的滤镜打开滤镜选项设置窗进行选项设置。

滤镜的使用是为了改变图像的效果,在一般情况下的素材,需要使用的滤镜不多,所以使用时要慎重。在一个素材片断中,可以同时使用几个视频滤镜,达到综合处理的效果。

6.3.5　音频滤镜

在 Video Editor 中提供了一组十余种音频滤波器,用于对音频素材的处理。音频滤波器是按一定的规律对声音进行处理,使声音改变或产生其他的效果。

点击产品库窗口使之激活,在下拉式菜单中选择音频滤波器,在窗口中观察效果,选择想用的方式,如图 6.27 所示。

选中想用的方式后,将其直接拖放到通道中要加音频滤镜效果的素材片断,点击鼠标左键加入，这时自动打开选项设置窗，设置有关参数和选项后，点击确定按钮关闭窗口，加入效果的工作完成。

使用属性工具栏中的音频滤波器按钮或素材菜单栏中的音频滤波器选项，可打开音频滤波器使用设置窗，如图6.28所示。窗口的左边是音频滤波器列表，右边是选用的音频滤波器列表，中间是作用按钮。从音频滤波器列表中选择所需使用的音频滤波器，用添加按钮将其添加到应用的音频滤波器列表中，用删除钮可以从列表中对不需要的音频滤波器删除（也可以全删除），用选项钮可对选用的音频滤波器打开音频滤波器选项设置窗进行选项设置。

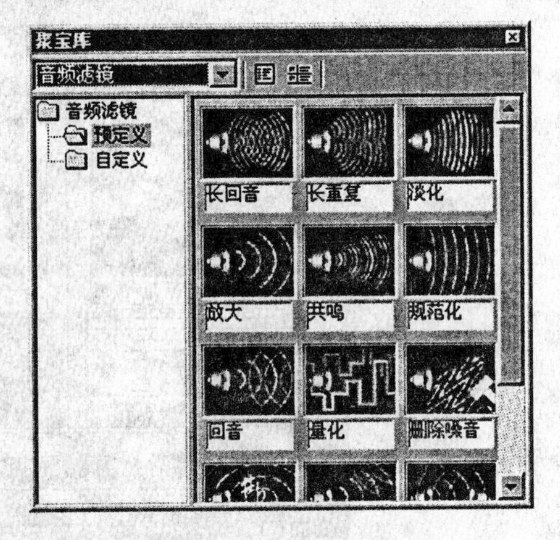

图 6.27　音频滤镜聚宝库

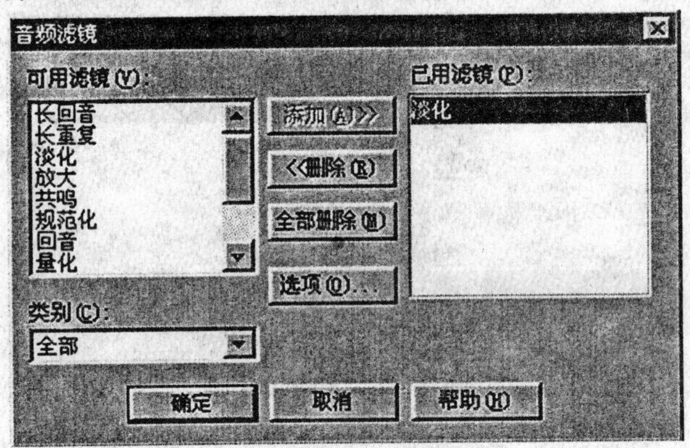

图 6.28　音频滤镜对话框

大部分音频滤波器有选项设置，如放大、回音、淡化等，但像长回音、长重复等没有需要选项的内容，所以也没有选项窗口可打开。

音频滤波器也可以同时使用多个，如调整幅度（音量）、加入回音、淡入淡出等。

在音频通道中也可以对声音素材进行一定程度的处理，如调整音量的大小等。

6.4　文件的管理

Video Editor 作为视音频编辑软件，要对视频、音频文件进行处理，而视频、音频文件都是数据量很大的文件，在计算机中要求传输的速度也较高，所以合理高效地管理要使用的各种文件，是保证有效使用软件的前提。

使用 Video Editor 时需要有多种文件，其中有本身程序文件；用 Video Editor 编辑制作的编辑文件，即保存为后缀为 .DVP 的文件，又称为工程文件或项目文件；编辑使用的素材文件和编辑制作的结果文件等。不同的文件的管理和使用有相应的特点，要合理安排。素材文件和结果文件一般是可以用播放器播放的文件，通常是计算机中标准格式的视频、音频和图像文件。

6.4.1 项目文件的管理

我们在第一次打开 Video Editor 时,首先弹出一个设置窗口,要我们设置项目模板,也就是设置编辑处理文件时使用的格式,设置好项目模板后,建立一个新文件。如果我们选择取消每次都显示该模板的显示,则将最后设置的模板作为默认的模板。我们在使用文件菜单中的建立新文件命令建立一个新的项目文件时,也都要确定模板。

1. 项目文件的特性

项目文件又称为工程文件,是我们在编辑处理视频、制作动画时记录处理过程和方法、标注连接文件信息的记录文件。由于其只有信息而没有实质可显示的视频或动画内容,只是用于编辑处理,所以不能用于显示。我们在使用 Video Editor 编辑处理视频文件时,保存或另存为的文件是后缀为.DVP 的项目文件。

DVP 文件只能在 Video Editor 的编辑环境下打开,继续进行未完成的编辑处理工作。对已制作好的一段 DVP 文件内容,也可以作为素材插入,插入后的仍是 DVP 文件中各素材的位置和内容。

项目文件在使用前要对处理的文件、本身的工作环境进行设置,不同的任务,需要的设置可以不同,这些设置也保存在项目文件中。主要的设置有项目模板设置和工作环境设置。项目模板是确定在编辑时使用的格式,从而将不同格式的素材文件在一起进行编辑处理。工作环境是设置临时文件的保存位置、附加轨迹数量、处理文件格式、背景色等编辑环境和特性。

项目文件的一些内容可以使用菜单命令打开相应窗口观察和调整,如标记、使用素材文件及有关素材的信息等,从而使我们在编辑时对结果能做到心中有数。

2. 项目模板的设置

项目模板设置窗口可以在新建文件时打开,如果采用了默认方式,则可以在文件菜单栏中用工程设置命令打开。

在项目模板设置窗口中首先要选择新建文件的格式,主要是选择使用 AVI 文件还是 MPEG 文件。两种格式中每一种都有典型的几种设置,有不同的分辨率和帧速率,主要是适应 PAL 制式和 NTSC 制式的彩色电视制式,可以编辑处理采集后的视频信号。根据实际需要选择合适的分辨率和帧速率的模板后,点击确定钮完成设置。

3. 项目模板的修改

如果新建项目文件使用了默认模板,或者是打开一个已有的项目文件,发现模板的设置与希望的模板不相符,需要更改,可以使用文件/工程设置命令打开工程设置窗口,用编辑钮弹出工程选项窗,进行更改。

工程选项窗口有 4 个页面,与项目模板选项窗口相同,也是由视频编辑(Video Editor)、一般(General)、高级(Advanced)、压缩(Compression)4 个页面组成。页面中的设置与项目模板中的对应页相同,设置方法和要求也相同。

工程选项设置与项目模板设置的区别是前者改变一个打开并正在被编辑着的文件的模板,后者为将要新建的文件设定模板。

为避免在改动文件路径时找不到连接的视频文件,特别是在制作大型项目时或多人合作中要使用 DVP 文件的插入,要特别注意连接的问题。为了保证连接,可以使用打包的方法,将所用的工程文件和素材片断都保存到一个文件夹中,可以一同带走。

6.4.2 输出文件的管理

如前所述,编辑制作的最后目的是输出一个可播放的视频文件,供以后使用,也就是建立一个结果视频文件。

创建文件的选择设置和有关的选项要根据实际使用的需要,有哪些要求和条件,前面已经介绍了相应的设置。具体说,用哪种播放器播放、文件尺寸和要求播放的速率、图像的尺寸和计算机的速度等。

创建文件要预测文件的尺寸,创建的文件的磁盘最好与程序文件夹、临时文件夹不在同一磁盘上,避免可能引起的数据冲突和磁盘空间不足。

文件的图像尺寸越大,要求的数据率越高,需要计算机的数据处理速度越快,否则播放时会使图像出现不连续的现象。相同文件类型和格式时,文件的数据量越大,图像尺寸也越大,考虑使用文件的计算机的性能,合理选择图像尺寸、文件类型和压缩方式,是非常重要的。

由于在创建输出文件时需要进行大量的运算,因而在一般的计算机上创建处理需要的时间较长,按微机的处理能力的高低有所不同,一般要用几倍到十几倍的实际内容时间。当然,需要的时间与使用的过渡效果、运动路径、覆盖与抠像等处理的复杂程度有关,使用效果越多、动作或变化越多,需要计算的内容越多,处理的时间就越长。对应的还有,图像的尺寸越大、包含的数据越多,计算量越大;文件格式不同,转换处理的数据量也不同;素材格式与结果格式的不同也需要进行计算,也要花费时间。为减少不必要的重复操作,创建前一定要确定所要求处理的内容都已处理完成。

为了减少一次创建文件的时间,可以将整体的内容分为不同的段文件,既减少一次编辑创建的时间,也便于管理和使用。要注意,创建的输出文件要在一个文件夹中,名称要能代表内容,便于查找使用。

输出音频文件的管理和视频文件类似,一般建立独立的文件夹来管理。

6.4.3 素材文件的管理

素材文件可以是由外部设备采集的视频、音频文件,也可以是通过音频、视频软件处理后形成的视频、音频文件,还可以是动画文件、位图文件等。由于这些文件特别是视频音频文件的数据量都较大,需要较好地管理。

在一般情况下,需要在计算机中保持一个具有较大空间的硬盘,分别建立项目文件夹和相应的子文件夹,对各类文件特别是素材文件分类进行保存,以便于查找和管理。对一些通用、常用的视频、音频、图片、声音、动画以至工程文件,应该单独保存并导入到媒体库中,以备随时使用。

由于素材的来源不同,素材的格式也不相同,特别是视频文件,基本上都是使用有损压缩处理后形成的文件,在压缩和解压缩时都会产生信息的丢失。在采集信号形成文件时,要考虑以后编辑时使用的格式,注意尽量使选用的数据压缩形式与编辑和输出的格式相匹配,以减少数据压缩和转换中的信息损失。

6.4.4 转换文件格式

经常有这样的情况,就是选用的视频素材文件有几种不同的文件格式,特别是对非专业的人员,一些素材是引自不同的出处,从而使得项目模板的选择设置不易确定,这时我们可以按要求输出文件的格式来设置项目模板,也可以将素材文件转换为输出文件的格式。

文件格式转换是使用文件菜单中的转换命令,其中有3个子命令,分别用于转换视频文件、图片序列文件和转换帧速率。点击菜单命令后弹出相应的文件选择窗口,选择出要转换的文件并打开,按照要求设置相应的选项或在弹出的对话框中进行选择,并注意转换后形成文件保存的位置和名称,以便转换后使用。

视频文件的转换是将一种视频文件格式转换为另一种文件格式,包括图像尺寸、压缩方式、帧速率、边线调整等。转换图片序列是将内容相关联的一组按顺序排列的图片文件转换成可以在 Video Editor 中编辑使用的动画素材,其后缀为 UIS(Ulead Image Sequence Files)。对于帧速率不合适或其他需要改变帧速率的 AVI 格式文件,可以用转换帧速率命令直接将选出的视频文件的帧速率转换为设置的数值,改变播放速度,不改变文件的格式。进行文件转换的主要目的是使编辑的素材格式统一,编辑制作时能方便快捷。

第 7 章　Flash 的使用

Flash 是 Macromedia 公司“梦之队”系列中的重要成员，其他成员还有 Dreamweaver 和 Firworks 等。其中 Dreamweaver 用于制作网页，Firworks 用于 Web 图像的处理，Flash 用于 Web 动画的制作。Flash 是一种绘制矢量图形和创作互动式多媒体动画的软件。它不仅能制作出音效、音乐结合的全画面的影音动画，而且借助功能齐全的 ActionScrip，还能创造出活泼有趣的动态按钮、MTV、插图、界面、游戏及广告样板等创意。

Flash 先后有 4.0、5.0、6.0、MX、2004 等不同的版本，后推出的版本都是在前一版本基础上的改进，功能有所增加和改善，但基本性能和使用方法还是相同的。

7.1 Flash 的工作环境

Flash 工作界面与其他 Windows 应用软件类似，也是由标题栏、菜单栏、工具栏、时间轴窗口、工具箱、舞台和工作区及属性面板等组成，如图 7.1 所示。

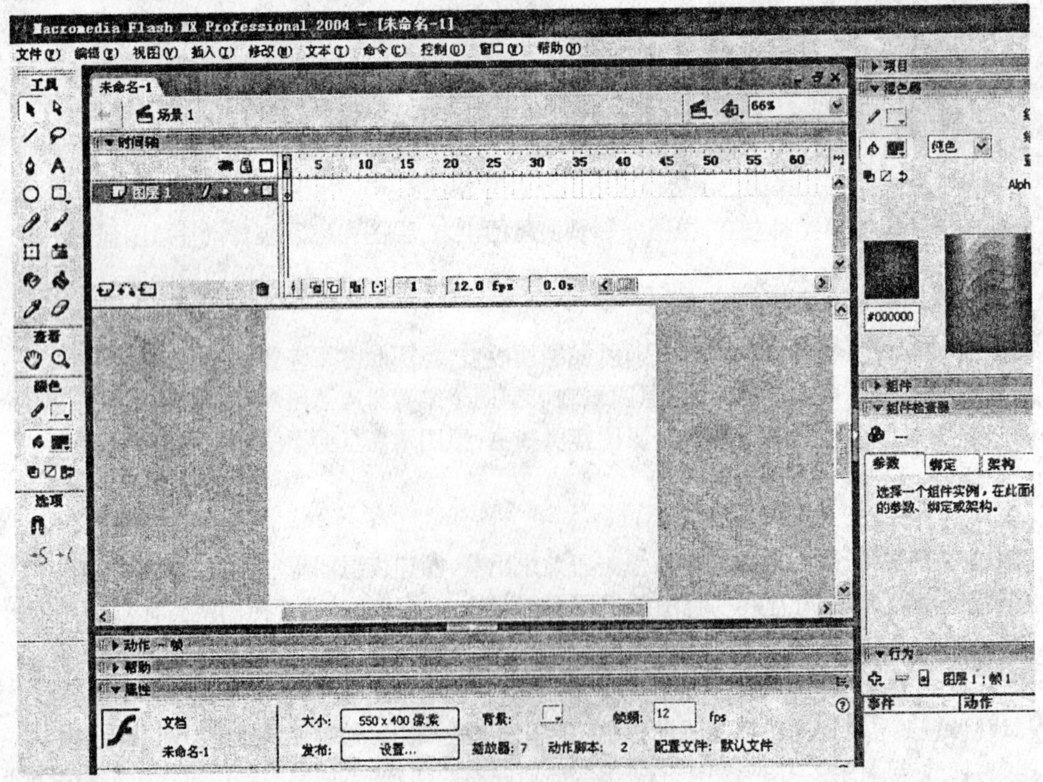

图 7.1　Flash 的工作界面

7.1.1 标题栏

标题栏在窗口的最上边，处于活动状态时为蓝色，未激活时为灰色，左边显示软件的名称，右边显示最小化、最大化和关闭按钮。

7.1.2 菜单栏

Flash菜单栏中有文件、编辑、视图、插入、修改、文本、命令、控制、窗口、帮助10个菜单。单击菜单会出现一个下拉菜单，下拉菜单中有多个命令。Flash中的绝大部分功能都可以利用菜单栏中的命令来实现。

7.1.3 工具栏

Flash的工具栏包括常用工具栏、状态栏和控制工具栏。三者可使用命令“窗口/工具栏”打开或隐藏。

7.1.4 工具箱

工具箱默认放在主操作界面的左侧，用户可以根据自己的习惯，将鼠标指针移动到工具箱上没有按钮的任一位置拖动，将其放在其他位置，如图7.2所示。Flash的绘图工具大致包含以下几大部分，选取工具、绘画工具、文字工具、填充工具、擦除工具以及查看方

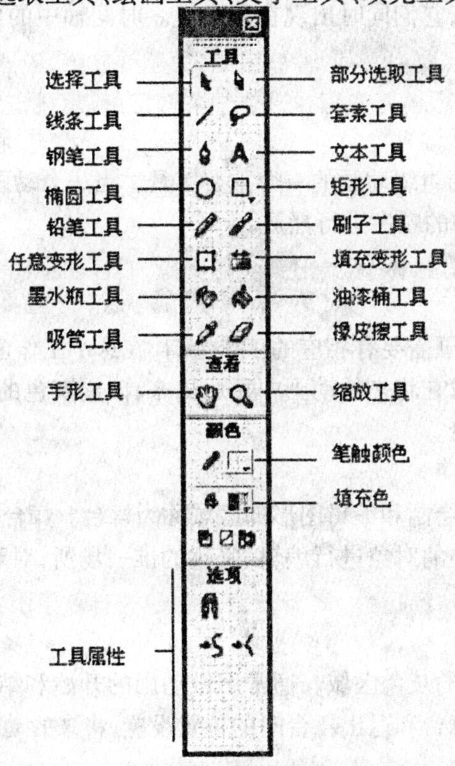

图7.2 Flash的工具箱

式选择工具。对应于不同的工具,在工具栏的下方还会出现其相应的参数修改器,可以对所绘制的图形做外形、颜色以及其他属性的微调。

7.1.5 面板

Flash 面板较多,分别用于不同的控制或设置,分为控制面板和属性面板两类。

1.控制面板

在 Flash 中,把有关对象和工具的所有相应参数加以归类放置在不同的控制面板中。在动画创作过程中控制面板是最常用的。默认的情况下显示下列几种面板,混色器、颜色样本、动作面板、组件面板。除此之外,在使用窗口菜单中的命令可以打开相应的面板,常用的有转换面板、信息面板、场景面板、对齐面板等。

2.属性面板

从 Flash MX 版本开始,属性面板是一个智能化的面板,它可以根据用户当前所选定的工具或在舞台中所选定的对象,自动显示与相应工具或相应对象相关联的选项。在 Flash 5.0 版本中没有这一属性面板,各选项设置分散在相关面板中。

7.1.6 时间轴

时间轴可以对层和帧中的动画内容进行组织和控制,使这些内容随着时间的推移而发生相应的变化。一层由多个帧的画面组成,多个层就像多个电影胶片叠放在一起,每一层中都包含不同的图像,它们同时出现在舞台上。时间轴中的内容是由层、帧、帧标题和播放头组成的。

7.1.7 场景

场景是 Flash 提供的组织动画的一个重要工具。当一个动画中多于一个场景的时候,Flash 将按照场景面板中的顺序进行播放。

7.1.8 舞台和工作区

制作显示对象和动画需要有相应的工作窗口,在这个工作窗口中,中间白色的区域是舞台,舞台上的内容可以在将来的动画中显示出来,四周灰色的区域是工作区,将来的动画中不显示,相当于后台。

1.舞台

在 Flash 中,我们把绘制和编辑图形的区域称为舞台。舞台是用户创作时观看自己作品的场所,也是对动画中的对象进行编辑、修改的惟一场所,对于没有特殊效果的动画可以在这里直接播放。

2.工作区

工作区是舞台周围的灰色区域。通常用做动画的开始和结束点的设置,即动画播放过程中,用于对象进入舞台和退出舞台时的位置设置,将来的动画中不显示。

3.标尺

利用标尺用户可以了解对象在舞台上的位置。当在舞台上移动、缩放或旋转对象时,左标尺和上标尺上将分别出现表示对象的宽度和高度的直线。执行“视图/标尺”将会显示或隐藏标尺。

4.网格

如果用户觉得标尺还不足以在绘图中精确定位,可以设置在舞台中显示灰色网格,用来协助绘图,网格用于精确的对齐、缩放和放置对象,在产品最后发布时,网格不显示。执行菜单中“视图/网格/显示网格”命令将会显示或隐藏网格。

5.参考线

用户可以自己在舞台的任何位置设置水平或垂直方向的参考线。

将鼠标指针对准水平或垂直标尺的内边缘,当鼠标指针形状变成为▶时,按住左键向下、向右拖动鼠标,会拖出一条水平线、垂直线,便形成了参考线。

如果曾经设置过参考线,则可以执行“视图/参考线/显示参考线”命令,显示出以前所设置的参考线;反之可以隐藏参考线。

7.1.9 文件操作

Flash的文件操作与其他的Windows软件类似,可以用“文件”菜单下的命令、快捷键、工具栏上的按钮等不同方法实现创建新文件、保存编辑的文件、另存文件等。

也和部分Windows软件一样,每次打开Flash时,都自动创建一个新文件,其扩展名为.FLA,可以在这里直接开始进行编辑制作,也可以将其关闭,打开已有的文件或另行建立新文件。

1.Flash的文件属性

使用Flash的文件属性,可以设置决定画面尺寸、匹配打印机、匹配内容、背景、帧速度等参数,影响动画设计的效果。

新建文件时,Flash自动以默认的属性建立新文件。用“修改”菜单下的“文档”命令,打开“文档属性”对话框来设置,如图7.3所示。可以根据需要对文件属性进行修改。

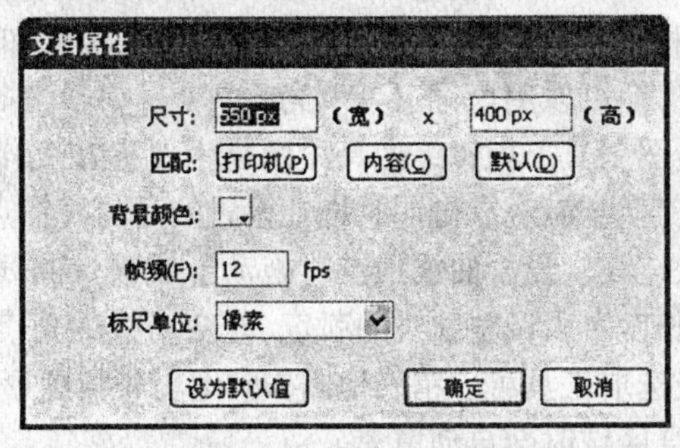

图7.3　Flash的文件属性设置

2. Flash的文件格式

Flash提供了4种可以打开的文件格式,它们的扩展名是.FLA、.SPA、.SSK、.SWF。其中,FLA、.SPA、.SSK这3种格式的文件可由Flash软件本身打开,而.SWF文件是已发布的动画文件,它由Flash所提供的Flash播放器来直接播放。

3. Flash 的文件保存

在对动画处理完成之后就需要保存或关闭动画。在保存动画时,可以指定多种文件格式。具体保存操作与其他应用程序的保存命令一样,在"保存在"下拉列表框中列出了文件所要保存的位置;用户可以在"文件名"文本框中输入该动画的名称,并在"保存类型"下拉列表框中选择所保存的文件格式。

7.2 对象制作

Flash 制作动画和其他软件一样,也是以对象为基本单位来构成各画面的内容,主要的对象类型是图形和文本。可以从其他文件中导入,也需要较多的自行制作。

7.2.1 图形制作

Flash 中的图形是由轮廓线和填充区域两部分组成的,轮廓线分为封闭的和不封闭的两种,可以设置颜色、粗细;填充区域可以填充颜色或图案。在图形制作时,根据使用的工具不同,选择的设置不同,绘制的图形也不同。

1. 简单图形的绘制

使用 Flash 的图形绘制工具,可以直接绘制出简单的矢量图形。简单图形的绘制包括直线、椭圆和矩形。在工具箱中分别选取直线工具、椭圆工具和矩形工具,利用鼠标拖动便可绘制出 3 种图形,其中矩形工具可以绘制矩形或五角形,这是在 Flash 2004 中新增的功能。

2. 使用工具绘图

使用 Flash 的绘图工具,可以在工作区中绘制任意图形。绘图工具有铅笔工具、钢笔工具和笔刷工具。

铅笔工具是自由绘图工具。用铅笔工具绘图是用鼠标在工作区中拖动画出任意形状的线条。铅笔工具绘制的线条有 3 种属性,线条颜色、线条样式和线条粗细。铅笔绘制的闭合图形不能自动填充,但可以用填充工具填充。

钢笔工具是矢量绘图工具。用钢笔工具绘图是用鼠标在工作区点击左键设置锚点,只点击不拖动设置的是直线锚点,点击同时拖动设置的是曲线锚点,在先后设置的两个锚点之间自动绘制出一条连线。设置曲线锚点时拖动形成该点曲线的切线,光标位于曲线切线端点上,改变切线长度可以调整曲线的弧度,改变切线的角度可以调整曲线的方向。使用钢笔工具配合次级选取工具可以精确地制作和编辑矢量图形。钢笔绘制的线条具有线条的属性,当形成闭合区域时会自动填充。

笔刷工具是自由图形工具。用笔刷工具是用鼠标在工作区中拖动、点击或涂抹画出任意形状的图形。笔刷工具画出类似于排笔和水彩笔所绘制的图形,绘制的图形是图形的属性并且没有轮廓线。

3. 绘图工具的属性设置

不同的绘图工具有不同的属性。设置合适的工具属性,可以减少不必要的工作,大大提高绘图的效率。

(1) 铅笔工具

铅笔绘制线条的模式有折线、平滑曲线、任意曲线3种选择。选择铅笔工具后,“选项”嵌板中有一个铅笔选项设置按钮,单击按钮展开选择窗,即可从中选取需要的模式。

(2) 笔刷工具

笔刷有笔的粗细、形状、模式的选择设置。选择笔刷工具后,“选项”嵌板中的内容为笔刷的设置,单击相应按钮,即可从中选取需要的模式。图7.4为笔刷工具的选项嵌板。

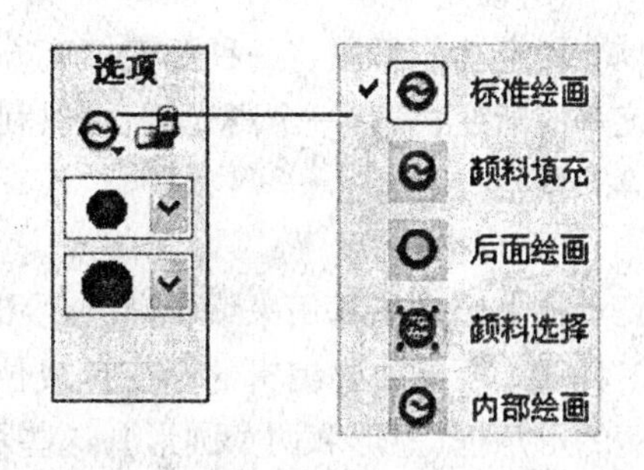

图7.4　笔刷工具的选项嵌板

(3) 其他工具

矩形工具有圆角设置,油漆桶有闭合程度设置,等等。选择的工具不同,对应的选项也不同,但有些工具没有选项。

4. 图形的属性设置

绘制图形时,所绘图形具有当前设置的属性。在绘制图形前可以修改图形的相关设置,使绘制的图形可以直接满足要求。由于Flash中的图形由轮廓线和填充区域两部分组成,各部分的颜色设置略有区别,所以需要分别处理。

(1)轮廓属性的设置

轮廓属性是线条属性。用Flash的绘画工具,如直线工具、钢笔工具、椭圆工具、矩形工具、铅笔工具等所画的图形都有轮廓线。轮廓属性的设置包括轮廓线和填充两部分。轮廓线设置包括线条样式、粗细和颜色;填充设置包括填充的方式和颜色。

轮廓属性可以用工具箱中的“颜色工具”嵌板的轮廓和填充色按钮来设置,点击边框和填充按钮可弹出调色板,供选择颜色使用。“颜色工具”嵌板如图7.5所示。

在轮廓线面板上同样可以实现颜色的设置,同时还可以修改轮廓线的样式和粗细。

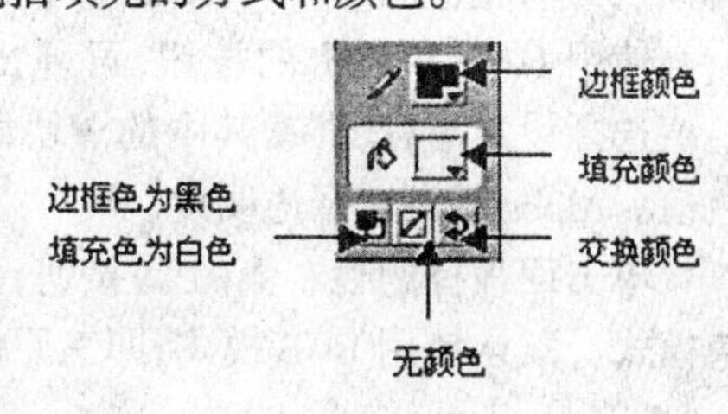

图7.5　颜色工具嵌板

(2)填充与填充属性的设置

使用油漆桶工具,可以给已经画好的封闭曲线填充颜色。如果图形已填充,则被重新填充。

单击工具箱中的油漆桶工具,然后在“选项”嵌板中选择所要填充的颜色和方式,也可以打开填充面板,在填充面板上设置。

在填充面板上可以设置单色的填充,也可以设置渐变色的填充,并且可以编辑设置渐变色的形式。轮廓和填充属性是可以复制的,使用吸管工具可以将一个对象的轮廓和填充属性复制到另一个对象上。

(3)锁定填充

锁定功能可以将一种渐变填充方式延伸于多个形态中,即画面上各对象的填充都是统一的渐变,只有一个高光区,可以利用调整工具进行光晕的高光位置、大小、方向和形状等的调整。

(4)自由填充

自由填充工具用来编辑渐变色和位图填充的方向、大小和中心位置。选择填充变形工具 ,再单击要编辑的渐变色或位图填充区域,在该区域上就会出现一个带有编辑手柄的示意框(矩形和两个圆形),这些示意框表示了填充区域的渐变色或位图的有效范围,用鼠标拖动示意框上的编辑手柄,就可以改变该区域中渐变颜色或位图的有效范围、位置和放置角度。

如果没有选择自由填充和锁定填充,填充为任意填充,每个对象的填充是独立的方式。

5. 颜色的设置

所有的对象都需要有颜色表示,制作对象时,对象的轮廓线和填充按分别照当前的设置的方式和颜色表现。

当需要自己设定颜色时,点击轮廓线或填充按钮,可弹出调色板,在窗口中选择设置需要的颜色。也可以使用混色器面板,如图 7.6 所示。当使用选色板选色时,在选色板上需要的颜色处点击,即选择该色为填充色。

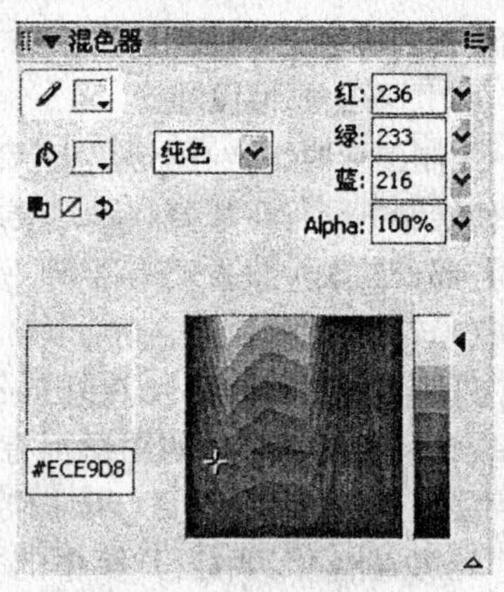

图 7.6 混色器面板

使用 R、G、B 右侧的按钮,可弹出该基色的颜色值选择设定滑杆,移动其中的滑块即可调整该颜色值。Alpha 用于选择透明度。

单击面板标题栏右侧的 按钮,弹出颜色模式选择菜单。从菜单中可以选择一种颜色模式。默认使用 RGB 模式,即三原色的方式。

7.2.2 文本编辑

在 Flash 中,文本有 3 种类型,静态文本、动态文本和可输入文本。静态文本是在动画播放阶段不能改变的内容的文本;动态文本用来显示动态更新的文本,如动态显示日期和时间、天气预报信息等;可输入文本是指在表单和调查表中常常需要用到输入文本,在播放动画时供浏览者输入文本,以便实现与浏览者的交互,收集反馈信息。

1.文本属性的设置

Flash 2004 的文本属性面板如图 7.7 所示。在属性面板中可以设置文本类型、字体、颜色、对齐方式、风格等。要注意,不同版本的 Flash 的属性面板设置不同,其各个面板的设计不同,风格也有差异,但绝大多数的功能是相同的。

2.文本的输入

工具箱中的文字工具用于加入文字处理功能。选择文字工具后在图像窗口上拖动鼠

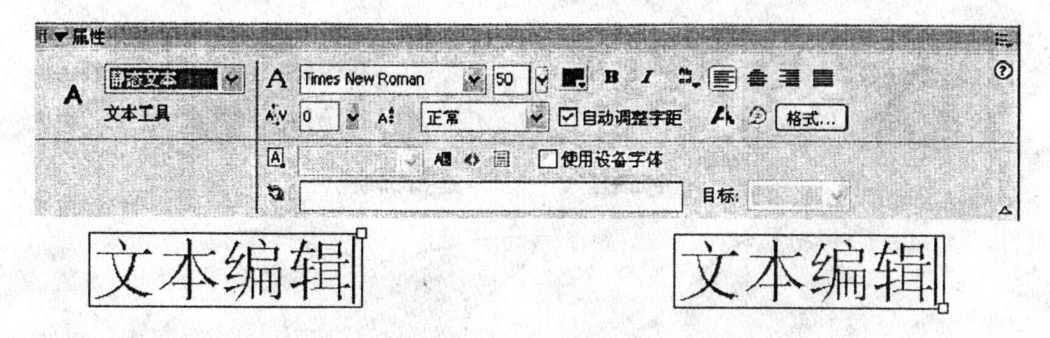

图7.7 文本属性面板

标,在拖动的区域形成文字窗口;在选项栏中设置相关选项和参数,输入文字,实现文字输入。

3.编辑修改文字

如果要编辑修改文字,选中文字工具并在已有的文字上拖动鼠标,选中要编辑的文字,可以进行相应的文字编辑处理。

输入的文本对象是按位图处理的,不能像图形那样对其直接进行外观和渐变色的编辑修改。如果需要修改现有字体的外观,或者在文字上填入渐变色,需要先把文字转成矢量图,这时的位置被作为图形处理,不能再修改文字了。

7.2.3 对象的编辑修改

对象是Flash编辑中的基本元素,各种图形、线条都是Flash的对象。在Flash动画制作中,许多效果都是通过对象的变形、转换得到的。想要制作出高水平的动画效果,必须熟练掌握对对象的操作,同时需充分的发挥想像力和创造力。

1.对象编辑的基本操作

对象的基本操作包括选取、移动、复制、擦除、变形和删除。

(1)选取对象

一般而言,对象的选取是最基本的操作。Flash提供了多种选取对象的方法,如使用工具箱中的选取工具,在此方法下可运用鼠标的单击、双击、拖曳来选取对象,或使用按住Shift键单击的方法可同时选取多个对象。

选用选取工具后,单击图形选中的是填充部分;双击图形选中的是包括填充和轮廓线的对象全部;点击对象边缘选中对象的轮廓线。按住Shift键点击的可以连续同时选取多个对象(注意单击与双击的不同)。使用鼠标拖动确定选区的方法,可以选中矩形区域中的内容,各对象在区域内的部分被选中,其余部分未选中。

选用部分选取工具后,点击对象的边缘,可以选取对象的边线(不仅是轮廓线),被选中的对象显示其边线和相应的编辑点,拖动非编辑点处的边线可以移动对象,拖动编辑点可以改变边线实现对象变形。

注意:在选择对象时,不同的选择结果对象的显示方式不同,要细心观察辨认,避免搞错。一个被选择对象的显示方式的例子如图7.8所示。

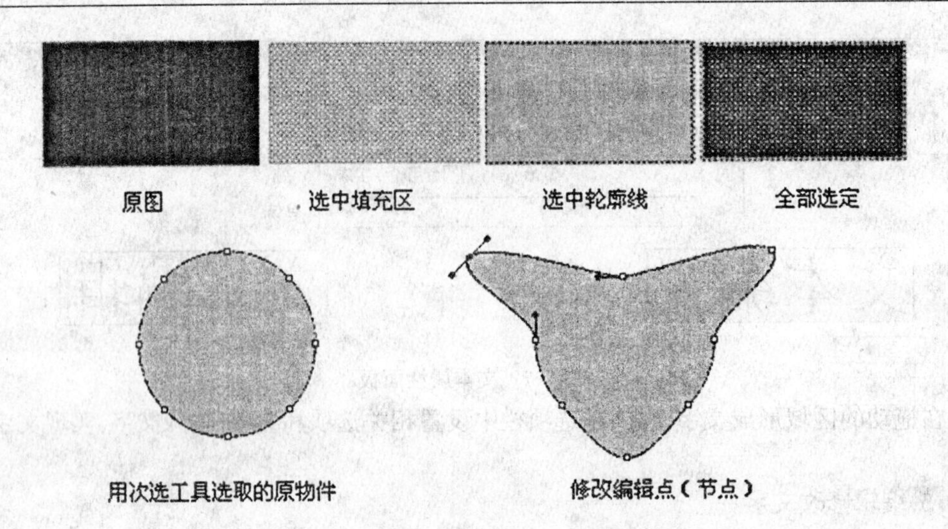

图 7.8　选择对象的显示方式

(2)移动对象

选取对象之后，直接拖动对象便可实现移动，如果按住 Shift 键来拖动对象只能沿 45°的倍数进行移动；此外，使用剪切和复制命令也可将对象从一个位置移到另一个位置；还可使用方向键调整对象的位置等，这些方法都可以达到移动对象的目的，当需要精确指定对象的位置时，可以使用信息面板或属性面板做精确调整。

(3)复制对象

复制对象可以使用菜单中的复制、粘贴命令来实现，也可以使用热键、工具栏中的按钮等来实现，与其他的软件相同。完成复制后，复制的对象为选中状态。

在复制的同时还可实现对象的变形。具体方法是在转换面板、调整面板中的两个框中的输入数值，便可在拷贝对象的同时旋转、扭曲对象。

(4)擦除对象

在对象的编辑修改中，对不需要的部分可以使用橡皮擦工具擦除舞台中的图形。Flash 提供了多种擦除模式，通过选项嵌板可以对擦除的类型、形状、大小和擦除方式等进行设置。图 7.9 所示为擦除选项嵌板模式和有关选项。

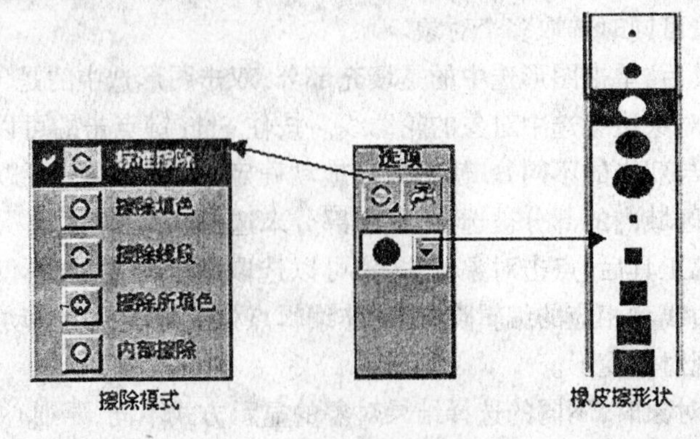

图 7.9　擦除选项嵌板模式

橡皮工具有橡皮擦和水龙头两类擦除模式，橡皮擦模式是用鼠标拖动实现对象的手动擦除,水龙头模式是擦除所选取对象或封闭区内的整块填充色。橡皮擦有5种擦除模式,不同模式的擦除对象和效果不同。

(5)删除对象

删除对象与其他软件的方法相同,在选中对象后,用Delete键或编辑菜单中的清除命令都可以实现删除;使用剪切的方法可以将对象从舞台上清除,但被保存到剪贴板中。

在选择状态下从空白处拖动鼠标画出选择区域时选择的可能是对象的一部分,这时进行清除操作时只将选中的部分清除,用此方法可以部分地清除对象。

(6)变形对象

对象的变形包括对象的缩放、旋转及扭曲。用选取工具选中对象后,通过在变形面板中修改被选中对象的有关参数,或使用工具箱下部的嵌板选项(Flash 2004中具有"任意变形"工具),用鼠标拖动调整,实现需要的变形。

2.对象的颜色修改

在对象编辑制作中,有时需要修改颜色。由于对象的颜色有轮廓线和填充两部分,需要使用不同的工具,分别修改。

(1)轮廓线的修改

轮廓线的修改主要使用墨水瓶工具。选择墨水瓶工具后,按前面所介绍的方法在属性面板中设置好轮廓线的颜色、样式、粗细等属性,然后用鼠标单击编辑区中的矢量曲线,即可将设置的属性应用于该矢量曲线。

如果用鼠标单击的不是线条而是区域,则将修改该区域的轮廓线;如果该区域没有轮廓线,则自动增加一个轮廓线;如果已有轮廓线,则将其轮廓线改为墨水瓶工具所设定的颜色。

(2)填充的修改

填充的修改主要使用油漆桶工具。油漆桶的设置和使用方法前面已介绍,修改实际上就是重新填充。

(3)取样颜色属性

在实际制作或编辑图形中,常需要画面上几个对象的颜色、风格等属性一致,使用吸管工具可以将已有对象的属性复制下来,供其他对象使用。

用鼠标单击选中工具箱中的吸管工具,在舞台上光标改变为吸管图形。若用鼠标单击填充区域,即吸取该区域中的颜色属性,工具自动切换为油漆桶工具;如果用鼠标单击轮廓线,则绘图工具自动变为墨水瓶工具;用鼠标单击字符对象时,绘图工具自动变为文字工具。

用吸管获取的属性即被设定为当前的属性。使用墨水瓶、文字工具,可将需要的对象分别修改,使其为统一的颜色和风格。

7.2.4　多个对象的编辑处理

在实际制作中常常需要用多个简单对象组织成一个复杂对象,有时需要在保持几个对象的相对位置和比例不变的情况下实现整体的变形或旋转等变化,这时就需要同时对多个对象进行相应处理。Flash的多个对象处理主要有群组、打散、对齐、叠放4类。

1.对象的群组

使用“修改”菜单下的“组合”命令和“取消组合”命令可以对选中的对象实现组合和取消组合。组合对象功能可以将选中的几个对象组合成一个组合对象，对组合对象的操作与对单个对象的操作相同。一些修改可以在不解除组合的情况下只对单个对象进行。在需要的时候，也可以将选中的组合解除。

2.对象的打散

使用“修改”菜单下的“分离”命令可实现打散功能。Flash 中的打散功能主要用于将引用的非矢量图形(包括位图、嵌入对象、文字和群组矢量图形)转换为相应多个矢量图形的组合。打散功能在制作动画时非常有用，适当选择打散参数，打散对象后可以使 Flash 文件减小。

如果引入的对象不需要变形等动画效果，尽量不使用打散，可以保证原画面效果。必须打散时要适当选择打散的参数，其处理要执行一段时间，要求指标越高，处理时间越长。对于复杂的运动对象的打散可能会延续较长时间，在这种情况下，要非常慎重的使用打散功能，并且可能会产生不可预知的后果。

3.对齐和排列对象

利用对齐面板中的功能可以将选中的一组对象实现位置对齐、等距排列、匹配大小等调整。具体操作是在舞台上选中要处理的各个对象后，点击“对齐”面板中相应图形的按钮。

4.对象的叠放

一个舞台画面上可以安排多个对象，并按照创建的先后顺序叠放对象，最后创建的对象放在最上面。当一个对象覆盖另一对象时，对象的叠放顺序决定它们的显示结果。

要特别提醒注意的是，在一个舞台画面上的矢量图发生重叠时，会产生切割融合现象，如图 7.10 所示，并且不能调整叠放次序。

在制作矢量图形时尽量不要发生相互重叠的情况，在各有关重叠的对象制作完成后按照要求进行重叠排列组合，保证安排的次序正确，就看不出切割融合的影响了。

对于非矢量图形的对象，如文本等，可以采用“修改”菜单中的“排序”命令调整它们的堆放次序。图 7.11 是两个对象改变叠放顺序前后的效果。

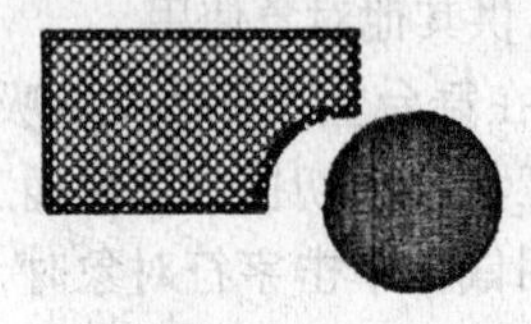

图 7.10 矢量图重叠时发生的切割现象

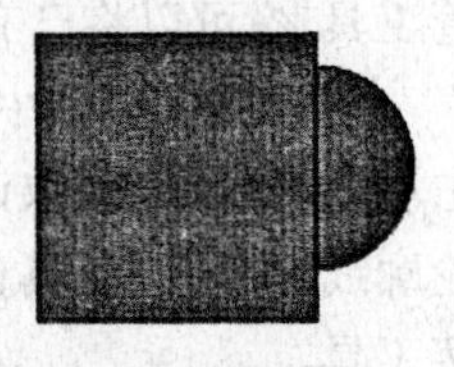

图 7.11 改变对象叠放顺序的效果

7.3 动画制作

动画是利用人眼的视觉惰性，由连续快速呈现一系列有关画面来形成运动效果的。制作动画，就是制作这一系列静态画面，然后按顺序以一定速度播放(展示)各画面，便可以看到动画。

7.3.1 动画的基本概念

在视频和动画中,一个完整画面称为一帧。计算机动画制作有两种基本方式:一种是逐帧动画,即每帧图形逐帧制作;另一种是渐变动画,制作者只制作动画的首帧和尾帧,计算机根据首尾帧中对象大小、位置、旋转角度、颜色以及其他属性的区别自动计算生成首尾之间的其他帧。

无论哪种方式制作的动画,最后都是通过逐帧连续播放产生动画效果。要取得较好的动画效果,必须要熟练应用下面一些主要的概念。

1.时间轴

在时间轴上顺序放置各帧,当播放时各帧按照帧速率依次出现,就形成了一段动画。不同的帧在时间轴上的标记和颜色显示不同,要注意区别。

2.关键帧

关键帧就是用来定义动画变化的完整独立的帧,在时间轴中显示为实心圆。在关键帧中可以对该帧的有关内容和属性进行设置和修改。由此可知,当制作逐帧动画时,每一帧都是关键帧;制作渐变动画时,只有首尾两个关键帧,而中间帧的内容 Flash 会自动完成。

3.帧速率

帧速率是播放画面的速度。帧速率越高,需要画面越多,运动效果越好,数据量越大。我国电视标准的帧速率是 25 帧/s,在计算机中,一般帧速率选择 12~15 帧/s,以减少数据量。

帧速率可以执行“修改”菜单下的“影片”命令,打开“影片属性”对话框,对动画的帧速率进行设置,如前所述。在时间轴下方的状态栏会显示当前影片的帧速率。

4.洋葱皮显示

通常 Flash 在舞台上只显示时间轴上的一帧。很多情况下,用户需要同时观察和编辑多帧,如对象运动中的形状位置等,Flash 提供了洋葱皮功能,在显示选中的关键帧外还可以同时显示其他多帧(轮廓)。

在时间轴的下部提供了 4 个按钮,对应不同的显示方式;在时间轴上部的时间标尺上出现显示区间,拖动起始游标与结束游标可以调整显示的帧范围。

7.3.2 渐变动画

使用渐变动画可以大大的方便动画的制作,由于在渐变动画中 Flash 仅仅储存每帧间的变化,而不像逐帧动画需要储存帧的全部内容,因此文件要相应小的多,更适合网络下载和播放。

Flash 可以制作两种渐变动画,运动渐变动画和形状渐变动画。

1.运动渐变动画

设计者在关键帧中设置元素的属性,比如位置、大小、角度等,然后在其他关键帧中改变这些属性,从而制作成运动渐变动画。运动渐变主要用于使对象形成位移、旋转、缩放等动画效果。

例如,我们制作一个由小变大的运动渐变动画。

打开 Flash,自动建立新文件,时间轴上只有1层1帧(第1帧)。

①在舞台上用矩形工具拖出一个小矩形。

②点击第20帧处,执行"插入/关键帧"命令,将第20帧作为动画终点。

③分别点击第1帧和第20帧,两次执行"插入"菜单中的"创建动画动作"命令,这时帧的标记为淡紫色,有一个箭头连线在首尾两关键帧之间,表示动画已建立(也可以在帧属性面板中修改设置该关键帧为运动渐变帧)。

④选中第20帧,将舞台上的对象从舞台的右侧拖向左边,在转换面板中放大。

⑤用〈Enter〉键或执行播放命令,可以观看动画效果。

运动渐变动画渐变的是对象的位置、缩放和旋转,不能渐变对象的颜色。

2.形状渐变动画

在形状渐变动画中,设计者在关键帧中绘制一个图形,在其他关键帧中改变图形的形状或者重新绘制一个图形。Flash可以自动计算关键帧之间对象的属性,实现形状渐变的动画效果。

最简单的变形是让一种形状变化成另外一种形状,以圆形变为方形为例。

①在动画的第1帧,用绘图工具在舞台左上角处拉出一个圆形。

②点击选中第20帧并插入关键帧,将原有的圆形删除,用绘图工具在舞台右下角处拉出一个矩形。

③点击第1帧和第20帧,在帧属性面板的 Tween 下拉列表框中选择"形状"选项,将两帧设为形状帧;这时帧的标记为淡绿色,有一个箭头连线在首尾两关键帧之间,表示动画已建立。

④用〈Enter〉键或执行播放命令,可以观看动画效果。

使用形状渐变动画,可以实现对象的形状、位置、颜色的渐变,实现对图形变形、变色、变位置的效果。在同一单元部分最好只制作一个形状渐变,多于一个形状渐变可能会产生意想不到的后果。

形状渐变动画不可以直接作用在群组、组件、文本或者位图上,如果想在这些对象上使用形状渐变动画,先执行"修改"菜单中的"分离"命令拆散这些对象。

3.复杂的形状渐变动画

形状渐变动画由计算机计算自动形成各中间帧,其变形的过程不受人工控制,如果图形复杂,中间的变化效果会在预料之外。如果设计者想进一步对变形效果进行控制,可以使用变形提示点功能来观察控制变形,如图7.12所示。

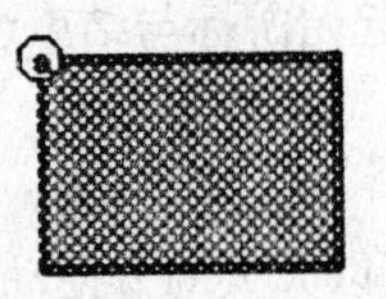

图7.12　开始和结束形状上变形提示点

在形状渐变动画图形的关键位置设置变形提示点,通过观察和调整各点的位置,可以控制复杂的变形。变形提示点用小写英文字母表示,以方便在形状变化时确定各对应点,每次最多可以设定26个变形提示点(变形提示点的颜色在开始关键帧中形状边线上是黄色的,在结束关键帧形状边线上是绿色的,如果不是在边线上,则是红色的)。

①选中第1帧,执行“修改/变换/添加形状提示”命令,舞台上出现变形提示点a,将其移到适当的位置。再选择第20帧,然后将变形提示点a移动到相应位置。

②重复上述过程,增加更多的变形提示点,并分别设置它们在开始形状和结束形状的位置。

③移动播放头,可以依次看到加上提示点后的变形动画。

使用变形提示要注意以下几点。

①使用变形提示的两个形状越简单,效果越好。

②在复杂变形时,最好创建一个中间形状,而不是仅定义开始帧和结束帧的形状。

③确保变形提示点的排列顺序合乎逻辑。

④变形提示点沿同样的转动方向依次放置。

执行“修改/变换/移除所有提示”命令即可删除所有的变形提示点,将要删除的提示点拖离舞台也可以将该提示点删除。

7.3.3　逐帧动画

逐帧动画是传统的动画制作方法。按内容制作出每一帧的画面内容,在时间轴上按先后顺序排列,连接播放时产生动画效果。逐帧动画可以制作复杂的动画,制作的工作量和难度较大,动画效果好。由于逐帧动画的文件数据量大,一般尽量少使用逐帧动画。

1.逐帧动画的制作

制作逐帧动画是由第1帧开始,在舞台上逐帧制作、编辑修改各对象,每一帧都是关键帧。

由于逐帧动画各帧是在画面内容上相关,制作上无关,所以各帧的内容可以用各种方式实现,如直接导入位图画面、文本、图形等。

在一些其他动画制作软件中,制作的动画可以输出为图片序列,这些图片序列也可以导入进来,形成逐帧动画。换言之,逐帧动画可以在Flash中直接制作,也可以用其他软件制作,也可以混合制作。

2.逐帧动画制作特点

逐帧动画各帧的画面有一定的相关性,一些对象在许多帧中会重复出现,可以利用复制修改的方法来产生。

由于在各帧中对象都略有一些不同的变化,如缩放、旋转、变形等,才能形成运动效果,所以设置各帧时,要适当安排对象的变化。

逐帧动画每一帧在画面上停留的时间都很短,适当地安排对象的出现时间和动作路径,保证变化的速度和程度,需要精心的设计。

7.3.4　编辑动画

制作精美动画的过程是反复修改的过程,不可能一次就制作出完美的动画。通常动画初步制作完成后,经过多次播放观察效果,找出需要修改之处,通过编辑修改达到设计目的。

1. 帧的编辑

Flash 中只有关键帧是可编辑的，帧的编辑在时间轴上进行，设计者可以查看 Flash 自动计算插入的帧，但不可以直接编辑它们。如果必须在此帧处进行编辑修改，可以将它们转换为关键帧后进行。

(1)帧的插入和删除

在设计动画时，经常要插入或删除帧。插入帧是在要插入帧处点击鼠标，使指针移至该处，使用“插入”菜单中的“帧”、“关键帧”、“空白关键帧”命令，可以在该点处插入相应的普通帧、关键帧或空白关键帧。删除帧是点击帧或序列，选择要删除的帧或范围，用〈Delete〉键或删除命令实现删除。

如果在时间轴未编辑处进行插入帧操作，其左侧(前面)的帧自动扩展延长到插入帧前。如果插入的是空白关键帧，该帧内容为空白；插入的是普通帧或关键帧，内容与前面的帧相同。

在删除单帧时，其他各帧的位置保持不变；删除一个帧序列时，位置被保留，两端的帧位置不变。

(2)帧的移动和复制

要移动帧、关键帧或帧序列及其内容，可以直接选择并拖拽它们到新的位置。

按住〈Alt〉键选择帧或帧序列并拖动，可以实现复制拖动。

使用常规的复制和粘贴方法，即选择帧或帧序列后执行“复制”、“粘贴”命令，也可以实现复制粘贴，移动位置的目的。

要改变过渡帧的长度，向左右拖动起始关键帧或结束关键帧。

(3)帧的转换

对于中间的关键帧，使用“清除关键帧”命令后转换为普通帧，从被清除的关键帧至后一关键帧之间的所有帧的内容被前一关键帧的内容所取代。对于起始的关键帧，如果前面是空白，“清除关键帧”则将内容删除。对普通帧，在该点直接“插入关键帧”，就转换为关键帧。

2. 多帧移动

当需要移动两个或更多的帧和帧序列并保持其相对位置不变时，必须一次移动需要移动的所有帧，以避免已设定的时间和位置改变。移动多个帧序列的核心是对其选择，用按下 Shift 键的同时点选帧或帧序列，可以实现多个帧或帧序列的同时选取。

对相邻的帧或帧序列，同时选中后可以一起拖动到新位置(这时不能进行其他操作)，如果帧或帧序列之间有空白帧，则不能一起拖动。

3. 多帧编辑

需要进行多帧编辑时，一般都使用洋葱皮结构显示方式。拖动起始游标与结束游标使其覆盖要编辑修改的时间区域，使各帧都显示出来。结合使用对齐面板，可以使多帧中的对象按某种方式对齐，也可以对单独某一关键帧中的对象的位置进行调整。

7.4　图层、组件与场景

使用帧和帧序列只能制作极简单短小的动画片断，为了制作复杂动画，Flash使用了图层、组件和场景不同的形式，实现结构化动画制作的方式。

7.4.1　Flash的动画结构

前面介绍的内容只是Flash动画制作的基本要素，可以实现简单的动画片段制作。一个完整的动画需要许多对象在不同时间不同环境做不同的动作，前面的内容是远远不够的。Flash动画采用结构化动画设计制作方式。其结构如图7.13所示。

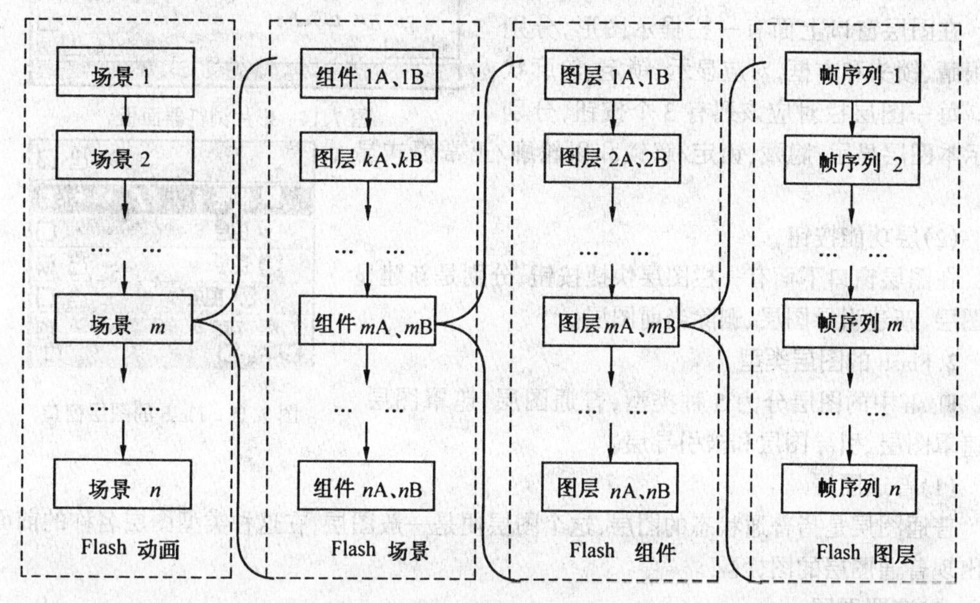

图7.13　Flash的动画结构

一个动画由多个场景按时间顺序组成，每个场景表现一组相对独立完整的内容，如同电视剧中的各集、话剧的各场一样；一个场景由多个图层、多个组件（符号）组成，每个图层、组件是一段相对独立的动画或作用，组合成一段相对完整的内容或功能，如同剧中的每集中的一段场面；每个组件由几个图层中的动画和功能组成，实现一组表演；每个图层由帧和帧序列组成，实现一个或几个对象的动作和控制，是基本的单元表演。

使用菜单"窗口/屏幕"命令或工作窗口右下角发射台中的影片浏览器按钮，可弹出影片浏览器面板，在其中可以看到正在编辑影片的结构，如图7.14所示。

7.4.2　图层及使用

前面介绍的动画制作都是在一个图层中进行。Flash中在同一时间内可以设置多个图层，在每一层的一段时间内设置一个相对独立的动画（如一个运动的物体），由于各层中帧的位置是一一对应的，我们可以将层想象为透明的胶片，每一张胶片都当于一帧的影格,每个影格中有独立的图形,将这些有图形的透明胶片按一定顺序重叠在一起,就形成了由这些独立图形共同产生的组合图形。

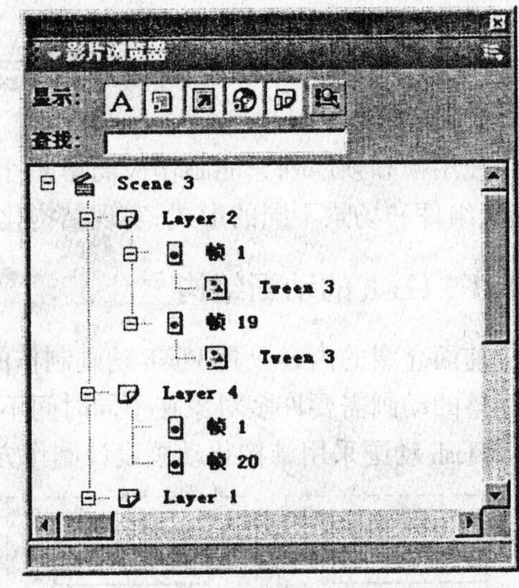

图 7.14 影片浏览器面板

1.图层控制区

为了使用和管理图层,在时间轴窗口的左半部分设置的是图层的管理区域,也称为图层窗口,如图 7.15 所示。它由层示意列和几个有关层的操作功能按钮组成,实现图层显示和操作管理。

(1)层示意列

在图层窗口上面有一栏提示图形,分别是眼睛、锁头和方框,对应显示、锁定、轮廓状态。每一图层栏对应该列有 3 个按钮,分别表示本图层显示/隐藏、锁定/解锁和以轮廓/正常模式显示。

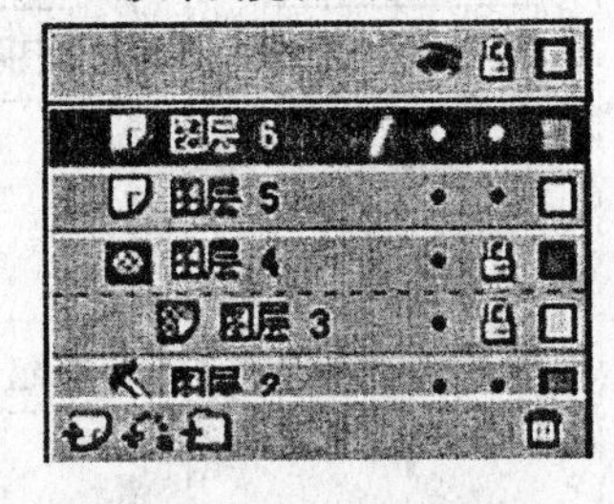

图 7.15 Flash 的图层窗口

(2)层功能按钮

在图层窗口下面有一栏图层快捷按钮,分别是新建显示图层、新建引导图层、删除当前图层。

2.Flash 的图层类型

Flash 中的图层分为 5 种类型,普通图层、遮罩图层、被遮罩图层、引导图层和被引导层。

(1)普通图层

普通图层是指普通状态的图层,这个图层便是一般图层,在这种类型图层名称的前面将出现普通图层的图标 。

(2)遮罩图层

遮罩图层是指放置遮罩物的图层,这种图层的功能是利用本图层中的遮罩物使下面图层的被遮罩物进行遮挡。当设置某个图层为遮罩图层时,该图层的下一图层便被默认为被遮罩图层。这个图层便是遮罩图层,在该类型图层名称的前面有一个遮罩图层的图标 。

(3)被遮罩图层

被遮罩图层是与遮罩图层对应的,是用来放置被遮罩物的图层,这个图层便是被遮罩图层,在这种类型图层名称的前面有一个被遮罩图层的图标。并且该图层名称会缩排在遮罩图层的下方。

(4)引导图层

在引导图层中设置引导线,用来控制被引导图层中的图形对象依照引导线进行移动。当图层被设置成引导图层时,在图层名称的前面会出现一个引导图层的图标。此时,该图层的下方图层就被作为被引导图层,图层的名称会向右缩排。如果该图层下没有任何图层可以成为被引导图层,那么该图层名称的前面会出现一个被引导图层的图标 。

(5)被引导图层

这种类型的图层与引导图层相对应,当上一个图层被设定为引导图层时,这个图层会自动转变成被引导图层,并且图层名称会自动缩排,在相应引导图层名称的下方。

3.图层的操作

(1)新建图层

每当新建一个Flash动画、场景、组件时,默认状态下仅有一个图层,此时该图层的图标为普通图层的标志,在图标的右侧为该图层的名字,默认为Layer 1。

当需要增加图层时,可以新建相应的图层,其方法有3种:单击图层窗口左下角的"新建图层"按钮;在所选取的图层上单击鼠标右键,弹出快捷菜单,从菜单上执行"插入图层"命令;执行"插入/时间轴/图层"命令,都可以在当前图层上面添加图层。

新建图层在默认状态下为当前图层。点击图层栏上的小图标或在选定的图层上单击鼠标右键并从弹出的快捷菜单中执行"属性"命令,将会弹出图层属性对话框,可以设置修改图层属性。"图层属性"对话框如图7.16所示。

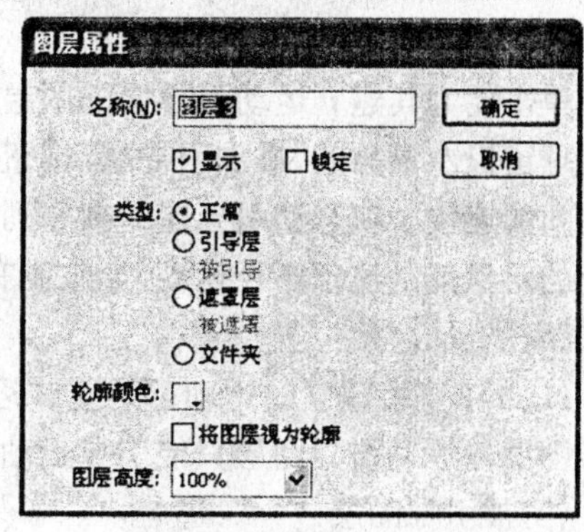

图7.16 图层属性对话框

(2)查看图层

在制作Flash动画过程中,经常要隐藏、锁定一些图层,以便对当前图层进行操作。在图层面板相应图层栏上点击显示、锁定、轮廓按钮,可以实现对该层的显示/隐藏、锁定/解锁和轮廓/正常模式显示的设置。

由于每层的方框颜色不同,以轮廓显示时,不同层的颜色不同,以便区别。

(3)编辑图层

在图层窗口单击某一图层的名称,该图层会突出显示,并在图层名旁边显示铅笔状图标,我们称该图层为当前图层。

在制作动画的过程中,只能对当前图层进行编辑操作。如果当前图层已被锁定(在锁定图标列显示锁头图标)或被隐藏(在显示列显示红叉),此时铅笔状图标被划上红色斜线,表示当前图层也不能编辑。

图层的编辑主要有以下操作。

①选取图层。用鼠标在图层名称区选取一个图层点击,就能将其激活,使其成为当前图层,只能有一个当前图层。

②重命名图层。选中图层后打开图层属性对话框,在图层名称栏中输入名称后用确定钮关闭,就实现了重命名。

③改变图层顺序。在图层名称区上选中要移动的图层,这时会产生一条虚线,拖动到需要的位置,实现图层的顺序调整。

④删除图层。在图层名称区上选中要删除的图层,然后使用图层窗口中的删除图层

按钮,则该图层被删除。

4.引导图层

用 Flash 制作运动动画时,对象的运动默认为直线运动。如果想让对象沿着某条曲线路径运动,可以利用 Flash 提供的引导图层实现。引导图层分为普通引导图层和运动引导图层两种。普通引导图层起到辅助静态定位作用,运动引导图层在制作动画时起到引导运动路径的作用。

(1)运动引导图层

运动引导图层是一个独立图层,在该层中只绘制出运动路径的曲线,使已指定的被引导图层上的对象按照该路径运动。

单击要为其建立运动引导层的图层后执行“插入/时间轴/运动引导层”命令或单击图层管理窗口左下角的“添加引导层”按钮,即在该层上面创建一个运动引导层,并建立了两者之间的连接。在运动引导层的帧序列中用笔画一条路径曲线,同该层建立连接关系的层上的对象都沿这条路径运动(如果没有按路径运动,则需要将运动对象的中心点分别拖放到路径上的起始位置)。

Flash 中直接建立的运动都是直线运动,所以要使对象做曲线运动,必须要使用运动引导图层。运动引导图层只能引导运动渐变动画,不能引导形状渐变动画。

(2)被引导图层

被引导图层位于引导图层的下方,建立引导连接后图层标记向右缩进,表示被引导关系。运动引导层虽然由选中的图层建立,但可以引导多个被引导层,共享一条路径。

将要共享路径的图层拖动到运动引导图层的正下方后释放鼠标,这一图层就被连接到了运动引导图层上。在被引导图层与引导图层之间新建图层,也自动作为被引导图层,如果是运动渐变动画,也按引导路径运动。

将要取消引导连接的图层拖放到引导图层的上面或没有被引导的普通图层的下面,即可取消该图层与运动引导图层的连接。

对一个引导图层的多个被引导图层,位置应在一起,可以像对普通图层一样对它们重新进行排列。

(3)普通引导图层

普通引导图层是在普通图层的基础上建立的,选中要转换成普通引导图层的普通图层,然后单击鼠标右键,在弹出的快捷菜单中选择“引导图层”命令,这时普通图层即可变成普通引导图层。

虽然引导图层多用于版式,但是如果用户想看看在没有某一层时动画是什么样子的,也可以将该层转化为引导层。如果用户不喜欢最后的结果,只需返回到该层,在图层上单击鼠标右键,在弹出的菜单中使用取消“引导图层”命令即可。

引导图层与普通图层有同样多的模式。因此,可以用同样的方法隐藏或锁定引导图层(当用户隐藏引导图层以便于检查布局时,此项功能是很有用的)。

5.遮罩图层

遮罩图层就像一张不透明的纸,我们可以在这张纸上挖一个洞,透过这个洞可看到下面的物体,当洞下面的物体运动经过洞口时,就产生了一个小动画。此外,还可以让遮罩图层下面的物体不动而让有洞的遮罩图层的运动,这就获得了另一种动画效果。

利用遮罩图层可以制作出一些特殊效果的动画,如聚光灯效果、书写效果等。

(1)制作遮罩图层

在选定图层上面新建一图层,使用“修改/时间轴/图层属性”菜单命令或点击右键弹出快捷菜单,修改图层属性,将其设为遮罩图层。在遮罩图层中制作图形、放置文字等,产生需要的遮罩,有内容的部分是遮罩的透明部分,无内容的部分将不透明。

在图层窗口遮罩图层上单击鼠标右键,从弹出的快捷菜单上选择“遮罩图层”选项,此时遮罩图层及其下的被遮罩图层被自动锁定,被遮罩图层的名称向右缩进,并显示遮罩效果。

(2)被遮罩图层

新建遮罩图层后,其下面的一个图层被自动设置为被遮罩图层并锁定。在制作动画中,可能需要用一个遮罩层来遮罩多个图层,这时可以在遮罩图层下面添加被遮罩图层,或将一个普通图层转变为被遮罩图层。

在遮罩层的下面新建普通图层,自动成为被遮罩图层;将普通图层直接拖到遮罩层的下面,则该图层转变为被遮罩图层;使用修改图层属性为“被遮蔽图层”也可以将选中图层变为被遮罩图层。

将被遮罩图层拖到遮罩层上面或非被遮罩图层下面,或者修改图层的属性,就可以将一个被遮罩图层转变为普通图层。

(3)编辑遮罩和被遮罩图层

要对遮罩图层和被遮罩图层中的内容进行编辑,把它们取消锁定状态即可;开锁后会关闭遮罩的显示效果,要再次显示遮罩效果,可把遮罩层和被遮罩层再次锁定,或者点击鼠标右键在快捷菜单中选择显示遮罩效果。

7.4.3　组件及实例

在Flash中,使用了组件(Symbol,符号或元件)来定义和代表各个单元。每个动画文件中有一个组件库,引入的文件、制作的图形、创建的组件都自动存储到组件库中,每个组件有自己的名字,在库中保存,可以重复多次使用,库窗口如图7.17所示。

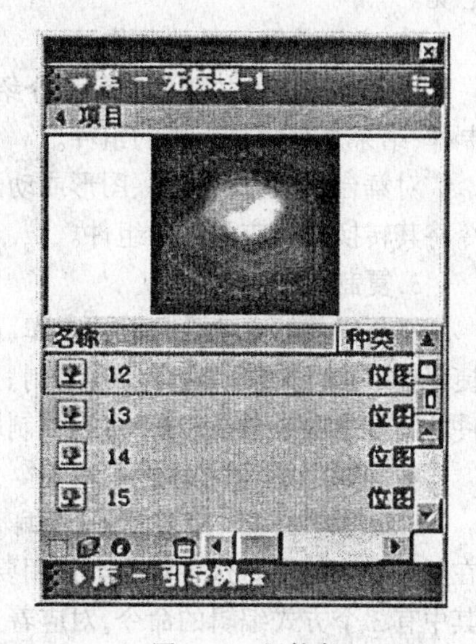

图7.17　组件库

1.组件的基本概念

制作动画时,一般先根据需要制作出各组件,然后在各场景中调用需要的组件,场景中出现的是组件的复制品,称为实例。可以将组件本身看做是照相底片,实例则是相片。通过修改组件的属性,编辑位置等,形成设计的动画。使用组件可以减小动画制作的工作量,方便动画的创作。

组件是编辑制作时使用的基本单元。组件按

照制作和引用的类型分为图形、按钮和影片剪辑 3 种。

图形组件一般是静止的图形和渐变动画，可由多层构成。静止的图形只有一帧，在图形组件中不能捕获鼠标信息，也不能完成 ActionScript 和声音控制。

按钮组件用于响应鼠标事件的控制，在功能上就像我们常用的按钮，可以实现与浏览者的交互。按钮组件可以根据所捕获鼠标的信息实现设定的交互控制。

影片剪辑组件一般是一段制作成的动画片段，它有自己的时间轴、工作舞台和层，并且独立于影片时间轴之外。此外还可以在影片剪辑中加入声音及 ActionScript 等。

2. 组件的创建与制作

执行菜单“插入/新建元件”命令弹出“创建新元件”对话框，在对话框中键入名字并选择要新建组件的类型并确定后，时间轴、舞台等工作界面转换到该组件的制作界面，便可设计制作这一组件了。制作的结果，自动地存放在库中。

(1)图形组件的制作

新建组件的舞台是正方形，中心有十字标记。在舞台上绘制或粘贴形成需要的图形并将图形的中心与舞台中心对齐，就完成了静止图形组件的制作。一个静止图形组件只有一帧，但可以有多层。

制作渐变动画图形组件的方法与前面介绍的方法相同，只是在制作组件的环境下制作，制作的结果作为组件保存在库中。要注意，组件的舞台与场景的舞台大小不同，在制作动画时选好位置和距离，避免不必要的调整。

(2)按钮组件的制作

一个按钮有 4 种状态，按钮在上(Up)、鼠标在按钮上(Over)、按钮按下(Down)、按钮隐藏(Hit)。按钮的时间轴中没有时间(帧数)表示，只有对应 4 种状态的 4 帧。制作按钮组件时用 4 个关键帧对应 4 种状态，每帧在舞台上绘制一个相应的图形，表示按钮的一个状态。使用按钮时，按钮由图形表示，不同按钮状态显示的图形不同，就形成了动态按钮的感觉。

(3)电影剪辑组件的制作

电影剪辑组件的制作与前面介绍的基本动画制作方法相同，只是在组件编辑环境下制作，结果是存放在库中的组件。

对舞台上已有的组件、图形或动画，可以将其选中后利用菜单“修改/转换为元件”命令将其转换成对应类型的组件。

3. 复制组件

复制组件的方法是打开用户库，从中选择要复制的组件，单击鼠标右键，在弹出的快捷菜单中执行“复制”命令实现复制。创建一个新组件时，如果它包含了一个已存在的组件的部分内容或全部内容，可以复制原有的组件，对其进行修改，得到新的组件。

4. 编辑组件

Flash 提供了 3 种对组件进行编辑的方式；在组件编辑模式下编辑、在当前位置编辑、在新窗口中编辑。选中舞台上使用要编辑组件的实例后，单击鼠标右键弹出的快捷菜单，其中有 3 个方式编辑的命令，对应着 3 种组件编辑方式。

(1)在组件编辑模式下编辑

当用户使用组件编辑模式时,舞台将被改变为只显示组件的视图,被编辑组件的名称将出现在顶端当前场景名称的右侧。双击舞台上的实例,可以进入组件的编辑状态。

(2)当前位置编辑

使用在当前位置编辑命令可以在舞台上直接编辑组件,舞台上的其他对象将以灰度显示,以示与当前编辑的组件的区别。被编辑组件的名称出现在顶端当前场景名称的右侧。

(3)在新窗口中编辑

使用在新窗口中编辑命令打开一个单独的窗口编辑组件。这种方式允许用户看到组件的时间轴和主动画的时间轴,被编辑组件的名称将出现在舞台顶端的信息栏中。

对组件进行编辑,会影响该组件的所有实例。编辑完成后,Flash 用组件编辑的结果自动更新引用该组件的所有实例。

5.应用组件——实例

应用组件是将组件的复制品用到舞台上,这个复制品称为实例。对实例我们可以进行属性的改变,例如实例的替换,改变实例的颜色效果及类型。如果需要还可以将实例与组件之间切断链接,即分离实例。

(1)组件引入——实例

引入组件的方法是;先设置或选择要引入组件的图层及其中的关键帧,在该关键帧编辑状态下,从库中将需要的组件拖放到舞台上,就实现了组件的引入。在组件编辑、场景编辑状态下,都可以引入组件。

如果引入的是简单静态图形组件,其在关键帧有效的范围内显示出图形,可以将其作为一个对象,进行动画设置等处理;如果引入的是制作的渐变动画,要使其帧序列与动画的帧数相配合,设置的帧数少,动画不能播放完;设置的帧数多,将重复播放。

(2)设置实例属性

在 Flash 5.0 中动画实例播放的设置在实例面板中,声音实例播放的设置在声音面板中,颜色效果设置在效果面板中,在 Flash 6.0 MX 中设置都在属性面板中。

选中舞台上的实例(可以通过点击舞台上的对象或相应图层的关键帧实现),相应面板上就出现该实例可以设置的属性,这些属性可以独立于组件。如通过设置可以改变实例填充的色彩、透明度和亮度,重新定义实例帧的类型。电影剪辑实例可以设置播放的方式、重复播放的次数,声音实例可以编辑设置音效,同步播放和停止的控制等。

此外,还可以在不影响组件的情况下对实例进行倾斜、旋转和缩放处理,使用其他组件替换实例。

(3)替换实例

在 Flash 6.0 MX 中可以实现实例替换(Flash 5.0 中无此功能,可以删除后重新引入),根据需要可以将动画中的一个实例由另一个组件的实例替换。替换后,该实例先前所调整的属性(亮度、着色和透明度等)仍作用于新的实例。可以替换实例的组件必须是本动画文件中的组件。替换的方法是,选中舞台中的实例,在单击属性面板上的“交换”按钮,出现“交换组件”对话框,在此选择一个组件替换当前组件。

(4)分离实例

分离实例就是切断实例和组件之间的链接,使之成为一组未组合的形状和线条,以便于做更多的修改。如果用户想对实例做较大程度的改变而不涉及实例所属的组件以及其他实例,则可以考虑执行这项操作。分离方法是选中舞台中的实例,执行菜单“修改/分离”命令,就实现了实例分离。实例分离后与原组件不再有关,再修改源组件时被分离的实例将不会被更新。

7.4.4　场景及使用

Flash 的一个动画可以只有一个场景,也可以有多个场景。场景是一个个动画单元,一个场景相当于话剧的一幕。动画在播放时是按照编排的场景顺序自动进行的,每个时刻只有一个场景播放,从开始到结束。

开始制作 Flash 动画时,进入的就是场景制作的界面。场景制作是在舞台上放置组件、图形、文本等各种对象,并使其进行表演,实现动画效果。

1.简单场景的制作

简单场景是直接在场景制作环境下通过较简单的制作处理完成的。在场景中设置需要的图层,在图层中直接制作动画,可以形成基本的场景动画。简单场景是动画的基础和基本内容,使用前面介绍的方法就可完成。

2.复杂场景的制作

复杂场景是在场景制作环境下通过引入各种组件,加入相应的帧序列和其他的需要内容,形成内容复杂效果好的动画。在复杂场景制作中,主要的内容都先用组件方式制作出来,存放在库中,在场景制作时引入到相应图层的关键帧中。

在场景中引入较主要的组件类型有电影剪辑组件、声音组件、按钮组件,这几类组件在使用时都要进行相应的设置,才能实现相应的效果和功能。

3.场景的插入与排序

在场景编辑状态下可以使用菜单“插入/场景”命令建立新的场景,新插入的场景按顺序自动编号,编辑用的时间线和舞台等窗口转换为新场景的编辑状态。使用右上角的场景编辑按钮,打开场景列表点击,可以选择要编辑的场景。场景面板如图 7.18 所示。

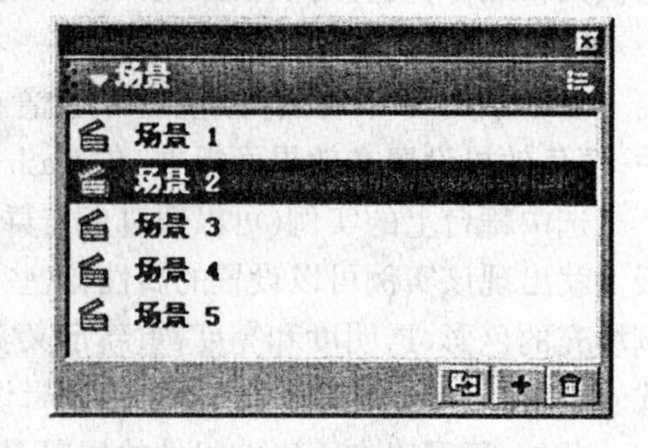

图 7.18　场景面板

影片播放时是按照场景顺序自动接续播放的,制作场景、插入场景时不可能完全满足顺序要求,需要修改场景的顺序。其方法是使用菜单“窗口/设计面板/场景”命令打开场景面板,在面板中拖动要调整顺序的场景到相应位置。

使用场景面板右下边的按钮可以进行场景复制、添加和删除(插入菜单中也有删除场景命令)。要注意,场景一旦被删除后就无法恢复(删除场景后编辑菜单中的撤销命令无效),所以要删除场景时会弹出警示盒,请确认删除场景。

为了表示场景中的内容特点,应给场景设置相应的命名。在场景面板中双击场景名称,进入场景重命名,输入新的场景名称后回车,就更换了场景名称。

7.5　外部素材的使用

在实际制作时,许多内容不是绘制的,如较多使用的图片、录像、声音等,都是由其他方法获取后,作为计算机的文件存储起来,供制作各种多媒体作品使用。Flash也可以将这些文件引用到动画中来。

7.5.1　图像文件的引用

Flash能够导入多种格式的位图和矢量图文件,由于这些文件的格式很多,很难完全记住,可以试验引用,如果引用不成功,可以使用图像编辑软件将其格式进行转换,当多次使用熟悉后,自然就记住了。

1.文件的导入

通过菜单命令可以导入外部图像文件素材。使用文件菜单中的导入命令,弹出文件选择框,从框中选择所要导入的图像文件并确认就实现了导入。图像被导入后成为当前层中的一个对象。同时在库中增加了一个位图组件。

如果导入的是一个图像序列(文件名以连续的数字命名,如T01.TIF、T02.TIF、T03.TIF…)中的某一个文件时,Flash提示是否将整个图像序列导入,单击“是”按钮将导入图像序列中的所有文件,并按顺序在当前层中排列为相连的连续关键帧;单击“否”按钮将只导入当前所指定的一个图像文件。所有导入的图像都增加为在库中的组件。

由Free Hand或Adobe Illustrator制作的矢量图形及Windows图元文件;被导入时都为当前层中的组合体。

2.通过剪贴板粘贴

利用剪贴板不但可以进行内部对象的复制和粘贴,还可以从其他的应用程序中粘贴图像。普通的操作方法及步骤与其他软件相同。

执行“编辑”菜单中的“粘贴到当前位置”命令,将剪贴板中的对象粘贴到对象原来的位置上。

执行“编辑”菜单中的“选择性粘贴”命令,以嵌入方式粘贴图像,将弹出一个对话框,用户可以在该对话框中选择将剪贴板中的对象以什么格式粘贴到舞台中。

使用粘贴方法导入图像要注意以下几点。

①如果要编辑以嵌入方式粘贴的图形,Flash会自动运行相应的宿主程序,并在宿主程序中编辑,完成后会在Flash中更新。嵌入的图形不能旋转,除非执行“修改”菜单中的“分离”命令将其打散。

②通过剪贴板粘贴的图形不形成组件,不会存储到组件库中,而且图像的质量也不佳。

③通过剪贴板粘贴的位图不保留透明设置,导入的位图才保留透明格式。

3.导入图形的转换处理

在Flash中只能对矢量图实现动画处理,如果导入的图像是与Flash相同的简单矢量图形,其和在 Flash 中制作的对象描述相同,对其进行的操作处理相同。如果导入的图像与 Flash 的矢量图形不同,而且要进行编辑处理,则需要转换成可处理的形式。

(1)位图的转换

如果导入的图像是位图图像,在舞台上选中要转换的位图后,使用菜单“修改/位图/转换位图为矢量图”命令,弹出转换位图为矢量图对话框,设置转换要求的参数,确认后就将该位图转换为矢量图。

位图转换时将原位图用位置和颜色相同或接近的独立填充区域及线条表示,使其可以在 Flash 中进行编辑处理。

转换的设置不同,转换的效果也不同,形成的数据量和处理的时间相差很大,要根据需要的效果设置,转换位图为矢量图对话框如图 7.19 所示。

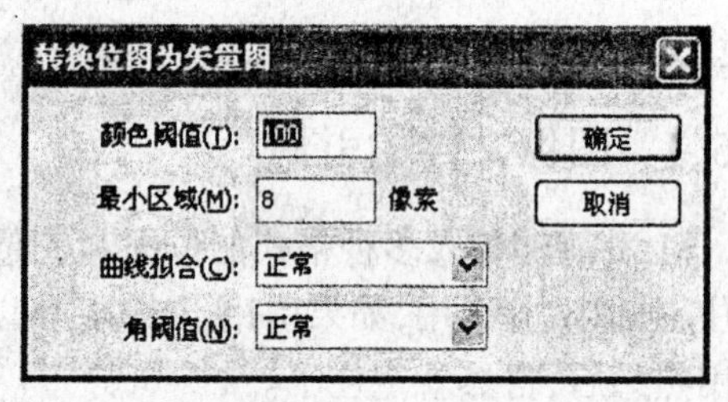

图 7.19 转换位图为矢量图对话框

转换位图为矢量图对话框各选项说明如下。

①颜色阈值。取值范围是 0~500。此项用来设置转换位图中识别颜色的层次,设置的数值越大,被转换的色彩越少,但与原图像差别越大。

②最小区域。取值范围是 1~1000。此项设定表示以多少个像素作为一个单位转换,输入的数值越大,图像越不清晰。

③曲线拟合。设定转换成矢量图后,曲线的平滑程度,或者说是允许的失真程度。有像素(Pixels)、非常紧密(Very Tight)、密集(Tight)、正常(Normal)、平滑(Smooth)、非常平滑(Very Smooth)6 个选项,选用像素时不失真,选用非常平滑时失真很大。一般选用标准方式。

④角阈值。设置曲线的弯度要达到多大的范围才能转化为拐点。有较多转角(Many Corner)、正常(Normal)、较少转角(Few Corner)3 个选项,选用较多转角时失真大,一般选用正常选项。

设置好描述参数后,单击确定按钮,显示进度对话框,表示正在转换图片的格式。图形文件越复杂、颜色的层次越多、最小区域越小,描述转换需要的时间越长。

在有的情况下,转换后的矢量文件尺寸比原来的位图文件还大,这是因为原来的位图文件太复杂,需要产生非常多的矢量图来描述它。

(2)矢量图的转换

用其他软件制作的矢量图形文件导入后,有些是组合的对象,如果要对其进行编辑处理,也需要进行转换。对这类图形和图像,可以在选中该实例后采用菜单“修改/分离”命令将其打散,转换成为分散的矢量图形。

分解组件命令也可以将导入的位图转换为矢量图形。

(3)设置位图属性与编辑

对于不使用形状渐变动画的位图组件,可以直接使用和设置,不必转换。通过位图属性框,可以了解位图信息、预览效果、更换导入的图像文件、测试图像文件、选择图像压缩方式和进行压缩等。

如果需要编辑导入到 Flash 中的位图组件,在库中用鼠标右键单击位图图标弹出快捷菜单,从中选择"Edit with..."选项,弹出文件选择窗,选择需要的图像编辑软件直接在 Flash 中启动该程序进行编辑修改,无需离开 Flash。

位图修改完毕后保存,在库中对该位图组件使用快捷菜单中的更新(Update)命令,该位图组件即被更新。

(4)矢量图的优化

导入和转换的矢量图都是由许多曲线构成的,曲线的数量越多,文件就越大。所以在编辑处理完成形成输出文件之前,可使将图形文件最佳化,这样可使文件的数据量减小。

选取矢量图后,执行菜单"修改/形状/优化"命令,打开优化曲线(Optimize Curves)对话框,在框中设定平滑程度(Smoothing)后,单击确定开始处理,处理结束后给出优化结果。并不是所有的矢量图优化都有效果的。

7.5.2　声音的引入与处理

在 Flash 动画中加上合适的背景音乐可以增强动画的表现力和感染力,配上声音解说可以更完整、充分地表现内容,为动态按钮的各种状态加入声音效果可以提高作品交互的趣味性,声音是 Flash 动画中的一个重要部分。

1. Flash 中的声音类型

Flash 中有两种声音类型,事件声音和流式声音。

(1)事件声音

事件声音是默认的模式,也是平常所采用的方式。这个模式以声音为主,影片在声音下载完毕开始播放,声音和图像没有同步关系。如果声音已经下载完毕,而影片内容还在下载,则会先行播放声音;影片结束时如果声音未结束,声音也要播放完才结束,或者由明确的停止命令停止。

事件声音可以用做单击按钮时的声音,也可以把它作为循环播放的背景音乐。由于事件声音在播放前必须完整下载,所以声音文件不能过大。

(2)流式声音

流式声音用于网站播放,只要下载一定的帧数后就会立即开始播放,Flash 在播放时会强迫动画同流式声音保持同步。如果 Flash 获取动画帧的速度不够快,它会跳过这些帧。如果动画停止,流式声音也就立即停止。流式声音的播放长度不可能超过它所占用的帧的长度。

可以将一个声音在某处用做事件声音,在另一处用做流式声音。

2. 导入声音文件

Flash 支持的声音文件的格式比较丰富,有常见的 Windows 系统的 WAV、Macintosh 系统的 AIFF,还有现在最流行的 MP3。如果计算机中安装了 Quick Time,Flash 还支持 Sun 系统的 AU 文件,并且可让 Windows 及 Macintosh 都支持 WAV 及 AIFF。

执行菜单"文件/导入/导入到库"命令,弹出导入对话框,从中选择需要的声音文件,即可建立一个声音组件,存放在组件库中。在组件库中可以查看并且试听。如果要给声音添加特效,最好使用 16 位的声音文件。

3.动画中声音的加入

为动画添加声音有两种方式,在已有动画图层上直接加入和在声音专用图层中加入。两种加入的方法相同,在图层需要开始声音的时间处设置关键帧,在该帧编辑状态下将需要的声音组件拖放到舞台上,图层在该关键帧开始的帧序列中显示声音的波形,表示声音已加入。

4.声音的编辑

选中具有声音的帧序列,在属性面板中可以对声音的播放做一定的效果处理。

(1)声音的更换

在声音属性面板中,使用“声音”下拉列表可选择应用已导入为组件的声音文件。

(2)播放效果的加入

使用“效果”下拉列表选择播放效果和播放类型;使用其右侧的“编辑”按钮,打开“声音编辑器”可以自己设计播放的效果形式。下拉列表中可选用的效果如下:

没有　没有加特别的效果,选择该选项可以除掉以前应用于声音的特效;

左声道　只在左声道播放声音;

右声道　只在右声道播放声音;

从左向右淡出　将声音从左声道转到右声道,产生声音从一个喇叭转到另一个喇叭并逐渐减弱的效果;

从右向左淡出　将声音从右声道转到左声道,产生声音从一个喇叭转到另一个喇叭并逐渐减弱的效果;

淡入　在声音播放过程中逐渐增加它的振幅;

淡出　在声音播放过程中逐渐减小它的振幅;

自定义　通过使用“声音编辑器” 自己设置声音的特效。

(3)播放的控制

使用“同步”下拉列表选项选择同步影片与声音的配合方式,用户可以在关键帧处设定声音与影片同步播放、自行播放,或是设定声音的播放与停止。

开始　从此处开始播放,如果所选择的声音实例同一时刻已在时间线上的其他地方播放,Flash 将不会再播放这个实例;

停止　使指定的声音停止,在时间轴上同时播放多个事件声音时,可指定其中的一个为静音;

循环　决定声音实例将从开始到结束播放多少遍,通常用来创建背景音乐的循环声音。使用“循环”可以缩短背景音乐的声音文件大小。

声音可以多次放到动画中的不同位置上,重复地使用,并且不会很明显地影响文件大小。

5.给按钮增加声音

把声音同按钮的不同状态结合起来,使针对按钮的各种动作能产生不同的音响效果,可以给出按钮动作提醒的指示。按钮插入声音的方法是选中按钮组件并进入按钮编辑环境后,创建声音图层并命名;对应按钮各状态插入空白关键帧,依次选中各关键帧插入相应的音效。

6.声音编辑器

在声音属性面板上单击“编辑”按钮时,可打开“声音编辑器”,如图7.20所示。

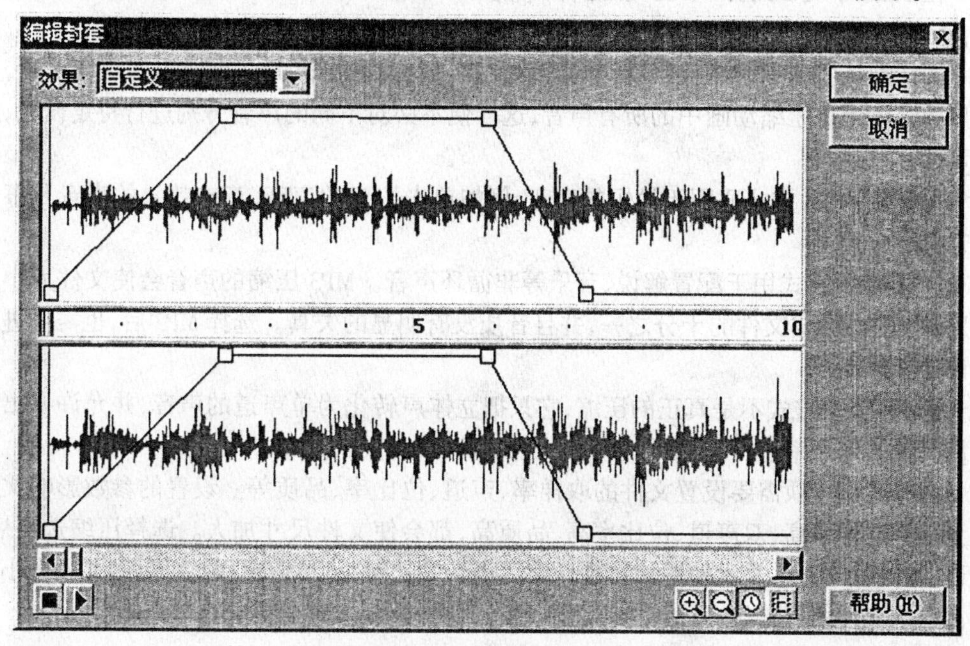

图7.20 声音编辑器窗口

声音编辑器有两个声道窗口,上层是左声道,下层是右声道,分别显示当前所选声音的数字波形,并可对其进行编辑。使用窗口右下角的按钮,可以在时间轴上放大、缩小窗口中的波形;转换时间轴单位(秒或帧);通过控制线和控制柄可以调整左右声道的音量大小。

左右声道各有一条控制线,播放时音量按控制线的高低变化,控制线和控制柄在窗口中的位置越高,该处或点的音量就越大。单击控制线即可产生控制柄,最多为8个。要移走控制柄,只需把它拖出声音编辑窗口即可。通过控制线和控制柄调节播放时的音量,实现不同的效果。

在时间轴对应声音波形时间的起止点处各有一个可拖拽的滑块,标志声音的开始和停止,用两个滑块可以选用实例中的一段声音播放。

在这里进行的都是对实例的调整和设置,不影响库里的声音组件。

7.声音组件的属性修改

在库中用鼠标右键点击要修改的声音组件,弹出快捷菜单,从中选择执行属性命令打开属性对话框,对话框右侧有一排按钮,可以对声音组件的内容进行修改。

如果原始声音文件已被重新编辑,用更新按钮可以将库中的声音组件更新。

用导入按钮可以导入新的声音文件来代替原文件,并将应用该声音的所有实例改用新导入的声音文件。

用测试按钮可以听到当前压缩设置的声音效果。

用停止按钮可以在任意点暂停预览。

8.Flash 的声音压缩

在 Flash 中可以对导入的声音进行压缩,在声音组件的属性对话框的下部有压缩选项栏,通过下拉列表进行压缩类型的选项;对应不同类型压缩的需要,有相应的设置。

选择默认值选项时将使用默认的压缩方式,是 Flash 提供的一个通用的压缩设置,可以用相同压缩比压缩动画中的所有声音,这样便不必对不同的声音分别进行特定设置,从而可以节省时间。

选择 ADPCM 方式适用于简短的声音,例如单击按钮的声音、音响效果的声音及事件声音。

选择 MP3 方式用于配置解说、音乐等非循环声音。MP3 压缩的声音会使文件大小减为原来.WAV 格式文件的十分之一,并且音质没有明显的失真。选择 MP3 后,也需要进一步设置。

选择 RAW 方式不是真正的压缩,它只把立体声转化为单声道的声音,并允许导出声音使用新的采样率进行再采样。

对应压缩选项需要设置文件的取样率、声道、位比率、品质等。设置的参数影响文件的大小。取样率高、双声道、位比率高、品质高,都会使文件尺寸加大。选择压缩选项后,对话框的最下一行,显示使用该选项压缩后声音的比特率、单声道(或立体声)文件大小以及占原始文件的百分比。

7.5.3 视频文件的使用

动画和视频有很多的相似,也有显著的不同。相似是都以帧序列顺序播放形成活动的画面,在设置、文件特性等有很多的类似之处;不同则是各帧中的内容来源不同,动画是人为绘制或通过计算机形成的,视频则是由摄像机摄取的实际影像。当然,随着动画制作技术的发展和在影视方面的应用,两者之间互相渗透、影响,区别也会越来越小。

在 Flash 中,可以导入视频文件作为组件和实例,从而可以将实际录像与制作的动画合成在一起,得到更好的效果。

1.支持的视频格式

在默认情况下,Flash 使用 Sorenson Spark 编解码器导入和导出视频。编解码器是控制导入、导出时对文件怎样压缩和解压缩的一种算法。因此,对其他视频格式的支持取决于系统安装的是什么编解码器。

如果系统中安装了 Quick Time 4 或更高版本,则可以导入如表 7.1 所示的视频文件格式。

表 7.1 安装 Quick Time 4 后可以导入的视频格式文件

文件类型	扩展名
Audio Video Interleaved(音频视频交叉存取)	AVI
Digital Video(数字视频)	DV
Motion Picture Experts Group(移动图像专家组)	MPG、MPEG
Quick Time 动画	MOV

如果系统中安装了DirectX 7或更高版本,则可以导入如表7.2所示的视频格式文件。

如果要导入的视频文件格式不被系统所支持,则Flash将显示一个消息框,提示无法完成该操作。在某些情况下,Flash可能在导入文件时,音频不被支持。这样,Flash将提示文件的音频无法导入,但是用户仍然可以导入无声的视频。

表7.2 安装DirectX 7后可以导入的视频格式文件

文件类型	扩展名
Audio Video Interleaved(音频视频交叉存取)	AVI
Motion Picture Experts Group(移动图像专家)	MPG、MPEG
Windows媒体文件	WMV、ASF

2.导入视频文件

导入视频文件与导入图像、声音相同,都是在选中关键帧后用菜单“文件/导入”命令弹出文件选择对话框,从中找到需要导入的视频文件,确定后需要的文件被导入到库中为一个组件,同时在舞台上建立实例。在Flash 6.0版本中,弹出一个对话框,可以对文件的导入进行相应设置,如品质、关键帧间距、帧数比例等,在保证要求的情况下减小形成组件的数据量。

视频的设置与质量、文件大小有直接的关系,设置“品质”的数值越大,品质越高,关键帧的间隔越小,则保存的完整的帧越多,视频中的搜索越快,但是形成的文件也越大。

当导入视频帧的长度大于选择图层的帧序列长度时,弹出警示盒,提示是不是要自动添加这些多出来的帧。

3.视频组件的使用

组件建立后,除在当前图层中使用外,还可以在其他图层、场景中使用。使用视频组件是在要引用视频的位置插入关键帧,在该关键帧的编辑状态将视频组件拖放到舞台上,成为视频实例,并可以通过变换将实例放大、缩小和旋转。

导入的视频实例在一个关键帧中不能播放,只呈现为第一帧的静态画面。要使其播放,需要在起始的关键帧后面播放停止点处插入一帧(普通帧就可以),形成影片的帧序列,影片播放到该帧时停止。如果设置的帧序列长于影片的帧,影片将到结束处停止,剩余的部分显示框线作为提示。

4.视频组件的编辑修改

视频对象在Flash中除提前停止外,不能对组件和实例做任何编辑修改。需要编辑修改时,在库中通过点击右键弹出快捷菜单,选择需要使用的视频编辑软件进行编辑处理,处理后保存处理结果文件。如果用原文件名保存,需要做更新操作;如果另存为其他文件名,或者用其他视频文件代替,需要做替换操作。

在库中选取需要的视频片断用鼠标右键单击弹出的快捷菜单,执行其中“属性”命令,弹出属性对话框。单击“更新”按钮更新视频文件,单击“导入”按钮导入新的视频文件替换嵌入的视频片断。

7.6 输出与发布

前面介绍的都是使用 Flash 制作动画,这时保存的文件都是编辑状态下的文件,不能直接作为动画播放。因为编辑状态下的文件可以剪辑修改,是制作者的智慧和心血,拥有自己的知识产权,所以也不要轻易地给出。

制作完成的结果,是根据使用的需要,输出成相应的格式文件,这种文件一般为可执行文件或在一定播放器下使用的文件,可以播放,不能剪辑修改,可以保护自己的劳动成果,也不影响发布。

7.6.1 动画的导出

用 Flash 制作的内容基本上都可以输出为文件保存,也可以给其他的文件使用。从整个影片、场景、组件到舞台上的对象,根据输出的目的要求,都可以选择不同的文件类型与格式保存。

输出使用文件菜单中的导出命令,有两个导出,导出电影和导出图像,分别用于活动画面内容和静态图像的导出。

1.视频的导出

如果要保存为活动的画面,就需要使用导出电影命令。使用菜单“文件/导出/导出影片”命令,弹出保存文件选择框,选择或建立需要的文件夹,输入或选择文件名,再选择要保存文件的类型后确定,弹出此种文件的保存参数及选项设置框,设置后开始保存。

在导出 SWF 格式文件并设置参数时,如果选择“防止导入”选项,可以禁止在其他文件中导入该文件;选项不同,需要的环境不同,条件不足时可能造成无法播放,需要重新设置导出。

在 Flash 5.0 中,导出的电影是制作的整个动画,按照场景的排列顺序将个场景中的动画转换为视频文件。在 Flash 6.0 中,既可以将整个动画导出,也可以将各场景、组件动画单独导出,成为单独的视频文件。

2.导出视频的格式

导出电影时,在弹出的保存文件选择框的下面有要保存视频文件格式的选项,有十几种选项,分别选择输出 Flash 电影格式、Windows 的 AVI 格式、Quick Time 的 MOV 格式、矢量图序列或位图序列等。

导出的目的是为了使用,所以在导出时要考虑后面使用需要的格式,同时要考虑文件的大小。在 Windows 环境下,使用较通用方便的是 AVI 格式,但文件较大;也可以使用 GIF 的动画格式,文件较小,但效果稍差。如果在 Flash 中使用,最好的还是 Flash 中的 SWF 格式的文件,文件小,并且效果好,只是通用性差。

如果使用图像序列,要注意形成序列的序号和文件的保存,避免失散。

导出的每种格式都有相关的选项,需要认真地选择设置,由于篇幅所限,在此不做介绍。结合前面有关视频的知识和选项的名称意义,也可以理解选项的目的和意义,做出合适的选择。

3.图像的导出

无论是在场景还是在组件中，如果选中了一个关键帧的画面或对象，并且要保存为静态的图像，要使用导出图像命令。

在关键帧或对象的编辑状态，使用菜单“文件/导出/导出图像”命令，弹出保存文件选择框，选择或建立需要的文件夹，输入或选择文件名，再选择要保存文件的类型后确定，弹出此种文件的保存参数及选项设置框，设置后开始保存。

导出图像可选择的格式也有十几种，导出图像的格式不同，适用的范围和目的也不同，也要根据需要选择合适的格式和恰当的选项。

4.声音的输出

在 Flash 5.0 中，没有单独的声音输出，可以使用导出电影的方法，导出 WAV 格式的声音文件，将用声音属性对话框对声音进行调整控制后的结果输出为声音文件，输出的是整个影片的声音文件。

在 Flash 6.0 MX 中，使用声音属性对话框对某个声音的输出质量和大小进行控制，若要把动画中的声音用同样的标准输出，在“发布设置”对话框中可以进行声音输出的设置。

7.6.2　文件的发布

在 Flash 动画制作完成后，最终是要发布出来形成可供别人使用的文件，或者是在网页上，或者是独立的动画文件、视频文件等等。使用菜单“文件/发布设置”命令可以对发布的文件名称、属性等进行设置，设置完成后，使用“文件/发布”命令，可以完成发布工作。为了减少文件的数据量，以减少网络上传输的时间和占据磁盘的容量，还要对文件进行优化处理。

1.文件的优化

动画越大，画面越复杂，需要的数据量越大，使用计算机的资源越多，占用的时间越长，特别是在网上传播，需要时间长、费用增加，甚至影响效果。在 Flash 中为提高效率，设置了优化功能，可以检测出画面中相同的形状合并为一个，将嵌套组件转变为单一的组件，通过适当的策略来优化作品，减小文件的体积。

在发布前，应考虑发布的要求，如果在网上发布传输，要求数据量尽量小，要先检查一下动画的内容，看是否可以进一步优化。减小数据量的主要优化内容有以下方法。

①绘制图形时使用铅笔和直线工具绘制比其他工具绘制的图形数据量小，单色填充的数据量比渐变色填充的数据量小，在要求文件小时应考虑使用绘制的工具和填充的颜色。

②尽量使用矢量图形，少用位图，尤其避免使用位图动画，使用位图最好是 JPEG 格式。

③对重复使用的对象，尽量使用组件表示，可减少文件的数据量。

④导入的声音最好是 MP3 格式，背景音乐最好是一小段音乐重复播放。

⑤尽量使用系统默认字体，尽量不要打散字体，减少使用嵌入式字体。

如果是以光盘发布，文件的大小可能不是主要矛盾，应该保证播放的速度和质量，影响播放速度因素有以下几点。

①使用 Alpha(透明度)设置,会减慢播放速度。

②作品开始处画面的数据量大(大面积的位图和多张图片),会使播放开始的时间推迟。

③在同一时刻对应的帧中同时设置多个动画的动作,会影响播放的速度。

④在同一帧序列中多个对象的动画会影响播放的速度。

⑤过大的数据量也会影响播放的速度,特别是导入画面较大的视频文件时影响较大。在发布前要综合考虑有关要求,尽量使发布的文件符合使用的需求。

2.发布的设置

发布作品前,需要进行设置,其中包括发布文件的类型格式、相关属性等。使用菜单"文件/发布设置"命令,弹出发布设置对话框,框中有一个基本页面是格式页面,如图 7.21 所示。在格式页面种选择发布文件的格式,增加相应的设置页面,最多有 9 个页面。

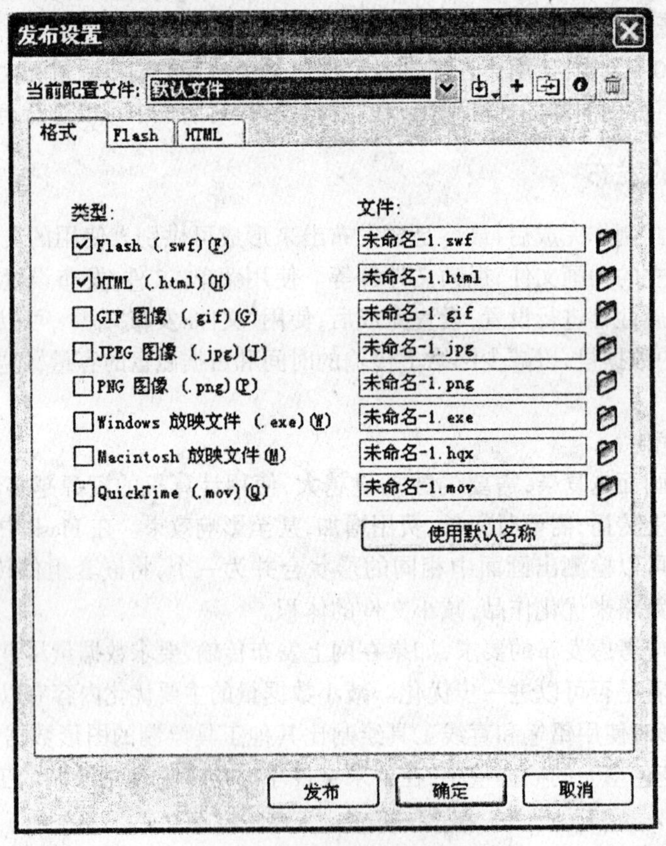

图 7.21　发布文件的设置页面

发布时根据使用目的要求的不同,需要的文件格式也不同,可发布的文件格式有以下几种。

①只能用 Flash 自带的播放器播放的文件,后缀为.SWF,作为独立动画或动画素材。

②在网页上使用的动画文件,后缀为 .HTML,主要作为网页内容。

③GIF 动画文件,后缀为 .GIF,较典型的连续动画。

④JPEG图像文件,后缀为 .JPG,只发布第一帧静态画面。

⑤PNG图像文件,后缀为 .PNG,支持透明显示的跨平台的位图格式,只发布第一帧。

⑥Windows放映文件,后缀为 .EXE,在Windows环境下直接执行的连续动画。

⑦Macintosh放映文件,后缀为 .HQX,在Macintosh环境下执行的连续动画。

⑧QuickTime电影文件,后缀为 .MOV,在Macintosh或Windows环境下的电影。

根据使用目的的不同,常使用的主要格式有.SWF,.GIF,.JPG,.HTML,.EXE几种,前3者多用做多媒体编辑使用的素材,后两者直接使用。

选中发布格式后,要选择相应的设置页面进行文件属性的设置。虽然各个格式需要的设置不同,但常用的设置项还有相似,如画面的大小、画面的质量、颜色的位数、压缩的方式等,作者可以根据自己的目的和需要设置,这里不一一介绍了。

3. 文件的发布

发布格式确定后,可以在发布设置对话框中直接使用右边的"发布"按钮进入发布状态,也可以结束设置后,使用菜单"文件/发布"命令实现。在发布时,被选中的文件格式同时发布,存于原文件所在的文件夹中。

文件发布时,出现进度条对话框,指示处理的进度。如果弹出相应的提示框或者较长时间进度不变化,可能是出现了无响应情况,只能强行停止Flash的运行。

4. 发布文件的注意事项

发布文件时,由于各方面条件和因素的影响,可能会出现一些异常情况,在发布前要做好处理,保证安全,提高效率。一般情况下要注意以下2点。

①发布前,要做好设置,根据实际需要选择所要的文件类型,不需要的文件类型不要选,既减少不必要的工作,又保证安全。

②发布前,尽可能先进行发布预览(使用菜单"文件/发布预览"命令实现),既可以检查作品的情况,又可以检查设置的情况。

7.7　交互与编程

前面介绍的使用Flash制作动画,都是制作线性过程表示的动画,除了打开与关闭外,只能是按时间顺序播放,不能实现过程中的交互控制。多媒体的定义不仅是用多种媒体来表现信息,还有一个重要的特征就是交互。

在Flash制作的动画中,也可以实现交互控制,只是这种交互是通过编程来实现的,因而需要有一些编程的基础。在Flash中使用编程,除了实现交互控制外,也可以进行其他的运算、判断和控制,也就和其他编程语言一样,可以实现多种不同的功能。

为了便于多媒体制作人员编程,Flash使用自己专用的作用(Actions)面板,通过选择所需的功能在编程窗口中自动填入相应命令语句,再根据需要选择或填入有关的参数,就实现了编程。

7.7.1　交互的对象和响应

多媒体的交互是在程序运行时,通过输入信号来控制和改变程序的处理。在使用者看来,交互是通过鼠标点击某一个确定的对象或输入一个对应的按键,使微机执行相应的内容;从编程者的角度看,交互就是一个输入事件的采集、判断和分支处理的过程。

实现交互的要素是对象和响应,由交互对象形成输入信号,在程序处理中完成交互要求的处理,形成要求的响应,通过这个响应使操作者得到交互操作需要的结果。

1.Flash 中交互处理的过程

Flash 的一般制作都是顺序结构,即按照时间轴和场景序列进行。要使用交互,就需要使程序在交互有效处等待(一般是用几帧内循环的结构),在循环内设置交户对象和动作命令,在满足交互条件时跳出循环,去执行需要的部分。Flash 中一段交互处理的过程如图 7.22 所示。

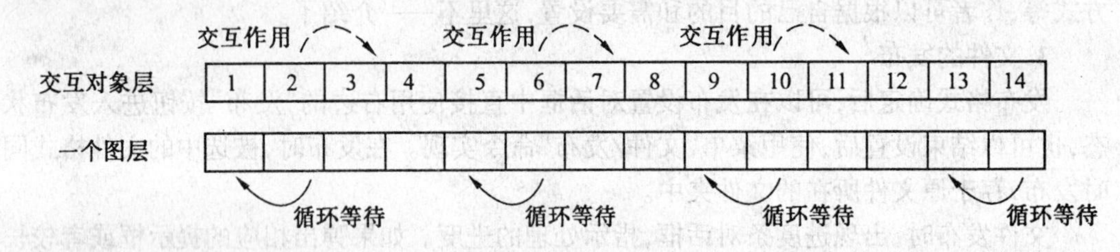

图 7.22 Flash 中一段交互处理的过程

在图层(可以是多个图层中的任一层或多层)中的关键帧处设置动作命令,使其进入循环等待;在交互对象层(也可以是多层)中的关键帧处导入按钮组件(到舞台上是实例);在实例上设置相应的交互动作,实现交互的处理。

2. Flash 中的交互

计算机实现交互,主要是通过鼠标和键盘输入信号。Flash 中交互也可以根据需要选择使用鼠标和键盘。使用鼠标是点击相应的文本或图形等对象,所以用鼠标交互首先需要有交互的对象。使用键盘是按下规定的一个或几个键,称为热键。

(1)交互对象

在计算机的交互中,有多种交互的对象形式,如常用的按钮、热区、热对象、文本等等,而在 Flash 的交互中,必须使用按钮组件才能对鼠标或按键的动作进行判断和处理,所以交互的对象只能是用按钮组件形成的实例。

按钮组件可以根据需要做成各种图形或类型,如使用自绘的图形、导入的图片等组件。如果想使用热区的效果,可以使用绘制的图形,在效果中设置为透明(alpha 通道)方式,该图形占据的区域就可以作为热区使用。

(2)交互的动作选择

使用鼠标进行交互时可以由多种动作形成,如鼠标左键按下、离开等,设置交互时要注意选择需要的鼠标动作。

使用键盘进行交互时可以由各个按键的动作形成,Flash 的按键不支持组合键交互,可以用单键的方式作为热键交互。使用热键交互时常用不同字母表示不同的意义,设置时要注意选择需要的按键,并要给出相应的说明。要注意,热键是区别大小写字母的。

3.交互的设置和响应的实现

制作的按钮组件一般在场景中最上面单独设置一层交互层,在该层相应位置处设置关键帧,在该帧编辑状态从库中拖出需要的按钮组件到舞台的相应位置并调整好其大小,形成为实例。

由于版本差异,设置方法略有不同。下面以 Flash 5.0 和 Flash 7.0 两个版本进行说明。

(1)Flash 5.0

在按钮实例上点击鼠标右键弹出快捷菜单,如图7.23所示。选择其中“动作”(Actions)命令,弹出动作面板如图7.24所示。在左边命令选择窗口中选择“基本动作”(Basic Actions),单击打开其中内容,从中选择“鼠标事件”(on Mouse Event)双击,在右边的编程窗口中出现鼠标动作事件程序命令,选择默认鼠标左键(Release)弹起。

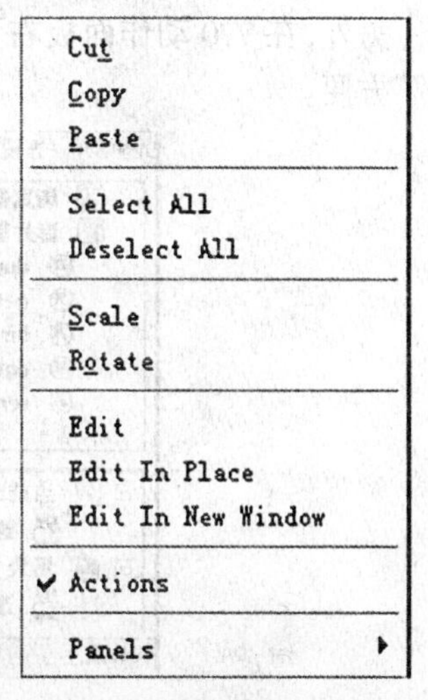

图7.23 快捷菜单

点击该行命令,面板下部出现动作选项,其中有鼠标按下、离开到外边、按键等不同事件,用鼠标左键点击可对该项选择或取消该选择,可以选一个,也可以选多个同时有效。

事件有效后需要执行响应操作,这个响应是通过使用命令选择窗口中的转移(Go To)命令实现。在命令选择窗口中双击该命令,编程窗口中自动出现该程序命令,默认为本场景第1帧。点击该行命令,面板下部出现选项,第1行选择转移目标场景,第2行选择帧类型,这两者通过右边的按钮打开下拉列表选择;第3行设置目标帧数,直接用键盘输入数值。

转移的目标可以是任一场景中的任一帧,当满足事件条件后,直接转到这目标处执行。

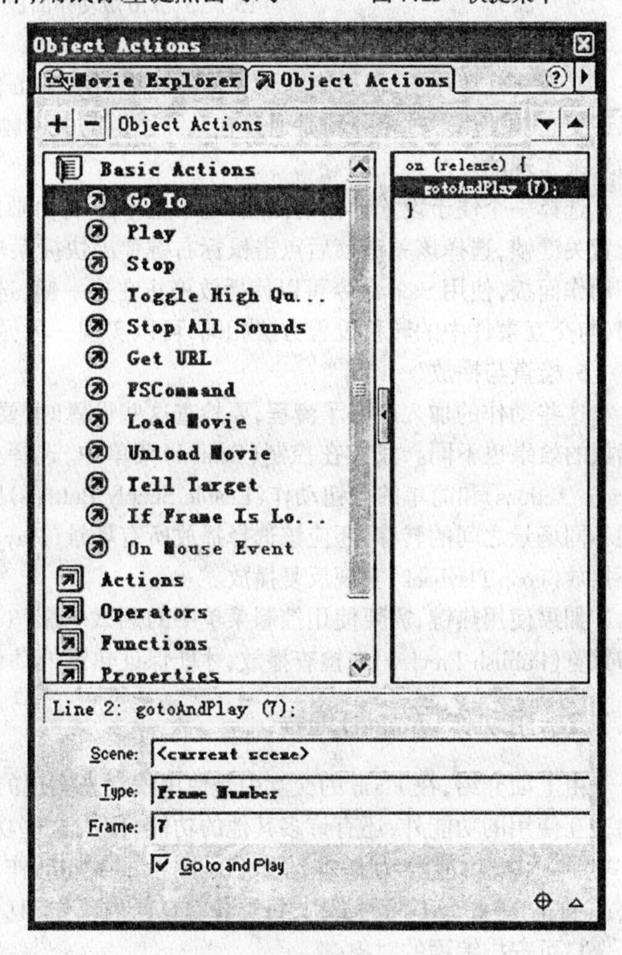

图7.24 5.0版动作面板(Frame Actions)

(2)Flash 7.0

选中实例后,打开动作面板如图7.25所示。点击左边命令选择窗口中的“影片剪辑控制”,双击“on[Esc－on]”。这时在右面的脚本编程窗口中选择鼠标或键盘事件作为交互条件。事件有效后需要执行响应操作的设置与5.0版本的操作基础一致。

另外,在7.0动作面板右下部的对象选择窗口,为在设置不同的交互之间进行选择提供了方便。

图7.25 7.0版动作面板

4.稳定画面的设置

实现交互动作前,需要有一个稳定的状态,使Flash的程序停留在这一段画面上才能保证交互被使用。这个停留是通过在某一图层的关键帧处设置停止或通过转移动作形成循环来实现的。

选择一个便于设置动作的图层(基本上不影响动画的动作设置),在停留的最后帧处设置关键帧,选择该关键帧后点击鼠标右键弹出快捷菜单,选择其中动作(Actions)命令打开动作面板,使用Stop命令可以使播放停止在这一帧,选择Go To命令并设置转移的目的帧(与交互事件中的转移设置方法相同)可以实现一段循环,显示成稳定的画面。

5.检查与播放

这些动作的加入改变了流程,要检查这些设置时,要注意播放方式的设置,设置不同,播放的效果也不同。只有在控制(Control)菜单中,选择允许简单的帧动作(Enable Simply Frame Actions)和简单的按钮动作(Enable Simply Buttons)后,循环和交互才有效。如果要实现不同场景之间的转移,还应该选择播放所有场景(Play All Scenes),必要时还可以选择循环播放(Loop Playback)实现反复播放。

如果使用热键,需要使用控制菜单中的测试电影(Test Movie)命令或文件菜单中的发布预览(Publish Preview)来检查播放,才能保证热键的动作效果。

7.7.2 用动作(Action)编程

由上面介绍,在Flash的交互中是使用编程来实现的,同时在动作面板中,我们也看到除交互使用的功能外,还有许多其他的功能,使用这些功能,就可以实现编程处理。在这些功能中,按功能分为基本动作(Basic Actions)、动作(Actions)、运算(Operators)、函数(Functions)等6个不同的类别,每类各有自己的动作和功能。

1.可安排编程的对象

在Flash的各类内容中,主要是对按钮、关键帧进行动作(Action)编程。按钮组件和关键帧使用动作(Actions)编程实现流程控制已在前边介绍,即打开动作面板,选择相应的动作命令,设置有关的参数,实现动作设置。在这些设置中,可以加入其他需要的运算、函数、连接、控制等各种程序语句和命令,实现需要的功能。

在电影片断组件形成的实例上,也可以实现动作(Action)编程。选中在舞台中的电影片断组件,打开动作面板,选择相应的动作命令,设置有关的参数,完成动作设置。但交互命令无效,即不能设置交互动作。

2.编程

在 Flash 5.0 中的编程又分为正常编程与扩展编程两部分。

(1)正常编程

使用动作面板中的命令进行编程,就是实现正常的编程。正常编程时不用自己书写命令语句,在动作面板左边的窗口中选择需要的命令后用鼠标双击,在右边的窗口中就出现了相应的语句。当语句中需要设置变量、参数、数值时,在面板的下部出现相应的输入或选择框,实现输入或选择。

根据实际需要,依次可以选择需要的多个命令语句,实现需要的连续动作,也就是进行了编程。使用面板左上角的"+"按钮,弹出 Action 快捷菜单,可选择需要的动作命令插入到当前行的下边;使用"-"按钮,可以删除选中的命令行。

正常编程只能使用提供的命令,其实现的功能受到限制,要想有更大的编程自由,就需要使用扩展编程。

(2)扩展编程

点击 Flash 的动作面板右上角处向右指向的三角图形按钮,可弹出编程菜单,其中有扩展方式命令,可进入自由编程状态,即 Action Script 编程。Action Script 是 Flash 的脚本语言,可以用来控制动画中对象的运动、声音的播放,也可以实现交互,还可以实现一些应用程序的处理。

Action Script 是 Flash 的脚本语言,既可以用来控制动画中对象的运动和声音的播放,也可以实现交互功能处理,还可以进行数据计算和事件处理,实现相应的程序处理。扩展编程与正常编程的区别主要有两点,一是所有程序代码都由人工输入,与其他计算机语言编写程序的过程相同,并且可以在其他的编辑环境下编写代码;另一是可以使用更多的变量、函数、内容,有更灵活的结构和更强的功能。

在 Flash 7.0 中这两部分内容在动作面板里的编程窗口中都可以完成,编辑方法与 Flash 5.0 类似。另外,在行为面板(见图7.26)中也可以对按钮、关键帧进行编程。

由于编程内容不在本章介绍的范围之内,以上只对其性能特点作简单介绍,感兴趣的读者可参考有关的书籍或访问相关网站。

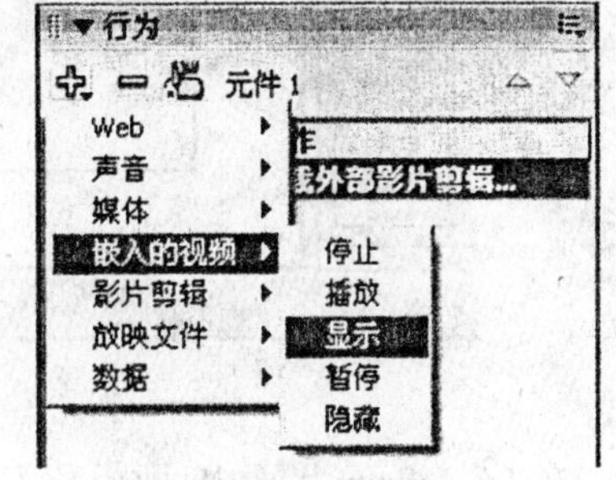

图7.26　行为面板

第 8 章　CG Infinity 的使用

CG(Character Generator) Infinity 是 Ulead 公司的 Ulead Media Studio Pro 套装软件中的一个标题制作软件,英文之意为无限字符生成器,由名称上看是文字效果制作的软件,但实际上它除了可以制作出静、动多种效果的文字外,其对平面图形绘制、加工处理、平面动画制作上都有较强的能力,可以方便快捷地制作一般的二维动画。

8.1　基本界面

CG Infinity 也是 Windows 环境下的应用软件,其用户的基本界面如图 8.1 所示。可以看出,CG Infinity 的用户的基本界面与其他软件类同,都是由标题栏、菜单栏、标准(常用)工具栏、工具面板(箱)、状态栏(条)、工作窗等组成。作为 Ulead Multimedia Pro 套装软件的一部分,CG Infinity 与 Video Editor 等部分的界面有相同风格,通过图形可推断按钮的作用。

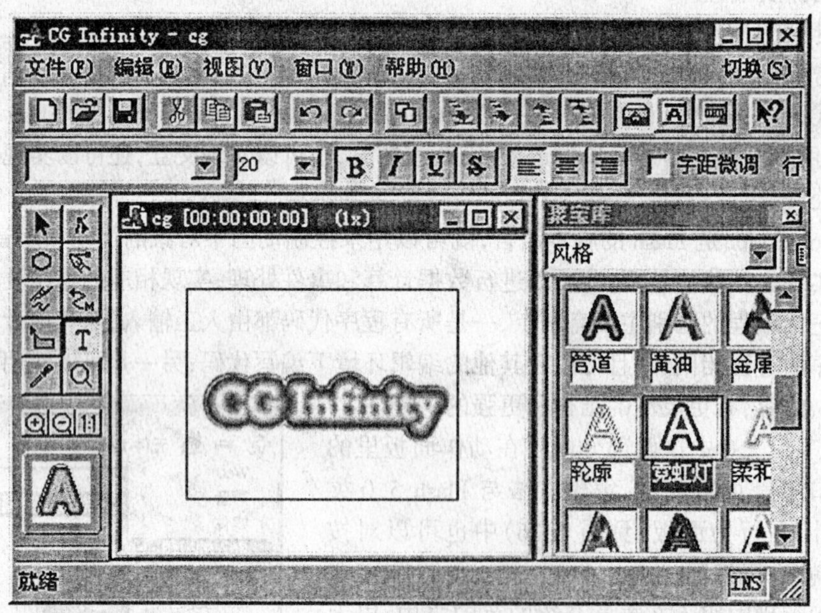

图 8.1　文件菜单

在 CG Infinity 界面中,面板和工具栏可根据需要显示或隐藏。一般在界面设置中处于常打开的有标准工具栏、辅助工具栏、工具面板、调色板、产品库和状态条。

1. 菜单命令

CG Infinity 的菜单栏目较少,只有文件、编辑、视图、窗口和帮助 5 个菜单组,在没有工作对象时,则只有文件、视图和帮助 3 个。

(1) 文件菜单

文件菜单如图8.2所示，其中的命令可分为3类。

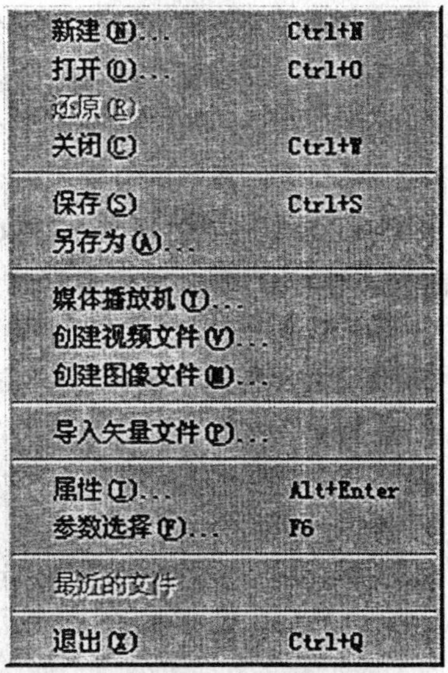

第1类是通常的新建(New)、打开(Open)、还原(Restore)、关闭(Close)、保存(Save)、另存为(Save As)6个对文件操作的菜单命令，与其它的Windows软件对应的命令相同，实现对文件的建立、打开、存储等操作。

第2类是建立输出文件等，有打开媒体播放机(Media Player)、创建视频文件(Create Video File)、创建图片文件(Create Image File)3个命令，使用创建文件命令时弹出文件建立对话窗，在窗口中设置和选择建立文件的类型、有关参数等，将制作的结果以文件的形式保存起来。

图8.2　文件菜单

第3类是参数设置命令，导入矢量文件(Import Vector File)是引入已有的矢量图形或动画；属性(Properties)是用于设置制作项目的参数，如对象的持续时间、图像尺寸、帧速率等；参数选择(Preferences)是设置软件有关的工作选项，如恢复原操作的次数、临时文件存储路径、内存限制等。

除这些命令外，菜单中还有最近处理的几个文件的快捷打开命令，最下面的一个命令是退出程序命令。

(2)编辑菜单

编辑菜单如图8.3所示，其中的命令可分为5类。

第1类是操作处理命令，有退回(Undo)前一操作、重做(Redo)退回操作、清除操作记录(Clear Undo/Redo History)3个命令。第2类是常用的对象编辑命令，有剪切(Cut)、复制(Copy)、粘贴(Paste)、删除(Delete)和添加副本(Duplicate)5个命令。这两类命令都是典型的编辑命令，与其它的Windows软件中的编辑菜单命令相同。

第3类是排列处理命令，将选中的对象按命令功能排列。有提到最前面(Bring to Front)、向上一层(bring Forward)、向下一层(Send Backward)、送到最下面(Send to Back)、倒转排序(Reverse)、对齐(Align)、组合(Group)、拆分组合(Ungroup)共8个命令。前5个命令是改变所选择对象出现的层(每个对象为一层，前面层的对象遮盖后面层的对象)位置，确定相互覆盖关系。倒转排序是将选中的一组对象的层的排序取反，一次改变多个对象的层间覆盖关系。

排列是将选中的对象在平面上排列和对齐，使用排列命令时，弹出选择框，分别选择水平(Horizontally)和垂直(Vertically)两个方向的对齐标准，水平方向上有不对齐(None)、左对齐(Left)、中心对齐(Center)和右对齐(Right)4种选择；垂直方向上有不对齐(None)、上对齐(Top)、中心对齐(Center)和下对齐(Bottom)4种选择。排列时一般只能选择在一个方向上对齐，选择两个方向都对齐时，可以将对象重合。

组合(Group)是将选择的一些对象组合为一个编辑对象,保持其相对的位置和大小比例不变,以便于编辑调整。拆分组合(Ungroup)是将已编组的对象拆分回原来的各个独立的对象,从而可以对其进行分别的编辑修改。

第4类是选择命令,只有选择全部(Select All)和一个也不选(Select None 取消选择)2个命令,在编辑选择对象时使用。

第5类是对齐到格线(Snap to Grid)和对齐到引导线(Snap to Guide)2个命令。前面介绍的 Authorware 等其他软件也有此命令,作用也相同。

(3)视图菜单

视图菜单如图 8.4 所示,其中的命令可分为5类。

撤消(U)创建任意形状路径 Ctrl+Z
重做(R) Ctrl+Y
清除撤消/重做记录(Y)
剪切(T) Ctrl+X
复制(C) Ctrl+C
粘贴(P)
删除(D) Del
添加副本(E)
提到最上面(F)
往上一层(W)
往下一层(K)
送到最下面(B)
倒转(V)
对齐(I)...
组合(G)
取消组合(U)
全选(A) Ctrl+A
不选(N)
对齐至导线(S)
对齐至格线(Z)

图 8.3　编辑菜单

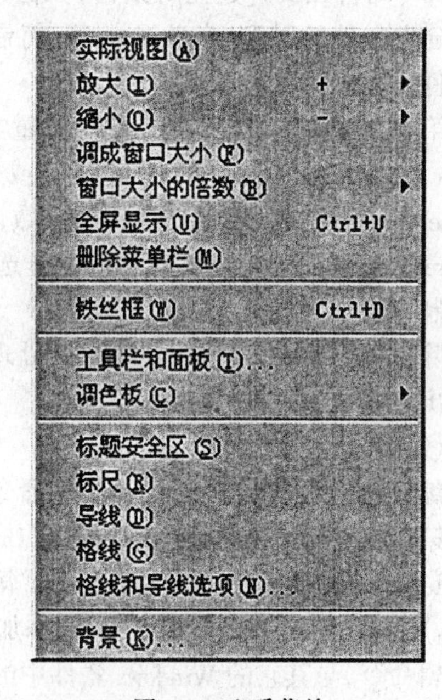

图 8.4　查看菜单

第1类命令是工作窗的设置,有实际窗口、放大、缩小、适应窗口、按比例适应窗口、全屏幕、移去菜单条7个命令。这7个命令是为了绘图、编辑修改和设置运动时的需要安排的,根据实际需要调整窗口的大小和图形的比例。

第2类命令只有一个,是线条帧(Wireframe)显示方式的设置。当设置为线条帧显示方式时,窗口中的对象只显示其轮廓线条,不显示填充内容,以便减小在对象处理时运算的数据量,加快调试时演示的速度。由于只显示线条,还可以透视对象后面被遮盖的对象,便于排列各对象的位置。

第3类命令是工具条等的显示设置,有工具栏及面板、调色板两个命令。点击工具栏及面板命令,弹出一个选择窗,其中包含各工具栏和面板是否显示的选项,在前面的小方块中打勾的为选择显示,未打勾的为隐藏。调色板命令有5个子命令,为4种调色板方式和调色板显示方式选择。

第 4 类命令是制作辅助设置，有标题安全区域、标尺、引导线、栅格以及栅格和引导线选项 5 个命令。使用标题安全区域时将在显示窗中显示虚线框，虚线框中可保证制作的标题或视频画面能被完全显示。标尺是在边框处显示刻度供确定位置；引导线可用鼠标从标尺边缘拖出，供对齐对象时参照；栅格可用于制作和调整对象时参考位置。栅格设置可设置间隔和颜色，引导线可设置颜色。

第 5 类命令只有一个背景(设置)命令。点击背景命令弹出设置窗，可选择和调整单色背景的颜色；或者使用视频文件做活动的背景画面；还可以引用图片文件做静止的背景画面。

(4)窗口菜单

窗口菜单如图 8.5 所示，其中的命令可分为 3 类。

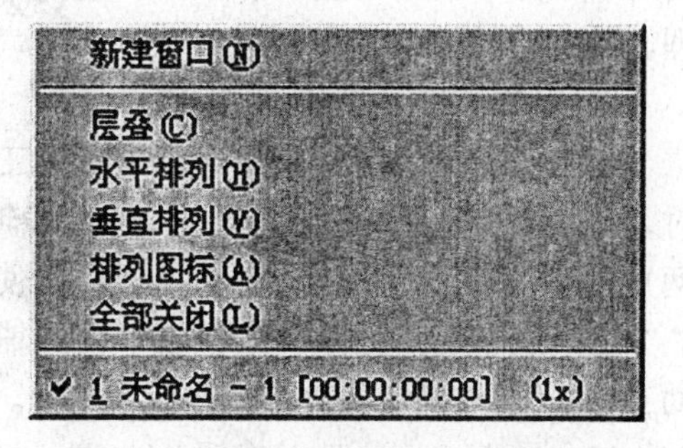

图 8.5　窗口菜单

第 1 类命令只有一个，是建立新窗口命令。建立新窗口是将当前工作窗口全部内容复制到新窗口，成为工作窗口的复制窗。当在这两个窗口中任一个进行操作时，另一个窗口的内容随之相同变化，因而可将其看做是演示观察窗口。

第 2 类命令有 5 个，分别为重叠、水平排列、垂直排列、排列图标和关闭所有窗口。前三个命令是当有两个或更多工作窗口时选择对窗口的排列方式，排列图标是对最小化的工作窗在下边排列，关闭所有窗口时如果修改了内容，将提示是否保存文件。

(5)帮助菜单

帮助菜单如图 8.6 所示，与其他软件的帮助类似，有使用帮助、公司网页、在线注册和有关信息 4 个命令，使用方法也相同。

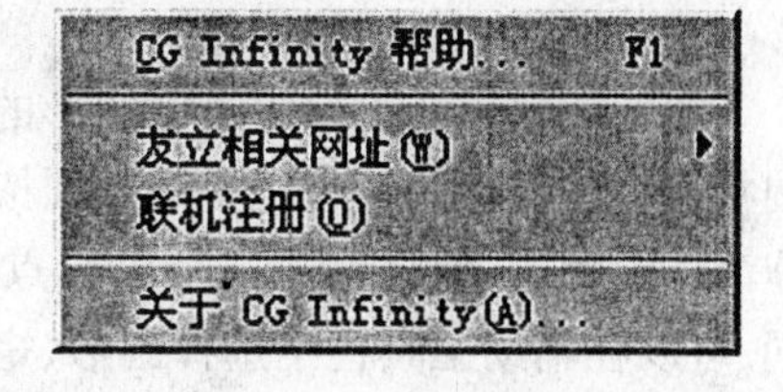

图 8.6　帮助菜单

2. 标准工具栏

标准工具栏如图 8.7 所示，其中是常用命令的快捷按钮，按钮可分为 7 组。

第 1 组按钮为文件操作钮，有 3 个按钮，分别是新建、打开和保存项目文件。第 2 和第 3 组按钮为编辑操作钮，有 5 个按钮，分别是剪切、复制和粘贴已选定的对象，退一步操作、恢复操作。这两组按钮与 Windows 其他软件中的按钮作用相同。

图 8.7　标准工具栏

第 4 组按钮只有一个，是显示切换钮，是观察菜单中线条帧显示命令的快捷钮。当按下时窗口中的对象以线条方式显示，减少显示和运动的数据量，以提高绘制和演示的速度。

第5组是层编辑按钮，分别是带到最前面、向前一层、向后一层、送到最后命令，在选中要改变层次的对象后点击按钮，实现该对象一次层的移动。

第6组是快捷面板开关，有3个按钮，分别是产品库（百宝箱）、对象风格面板和时间控制面板的快捷开关。按钮按下状态时显示面板，弹起时关闭面板。

第7组是帮助按钮，点击后弹出帮助窗口。

3. 工具面板和辅助工具栏

工具面板提供了绘制、修改和调整对象所需的工具，共有10个工具选项，如图8.8所示，其中每一个工具选中后都在标准工具栏下面的辅助工具栏中给出对应的辅助工具按钮，以确定要进行的操作和处理。

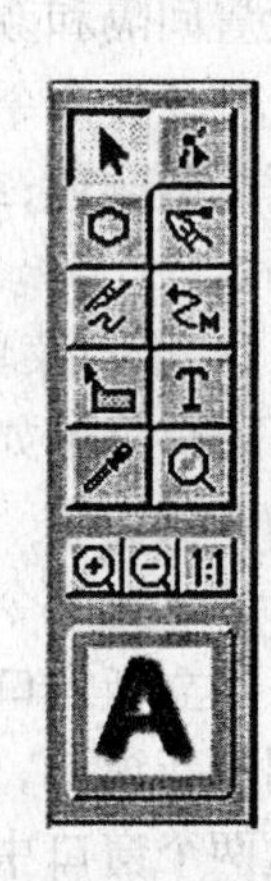

图8.8 工具面板

(1)对象(Object Tool)按钮

对象（箭头）按钮是选择对象编辑的工具。当该按钮在按下状态时，用鼠标点击对象可使其选中，进入编辑状态（出现边框和调整手柄）。当光标变为手形时，拖动鼠标可以使该对象改变它的位置。每一个工具选中后都在标准工具栏下面的辅助工具栏中给出对应的辅助工具按钮，以确定要进行的操作和处理。

(2)调整(Adjust Tool)按钮

调整（编辑点）按钮是对对象轮廓线进行调整的工具。当该按钮在按下状态时，用鼠标点击对象可使其选中，进入调整状态（在轮廓线上显示出各编辑点）。这时选用辅助工具栏中的选项按钮选择调整的方式，然后用鼠标拖动该对象上要改变的编辑点，改变它的位置，会使该点及附近的轮廓改变；如果调整编辑点上切线的角度，可改变该点处的曲线角度和弧度，实现平滑或尖锐的轮廓。

(3) 图形(Shape)按钮

图形按钮是在窗口中绘制图形的工具。当按钮按下状态时，光标变为毛笔形，进入绘图状态。选用辅助工具栏中的选项按钮选择要绘制图形的基本形状后，用鼠标在窗口中拖动一段距离，就会出现一个以起点为中心、以终点为外缘的图形对象。根据需要的不同，可以在辅助工具栏中选择圆形、矩形、多边形和星形，并可以设置多边形和星形的边数和角数。

(4) 轨迹(Path)绘图按钮

轨迹绘图按钮是在窗口中以线段方式绘制图形的工具。当按钮按下状态时，光标变为钢笔形，进入绘图状态。选用辅助工具栏中的选项按钮选择绘制线段的类型后，用鼠标在窗口中点击，两次点击之间的位置之间就会出现一段线段。按照需要在相应的位置处点击，就构成了用线段组成的图形对象。根据绘制时需要的不同，在绘制前可以在辅助工具栏中选择所绘的线段是曲线或直线，在绘制完成后，可选择绘出的图形为开放或闭合的图形。

(5) 自由绘图(Free Hand)按钮

自由绘图按钮是在窗口中以拖动鼠标按光标轨迹方式绘制图形的工具。当按钮按下状态时，光标变为钢笔形，进入绘图状态。用鼠标在窗口中拖动，光标运动的轨迹就出现线段。按照需要用鼠标在窗口中拖动光标，就构成了用轨迹形成的图形对象。根据绘制时需要的不同，在绘制完成后，可以在辅助工具栏中选择绘出的图形为开放或闭合的图形。

(6) 运动路径(Move Path)按钮

路径按钮是设置在窗口中对象运动的工具。当按钮按下时，弹出时间控制面板，进入运动设置状态。选用辅助工具栏中的选项按钮选择运动路径的基本形状后，用鼠标在窗口选中设置运动的对象，被选中的对象中心有S、E两个标记，光标在标记点上显示为黑色箭头，拖动一个标记一段距离，就会出一段运动路径。

根据需要的不同，可以在辅助工具栏中选择运动路径为直线或曲线、单切或双切线、开放或闭合等不同的运动路径形式。在辅助工具栏中，除了编辑调整路径外，还可以增加和减少路径编辑点，在关键帧处可以将对象缩放和旋转。

(7) 包络调整(Envelope)按钮

包络调整按钮是调整在窗口中图形形状的工具。当按钮按下状态时，光标为箭头形状，点击对象选中(被选中的对象周围出现边框和调整手柄)，进入包络调整状态。用鼠标拖动调整手柄改变其位置，手柄附近的图形形状就发生相应的变化，形成包络的变形。根据需要可以多次调整各手柄的位置，以形成要求的形状。在手柄中间的包络线处，当光标变为黑色箭头时，用鼠标拖动该处的包络线，也会使这一段包络线产生凸凹改变，引起图形改变。

(8) 文字(Text)按钮

文字按钮是在窗口中加入文本对象的工具。当按钮按下状态时，光标为箭头形，在窗口中文字起始位置点击鼠标，出现文本输入光标(拖动鼠标也可拉出文本输入框)，进入文本输入状态。在辅助工具栏中选择要求的字体、字号、颜色后，输入想要的文字，形成文本对象。文本的编辑修改与其他文本编辑软件基本相同，如剪贴、样式、排列、字体和颜色的调整等。

(9) 吸管(Eyedropper)按钮

吸管按钮是采样颜色的工具。当按钮按下状态时，光标为吸管形。如果在窗口中有选择出的对象，用吸管在辅助工具栏中的色块组、调色板或窗口中的对象处，点击鼠标吸取需要的颜色样本，就将吸取的颜色更换到当前色块和选择的对象中。如果没有选择对象，则只更换当前色块颜色。

(10)放大镜(Zoom)按钮

放大镜按钮是扩大对象在窗口中显示比例的工具。当按钮按下状态时，光标为放大镜，在窗口要放大的位置点击鼠标，就以点击处为中心放大窗口中的所有内容，以便于观察和调整修改。

为了方便制作时调整，下面的放大镜“+”、“-”和“1:1”3个按钮分别用于快速放大、缩小和正常显示的设置(不设置放大的中心点)，在使用其他工具状态时也可以用这3个钮进行缩放调整。

在按钮下面的小窗口是风格预览视窗，在其中显示文本和图形颜色的设置，包括线条和填充色。

4. 调色板

调色板有4种显示模式和2种窗口形式,图8.9所示的是地图模式的2种窗口形式。在标准形式下,调色板是一个可移动的窗口,有地图(Map)、冲刷(Wash)、样本(Swatch)和自定义(Custom)显示模式的页面,可根据制作的需要和自己的习惯选择需要的模式。如果选用紧凑窗口形式,调色板为一个竖长条,通常放在工具面板的下边,用菜单命令可以改变调色板的模式。

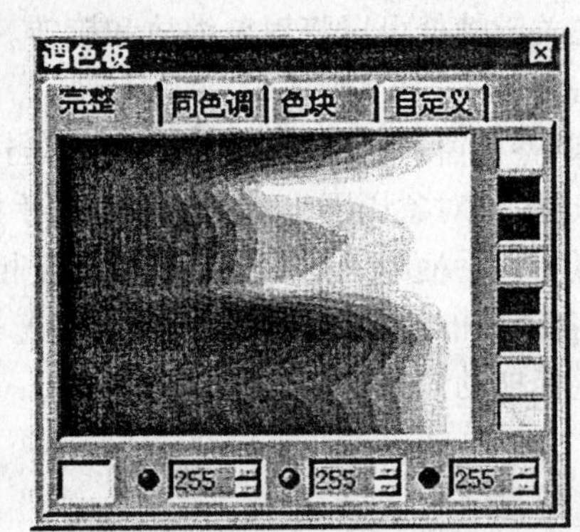

图8.9　调色板

5. 工作窗

工作窗是制作、修改、编辑对象,设计运动、调试动画、观察效果等的窗口。多数的制作工作都是在工作窗中进行,包括绘制、导入、缩放和旋转调整、运动设置、效果观察等。

CG Infinity像一些其他软件一样,也可以同时打开几个工作窗,分别进行处理。

工作窗口如图8.10所示,窗口分为2个部分,位于窗口中间的矩形方框是正常显示区域,也可以认为是表演的舞台,输出图片或录像文件时只有方框区域中的内容,方框外的内容被隐藏。边框四周相当于后台,这里的内容虽然不出现在结果文件中,但是对象进入舞台前,可以放在这里,做出场的准备,如形状的大小、角度等,也有重要的意义。

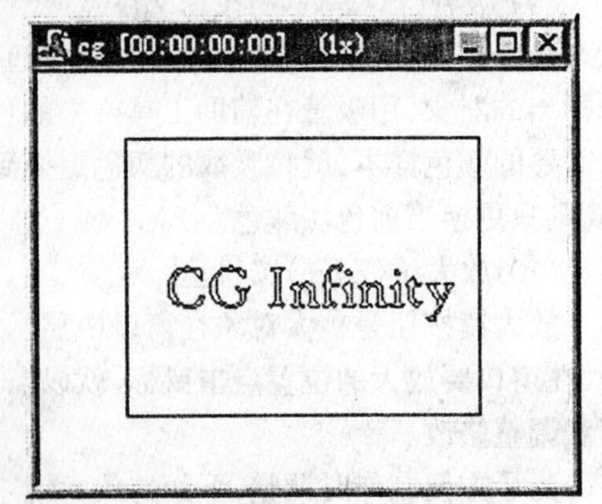

图8.10　工作窗

在建立一个新文件时,自动弹出项目文件属性设置窗,在编辑处理已有文件时,也可以使用文件菜单中的属性设置命令打开项目文件属性设置窗,进行属性设置。设置属性时,有文件(动画)的时间、帧速率、帧尺寸和粘贴板(窗口)的比例等选项。根据实际需要选择帧尺寸和窗口的比例,可以设置工作窗的大小。

6. 产品库(聚宝库)

Ulead 公司的许多软件都有产品库,提供一些素材、样本、典型范例和工具等。

产品库如图 8.11 所示,其中有对象(Object)、风格(Style)、运动路径(Move Path)和包络(Envelope)4 个子项目库,每个项目库中有多种样本供编辑制作时使用。

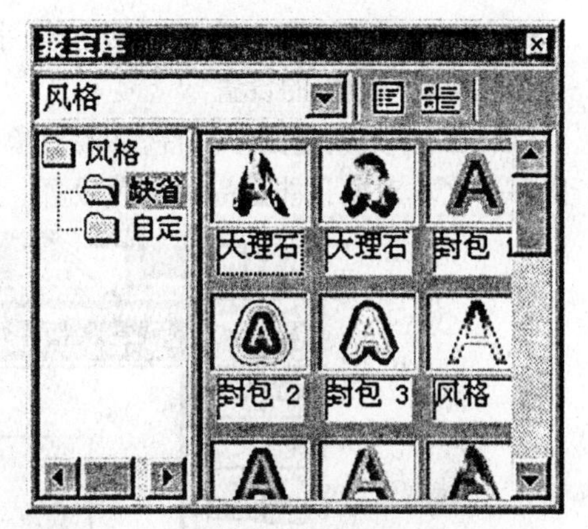

图 8.11　产品库

7. 状态栏

状态栏如图 8.12 所示,其中显示文件的操作状态及有关的信息。内容在一般情况下显示的是光标在窗口中的坐标位置,是以可显示区域的左上角为参考点,以像素为单位。当选用吸色器工具时,状态栏中除显示光标的坐标外,还显示三基色(R,G,B)的数值等。

(-29.0,217.0)r=255 g=255 b=255 h=* s= 0 b=100

图 8.12　状态栏

8.2　基本制作

使用 CG Infinity 可以制作漂亮的标题文本和二维动画。

8.2.1　对象的制作与编辑修改

多媒体制作最基础的是要表现信息的对象,所谓对象包括相应的媒体形式,如文本、图形图像、动画等。在 CG Infinity 中,主要对象形式是文本和图形,一般做的动画也是用几个简单图形组织起来的。

1. 文本效果制作

CG Infinity 的本意是标题制作,即制作视频文本。使用文本工具输入或粘贴需要的文字,设置想要的字体、字号和颜色,也可以使用 CG Infinity 的风格库或对象风格面板,制作出不同风格的效果。

(1) 文本内容的输入和编辑

使用文本工具按钮进入文本编辑状态,在窗口中文本起始位置处点击鼠标,点击处出现文本输入光标,选择合适的输入法,可以输入文字内容,如图 8.13 所示。在输入前可

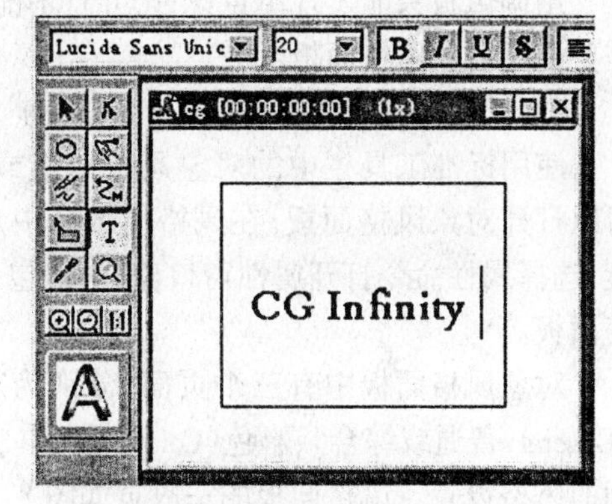

图 8.13　文本对象的制作

以在辅助工具栏中选择字体、字号、字形、排列方式等。也可以选中部分或全体文字之后改变其字体、字形和字号等。

一个文字对象中可以有不同的字体、字形和字号,但只能有相同的颜色风格。

(2) 风格和颜色的设置

CG Infinity是矢量图形软件,文本对象也是按矢量图形处理,使用线段和色块来表示,所以一个文本对象只能是一种颜色设置。颜色设置时有关的显示如图8.14所示。

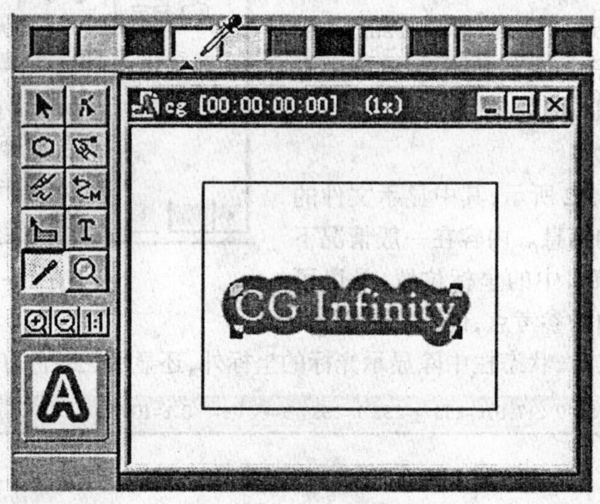

图8.14 颜色的设置

在风格显示窗中的字符"A"显示当前的对象风格,输入的文本自动使用这一风格。

在用对象工具选中要设置颜色的文本对象后(在不改变选择的情况下可以选用其他工具),将光标移动到调色板上(光标变为吸管),用吸管在调色板的颜色中点击选择颜色,使选中的文本对象的文字使用吸管选择的颜色填充。

若使用吸管工具,辅助工具栏的显示为调色板,将光标移动到调色板上(光标变为吸管),用吸管在调色板的颜色中点击选择颜色,当前的对象颜色设置将改换为吸管选择的颜色。

用调色板只能实现单色设置,并且不能设置边线、阴影等,要进行进一步的颜色设置,需要使用对象风格面板。

(3) 对象风格面板(Object style panel)

使用标准工具栏中的对象风格按钮或菜单命令,可以打开对象风格面板;在风格显示窗中点击鼠标右键,选择属性命令打开属性窗口,其中也包含有对象风格面板。

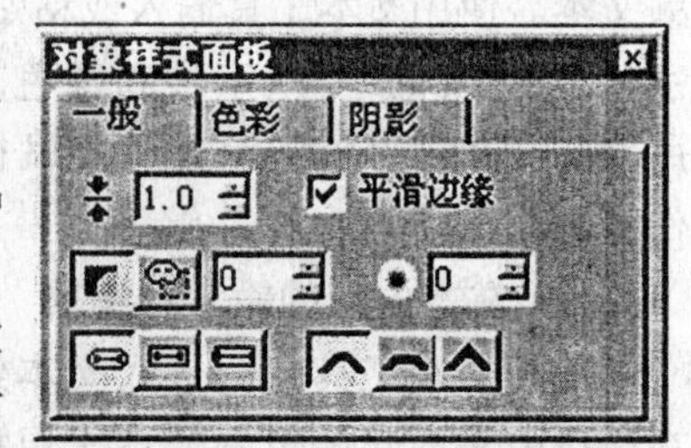

图8.15 对象风格面板

对象风格面板中有三个页面,分别为对象的一般(General,普通或综合)、彩色(Color)、阴影(Shadow)三方面的风格设置。风格面板的一般页如图8.15所示。

①综合设置页。在综合设置页中,按从上到下、从

左到右的顺序，依次实现以下设置：

• 线条宽度设置　使用数字输入或加减钮设置线条宽度。

• 防图形失真　在 Anti - aliasing 前面的选择框中点击鼠标时打勾为选中，再点击鼠标取消打勾为不选。

• 统一透明度按钮　用鼠标点击使按钮按下，然后在右面的数值框中输入要设定对象的透明度值，值越高对象的透明程度越高。

• 梯度透明度按钮　用鼠标点击使按钮按下，然后点击右面的样本框中打开梯度透明设置面板。面板中有开始点、结束点两个透明度设置条和输入框，用于设置样板起始和结束点的透明度；对称透明度按钮用于设置梯度透明时对称或不对称，按钮按下时透明是对称的；在样本窗中可以观察设置的效果；在重复设置框中输入数字或用加减钮改变样板在对象上的重复次数；在透明度操作窗口中也可以实现对开始点和结束点透明度的设置，用鼠标在透明度操作窗口中拖动，拖动路径的起止点分别对应样板的起始点和结束点的透明度。

• 柔化边缘设置　使用数字输入或加减钮设置对象的柔化程度，使对象与背景协调。

• 外部包线与包线连接调整按钮　分为两组，第1组3个钮分别是(使线段上的点)变得圆滑，变得方正和变得平坦；第2组3个钮分别是(使线段的连接处为)圆形连接(圆滑)，斜角连接(平整)和倾斜连接(尖角)方式。

②色彩设置页。色彩设置页中分为填充色和线条色2行，分别对两者进行设置。包含风格面板对象属性窗口的色彩页面如图8.16所示。按从左到右的顺序有如下的设置。

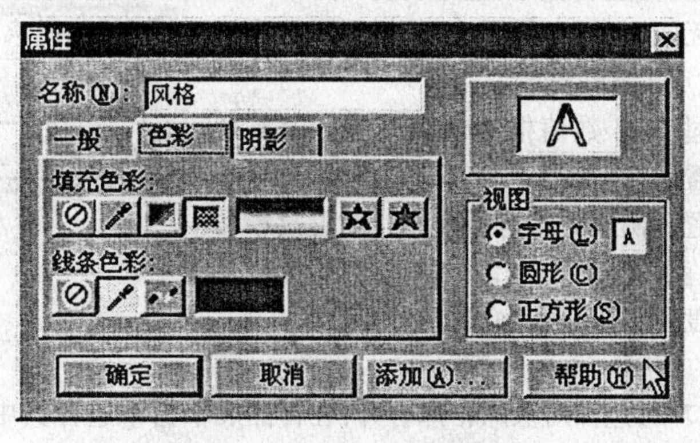

图8.16　色彩设置

• 不设置颜色按钮　点击鼠标使按钮按下时选择线条或填充没有颜色。

• 设置单色按钮　点击鼠标使按钮按下时选择线条或填充为右边样本框中的颜色，点击样本框时弹出调色板可改变颜色选择。

• 设置梯度(魔术)色按钮　点击鼠标使按钮按下时选择线条或填充为右边样本框中的梯度(魔术)颜色，点击样本框时弹出梯度(魔术)颜色设置窗口，可以编辑梯度色。梯度色的设置编辑比较复杂，需要一定的经验。

• 纹理色填充按钮　点击鼠标使按钮按下时选择填充为右边样本框中的纹理颜色，点击样本框时弹出纹理颜色设置窗口，可以选择纹理色。

• 颜色预览窗口　表示当前采用的填充色。双击该窗口可以打开对应的颜色设置窗口,不同的填充方式,弹出与之对应的窗口。

• 梯度(魔术)颜色设置窗口(Magic Gradient)　该窗口分 4 个部分,分别为配色样式编辑区(Palette ramp)、配色模式选择(Mode)、配色样式调整区和样式预览区。

• 配色样式编辑区中有样式预览窗(以色环表示样本并编辑颜色);色度位移(Hue Shift,在色样条中点击或在右边的数字栏中输入数值可改变色调);色样旋转(Ring,改变右边数字栏中的数值调整颜色辐射的角度);重复数(Repeat number,改变右边数字栏中的数值调整梯度色的重复数,左边的按钮设置对称或非对称过渡);色样编辑按钮(Edit,用鼠标点击按钮,设置窗口变为编辑窗;样本色环外边出现小方块,用鼠标右键点击小方块,弹出改变该点颜色和删除该编辑点的命令,可以编辑颜色或删除编辑点;在色环相应点处点击鼠标左键弹出调色板,可设置该点颜色并使该点成为编辑点;也可以在右部给出的样本中选择,并可将编辑好的色环保存为样本)。

• 配色模式选择(Mode)　提供了 24 种配色模式,有旋转、波浪、渐开线、多角形等类型,供选择使用。

• 配色样式调整区　对可调整的模式内容进行调整,包括图形重复频率、幅度和角度。

• 样式预览区　显示整个区域效果,一些模式中可以在小范围中调整配色图案的位置。

③阴影风格页。阴影风格页面如图 8.17 所示。页中有阴影方式、阴影位置、阴影颜色的设置部分。

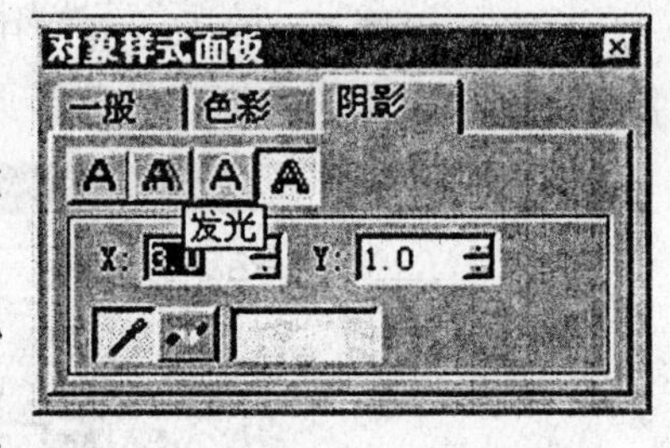

图 8.17　阴影风格页

阴影方式有无阴影、浮置投影、环状投影和拉伸投影 4 种方式,通过点击按钮选择。

阴影位置通过 X、Y 数值框中调整其坐标值实现相对于对象的设置。

阴影颜色设置随阴影方式有所改变。浮置投影和环状投影有密度、颜色、透明度和柔画的设置;拉伸投影可设单色或梯度色,并有颜色变化的方向按钮。

(4) 风格库的使用

在产品库窗口中,选择对象风格库打开,在样品展示窗中选择其中一种风格后,将其拖放到要使用该风格的文本上,这个文本对象就使用了这一风格。

库中提供了 20 种不同特色的风格样品,这些样品在应用到对象上后可以使用风格面板修改,形成新的风格,并能被添加到库中,供以后再使用。

双击风格库中的样品,可以打开样品的属性对话框,修改其风格等属性,形成自己的风格样品。设置好的风格或修改的风格样品都可以保存到风格库的自定义文件夹中(在对象上点击右键弹出快捷菜单中选择存储风格命令和在样品属性对话框中选择相加命令实现)。

2. 图形的绘制

CG Infinity 除制作文本对象外，也提供了有力的图形制作工具。文本对象所用的风格和设置，也同样适用于图形对象。利用这些图形工具和风格设置功能，可以制作出各种图形和变形，得到需要的效果。

绘制的图形由轮廓线和填充色块两部分组成。

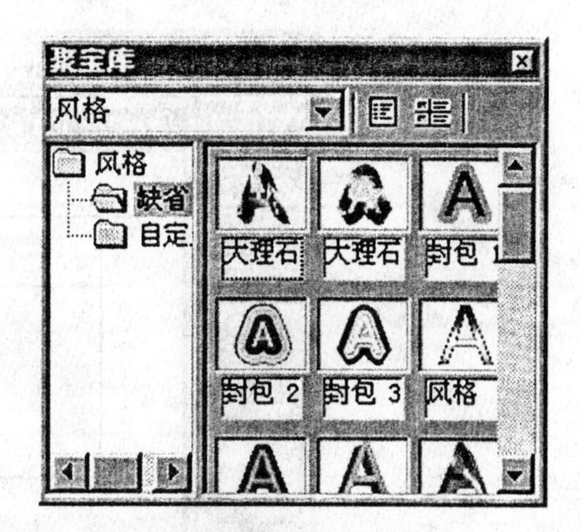

图 8.18　风格库

(1) 规则图形的绘制

规则图形的绘制时窗口如图 8.19 所示。

使用规则图形绘制按钮，配合辅助工具栏中的按钮和设置栏，可以绘制出圆形(椭圆

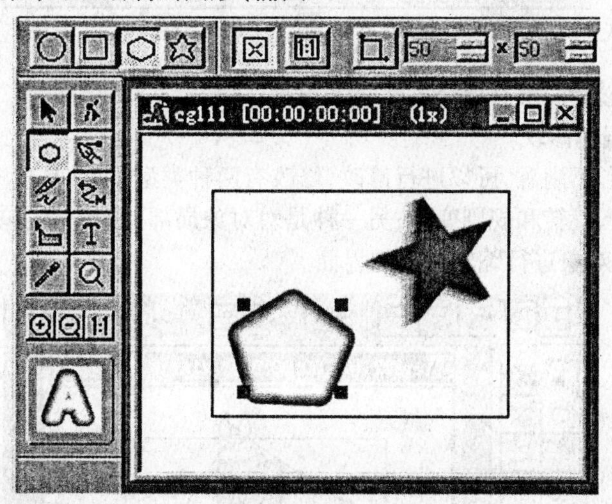

图 8.19　规则图形的绘制

形)、矩形、多边形(可设边数)、多角形(可设角数)4 种规则图形。可以由中心向边缘绘制，也可以由左上向右下绘制。

具体做法是：在图形按钮工具状态下，选择要绘制图形类型的辅助工具按钮；设置有关参数；选择(或确认)绘制方式；在工作窗中由起始点到结束点之间拖动鼠标，松开鼠标左键后，图形就在窗口中出现，并用当前的对象风格自动填充到图形空间。

(2) 自由图形的绘制

使用自由绘图按钮，可以用拖动鼠标的方法自由绘制任意的图形，自由绘图的窗口如图 8.20 所示。

也可以用在转折点处点击鼠标的方法绘制折线图形。使用辅助工具栏中的开放或闭合按钮，可以设置绘制的图形为开放或闭合形式；使用准确度设置栏，可以设置绘制的线条与最后形成的曲线间相似的程度(手绘准确度)。所设准确度越高，形成的图形与手绘的图形越相近。

如果绘制的是封闭图形，当前的对象风格自动填充到图形空间，如果绘制的是开放的

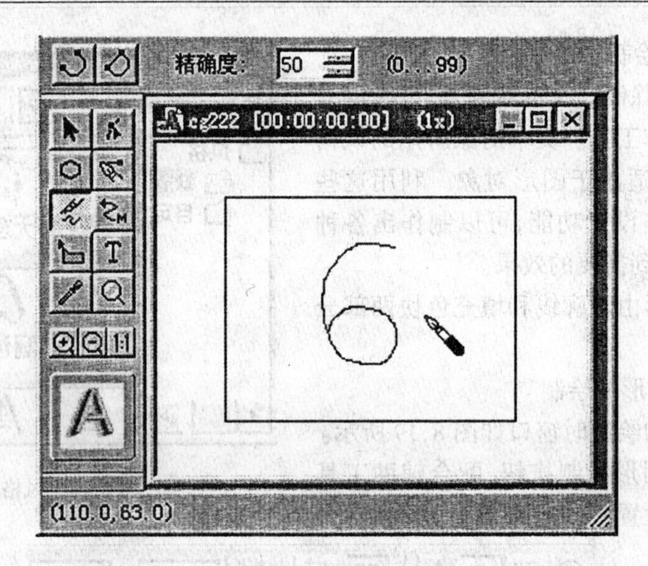

图 8.20　自由图形绘制

图形,则作为线条处理,没有填充。

(3) 图形的编辑修改

对绘制的图形不满意,可以进行修改,修改有两种类型,一种是整个对象的修改,包括对象的移动、缩放、旋转和规则变形;另一种是对对象局部外形(一段包络线)的变形修改。图 8.21 是对图形对象进行编辑修改的界面。

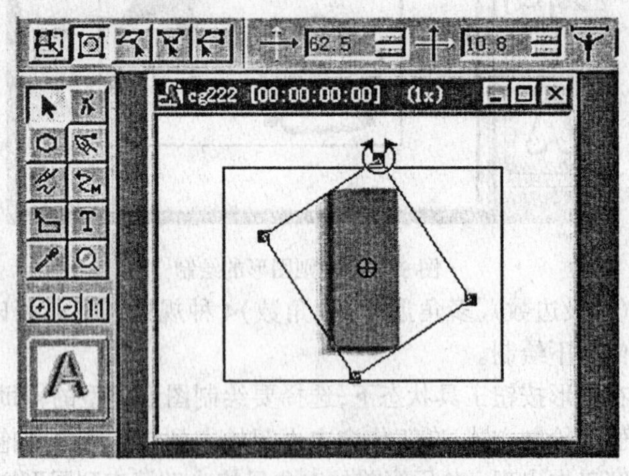

图 8.21　图形的编辑修改

整个对象的修改是在使用箭头工具的状态,根据需要选择辅助工具栏中的缩放、旋转、倾斜(平行变形)、透视(对称变形)、扭曲按钮,再点击要修改的对象,选中后出现边框并在边框线上有 8 个编辑点,用鼠标拖动其中要变形处的一个编辑点,使其向需要的方向移动到合适的位置后,释放鼠标左键,完成一次修改。一个对象可以多次修改,再修改时使用新的边框。

如果要移动对象,在选中对象后,将光标移动到对象上(当用线帧方式显示时,光标移到包络线上),光标变为小手,这时可用鼠标拖动对象到要求的位置。当用旋转按钮时,对象中间出现一个旋转中心标记,用鼠标拖动标记位置来改变旋转中心,使旋转按要求的圆心和半径转动。

如果改变对象确定的位置、长度、宽度、旋转角度,也可以使用辅助工具栏中的数值框,在相应的框中输入或修改数值,可以设置对象的水平、垂直位置;宽度、高度;旋转角度。

(4) 包络的改变

图形的局部改变,不能使用对象变形工具,需要使用包络调整工具。图 8.22 是对图形对象的包络进行编辑修改的界面。

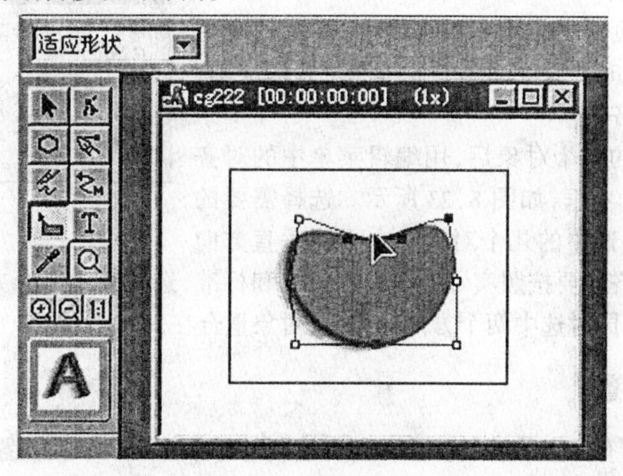

图 8.22　包络的改变

包络变形工具对应的辅助选项是辅助工具栏中的下拉菜单(没使用按钮),其中有形状、长度、水平、垂直适宜 4 个选项,使包络改变时变形有相应的匹配。

包络调整按钮按下时为包络调整状态,用鼠标点击要调整的对象,对象被选中,四周出现矩形边框,并有 8 个调整点(手柄)。当光标移到边框及调整点上时,光标变为黑色三角形,用鼠标拖动调整点或框线时,边线相应变形,图形按照辅助工具栏中的选项适应边框变化。

如果拖动的是编辑点,编辑点两侧将出现切线和切线调整手柄,可以调整编辑点两侧边框线的角度和弧度,以使图形的变化合乎要求。如果拖动的是两个编辑点之间的边框线,边框线按曲线被拉动变形,当相连的编辑点的切线为一个时,通过该编辑点的曲线将保持连续平滑。

包络调整可以多次进行,每次调整一部分。如果改变辅助工具栏中的选项,被变形的图形将以新选项的作用适合边框,引起图形的改变。如果更换选择的对象或改用了其他工具后再用包络变形,被变形的图形将重新形成矩形边框,原先的边框被替换。

3. 对象的组合

一个实际的对象常常是由几个甚至更多的图形组成。如一个小房子,要有房顶、墙壁、门窗等部分,每一个部分都要是一个独立的对象,各个部分按确定的位置关系组合在一起,构成房子的整体。当我们要调整房子的形状时,要保持各部分的比例相同变化并且相对位置不变,这时要对每一个对象单独调整后再组合,是很难达到要求的。在这一类情况下,需要对这些对象同时一起调整,即将其作为一个对象调整。

使用编辑菜单中的组合命令,可以将一组对象组合为一个对象。先拖动鼠标圈选出要组合的对象(也可以按住 Shift 键后点击鼠标选择要组合的对象),再使用组合命令,就将选中的对象组合为一个可编辑的对象了。

组合对象只能使用对象(箭头)工具进行整体修改,不能使用编辑点工具和包络变形工具,也不能改变颜色等风格。如果要对其中一个或几个部分修改,可以用编辑菜单中的拆分组合命令取消组合,恢复为独立的对象,修改后再重新组合。

4. 对象的对齐

有时在一个画面中的几个对象要有一定的对齐的关系,在动画制作时要保证动作的连续和位置的准确,也需要将对象对齐。

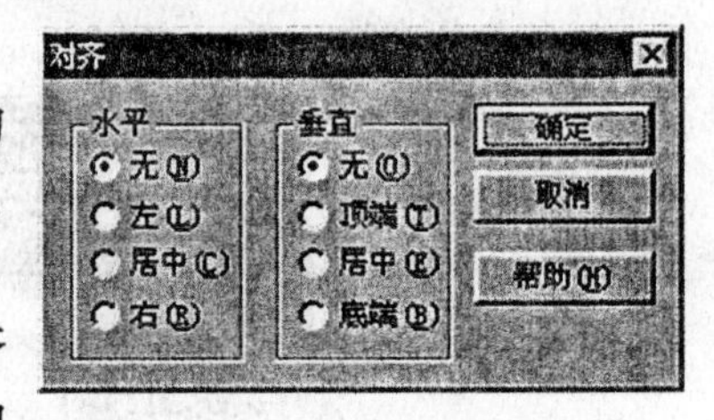

图 8.23 对象的对齐

选中要对齐的各个对象后,用编辑菜单中的对齐命令,弹出对齐选项框,如图 8.23 所示。选择需要的对齐方式,可以将选中的几个对象在水平或垂直方向上按一个标准对齐。要按照实际需要选择方向和标准,选择其中一个方向时会使所选对象排成一排(列),同时选中两个方向时,所选对象重合在一起。

8.2.2 运动设置

CG Infinity 具有强大的动画功能。所有绘制的对象都可以单独设置运动和变形,也可以实现组合对象的运动和变形。动画的设置主要是使对象实现两个方面的改变;一个是在工作窗中设计运动路径,使对象在平面上的位置随时间改变;另一个是在时间控制面板中设置关键帧,对关键帧处对象的形状、颜色等进行设置、修改和调整,来实现对象形状、颜色等随时间的改变。

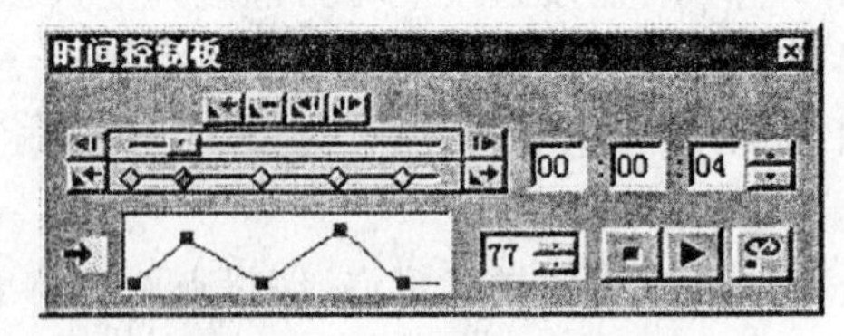

图 8.24 运动时间的设置

使用标准工具栏中的时间控制面板按钮或运动控制按钮,都可以打开时间控制面板,如图 8.24 所示。在时间控制面板中有滑动播放块(条),用于调整设置在当前窗口显示的图像帧;其上面是关键帧设置钮,可以增加或删除关键帧;下面是关键帧调整条,可以调整关键帧所在的时间位置;右面是播放块位置对应的时间栏,使用这些工具可以设置和调整关键帧的时间位置。面板下边的窗口是透明度设置窗,在关键帧处有小方块的调整手柄,可用鼠标拖动改变该关键帧的透明度。其右边的输入框是透明度的相对数值,也可以直接输入要设置透明度的数值。

1. 运动时间的设置

CG Infinity 文件在建立时就要求设置表演的时间,这是所有对象均表演完成所要用的总的时间,对于已打开的文件可用文件菜单中的属性命令打开设置窗口查看和修改表演时间。

一个文件中有多个对象,各对象出现、消失、运动等的时间和位置都不全相同,需要逐个设置。每一个对象在出现的时间段中,都要设置开始和结束的出现及运动的关键帧,这两帧之间的时间就是运动的时间。调整这两帧之间的时间距离,就改变了一个对象出现及运动的时间设置。

当需要运动的速度变化时,可以在变速点上设置关键帧,在距离不变只改变时间时,速度就会改变。每一个对象都要根据自己的需要进行运动时间设置,通常和对象的运动路径、变化等一起设置。

2. 对象的隐藏

一个动画需要多个对象,各个对象都有自己的出场时间和下场时间,按自己的路径运动和变化,才能组成表达信息的画面。在 CG Infinity 中,所有对象始终都放置在工作窗中,但各对象应该只在需要出现的时候出现在窗口中,其他时候都需要隐藏起来。隐藏的方法有两种,一种是将对象放在后台(可显示区域外),上场时由边缘外部进入;另一种是使其透明不可见,改变透明度使其上场。在 CG Infinity 中,两种方法都可以使用,透明度的设置是在时间控制面板中于出现和隐藏的时间处设置关键帧,在隐藏时间段将对象设置为透明。

透明度在时间控制面板中设置,时间控制面板中关键帧调整栏下面的窗口是透明度设置窗,右边数值栏中显示透明度值。用鼠标在关键帧处将窗口中的透明度线对应点向上拖动,可以调整选中对象在该点的透明度,最高处为全透明,最低处为不透明。也可以在数值栏中设置或调整数值,实现该点透明度的设置。

相邻两个关键帧间设置的透明度不同时,中间的透明度按线性渐变的方式变化。

要注意,对象在透明与不透明之间实现一次转换时需要有两个关键帧来分别设定需要的两个透明度(如全透明和全不透明)。两个关键帧之间的时间越短,转换的过程越快。

3. 运动路径的设置

运动路径的设置在工作窗中进行,窗口如图 8.25 所示。在工作窗中点击要设置运动的对象,被选中的对象四周显示边框线,中心有“S”和“E”两点分别表示的运动路径起始及结束点。在辅助工具栏中,设置了路径编辑点调整、增加、取消等工具按钮,实现路径编辑点的设置调整。

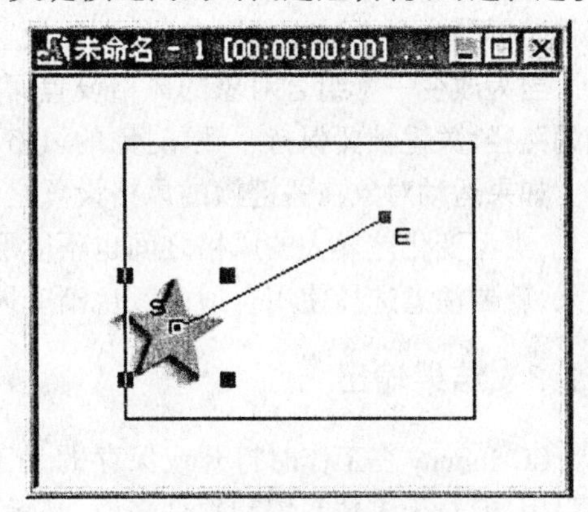

图 8.25 运动路径的设置

用鼠标分别拖动运动起始和结束点到希望的位置,两点之间就拉出了一个运动路径;使用辅助工具栏中路径类型(曲线、直线)按钮、切线类型按钮、开放或闭合路径按钮,可设置路径的类型;使用路径编辑点按钮,然后用鼠标在路径上点击,可以增加或取消路径编辑点;拖动路径、切线或编辑点,可设置路径的形状;拖动编辑点、切线调整点,可改变编辑点处路径的弧度与方向等等。

运动路径的调整和设置与关键帧没有必然的关系,设置路径时只考虑对象运动的需要就可以。但是对象在运动的过程中如果还有缩放、旋转及透明等变化时,这些只能在关键帧处设置和调整,两种变化的设计需要综合考虑,如对象运动到某个位置时的形状、角度和透明度等。

在实际中,常需要几个对象按各自的路径运动,对于多个不同运动路径的对象,要每个对象的运动路径独立设置,设置时要注意关键帧的时间,保证各对象之间相对的位置、形状、透明度等的配合,达到原创意设计的效果。

4. 运动中对象的变形

运动中的变形只能是在关键帧处通过缩放、旋转对象实现的,更复杂的变形用这种简单的方法下不能实现,需要用更换对象的动画方法。

点选要设置变形的对象后,在关键帧设置条中选择或设置要变形的关键帧;在辅助工具栏中点选对象缩放或旋转工具按钮,在窗口中拖动对象的编辑点缩放或旋转对象,实现对该对象的变形修改。

对每一个关键帧都按要求进行相应的变形设置,也可以同时进行透明度的设置等,要认真检查,确定在整个播放期间内对象及其变形都满足要求。要注意各关键帧所处的时间位置是否合适,必要时可拖动调整其位置。要记住,在相邻的两个关键帧之间对象的形状和位置都是逐渐过渡变化的。

对于多个对象的变形,需要对每一个对象分别设置,也要注意关键帧的时间,要与其他对象有较好的配合,实现整体的动画效果。

5. 运动对象的风格

在 CG Infinity 中,对象的风格可以改变,如果相邻的两个关键帧使用相同类型不同设置的风格,风格的变化是渐变的,如果使用的风格类型不同,则在关键帧处发生突变。

当需要使对象在运动中改变风格时,选择相应的关键帧,通过风格面板进行对象风格的设置。组合的对象不能设置其风格(组合对象在运动的关键帧处只能旋转和缩放),需要将其拆分为各个独立的对象,分别地设置和改变风格。

当为改变一个组合对象的风格设置而将其拆为独立对象后,设置的各个独立对象之间的路径、关键帧要保持一致,对象的风格要相匹配,才能达到整体动作的效果。

如果运动对象在关键帧的风格设置是渐变风格的颜色,要注意渐变中有不同类型的变化,类型变化差异大的风格之间也不能形成渐变过程,所以如果要用随动作渐变颜色的效果,就要注意选择使用合适的颜色渐变风格。

8.2.3 结果输出

CG Infinity 在工作时打开或保存的是工程文件,它虽然可以被 Video Editor 这样的软件引用,但对于多数系统和软件来说,是无法使用的,需要将其制作的结果输出为通用形式的文件。对于图像或动画内容,输出文件主要是图像文件和视频文件。输出文件的命令在文件菜单中,如图 8.26 所示。

1. 输出为项目文件

项目文件中存储的是有关制作的信息,如图形、运动路径、时间等。由于处理的都是矢量图形,所以需要的信息量较少,项目文件也较小。

在一般情况下,如果是为视频编辑制作的动画或者文字标题及字幕,可以只存储为项目文件,它可以直接被插入到相应的位置;如果是为其他多媒体软件制作的内容,项目文件不能被直接使用，需要另行创建相应格式的文件。

2．输出为视频文件

使用文件菜单中的“创建视频文件”命令，弹出创建视频文件对话窗，在窗口中选择要保存该视频文件的位置（路径、文件夹）、类型，输入或选择文件名，设置或确认文件的格式后，点击“保存”钮开始创建结果视频文件。

要注意，在创建保存视频文件时，一定要先选好所创建文件的类型和格式。和 Video Editor 一样，创建的文件可设置需要的图像尺寸、帧速率、文件的类型、压缩格式等等。在选择使用 AVI 文件格式时，特别要注意选择压缩格式，对不同的压缩格式，最后文件的图像质量、使用条件、数据量都不同，以保证创建的文件能被其他计算机或软件正常使用。

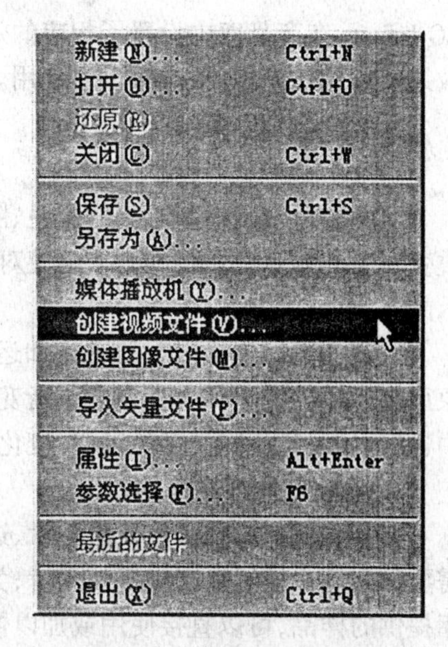

图 8.26　输出为视频文件

创建结果视频文件文件时，不同的应用目的对文件的要求不同，如在 Autherware 中，使用 AVI 文件可以在窗口中拖动手柄实现视频画面的缩放调整，但不能使背景透明；使用 FLC 格式文件时可以将视频中纯黑色的背景设为透明，但不能实现缩放调整。

3．输出为图像文件

使用文件菜单中的“创建图像文件”命令，可以将当前帧（无论是否为关键帧）的图形输出为一个图像文件，供其他软件使用。点击命令后，弹出创建图像文件对话窗，在窗口中选择要保存文件的位置（路径）、类型，输入或选择文件名，设置或确认文件的格式后，点击“保存”钮创建保存图像文件。

在创建保存图像文件时，也要先选择所创建文件的类型和格式。设置需要的图像尺寸、文件的类型、压缩率或图像质量等等。选择使用不同的文件格式时，对应不同的压缩率和图像质量，要根据使用的条件、允许的数据量等要求选择设置，以保证创建的文件能被正确使用。

4．拷贝输出对象

在使用其他软件制作课件或对象时，如果只需要用 CG Infinity 制作一个静态对象（文本或图形）的情况下，可以直接使用剪贴板进行复制粘贴，实现拷贝输出对象。

具体的方法是在 CG Infinity 工作窗中选中要复制的对象，点击复制钮或使用编辑菜单中的复制命令将对象复制到剪贴板中，再到其他软件窗口中，在编辑方式下点击粘贴钮或使用编辑菜单中的粘贴命令，将剪贴板中的内容粘贴到工作窗中，成为引入的对象。

8.3　制作技巧

CG Infinity 作为文字和动画效果的制作软件，有许多的效果功能，可以用来实现动画的特技效果。在使用这些特技效果时，需要有技巧，也需要有经验，更需要有创意和构思。

CG Infinity在产品库中设置了相应的效果库,可以根据需要选用,也可以将自己设计好的效果保存到效果库中,准备以后使用。

8.3.1 对象的风格

对象的风格是指其对象的颜色、阴影的方向、颜色、形式等,是对象的表现形式。通过改变对象的颜色、边线和阴影,会使对象有不同的显示效果,风格的技巧就是改变对象显示的技巧。

对象的风格包括出现的风格和运动中风格的变化。因为CG Infinity是矢量图形,对象风格的风格有三种类型,单色、渐变色和图案,一个对象风格的连续变化只能在同一类中进行,如果是不同类型的风格,变化则为突变。

1. 使用对象风格库的效果

文字和图形的效果主要由形状、边线和填充的颜色、阴影等风格来形成,要根据具体需要和创意来设置。对初级使用者,为达到较快的了解和掌握效果的使用,要先使用效果库提供的样品,可以直接使用或加以修改后应用。

使用标准工具栏中的产品库按钮或用查看菜单中的工具条及面板命令打开库窗口,在下拉库选项栏中选择风格(Style)文件夹,可以在窗口中观察到库中已有的对象风格。

在对象的可编辑状态(未打开时间控制面板或在时间控制面板中该对象的关键帧处),点选要使用的风格样板并拖动到要使用该风格的对象上,对象的风格就被设置为所选的风格。

风格的选择要根据对象的内容、色彩、动作的需要来确定,尤其要注意内容、效果和风格的统一。

2. 已有风格的修改

使用风格库中的风格,并不能完全满足我们的要求,如果利用已有的风格,再根据情况进行部分修改,可以形成新的所需要的风格,而且节省自己设计风格的时间。

修改库中已有的风格时,双击该风格,弹出其属性设置窗,使用其中对象风格面板,对选中对象的颜色、边线或阴影进行调整。在调整时要选择需要修改较少的风格,并尽量保持原整体风格的协调。修改时要使用相同类型的风格,如修改颜色时以一种风格的过渡色代替另一种过渡色,一种单色代替另一种单色,可以保证整体风格的匹配不被破坏。设置完成后保存起来,形成自己的风格库。

3. 一个对象运动中不同风格的设置

当对象在表演或运动中需要风格改变时,需要在时间控制面板中选择需要改变风格的关键帧,设置对象相应的风格。在两个风格类型相同设置不同的关键帧之间,各帧的图像风格是逐渐过渡变化的。

一个对象在一次表演时间中,可以设置多个风格变化,每个变化都需要有对应的关键帧,非关键帧处不能设置风格。

因为是同一个对象在不同时间要表现为不同的风格,所以在风格的类型上是不应该变化的,改变的应是颜色、阴影的位置等的设置。如果设置对象的风格差异过大,计算机将不能判断出两个不同风格关键帧之间的变化规律,无法实现逐渐过渡变化的处理,将出现从一种风格直接跳变为下一风格的突变。

4. 边线和阴影的使用

恰当的边线和阴影设置会起到较好的烘托效果，特别在动画制作中，边线和效果也可以作为内容使用。

边线和阴影的类型不同，所显示的效果意境也各不相同。可以同时使用，也可以单独使用。边线和阴影也可以设置为渐变的效果。

在实际设置中，填充、边线、阴影的风格要统筹考虑，包括光效、颜色、形式等的一致性。尤其在使用渐变的效果时，光照的角度，阴影的长度和方向，在不同的画面中始终要保持协调。

8.3.2 透明度制作效果

所设置的各对象在整个项目表演时间内都存在，我们只是在不要出现时将其设置为透明，不能被看到。

透明度不仅用于隐藏对象，利用其渐变效果，可以实现淡入淡出、叠画等视频特技效果，是常用的制作技巧。

1. 淡入淡出设置

如果在由完全透明到完全出现之间是一个逐渐过渡的过程，就形成被称为“淡入”的效果；对应的由完全出现到完全透明之间的逐渐过渡过程，被称为“淡出”。

淡入和淡出在时间控制面板窗口中用调整透明程度实现，一般设置的过渡时间为 2 s 左右，可根据实际情况适当加减，变化的程度一般为线性(直线)方式。

2. 周期隐现(闪烁)

如果在一段时间内将透明度设置为反复周期变化，就会形成闪烁或时隐时现的效果；适当调整不同变化的过渡时间、出现时间、隐藏时间，可以得到不同的特技效果。

3. 叠画

如果设置一个对象在出现的时候被设置为有一确定的透明度，并且其下层有对象或背景，在看到上层对象的同时还可以透过它看到下层的内容，称为叠画。

4. 叠加处理效果

将一个对象复制后叠画到一起，再把位于上层的复制对象设置为半透明单色或过渡色，就会得到要改变原对象颜色的效果。若设置相应的关键帧并在时间控制面板中使复制对象的颜色改变，原对象的颜色也随之改变，形成一个用于颜色调整的对象。

8.3.3 综合特技效果

真正的技巧是综合使用各种处理功能，达到需要的效果。在前面的介绍中，已经使用了几种功能，并且是综合设置，如运动和风格、运动和变形、速度、形状变化和风格变化等。

根据创意综合使用各种效果，通过设置运动的时间、路径、隐藏、变形、透明度以及与关键帧的关系，可以设置对象在不同位置处有不同的形状和角度、运动速度、路径等。利用这些功能和效果，可以设计制作出多种需要的动画效果。

第 9 章　Director 的使用

Director 也是 Macromedia 公司的产品，是基于时间基础的多媒体制作软件。它接近于视频和音频编辑软件的结构，所以适用于制作交互式动画类的内容。在 Director 的编辑使用中，主要使用演员表(Cast)、剧本(Score)、精灵分镜(Sprite)和舞台(Stage)等工具，将素材编排制作成多媒体教学软件，配用动作库、Lingo 语言编程，实现各种的交互和控制。

9.1　基本界面

Director 的界面如图 9.1 所示，它和 Windows 的其他应用软件的界面相似，也是由标题栏、工具栏和各有关窗口组成。常用的窗口有演员表(Cast)、剧本(Score)、绘图(Paint)、控制板(Control Panel)等工具窗口和舞台(Stage)。

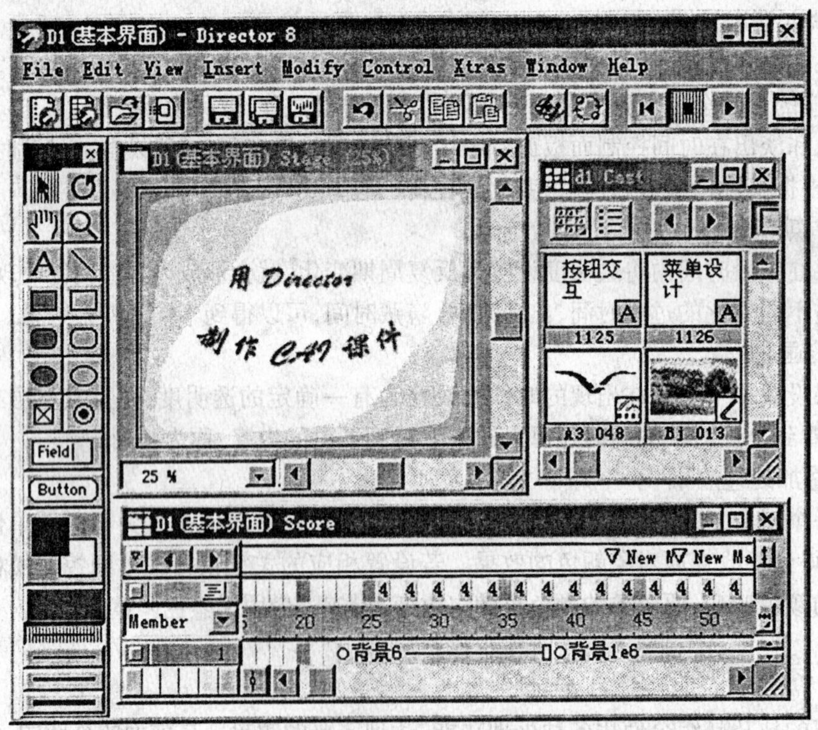

图 9.1　Director 的界面

9.1.1　菜单栏

菜单栏中有 9 组命令，分别实现文件操作、编辑操作、界面管理、插入控制、修改控制、播放控制等。

1. 文件菜单

文件菜单如图9.2所示,可分为8组,主要是完成对文件的操作和参数的设置。

第1组有新建、打开、关闭3个命令,第2组有存储、另存为、存储并压缩、存储所有的、恢复5个命令,分别实现文件的建立、打开、关闭和存储等工作。这些命令与其他软件的相同命令使用方法相同。

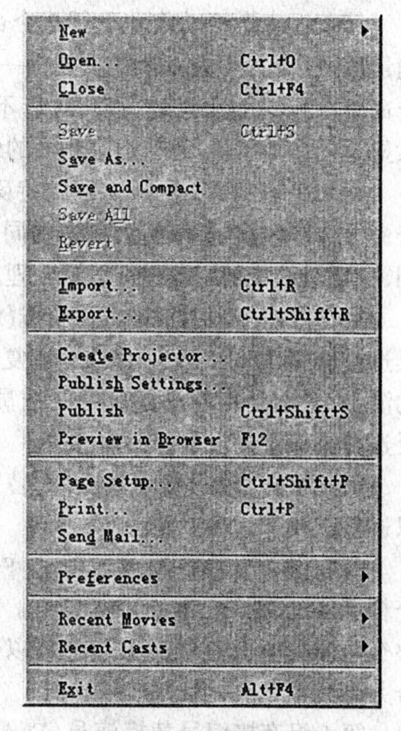

图9.2 文件菜单

第3组有导入、输出2个命令,分别实现将外部文件作为演员引入和将编辑的结果输出为文件的命令。

导入命令用于将外部文件作为演员加入到演员表中,导入的文件可以是文本、图像、视频、声音等。这些文件作为相应的演员可以被放置到舞台上,在需要时出现并表演。

输出命令用于将制作的结果输出为图像序列文件或视频文件。使用该命令时,弹出设置窗口。当要输出文件为图片格式时,在下部的输出文件类型选择栏中选择建立BMP图像序列文件格式,再选择要输出帧的数量、位置等,点击输出按钮打开文件选择窗,选择路径和文件名,输出保存每帧一个文件的系列图像文件。

当选择输出文件为AVI格式时,选择要输出的帧数量、位置等,点击选项按钮打开速率设置窗,设置AVI文件的帧速率,确定后,再点击输出按钮打开文件选择窗,选择路径和文件名,输出保存一个视频文件。

第4组有创建放映机文件(Create Projector)、发布设置(Publish Setting)、发布(Publish)、浏览(Preview in Browser)4个命令,用于创建可执行的播放文件和网页。

创建放映机命令是将制作的内容建立一个可执行的程序文件,可以直接在微机中播放;发布设置命令是为建立网页内容进行必要的设置;发布命令是建立网页内容;浏览命令是用于创建浏览文件和网页。

第5组有页面设置、打印、发送电子邮件3个命令,用于打印时的页面设置、打印输出和发送电子邮件。

第6组只有属性(Preferences)一个命令,用于设置文件和各个窗口的属性和有关的选项。

第7组有现有的电影(Recent Movies)、现有的演员(Recent Casts)2个命令,用于打开现有的电影文件和打开现有的演员表。

第8组是一个退出命令,结束Director的工作,退回到系统。

2. 编辑菜单

编辑菜单如图9.3所示,其中有6组命令,主要是实现编辑操作时需要使用的命令。

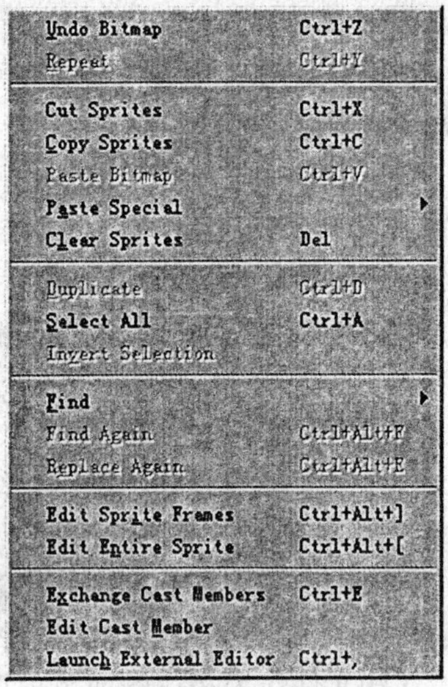

第 1 组有撤销动作和重复 2 个命令，1 个是撤销最后一个动作，另 1 个是重复前一个动作。这 2 个命令在不同的状态和窗口，对应不同的操作，虽然显示的命令名称不同，但有相同的作用。

第 2 组有剪切、复制、粘贴、特殊粘贴、清除 5 个命令，与其它软件编辑菜单中的同类命令作用相同，实现对选中的对象进行编辑处理。

第 3 组有复写(Duplicate)、全选(Select All)和取反选择(Invert Selection)3 个命令。复写是复制选中的演员；全选是将活动窗口中的演员全部选中；取反选择是将选择以外的部分选中。

第 4 组有查找、再查找、再代替 3 个命令。可以进行查找和代替操作。

第 5 组有按帧编辑(Edit Sprite Frames)、编辑整个精灵(Edit Entire Sprite)2 个命令。按帧编辑是将整个精灵分解为各个独立的帧，可以逐帧编辑处理；编辑整个精灵是将被分解的独立的帧合并为整个精灵，进行整体编辑。

图 9.3　编辑菜单

第 6 组有按编号替换演员(Exchange Cast Member)、按编号编辑演员(Edit Cast Member)、使用外部编辑器(Launch External Editor)3 个命令。

3. 查看菜单

查看菜单如图 9.4 所示，其中有 4 组命令，主要是对界面窗口的选择设置。

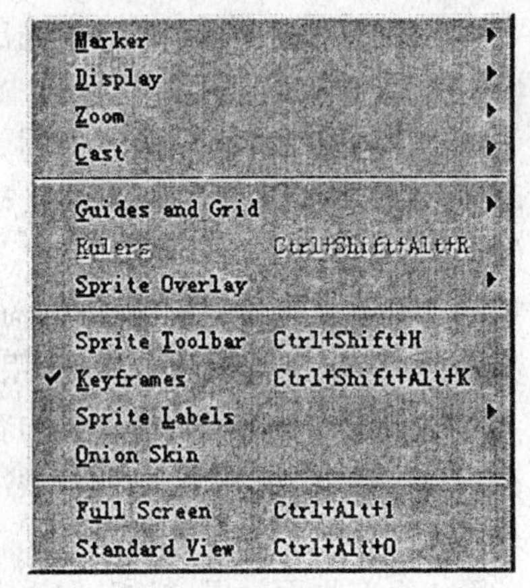

图 9.4　查看菜单

第 1 组有记号(Marker)、显示(Display)、变焦(Zoom)、演员(Cast)4 个命令。记号命令用于查找记号位置，可以前后 2 个方向查找；显示命令用于设置通道中精灵显示的方式；变焦命令是改变舞台显示的缩放比例；演员命令是设置演员表的显示方式。

第 2 组有引导线和栅格(Guides and Grid)、标尺(Rulers)、精灵覆盖(Sprite Overlay)3 个命令。这组命令在舞台上显示出引导线、栅格或标尺，作为定位参考的标志，供设置演员在舞台中位置时使用。引导线一般用于不同演员在位置上的对齐；栅格和标尺用于对任意演员在舞台上位置的设定和运动路径的设置。这些标志既可以在放置演员出场时使用，也可以在演员表演设置运动路径和运动位置时使用。

第 3 组有仪表板(Panel)、关键帧(Key Frame)、精灵标签(Sprite Label)、洋葱皮(Onion Skin)4 个命令。其中前 3 个命令分别用以设置剧本窗口中的精灵工具栏、精灵的关键帧、精灵的标识的显示方式；洋葱皮命令是打开或关闭洋葱皮设置面板，用其可在画图窗口中用透视方式显示出各个演员，供制作时参考。

第4组有全屏幕(Full Screen)、标准视窗(Standard View)2个命令,用于改变显示窗口的方式和大小。

4. 插入菜单

插入菜单如图9.5所示,其中有4组命令,分别用于在剧本窗口中对精灵的关键帧、普通(显示)帧、标号、外部媒体对象的插入和删除处理。

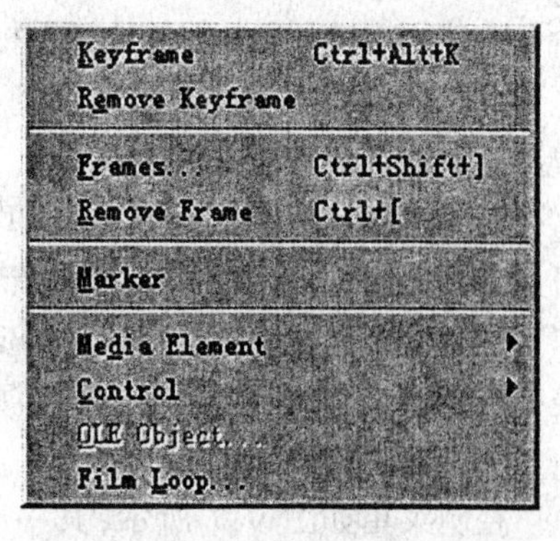

图9.5　插入菜单

第1组有插入关键帧和移除关键帧2个命令,在指标处插入关键帧或取消指标处的关键帧。

第2组有插入帧和移除帧2个命令,在指标处插入一帧或删除指标处的一帧。

第3组只有标记一个命令,在指标处插入记号或删除指标处的记号。

第4组有媒体对象、控制、超级连接和影片循环(Film Loop)4个命令。插入媒体对象命令有10个媒体类型子命令,用于在演员表中的当前位置处插入子命令所确定媒体或类型的演员;其他3个命令分别用于插入控制演员、超级连接和影片循环演员。超级连接只能在演员表激活情况下有效,类似的影片循环只能在剧本窗口激活并选中精灵后有效。

5. 修改菜单

修改菜单如图9.6所示,其中有7组命令,分别用于打开演员、精灵、帧或电影的属性窗口;打开字体、段落属性窗口;精灵的锁定和解锁;不同精灵间的处理;表演演员在舞台上的设置等。

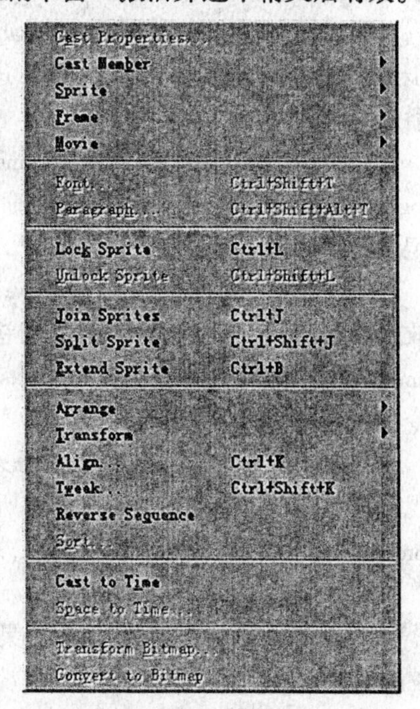

图9.6　修改菜单

第1组有演员表属性(Cast Properties)、演员属性(Cast Member)、精灵、帧、电影(Movie)5个命令,除演员表外,其他4个命令都有子命令,选中要修改的对象后,使用相应的命令都打开对应的属性设置窗口,可以进行属性的设置和修改。

第2组有字体和段落2个命令,在选中文本演员后可以用其打开选择窗口,设置字体或段落。

第3组有精灵的锁定和解锁2个命令,将选中的精灵锁定(不允许改变)或将被锁定的精灵解锁。

第4组有连接精灵(Join Sprite)、分开精灵(Split Sprite)、延长(扩展)精灵(Extend Sprite)3个命令,对剧本中的精灵进行处理。连接是将选中的2个或以上的精灵组合为一个整体(鼠标点击可选中一个对象精灵,按住Shift后再点击精灵对象,可实现多个精灵对象的选择)。如果在同一通道中的2个对象之间有空白,将自动填补。分开是对选中的精灵在指标位置处截断,分为2个精灵。延长是将精灵的端点延长到指标位置处。

第5组有排列(Arrange)、变换(Transform)、对齐(Align)、扭曲(Tweak)、反转序列(Reverse Sequence)、分类(Sort)6 个命令,用做对舞台上的精灵进行位置处理。排列是安排对象在舞台上前后的次序,转换是调整演员在舞台上的位置和大小,排列和转换命令都有子命令。使用对齐、扭曲命令时打开相应的设置窗口,设置对齐的方式、扭曲的程度。反转序列是将演员的表演动作先后颠倒,反顺序表演。分类命令打开选择框,按选定的方法将演员表中的演员按类别排列。

第 6 组有演员按时间(Cast to Time)、空间按时间(Space to Time)2 个命令。用于将在演员表中选中的一组相邻的演员按顺序排列在剧本中的指标位置开始的轨道中。

第 7 组有变换位图(Transform Bitmap)、转换成位图(Convert to Bitmap)2 个命令,将演员表中选中的文本、其他格式图形的演员转换为位图的格式。

6. 控制菜单

控制菜单如图 9.7 所示,其中有 7 组命令,主要用于演示播放控制、调试方式设置等。

第 1 组有播放、停止、到起始点(Rewind)3 个命令,是对剧本中演员的安排进行正常播放控制的主要命令。

第 2 组有正向步进(Step Forward)、反向步进(Step Backward)2 个命令,用于进行单步播放的控制。

第 3 组有实时记录(Real - Time Recording)、单步记录(Step Recording)2 个命令,用于记录对舞台上演员的手动设置。

第 4 组有循环播放(Loop Playback)、只播放选择的帧(Selected Frames Only)、卷标(Volume)、不显示的精灵(Disable Scripts)4 个命令,用于设置播放的方式。

图 9.7　控制菜单

第 5 组有断点反转(Toggle Breakpoint)、观察表示(Watch Expression)、移除所有的断点(Remove All Breakpoint)、忽略断点(Ignore Breakpoint)4 个命令,用于设置断点,以便于进行调试。

第 6 组有 3 个单步运行命令。

第 7 组只有重新编辑所有精灵(Recompile All Scripts)1 个命令。

7. Xtras 菜单

Xtras 菜单如图 9.8 所示,其中有插件命令组,用于升级文件、滤波和转换文件格式。

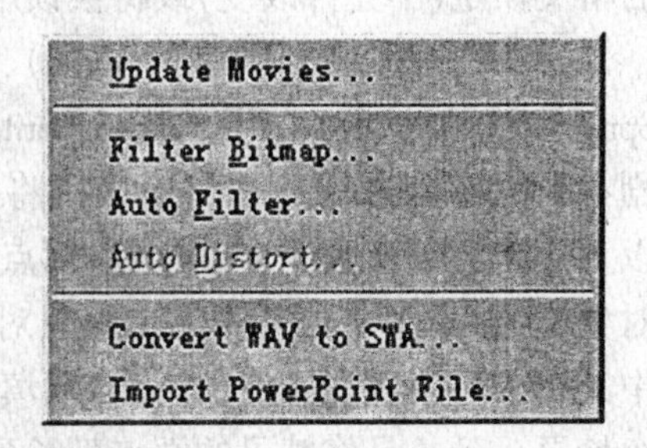

图 9.8　Xtras 菜单

8. 窗口菜单

窗口菜单用于设置界面中的显示内容,其中各命令分别用于打开和关闭显示、编辑、设置和工具窗口,保持用户界面的高效和方便。

9.1.2　工具栏

工具栏的作用与菜单栏的作用相同,是将常用的命令图形化、快捷化,使操作更直接、简单、方便。

工具栏的左边部分如图 9.9 所示,右边部分如图 9.10 所示,其按间距分为不同的命令按钮组,从左至右分别为:

图 9.9　工具栏左半边

图 9.10　工具栏右半边

文件处理　实现一般的文件编辑处理的功能(如新文件的建立、存储、打开、引入、输出等);

编辑制作　实现对象如演员、精灵等的编辑处理(剪切、复制、粘贴等);

查找替换　实现演员的查找、替换;

演示播放　实现对制作处理部分的播放控制(播放、停止、返回到开始处);

窗口控制　实现对舞台、演员表、剧本等有关的窗口打开和关闭控制;

演员处理　实现对位图图形、矢量图形、文本对象的制作、修改的编辑处理;

行为处理　实现行为设置、编程处理、信息设置等。

9.1.3　演员表

演员表是由对象组成的窗口,其中包含制作多媒体作品的素材和工具,如图 9.11 所示。表中的各演员由不同类型的素材或工具担任,包括内部的图形、文字、图片、外部的声音、动画、数字电影、控制程序段等。这些演员将被安排在适当的时间、位置在舞台上出现,有些在前台,也有的在后台(如声音、控制等)。对象的数目限制可由用户设定,最少 512 个,最多 32 000 个。

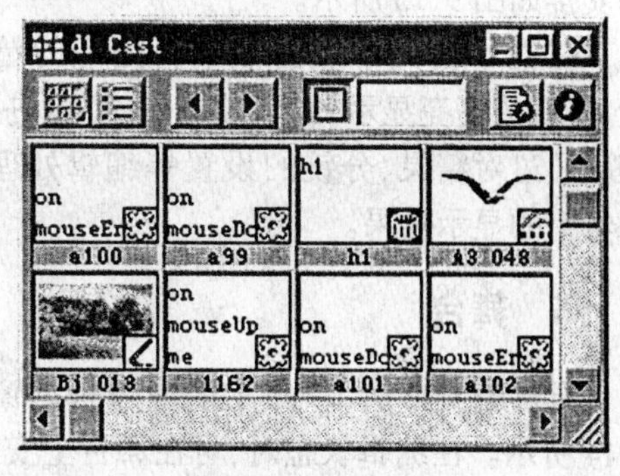

图 9.11　演员表

每个对象在窗口的左下角用图形表示内含 Lingo 程序描述语言,右下角用图形表示演员的类型。演员的类型有图形、文字、按钮、色盘、形状、影片、声音、描述语言等。

对象在窗口的排列顺序与制作的效果无关,但为方便制作,一般习惯是按使用的时间顺序或动作顺序先后排列。

9.1.4　剧本

剧本是以时间水平排列、以演员前后位置竖直排列的窗口,如图 9.12 所示。水平的行称为通道(Channel,又称频道),其中的小格称为分镜格(Cell),每小格占用一帧时间。

窗口中有两组通道,上部的为特效通道,用于声音和控制等;下部的为演员通道,用于设置演员的表演等。

将演员由 Cast 窗口拖到 Score 窗口的一个通道的合适的位置并设定时间长度——分镜,就实现了一个演员一段表演的剧本编写。

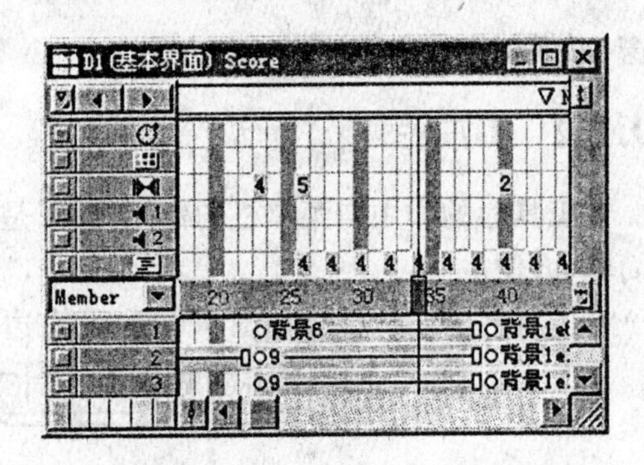

图 9.12　剧本窗口

将演员按前后顺序和时间顺序依次排列,并分别进行相应的设置,就是编写剧本。将所需的演员全部排列设置完毕,就完成了剧本的编写。

剧本的编写一般是分段进行,完成一段,表演(调试)一段,确认设计效果。各段正常后再统一联调。

9.1.5　精灵、分镜

精灵、分镜是在已放入演员的通道中表示演员作用的一小段,占用若干帧。将演员拖到通道中,会形成一个精灵,将演员直接拖到舞台上,也会自动产生一个精灵,精灵分镜的安排如图 9.13 所示。

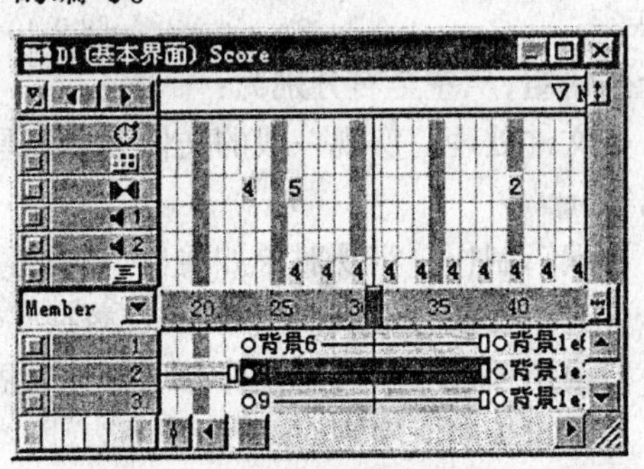

图 9.13　精灵、分镜

在剧本窗口中点击欲编辑处理的精灵、分镜段,其变为高亮显示,表示被选中,可以进行编辑处理。通过对精灵、分镜的设置等编辑处理,可以实现希望的显示效果。

9.1.6　舞台

舞台是安排演员、显示表演效果的窗口,如图 9.14 所示。在编辑状态时,可在舞台上安排调整和观察演员出现的效果,在播放状态时观察演员表演的效果。

图 9.14　舞台

舞台的大小和背景颜色可通过修改菜单中的电影/属性命令打开设置窗口进行设置。

9.2　演员的制作和引入

自行制作可显示的演员主要是图形图像和文本。利用 Director 提供的工具可以实现一般的制作。引入是从已有的素材文件中引入,如图片、声音、动画、数字电影等。

9.2.1　图形演员的制作

自行制作图形演员主要是利用 Director 提供的画图工具绘制几何图形和处理图像，形成需要的演员。

具体做法是，点击选择一个空白的演员，点击工具栏中的画窗，打开画图窗口，进行演员制作，画图窗口如图 9.15 所示。

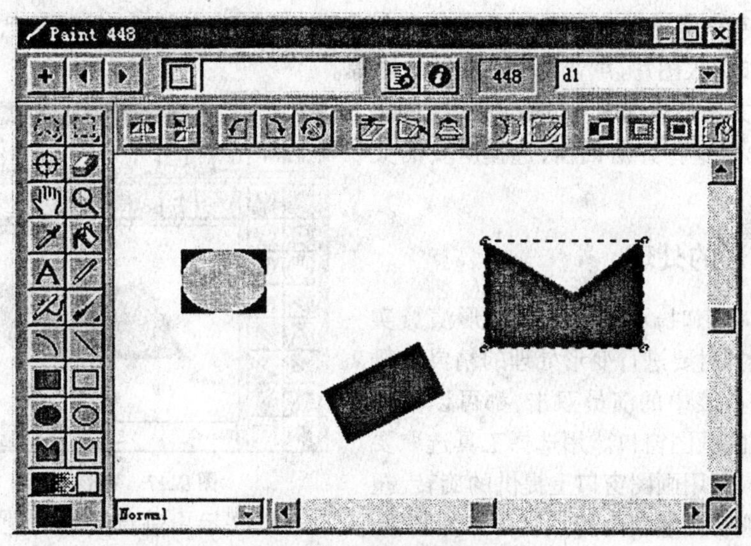

图 9.15　图形演员的制作

画图的工具有铅笔、毛刷笔、喷枪，油漆桶等，可用于各种作图，利用这些工具可以作实心几何图形、空心几何图形；画直线、弧线；选择区域后可进行旋转和变形等。

在画图中利用文字工具还可以输入文字，在修改菜单中可以设置用字体命令打开字体设置窗口，在窗口中选择设置字体、字号和颜色等。

画图不能直接引入图像文件，但可以利用剪贴板将打开文件的图像粘贴进来。

9.2.2　文字演员的制作

自行制作文字演员主要是利用文本编辑工具输入和编辑处理文本，文本编辑的窗口如图 9.16 所示。

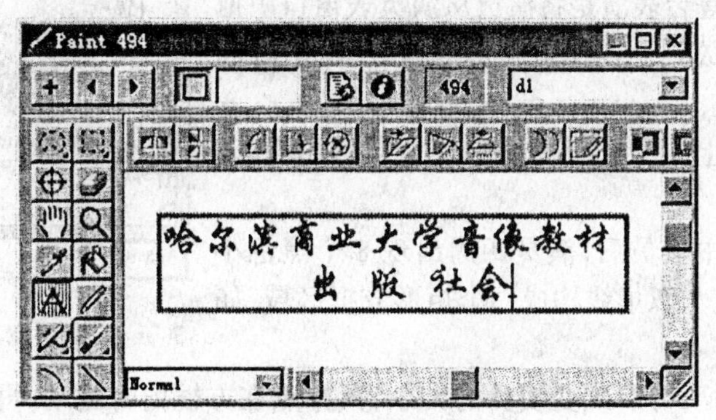

图 9.16　文字演员的制作

具体做法是，点击选择一个空白的演员，点击工具栏中的文本编辑按钮，打开文本窗口，可以进行文字的输入，格式、字体、字号等的设置，在修改菜单中可以设置用字体命令打开字体设置窗口，在窗口中选择设置字体、字号和颜色等。

文本编辑时不能引入文本文件，但可以利用剪贴版将需要的文本粘贴到窗口中。

9.2.3 演员的引入

演员的引入是在打开演员表窗口后点击选择一个空白的演员，然后从已有的素材文件中引入，如引入图片、声音、动画、数字电影等。

引入的方法是在选中演员后，选用文件菜单中的引入命令打开对话窗，选择所要的文件。

9.2.4 变形的处理

在编辑状态时，可以对图片图形演员实现变形处理。对要进行变形处理的精灵在舞台上或在演员表中的演员双击，都可以打开带有该演员的画图窗口。用选择工具选取要变形的部分，利用画图窗口上提供的旋转、扭曲等工具，拖动调整四角的点就可以实现变形。图 9.17 示出进行变形的处理的一个实例。

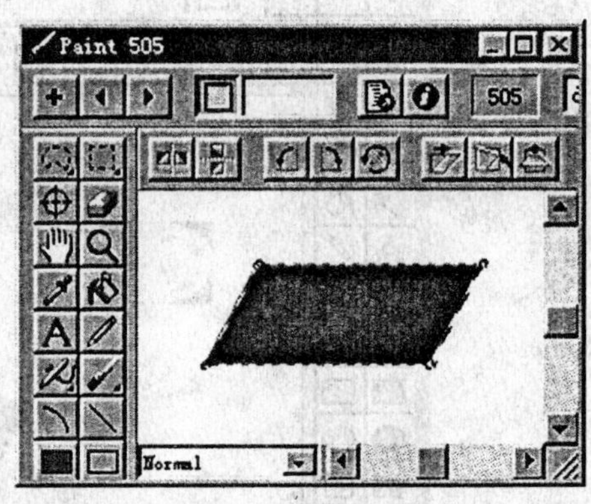

图 9.17 变形的处理

9.3 动画片的编辑

在舞台上或在剧本窗口中安排演员，对演员或精灵表演的位置、时间和方式进行调整和设定，使其按需要表演，就是编辑动画片。

动画片的编辑主要做以下工作。

9.3.1 安排出演的演员

实现演员的登台表演是将演员从演员表窗口中拖放到舞台上或拖放到剧本窗口中形成精灵，这两者同时形成，是等效的。

演员在舞台上的位置、大小、移动都可以调整和设定。

在舞台上选中演员后，演员四周出现 8 个黑色小方块(控制手柄)，与双虚线构成一个矩形方框区域，如图 9.18 所示。

图 9.18 设置演员

拖动控制手柄，可以改变演员的大小；鼠标点在方框内时拖动，可移动演员的位置。演员中心的小圆点表示关键帧，拖动方框中的小圆点，可改变该帧时演员在舞台上的位置。

使用修改菜单中的精灵的属性工具，打开对话窗，也可以设置演员的大小、位置动作。

根据动画片的具体要求，要给每一个精灵设定表演的时间长度和开始表演的时间、位置，还要设置各演员的相对关系。

9.3.2 精灵的设置

演员在舞台上出现的同时，也在剧本窗口中形成精灵，在剧本窗口也可以调整和设定演员，但主要是设置演员表演的时间和方式。

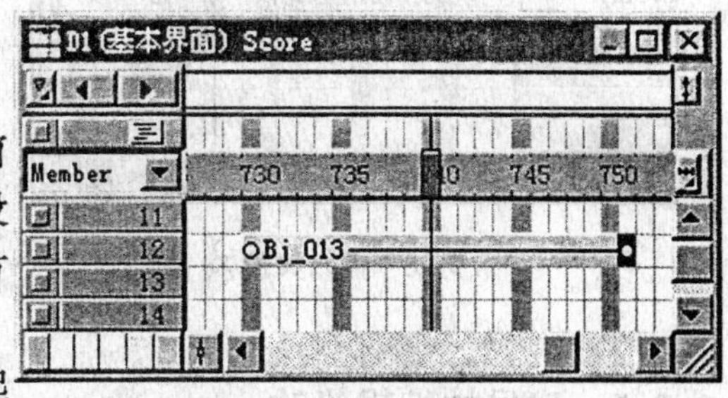

图 9.19 精灵的设置

初始的精灵有固定的时间长度，并在起始和结束处各有一个关键帧，起始帧以小圆圈表示，结束帧以小长方形表示，如图 9.19 所示。用鼠标在关键帧处拖动，可改变精灵的长度，即改变演员表演的时间；在非关键帧处可拖动整个精灵在通道上的位置，从而改变演员开始和结束表演的时间。在剧本窗口中用鼠标拖动暗红色的小方块(表演指针)，可在舞台上观看其垂直下部各演员的表演。

剧本窗口中有功能通道开关(右角)、通道显示时间比例设置(右部)、表示方式选择(左部)等按钮，点击按钮可打开下拉菜单进行选择。

9.3.3 关键帧

关键帧是对演员表演的控制点，在相邻的关键帧处，可以分别设定此时演员的位置和大小，在这两个关键帧之间演员表演为平滑过渡的表演，实现运动和缩放。

当需要演员的变化较多时，两个关键帧不够用，可以插入关键帧。插入关键帧的方法是先选择需要插入关键帧的精灵，将播放指针置在希望插入的位置，再点击鼠标右键，打开下拉菜单，点击插入关键帧项，或者点击菜单插入/关键帧项，在精灵的对应处出现小圆圈，表示为关键帧，如图 9.20 所示。

对多余的关键帧也可以删除，选中要删除的关键帧，按删除键即可删除。也可以点击鼠标右键打开快捷菜单用删除命令删除。

9.3.4 动画的设计

动画的设计是在剧本中和舞台上进行，通过对有关精灵的关键帧的设置实现。

在剧本中调整精灵的长度和位置，可以设定演员表演的时间段和出场的时刻。调整所在通道上下位置，可以改变各演员在舞台上前后的位置。在关键帧处，也可以通过设置窗口中的参数来调整演员的表演时间、大小和位置等。

在舞台上拖动演员中心的小圆点，可以形成演员的移动路径，有几个关键帧，就有几个小圆点，依次设置小圆点的位置，使运动路径满足要求。图 9.21 所示的是一个演员的运动路径。

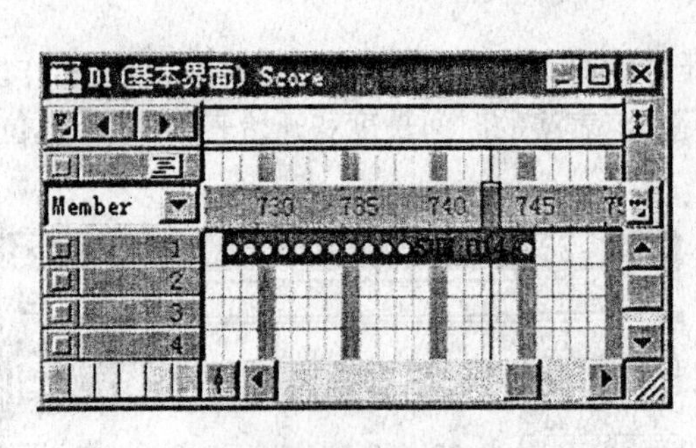

图 9.20　插入关键帧

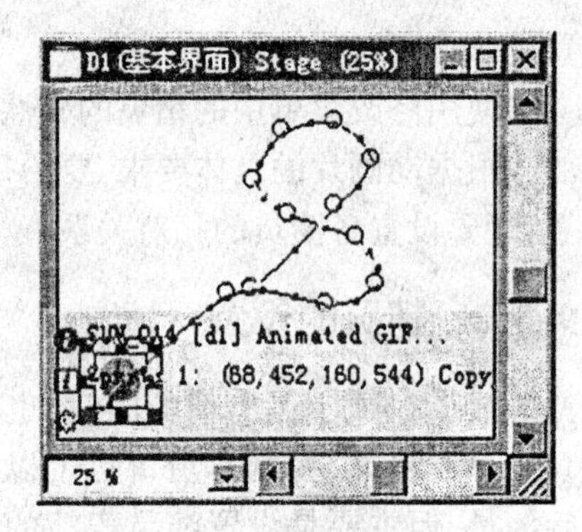

图 9.21　运动路径的设计

9.3.5　演员的编辑修改

在编辑动画时,常需要对已经制作和引入的演员进行编辑修改。

在剧本中双击精灵,或在舞台上双击演员,都可以打开相应的编辑窗口,在窗口中进行编辑修改。

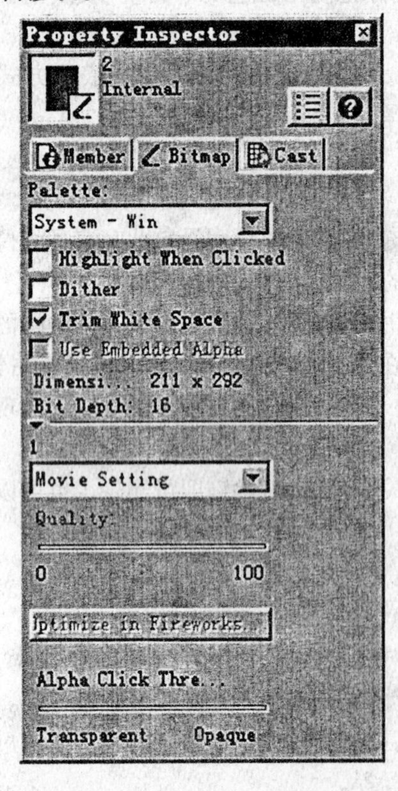

图 9.22　演员的编辑修改

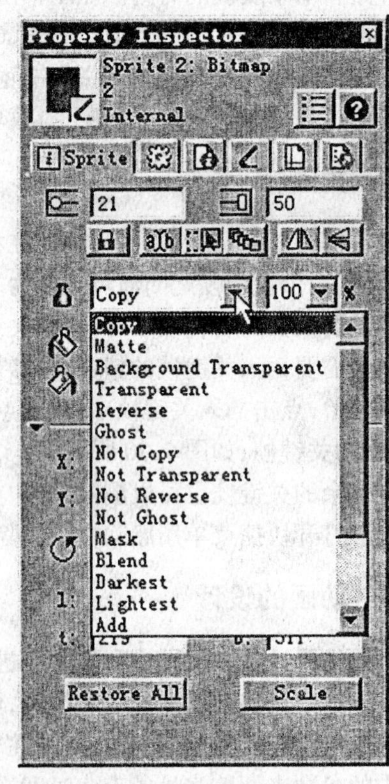

图 9.23　墨水效果

也可以在选中演员后,用修改菜单中的演员属性等命令打开属性面板,如图 9.22 所示,在其中可以进行相应的选项设置和修改相应的参数。

为了得到较好的效果,通常使用专用工具软件去制作图片、文字、编辑数字电影,做好后再引入作为演员,这时应该使用原制作软件进行编辑修改。

9.3.6 墨水效果

在剧本中可以对演员实现一些表现的方式的处理。如透明方式、背景透明(仅背景为白色时有效)、反转等。

选中要调整的精灵,打开墨水的下拉菜单,选择需要的方式,在其右边的小窗口中设置作用程度的数值,如图9.23所示。当选中关键帧时,只对关键帧的方式设置。

墨水的下拉菜单中的选项依序是原图复制、复制面、背景透明、透明、反相、鬼影、原图不复制、不透明、不反相、不鬼影、遮罩、融合、最暗、最亮、相加、固定相加、相减、固定相减。

9.3.7 特效通道

特效通道窗口如图9.24所示,在特效通道中,由上到下依序为速度通道、色盘通道、画面转换通道、音效通道(1、2两个)和描述语言通道。用右角的开关可打开和收拢窗口。

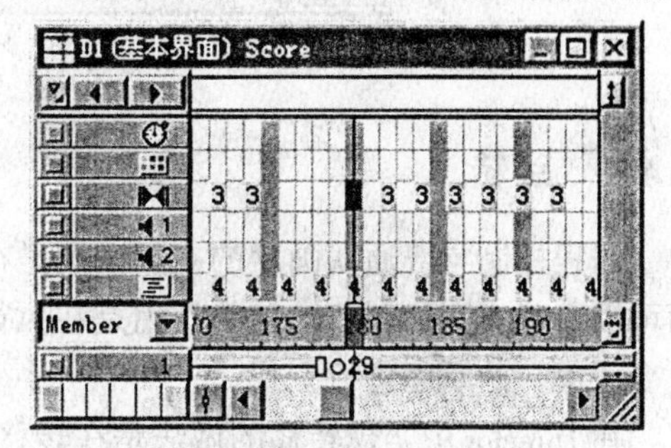

图9.24 特效通道

使用速度通道、色盘通道、画面转换通道时,用鼠标在欲加入效果的帧的位置双击,可打开对话窗,进行需要的设置,产生特效精灵。特效精灵也与一般精灵一样可以移动位置和调整长度,同时在演员表中自动添加演员。

使用音效通道与使用演员通道一样,先将声音文件引入到演员表的一个演员中,再拖放到音效通道中合适的位置,形成音效精灵。音效精灵长度最长为文件长度,可以比文件长度短,不可以比文件长度长。

描述语言通道是用在对应帧中加入程序语言。

9.4 控制与交互

CAI课件的主要特点之一就是良好的交互性能,而单纯的动画片是没有交互功能的,所以在制作中,需要加入控制和交互功能。Director控制和交互主要是用Lingo语言编程实现。为了避免使用程序语句的困难,Director提供了行为(动作)设置窗口和编程窗口,行为设置窗口如图9.25所示,编程窗口如图9.26所示。利用行为设置窗口中的选项和使用程序动作窗口下拉菜单来选择需要的命令和设置相关参数,可以做到不用编程的编程。

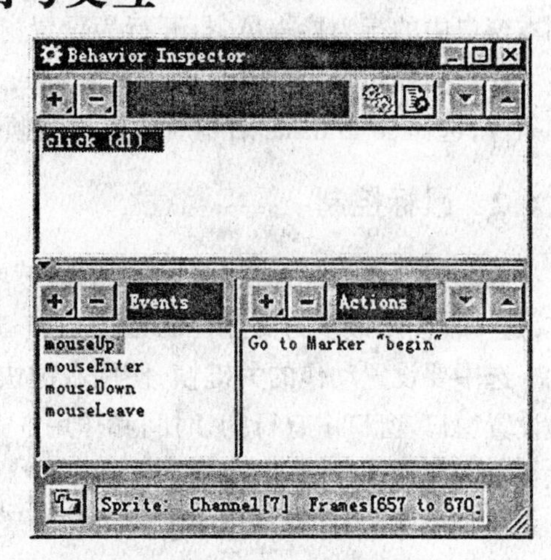

图9.25 行为设置窗口

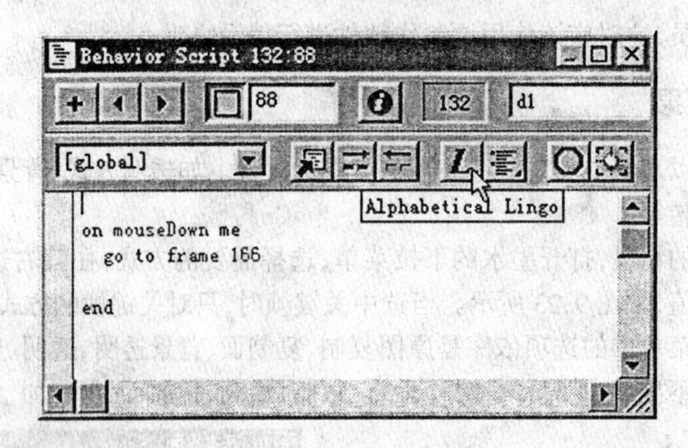

图 9.26 程序动作窗口

9.4.1 跳转

编程控制与普通动画片的主要区别是在程序中可以实现条件转移和无条件转移,进而可以实现交互控制。转移的作用是在执行过程中由当前处跳到另一处继续进行,从而改变了单一的顺序进行方式。

在 Director 中实现转移的做法是在转移处加入转移控制命令,使播放在该帧后直接跳转到目的帧处继续。

加入的具体方法主要有以下几种。

1. 选中对应控制的精灵或其关键帧,点击主工具栏或剧本窗口中的行为检查员(Behavior Inspector),打开行为设置窗口进行设置。转移发生在精灵的起始帧处。

2. 在剧本窗口中,双击要设置控制的精灵,打开编辑窗口,点击编程控制钮,打开编程窗口,从 Lingo 语句下拉式菜单中选择合适的语句插入,完成编程设置。

3. 在演员表窗口中,选中要设置控制的演员,点击编程控制钮,打开编程窗口,从 Lingo 语句下拉式菜单中选择合适的语句插入,完成编程设置。

4. 在程序描述通道中选择要加控制的帧位置点击,设置控制帧,并点击主工具栏或剧本窗口中的行为检查员,打开行为设置窗口,进行设置。

在选择语句时,常选用进入帧(on enter Frame)和退出帧(on exit Frame)作为程序动作的条件,选择 go to frame 语句后设置目的帧数值,实现无条件转移。

9.4.2 鼠标控制

鼠标控制是当光标在演员出现的区域内发生设定的动作事件时,进行预设的控制动作,是一种使用最多的交互控制方式。

选中要设置动作的关键帧,使用右键快捷菜单中的行为命令可以打开如图 9.25 的行为设置窗口,窗口中有行为、时间和作用 3 个子窗口,使用其上的加减按钮,可以增加或删除相应的行为、时间和作用的功能。

在每个设置时,都有相应的提示和设置、选择对话框,用于选择条件、设置功能、输入参数等。

由于这里实质上已是编程,通过提示和英文的词义,一些功能和作用还比较容易理解和使用,这里就不多介绍了。

鼠标控制与无条件控制的区别是进入程序的条件,将原在起始帧或结束帧的条件换成鼠标动作的条件,其中内容可以根据实际的需要选用。

在选择语句时,选用鼠标弹起(on mouse Up)、鼠标进入(on mouse Enter)、鼠标按下(on mouse Down)等作为程序的条件,选择 go to frame 语句后设置目的帧数值,就可以实现在鼠标释放、鼠标进入、鼠标按下等的条件转移。

9.4.3　按钮交互

按钮交互是在显示画面上出现按钮图形,当用鼠标点击按钮时,进行预设的控制动作,是一种使用较多的控制方式。

按钮交互与无条件控制的区别是进入程序的条件,将原在起始帧或结束帧的条件换成按钮交互的条件,其中内容根据需要选用。

在按钮精灵中加入转移控制命令,设置控制在选择语句时,选用鼠标弹起、鼠标进入、鼠标按下等作为程序的条件,选择 go to frame 语句后设置目的帧数值,就可以实现在鼠标释放、鼠标进入、鼠标按下等动作时的条件转移。

9.4.4　菜单设计

利用类似方法也可以实现静态菜单和动态菜单的交互。静态菜单是在显示画面上出现一组静止的菜单选项,动态菜单则是在按鼠标右键或满足某种条件时出现菜单,当用鼠标点击菜单选项时,进行预设的控制动作,是一种使用较多的控制方式。

菜单交互需要编制较多的程序,要求制作者有较好的编程素质和能力,在此不做介绍。

第10章　三维动画的制作3ds max

3D技术曾经只是专业计算机图形开发人员和那些拥有高端机器和软件的游戏迷的领域。3D工作站必须有相当强大的处理与存储能力，能够很好地处理色彩、文本和虚拟发光，才能使图形呈现出三维的效果。

1987年开发出了用于PC机的第1代3D技术。当时的3D技术相对于今天的技术来讲还是很初级的，而且几乎仅仅应用于游戏中，还没有涉足到其他领域。现在3D已经走过了一段很长的发展历程，今天的3D技术不仅有优良的性能，而且也不再仅仅是专业人员或高级游戏迷的专利。目前已经普及的PC机比起以前有了更强大的处理能力，并且PC生产商已经在他们的计算机中增加了3D升级版和其他类型的3D技术。3D已经从游戏领域应用扩展到了其他领域，如网页和产品的设计，甚至是个人娱乐。

所谓三维动画，就是利用计算机进行动画的设计与创作，产生真实的立体场景与动画。与传统的二维手工制作的动画相比，电脑第一次真正地使三维动画成为可能，极大地提高了工作效率，增强了动画制作效果。利用电脑进行三维动画的创作不仅使动画制作摆脱了传统的手工劳动的烦琐，把人真正地解放出来，也使动画制作跨入一个全新的时代。

10.1　全新的3ds max

10.1.1　三维动画软件概述

提到三维动画，可能读者都有所了解。看一看我们周围的世界，视频影像技术已经渗入到社会生活的每一个角落，电影、电脑、互联网、电子游戏甚至手机屏幕。而且在有视频影像的地方几乎都有三维动画，这些都是三维动画的杰作。

三维动画制作软件为数不少，各有所长。目前三维界公认的三大软件分别是3ds max、XSI与MAYA。其实一般人只要精通这三大软件中的一个就相当不错了。现在让我们看一看这几个三维动画制作软件的主要特点。

1. 3D Studio MAX

简称为3ds max或max，其前身为运行在Dos下的3ds。由著名的AutoDesk公司麾下的Discreet多媒体分部推出。3ds max最佳运行环境为Windows NT操作系统，在Windows 98下也可运行(这也为它争取了很多家庭用户)，目前已经发展到了4.0版本。3ds max易学易用，操作简便，入门快，功能强大，目前在国内外拥有最大的用户群。3ds max公认的不足之处是渲染的质量有待进一步提高。不过由于有了Mental Ray、Ghost等超强外挂渲染器的支持，初学者不用多虑。3ds max还有一个姊妹软件3ds viz，功能与3ds max类似，有一些3ds max不具备的专门用于建筑效果图制作的功能；动画制作功能相对比较简单，一般仅限于一些建筑物内外的三维漫游动画制作。

2. XSI

原名SOFTIMAGE 3D,目前在三维影视广告方面独当一面,以渲染质量超群而著称,是目前国内影视广告业的首选。但是由于XSI处于max与MAYA的夹缝中生存;再加上如果max使用外挂渲染器MENTAL RAY,制作效果也可以与XSI一拼,因此XSI的前途受到了空前的挑战。XSI只能在Windows NT下工作,对显示设备的要求也很高,1280×1024的“最佳”分辨率让人感到为难。

3. MAYA

MAYA是非常优秀的三维动画制作软件,尤其专长于角色动画制作,并以建模功能强大著称。由Alias/Wavefront公司推出。MAYA的操作界面与流程与3ds max比较类似。有一些3ds max用户从3ds max过渡到MAYA。实际上从3ds max 4开始,max与MAYA的差距在逐渐缩小(要知道目前MAYA的软件价格是max的10倍以上)。缺点是入门比较困难,相关中文资料也不太丰富。MAYA要求的机器配置比max也高得多,要求操作系统为NT,不能在Windows 98下运行。

10.1.2　3ds max简介

1. 3ds max的发展历史

3ds max系列产品是美国AutoDesk旗下Discreet公司的杰作,前期3ds系列版本是最早运用在PC机上的三维图形软件,3ds移植到Windows操作系统后,升级为max版本。因为在三维图形软件领域的竞争极为激烈,所以AutoDesk公司以很快的速度推出新版本。1996年底将3ds移植到Windows平台,首次出现3ds max 1.0,1997年推出3ds max 2.0,1998年推出3ds max 2.5,1999年7月推出3ds max 3.0。到21世纪之初,于2000年推出3ds max 4,2002年初推出最新版本3ds max 5。

从3ds max的发展来看,Discreet公司着力于专业化,将其作为一个综合平台,而且有不同的附属产品来满足不同客户的需求。“Autodesk VIZ”着重于建筑效果,“G max”则重在三维游戏的开发,“Plasma”主要应用于网络三维动画。

2. 3ds max 5的硬件要求

对于三维图形软件来说,硬件的需求是相当高的。可以这么说,PC机越高档越好。如果可能的话,不妨使用最先进的硬件,如Pentium 4处理器、DDR内存、昂贵的专业显卡等。3ds max 5的最低配置为:

CPU　Pentium
内存　64MB
硬盘　200MB
操作系统　Windows 95

比起其他硬件来讲,首先应该考虑内存,如果运算中内存不够,需要使用硬盘的部分空间作为“虚拟内存”的话,速度将下降很多。

3. 3ds max应用领域

目前三维动画在众多领域得到广泛的应用。根据国内外的实际情况,三维动画主要在以下几方面得到较为广泛的应用。

(1) 影视广告制作

在国内,电脑三维动画目前广泛应用于影视广告制作行业。不论是科幻影片、电视片头,还是行业广告,都可以看到三维动画的踪影。可能大家对“失落的世界”等世界巨片中恐龙狂奔的镜头还记忆犹新,如果没有电脑的借助,使早已从地球上灭绝的恐龙栩栩如生地出现在电影镜头上是几乎不可能的。在各个电视台的片头,大多可以看到电脑三维动画的踪迹。

(2) 建筑效果图制作

建筑业是一个相当巨大的工业,也是投资很大的行业。为了避免浪费,在进行投资很大的装潢施工之前,可以通过三维软件对设计进行模拟演示,并做出多角度的照片级效果图,以观察装潢后的效果。如果效果不满意,可以改变设计和施工方案,从而节约时间与资金。建筑效果图的制作软件多为 3DS VIZ 或 Lightscape 等软件。

(3) 电脑游戏制作

这在国外比较盛行,有很多著名的电脑游戏中的三维场景与角色就是利用一些三维软件制作而成的。例如推出的即时战略游戏“魔兽争霸Ⅲ”,就是利用著名的三维动画制作软件 3ds max 4 来完成人物角色的设计,三维场景的制作的。

(4) 其他方面

三维动画在其他很多方面同样得到了应用。例如在国防军事方面,用三维动画来模拟火箭的发射进行飞行模拟训练等非常直观有效,节省资金。在工业制造、医疗卫生、法律(例如事故分析)、娱乐、教育等方面同样得到了一定的应用。

10.2 使用文件和对象工作

10.2.1 打开文件和保存文件

在 3ds max 5 中,一次只能打开一个场景。打开和保存文件是所有 Windows 应用程序的基本命令。这两个命令在菜单栏的文件菜单中。

在 3ds max 中,编辑处理的文件是场景文件,其扩展名为 max。在 3ds max 中打开文件和保存文件与其他 Windows 应用程序的方法一样,都是使用菜单栏中的文件/打开和文件/保存命令。

1.文件另存为对话框

在文件菜单栏上还有一个命令是另存为,它可以以一个新的文件名保存场景文件。当在 3ds max 的菜单栏上选取“文件/另存为”后,就出现“另存为”文件的对话框。要注意,当单击“保存”按钮旁边的“+”号按钮后,文件自动使用一个新的名字保存。如果原来的文件名末尾是数字,那么该数字自动增加 1。如果原来的文件名末尾不是数字,那么新文件名在原来文件名后面增加数字“01”,再次单击“+”号按钮后,文件名后面的数字自动增加为“02”,然后是“03”等。这使用户在工作中保存不同版本的文件变得非常方便。

2.保存场景(Holding)和恢复保存的场景(Fetching)

除了使用保存命令保存文件外,还可以在菜单栏中选取“编辑/保存场景”,将文件临时保存在磁盘上。临时保存完成后,就可以继续使用原来场景工作或者装载一个新场景。要恢复使用“保存场景”保存的场景,可以从菜单栏中选取“编辑/恢复保存的场景”。这样将使用保存的场景取代当前的场景。使用“保存场景”只能保存一个场景。

3.合并(Merge)文件

合并文件允许用户从另外一个场景文件中选择一个或者多个对象,然后将选择的对象放置到当前的场景中。例如,用户可能正在使用一个室内场景工作,而另外一个没有打开的文件中有许多制作好的家具。如果希望将家具放置到当前的室内场景中,那么可以使用“文件/合并”将家具合并到室内场景中。该命令只能合并max格式的文件。

4.外部参考(Xref)对象和场景

3ds max5支持一个小组通过网络使用一个场景文件工作。通过使用外部参考,可以实现该工作流程。在菜单栏上与外部参考有关的命令有两个,它们是“文件/外部参考对象”和“文件/外部参考场景”。

5.资源浏览器(Asset Browser)

使用资源浏览器也可以打开、合并外部参考文件。资源浏览器的优点是它可以显示图像、max文件和maxScript文件的缩略图。

还可以使用AssetBmwser与因特网相连,这意味着用户可以从Web上浏览max的资源,并将它们拖放到当前max场景中。

6.单位

在3ds max中有很多地方都要使用数值进行工作。在默认的情况下,3ds max使用称之为一般单位(Generic Unit)的度量单位制。可以将一般单位设定为代表用户喜欢的任何距离。例如,每个一般单位可以代表1 in、1 m或者100 n mile。当使用由多个对象、多个场景组合出来的项目工作的时候,所有项目组成员必须使用一致的单位。

在3ds max中,进行正确的单位设置显得更为重要。这是因为新增的高级光照特性使用真实世界的尺寸进行计算,因此要求建立的模型与真实世界的尺寸一致。

10.2.2　创建对象和修改对象

在“创建”命令面板有7个图标,分别用来创建几何体(Geometry)、二维图形(Shapes)、灯光(Lights)、摄像机(Cameras)、辅助对象(Helper)、空间变形(Space Warps6)、体系(Systems)。每个图标下面都有不同的命令集合。每个选项都有下拉式列表。在默认的情况下,启动3ds max后显示的是“创建”命令面板中几何体图标下的下拉式列表中的标准几何体选项。

1.原始几何体

在三维世界中,基本的建筑块被称为原始几何体。原始几何体通常是简单的对象,如图10.1所示,它们是建立复杂对象的基础。

原始几何体是参数化对象,这意味着可以通过改变参数来改变几何体的形状。所有原始几何体的命令面板中的卷展栏的名字都是一样的,而且在卷展栏中也有类似的参数。

可以在屏幕上交互地创建对象，也可以使用键盘在卷展栏中通过输入参数来创建对象。当使用交互的方式创建原始几何体的时候，可以通过图 10.2 所示的参数卷展栏中的参数值的变化来了解和调整相应的参数。

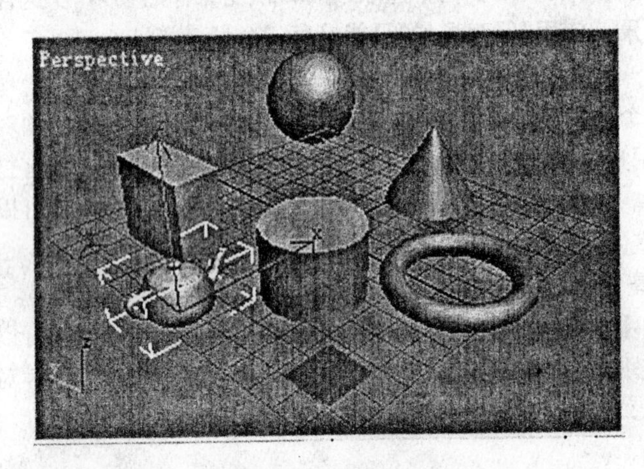

图 10.1 原始几何体

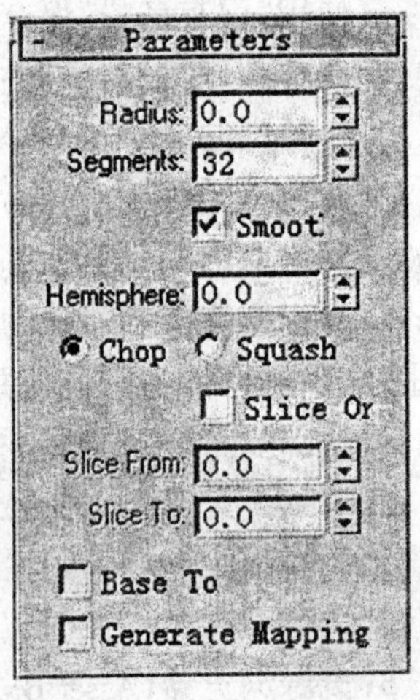

图 10.2 卷展栏

有两种类型的原始几何体，它们是标准原始几何体(Standard Primitives)和扩展原始几何体(Extended Primitives)。通常将这两种几何体称为标准几何体和扩展几何体。

要创建原始几何体，首先要从命令面板(或者对象标签面板)中选取几何体的类型，然后在视窗中单击并拖曳即可。某些对象要求在视窗中进行一次单击和拖曳操作，而另外一些对象则要求在视窗中进行多滴单击和鼠标移动操作。

在默认的情况下，所有对象都被创建在主栅格(Home Grid)上。但是可以使用 Autogrid 功能来改变这个默认设置，这个对象允许在一个已经存在对象的表面创建新的几何体。

2. 修改原始几何体

在刚刚创建完对象，且在进行任何操作之前，还可以在创建命令面板改变对象的参数。但是，一旦选择了其他对象或者选取了其他选项后，就必须使用修改面板来调整对象的参数。

(1) 改变对象的参数

当创建了一个对象后，可以采用如下 3 种方法中的一种来改变参数的数值。

① 显示原始数值，然后键入一个新的数值覆盖原始数值，最后按键盘上的确认键。

② 单击微调器的任何一个小箭头，小幅度地增加或者减少数值。

③ 单击并拖曳微调器的任何一个小箭头，较大幅度地增加或者减少数值。

(2)对象的名字和颜色

当创建一个对象后，它被指定了一个颜色和惟一的名字。对象的名称由对象类型外加数字组成。例如，在场景中创建的第一个盒子的名字是 Box01，下一个盒子的名字就是 Box02。对象的名字显示在名字和颜色卷展栏中，见图 10.3 所示。在创建面板中，该卷展栏在面板的底部；在修改面板中，该卷展栏在面板的顶部。

在默认的情况下，3ds max 随机地给创建的对象指定颜色。这样可以使用户在创建的

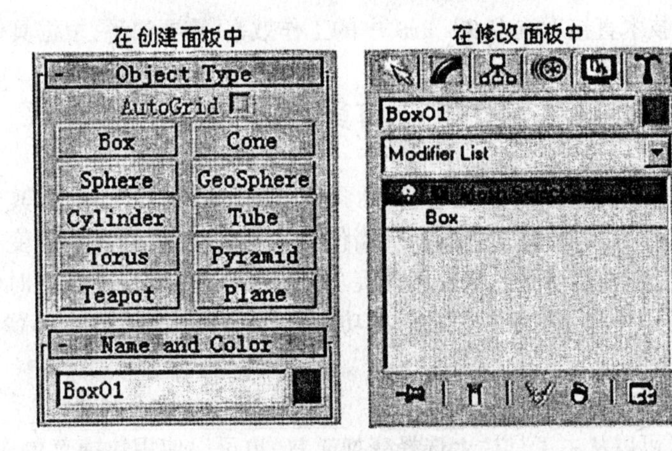

图 10.3　对象的名字显示

过程中方便地区分不同的对象。可以在任何时候改变默认的对象名字和颜色。

3. 样条线 (Splines)

样条线是二维图形,它是一个没有深度的连续线(可以是开的,也可以是封闭的)。创建样条线对建立三维对象的模型至关重要。例如,可以创建一个矩形,然后再定义一个厚度来生成一个盒子。也可以通过创建一组样条线来生成一个人物的头部模型。

在默认的情况下,样条线是不可以渲染的对象。这就意味着如果创建一个样条线并进行渲染,那么在视频帧缓存中将不显示样条线。但是,每个样条线都有一个可以打开的厚度选项。这个选项对创建霓虹灯的文字、一组电线或者电缆的效果非常有用。

样条线本身可以被设置动画,它还可以作为对象运动的路径。3ds max 5 中常见的样条线类型见图 10.4 所示。

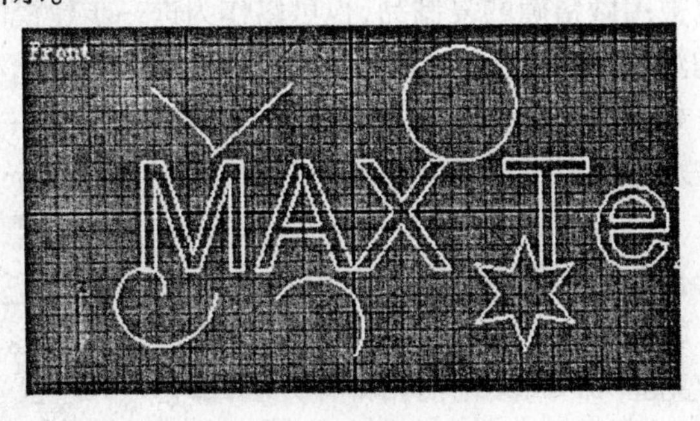

图 10.4　样条线示例

10.2.3　对象的选择

在对某个对象进行修改之前,必须先选择对象。选择对象的最常用最简单的方法是用主工具栏中选择工具进入选择状态后在视窗中单击对象,被点击的对象就被选中。

除单击选择对象外,类似其他的软件一样,还有 4 种用鼠标拖动形成不同的区域选择方式,矩形方式、圆形方式、自由多边形方式和套索方式。

3ds max 还可以根据名字选择对象,在选择对象对话框中选择一个对象的名称,也可以选择需要的对象。还可以使用交叉选择方式/窗口选择方式。

选择对象的技术直接影响在 3ds max 中的工作效率,需要熟悉,根据具体情况选择。

10.3 对象的变换

3ds max 5 提供了许多工具,用来实行动画设计时的各种加工处理,其中最基本的处理是移动、旋转和缩放对象,称之为变换。当使用变换的时候,需要理解变换中的变换坐标系、变换轴和变换中心,还要经常使用捕捉功能。另外,在进行变换的时候还经常需要复制对象,还要使用一些与变换相关的一些功能,例如复制、阵列复制、镜像和对齐等。

10.3.1 变换

要进行变换,可以从主工具栏上选择变换工具,也可以使用快捷菜单选择变换工具。主工具栏上的变换工具如下:

Select and Move 选择并移动
Select and Rotate 选择并旋转
Select and Uniform Scale 选择并等比例缩放
Select and Non - uniform Scale 选择并不等比例缩放
Select and Squash 选择并挤压变形

使用这些变换工具可以实现对象的移动、旋转和缩放处理。

10.3.2 克隆对象

为场景创建的几何体被称之为建模。一个重要且非常有用的建模技术就是克隆对象。克隆的对象可以被用做精确的复制品,也可以作为进一步建模的基础。例如,如果场景中需要很多相同的灯泡,可以先创建出一个,然后复制出需要的其他灯泡。如果场景需要很多灯泡,但是这些灯泡还有一些细微的差别。那么可以先复制原始对象,然后再对复制品做些修改。

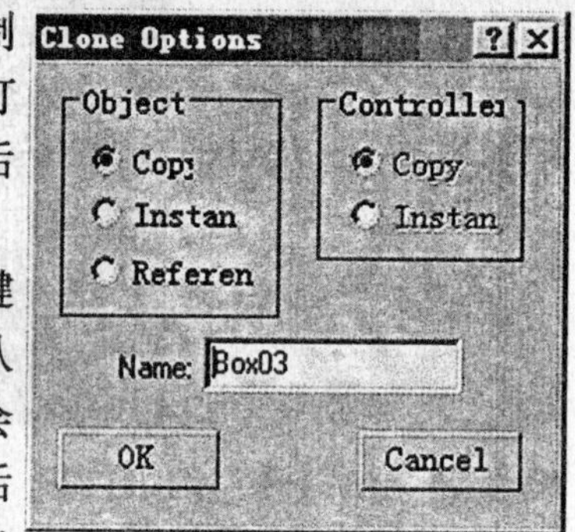

图 10.5 克隆对象对话框

克隆对象的方法有 2 个。第 1 种方法是按住 Shift 键执行变换操作(移动,旋转和比例缩放);第 2 种方法是从菜单栏中选取“编辑/克隆”命令,无论使用哪种方法,都会出现克隆对象对话框,如图 10.5 所示。在克隆对象对话框中,可以指定克隆对象的数目和克隆的类型等。克隆有 3 种类型,它们是复制(Copy)、关联复制(Instance)、参考复制(Reference)。

① 复制选项。克隆一个与原始对象完全无关的复制品。

② 关联复制选项。也克隆一个对象,该对象与原始对象还有某种关系。

③ 参考复制选项。是特别的关联复制,与克隆对象的关系是单向的,实际上使用参考复制选项复制的对象常用于如面和片一类的建模过程。

10.3.3　变换坐标系

在每个视窗的左下角有一个由红、绿、蓝 3 个彩色箭头线组成的三维坐标系图标。这个可视化的图标代表的是 3ds max 5 的世界坐标系(World Reference Coordinate System)。三维视窗(摄像机视窗、用户视窗、透视视窗和灯光视窗)中的所有对象都是用世界坐标系。

在实际中有时需要使用不同的坐标系,这时就需要更换或改变坐标系,充分利用各个坐标系的特点,发挥各个坐标系的优势。

1.改变坐标系

通过在主工具栏中单击参考坐标系按钮,然后在下拉式列表中选取一个坐标系,如图 10.6 所示,可以改变变换中使用的坐标系。

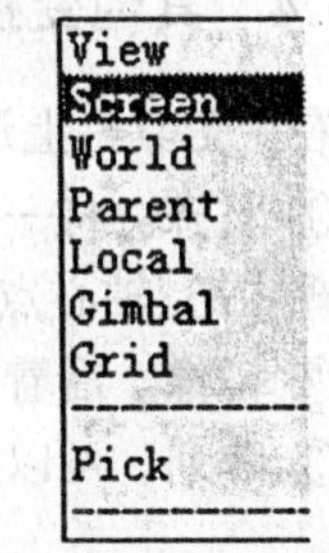

10.6　坐标系下拉式列表

2.世界坐标系

世界坐标系的图标总是显示在每个视窗的左下角。如果在变换时想使用这个坐标系,那么可以从参考坐标系列表中选取它。

当选取了世界坐标系后,每个选择对象的轴显示的是世界坐标系的轴,如图 10.7 所示。可以使用这些轴来移动、旋转和缩放对象。

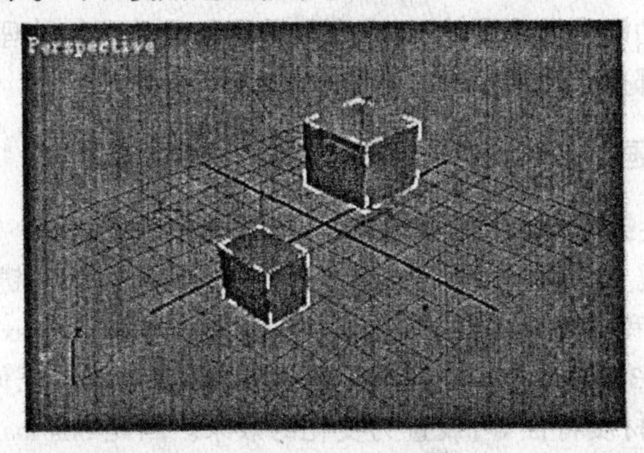

图 10.7　世界坐标系

3.屏幕坐标系

当参考坐标系被设置为屏幕坐标系的时候,每次激活不同的视窗,对象的坐标系就发生改变。不论激活哪个视窗,X 轴总是水平指向视窗的右边,Y 轴总是垂直指向视窗的上面。这意味着在激活的视窗中,变换的 XY 平面总是面向用户。

4.视图坐标系

视图坐标系是世界坐标系和屏幕坐标系的混合体。在正交视窗中,视图坐标系与屏幕坐标系一样,而在透视视窗或者其他三维视窗中,视图坐标系与世界坐标系一致。

视图坐标系结合了屏幕坐标系和世界坐标系的优点。

5.局部坐标系

创建对象后,会指定一个局部坐标系。局部坐标系的方向与对象被创建的视窗相关。例如,当圆柱被创建后,它的局部坐标系的 Z 轴总是垂直于视窗,它的局部坐标系的 XY 平面总是平行于计算机屏幕,既使切换视窗或者旋转圆柱,它的局部坐标系的 Z 轴总是指向高度方向。

6.变换和变换坐标系

每次变换的时候都可以设置不同的坐标系。3ds max 5 会记住上次在某种变换中使用的坐标系。例如,假如选择了主工具栏中的选择并移动工具,并将变换坐标系改为局部坐标系。此后又选取主工具栏中的选择并旋转工具,并将变换坐标系改为世界坐标系。这样当返回到选择并移动工具时,坐标系自动改变到局部坐标系。

10.3.4　其他变换方法

在主工具栏上还有一些其他变换方法,分别有以下几种。

① 对齐。将一个对象的位置、旋转和/或比例与另外一个对象对齐。可以根据对象的物理中心、轴心点或者边界区域对齐。

② 镜像。沿着坐标轴形成镜像对象,如果需要的话还可以复制对象。

③ 阵列。可以沿着任意方向克隆一系列对象。阵列支持位置和排列等变换。

10.4　基本动画技术和动画控制器

3ds max 主要的功能是做三维动画,它也是采用矢量动画的处理方式,类似于其他矢量动画的图形处理,都是以关键帧为基础的。

10.4.1　关键帧动画

1.3ds max 中的关键帧

3ds max 在时间线上的几个关键点定义对象的位置,设置为关键帧,由计算机自动计算中间帧的图形变化和位置,从而得到一个流畅的动画。在 3ds max 中,需要手工定位的帧称之为关键帧。在 3ds max 中,在关键帧处都可以改变对象的任何参数,包括位置、旋转、比例、参数变化和材质特征等,设置为变化的效果。因此 3ds max 中的关键帧只是在某个时间的特定位置指定了一个特定数值的标记。

2.插值

根据关键帧计算中间帧的过程称之为插值。3ds max 使用控制器进行插值。为了适应不同动画的需要,3ds max 的控制器很多,对应的插值方法也很多。

3.时间配置

3ds max 是根据时间来定义动画的,最小的时间单位是点(Tick),一个点相当于 1/4 800 s。在用户界面中,默认的时间单位是帧。但是需要注意的是,帧并不是严格的时间单位。同样是 25 帧的图像,对于 NTSC 制式电视来讲,时间长度不够 1 s;对于 PAL 制式电视来讲,时间长度正好 1 s;对于电影来讲,时间长度大于 1 s。由于 3ds max 记录与时间相关的所有数值,因此在制作完动画后再改变帧速率和输入格式,系统将自动进行调整以适应所做的改变。

默认情况下,3ds max 显示时间的单位为帧,帧速率为 30 帧/s。可以使用时间结构对话框来改变帧速率和时间的显示。时间结构对话框中包含有帧速率、时间显示、重放、动画和关键帧的步幅几个区域。

10.4.2　编辑关键帧

关键帧由时间和数值两项内容组成。编辑关键帧常常涉及改变时间和数值。3ds max 提供几种访问和编辑关键帧的方法。

1.视窗

使用3ds max工作的时候总是需要定义时间。常用的设置当前时间的方法是拖曳时间滑动块。当时间滑动块放处在关键帧处时,对象被一个白色方框环绕。如果当前时间与关键帧一致,这是在视窗中可以打开动画按钮来改变动画中的参数值。

2.轨迹栏(Track Bar)

轨迹栏位于时间滑动块的下面。当一个动画对象被选择后,关键帧按矩形的方式显示在轨迹栏中,使用轨迹栏可以方便地访问和改变关键帧的数值。

3.运动面板

运动面板是3ds max的6个面板之一。可以在运动面板中改变关键帧的数值。

4.轨迹视图(Track View)

轨迹视图是制作动画的主要工作区域。在3ds max中的任何动画基本上都可以通过轨迹视图进行编辑。我们可以使用轨迹栏调整动画,但是轨迹栏的功能远不如轨迹视图。轨迹视图是非模式对话框,在进行其他工作的时候,它可以仍然打开出现在屏幕上。

轨迹视图显示场景中所有对象以及它们的参数列表、相应的动画关键帧。轨迹视图不但允许单独地改变关键帧的数值和它们的时间,还可以同时编辑多个关键帧。

使用轨迹视图可以改变被设置于动画参数的控制器,从而改变3ds max在两个关键帧之间的插值方法。还可以利用轨迹视图改变对象关键帧范围之外的运动特征,来产生重复运动。

可以从图像编辑菜单、四元组菜单或者主工具栏访问轨迹视图,见图10.8。这三种方法中的任何一种都可以打开轨迹视图,但是它们包含的信息量有所不同。使用四元组菜单可以打开选择对象的轨迹视图,这意味着在轨迹视图中只显示选择对象的信息。这样可以清楚地调整当前对象的动画。轨迹视图也可以被另外命名,这样就可以使用菜单栏快速地访问已经命名的轨迹视图。

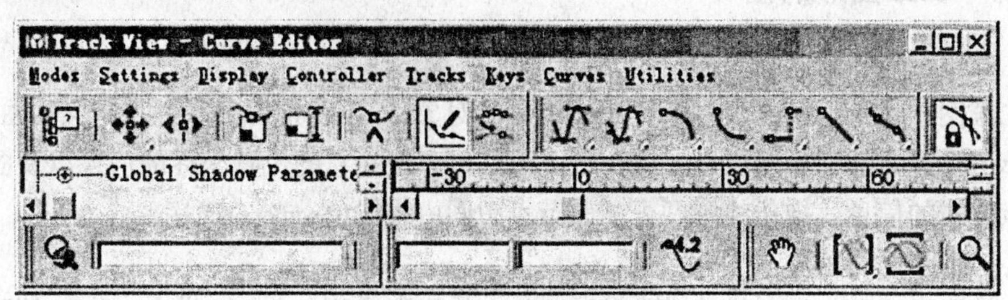

图10.8　轨迹视图对话框

10.4.3　轨迹线

轨迹线是描述对象位置随着时间变化的曲线,曲线上的白色点标记代表帧,曲线上的方框点代表关键帧。

轨迹线对分析位置动画和调整关键帧的数值非常有用。通过使用运动面板上的选项,可以在次对象层次访问关键帧。可以沿着轨迹线移动关键帧,也可以在轨迹线上增加或者删除关键帧。选取菜单栏中的“视图/显示关键帧时间”就可以显示出关键帧的时间。需要说明的是,轨迹线只表示位移动画,其他动画类型没有轨迹线。

打开对象性质对话框中的轨迹线选项或打开设置面板中的轨迹线选项可以用来显示轨迹线。

10.4.4　动作控制器

很多有关动画的操作都是针对关键帧的,在三维软件中进行动画设计的一大优点就是设置好关键帧的位置,中间动画由电脑来完成。这样就存在一个问题,在关键帧之间物体能否以需要的方式运动。动画控制器是用来解决这个问题的,通过动画控制器,可以使物体在关键帧之间做直线或者曲线运动,并可以调整运动的速率,实现变速运动。

选择动画控制器是在命令面板上的“运动”命令面板中进行。单击“参数”按钮,展开“运动”命令面板,进入参数控制区。在此“命令”面板之下,首先是打开“指定控制器”卷展栏,在该卷展栏中完成给运动指定控制器的操作。单击“指定控制器”按钮后,弹出相应对话框,在此对话框中选择所需要的运动控制器。

3ds max 提供的动作控制器种类很多,常见的运动控制器有附着控制器(将一个物体附着到另一个物体的表面)、贝塞尔控制器(系统默认的位移以及缩放编辑控制器,应用最为广泛)、噪声控制器(该控制器可以让物体以随机形式进行抖动)。

10.5　建模

10.5.1　二维图形的基础

1.二维图形的术语

二维图形是由一条或者多个样条线组成的对象,样条线是由一系列点定义的曲线,样条线上的点通常被称为节点(Vertex),每个节点包含定义它的位置坐标的信息以及曲线通过节点方式的信息。样条线中两个相邻节点中间由线段(Segment)连接。

2.二维图形的用法

二维图形通常作为三维建模的基础。给二维图形应用一些诸如拉伸、倒角、侧面倒角和旋转等编辑修改器就可以将它转换成三维图形。二维图形的另外一个用法是作为强制路径控制器的路径。还可以将二维图形直接设置成可以渲染的,来创建诸如霓虹灯一类的效果。

3.节点的类型

节点用来定义二维图形中的样条线。节点有如下4种类型。

① 拐角(Corner)节点。节点两端的入线段和出线段相互独立,因此两个线段可以有不同的方向。

② 光滑(smooth)节点。节点两侧的线段的切线在同一条线上,从而使曲线有光滑的外观。

③ Bezier节点。切线类似于光滑节点类型。不同之处在于Bezier类型提供了一个可以调整切线矢量大小的句柄,通过这个句柄可以将样条线段调整到它的最大范围。

④ Bezier拐角(Bezier Corner)节点。分别给节点的入线段和出线段提供了调整句柄,但是他们是相互独立的,两个线段的切线方向可以单独进行调整。

4.标准的二维图形

3ds Max 5提供了几个标准的二维图形(样条线)按钮,见图10.9。二维图形的基本元素都是一样的,不同之处在于标准的二维图形在更高层次上有一些控制参数,用来控制图形的形状。这些控制参数决定节点的位置、节点的类型和节点的方向。

在创建了二维图形后,还可以在编辑面板对二维图形进行编辑。

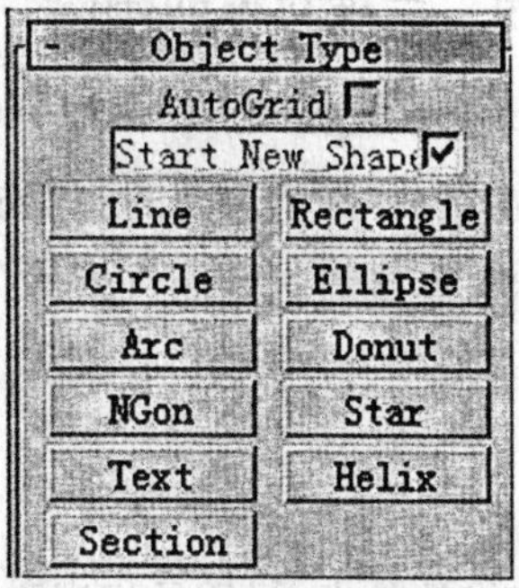

图10.9 标准二维图形(样条线)按钮

10.5.2 创建二维图形

使用线条、矩形和文本工具可以创建二维图形。

启动3ds max,或者在菜单栏选取文件/重新设置,复位3ds max。

在主工具栏的空白区域单击鼠标右键,以便显示右键快捷菜单。

在弹出的右键菜单上选取标签面板,见图10.10。

在标签面板中单击图形。

在图形标签中单击线条、矩形和文本各种工具按钮,并利用它们来创建二维图形。

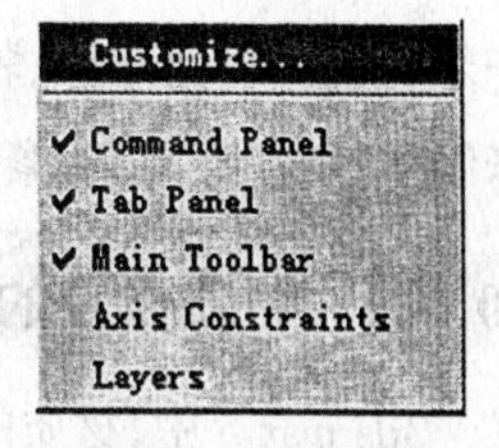

图10.10 标签面板

10.5.3 将二维对象转换成三维对象

使用编辑修改器可以将二维对象转换成三维对象。常用的编辑修改器有挤出(拉伸)、旋转、倒角和侧面倒角等不同的类型和功能,使用需要类型的编辑修改器可以实现需要的转换。

1.拉伸

沿着二维对象的局部坐标系的Z轴拉伸,给它增加一个厚度,就将二维对象转换成了三维对象。我们还可以沿着拉伸方向指定段数,如果二维图形是封闭的,可以指定拉伸的对象是否设有顶面和底面。使用拉伸可以形成由二维对象延伸的柱状图形,可以是规则的图形，也可以是不规则的图形。

2.旋转

旋转编辑修改器绕指定的轴向旋转二维图形，可以形成具有旋转特征的三维图形。使用旋转处理可以用来建立诸如高脚杯、盘子和花瓶等模型。旋转的角度可以是 0～360°的任何数值。

3.倒角

倒角编辑修改器与拉伸类似，但是比拉伸的功能要强一些。它除了可以沿着对象的局部坐标系的 Z 轴拉伸对象外，还可以分 3 个层次调整截面的大小，创建诸如倒角字一类的效果。

10.5.4　三维对象的建模

3ds max 建模的方法可以分为网格、面片和 Nurbs。其中网格最基础的方式；面片是早期三维软件中最为重要的曲面描述方式；Nurbs 是一种经典的数学曲线描述方式，特别适合描述复杂的有机曲面对象。

10.6　材质

三维软件中，材质是相当重要的。现实生活中，相同形状但不同材质的物体，给人们的感觉很可能截然不同。

3ds max 5 的材质设置功能并不仅仅限于赋给物体某种质感，而且还能够参与到建模中来。比如制作建筑、装修效果图时，一些墙面、地板上的线条、浮雕等，如果都通过建模来制作，就相当复杂、繁琐，而如果通过材质与贴图来实现，则相对简单得多。

10.6.1　材质设置的基本方法

3ds max 5 中，材质的设置是相当复杂的。实际上材质的难度在于设置技巧上，它的使用方法却很简单，下面举一个简单的例子来说明。

在“Top”视图中创建一个茶壶(Tea pot)，如图 10.11 所示。

单击键盘上的“M”键，弹出材质编辑器；

选中材质编辑器中的第一个材质样本球；

单击材质编辑器上的对选定物体指定材质(Assign Material to Selection)按钮；场景中的茶壶已经被赋予了系统默认状态下的材质，如图 10.12 所示。

尽管材质的设置很复杂，但是将调整好的材质赋给场景中的物体很简单。这种简单方法在具体制作中得到最为广泛的应用。

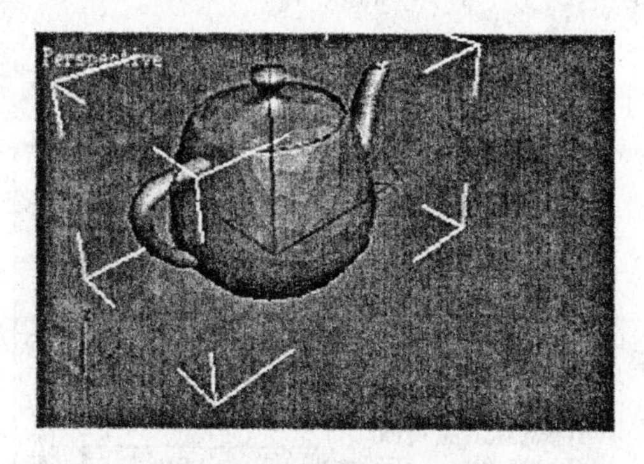

图 10.11　创建一个茶壶

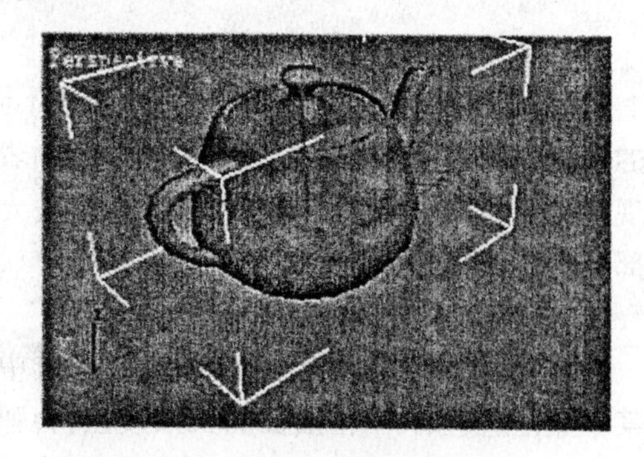

图 10.12　材质的设置

10.6.2　材质编辑器

在 3ds max 5 中，材质的编辑大多在“材质编辑器”中进行，单击工具栏上的“材质编辑器”按钮，或者是按下键盘上的“M”键，都可以弹出材质编辑器对话框，如图 10.13 所示。从图中可以看出，材质编辑器分为材质样本球、样本球控制工具栏、编辑工具栏、参数控制区几个部分。

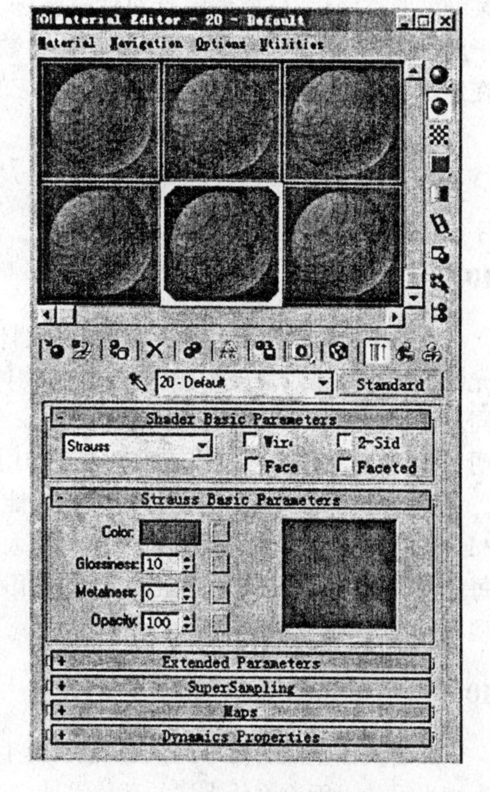

图 10.13　材质编辑器对话框

10.6.3　贴图

贴图在 3ds max 5 材质的设置中的运用非常广泛，贴图的作用并不只是将图案贴到物体的表面，它还可以参与到建模中来。

材质与贴图的概念有很大的区别，贴图只是材质的一种属性，当然，材质也可以没有这种属性，不用为材质设置任何贴图。材质可以直接赋给物体，而贴图只能作为材质的一项参数，首先为某种材质设置好贴图，然后将材质赋给物体，才能够将贴图在物体上表现出来。

在材质编辑器中，贴图卷展栏(见图 10.14)是最复杂的，在“贴图”卷展栏中有 12 项材质编辑通道，各通道对材质的不同部分、不同性质进行不同的编辑，掌握好这些通道的编辑特性是编辑复杂材质的前提。

1.贴图通道

为了更好地表现真实世界中变化多端的各种材质，3ds max 5 提供了 12 个贴图通道，可以针对物体的不同部位和特性选择使用不同的贴图通道。

2.高光区域贴图

很显然,这一类贴图是针对物体表面不同的高光区域进行贴图设置的。在物体表面表现为漫射的部分可以设置一种贴图,在高光部分可以设置另一种贴图。

3.贴图

在材质编辑器中的贴图卷展栏中,选中某个贴图通道后,单击后面的长条按钮,会弹出材质/贴图浏览材质浏览器对话框,在这个对话框中,可以选择各种贴图类型。当选中某种贴图类型后,材质编辑器对话框会进入子层级,显示出这种贴图类型的有关参数。在这里可以调整、编辑这些参数,得到相应的材质效果。

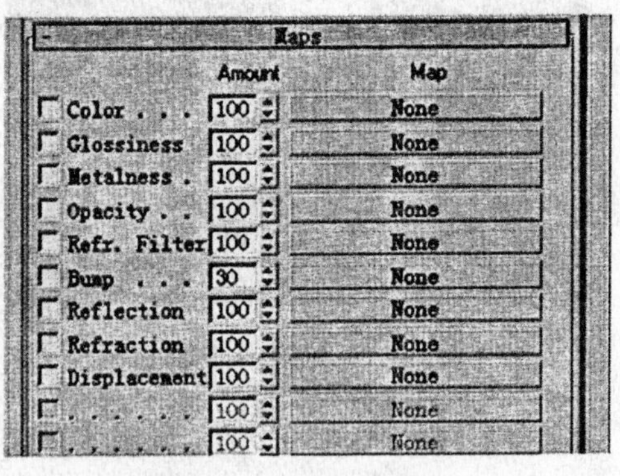

图 10.14　贴图卷展栏

10.7　灯光

10.7.1　概述

在 3ds max 5 中,灯光不仅仅是起照明作用,还能够影响材质的颜色和纹理。当一个光源设置好颜色或是投影图像之后,与物体本身的材质单凭视觉来区分,并没有什么不同。为了权衡材质与灯光的关系,3ds max 5 材质编辑器的样本球视窗内允许使用场景照明,并可重复地渲染视窗以求观看交互作用的效果。

3ds max 5 提供了强大的灯光编辑功能,可以模拟出自然界中绝大多数的光源特性。3ds max 5 的灯光分为标准和光度控制两大类,这两大类灯光的参数有比较大的不同,而每一大类中的具体灯光参数之间差异却很小。另外,在标准灯光类型中,更增加了天光类型,用于模拟自然状态下的光照情况。

10.7.2　布光的基本知识

随着演播室照明技术的快速发展,诞生了一个全新的艺术形式,我们将这种形式称之为灯光设计。无论为什么样的环境设计灯光,一些基本的概念是一致的。首先为不同的目的和布置使用不同的灯光,其次是使用颜色增加场景。

1.布光的基本原则

一般情况下可以从布置三个灯光开始,这三个灯光是主光、辅光和背光。为了方便设置,最好都采用聚光灯。尽管三点布光是很好的照明方法,但是有时还需要使用其他的方法来照明对象。一种方法是给背景增加一个 Wall Wash 光,给场景中的对象增加一个 Eye 光。

(1)主光

这个灯光是三个灯光中最亮的,是场景中的主要照明光源,也是产生阴影的主要光源。

(2)辅光

这个灯光用来补充主光产生阴影区域的照明,显示出阴影区域的细节,而有影响主光的照明效果。辅光通常被放置在较低的位置,亮度是主光的一半到三分之二。这个灯光产生的阴影很弱。

(3)背光

这个光的目的是照亮对象的背面,从而将对象从背景中区分开来。这个灯光通常放在对象的后上方,亮度是主光的三分之一到二分之一。这个灯光产生的阴影最不清晰。

(4)Wall Wash光

这个灯光并不增加整个场景的照明,但是它却可以平衡场景的照明,并从背景中区分出更多的细节。这个灯光可以用来模拟从窗户中进来的灯光,也可以用来强调某个区域。

(5)Eye光

在许多电影中都使用了Eye光,这个光只照射对象的一个小区域。这个照明效果可以用来给对象增加神奇的效果,也可以使观察者更注意某个区域。

2.室外照明

室外场景的灯光布置与室内的完全不同,需要考虑时间、天气情况和所处的位置等诸多因素。如果要模拟太阳的光线就必须使用有向光源,这是因为地球离太阳非常远,只占据太阳照明区域的一小部分,太阳光在地球上产生的所有阴影都是平行的。

要使用标准灯光照明室外场景,一般都使用有向光源,并根据一天的时间来设置光源的颜色。此外,尽管可以使用平面阴影类型的阴影得到好的结果,但是要得到真实的太阳阴影,需要使用放射线状阴影。这将会增加渲染时间,但是这是值得的。

第11章 音频处理

在多媒体课件制作时,根据内容的需要加入解说、音效和适当的背景音乐,可以增加课件的效果。一般来说,解说都是根据内容的需要自行制作,音效和背景音乐则根据内容选择一些已有的素材经加工处理形成,特殊的音效只能自己制作。

11.1 声音素材的获取

自行制作的声音素材主要是解说,一般获取的方法是用计算机进行数字录音,将声音转换为计算机中的文件。声音的来源可以用两种方式形成:一种方式是直接录音,即用麦克风通过计算机的声卡将声波信号转换为计算机中的数据;另一种方式是先将声音录制到录音带上,然后通过录音卡座将录音带上的信号播放出来,形成模拟的声音电信号,通过计算机声卡的线路输入后由声卡转换为计算机中的数据。

11.1.1 计算机录音的连接

计算机录音都是通过计算机的声卡实现的。虽然计算机的声卡种类很多,但提供外部的连接基本相同,一般有麦克(Mic)输入、线路(Line)输入、音箱或耳机(Speaker)输出3个插孔,供与其他部分的连接。

1.麦克输入

麦克输入是弱信号输入,使用的是3.5 mm的插座,插孔旁边一般标有Mic字符或话筒图形。

(1)麦克的连接

麦克输入端是用于和驻极体话筒相连接的插孔。将耳麦的话筒插头插入到麦克输入的插孔中,就实现了录音的连接。

(2)普通麦克的连接

普通麦克是指通用的话筒,主要有两种类型,驻极体麦克和动圈麦克。虽然两种麦克的结构和原理不同,工作条件也略有不同,但为了通用,都不使用直流电源。计算机的麦克输入中有一定的直流电流,在连接时也要注意。一般普通麦克的插头使用的是6.5 mm的插头或卡能头,而计算机的麦克输入是3.5 mm的插座,需要用转换器转换。

2.线路输入

线路输入是标准电信号输入,使用的是3.5 mm的插座,插孔旁边一般标有Line字符或插头图形,用于和标准音频设备相连接。

将标准音频设备的线路输出通过连接线连接到线路输入的插孔中,就实现了线路数字录音的连接。

线路输入的虽然是标准声音电信号,但有些声卡要求的输入信号电平较高,当音频设备输出的信号幅度不够大时,也可以在麦克输入端输入。

11.1.2　计算机录音软件及使用

在单独的计算机声卡所带的软件中,一般都有一个声音播放及简单编辑处理的软件。Windows 系统中,也带有录音机、多媒体工作站等软件。

1. Windows 录音机的使用

在 Windows 系统(9x、2000、me、XP)附件中,都有一个录音机,可以实现简单的语音录入和播放工作。通过点击任务栏中的"开始/程序/附件/娱乐/录音机"命令打开录音机窗口,如图 11.1 所示。使用菜单或按钮,可以实现录音机的功能。

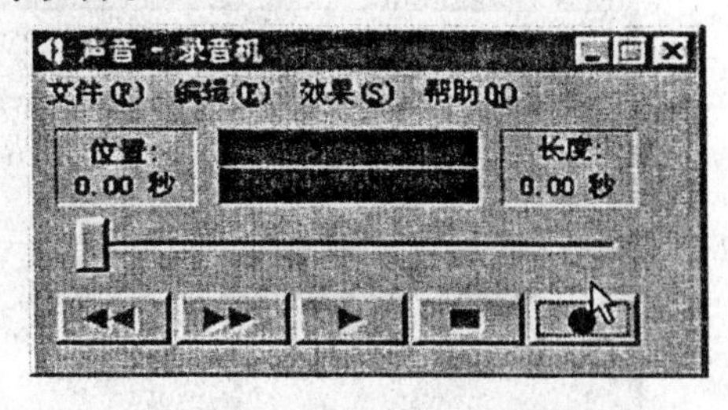

图 11.1　Windows 录音机窗口

(1)录音质量的设置

在录音机窗口中,使用"文件/属性"命令,打开录音机属性设置窗口,可以看到设定的质量标准,如果不合适,可点击开始转换按钮打开声音选择对话框选择合适的声音质量设置。采样率越高、采样位数越长,声音质量越好,数据量越大。

对于质量要求较低的声音,可以使用默认的设置,但一般都希望音质好些,选择采样率为 44.1 kHz,16 位单声道,音质可以达到 CD 质量。

(2)音量的调整

音量的调整主要在声卡管理软件上。声卡不同,其管理软件的打开位置也不同,有的和录音机一起在娱乐文件夹中,有的在桌面任务栏的右端,点击打开调整面板后可以进行音量的调整设定。

注意:调整面板中有音量、平衡等多项调整;对录音、放音控制的调整是各自单独的调整控制,调整时不要搞混。

(3)录音操作

打开录音机时,自动建立一个临时文件,确认设置合适后,点击红色圆点的录音按钮,Windows 录音机开始录音;点击黑色方块的停止按钮,Windows 录音机停止录音。

Windows 录音机每次开始录音设定的最大长度为 60 s,由上一次录音的结束点处继续录音。一般每次录音时间应小于 60 s,如果需要录音的时间较长,可以在 60 s 内的间歇处先停止,然后再开始录音,这时是在前面已经录音内容的后面继续录音,重复到内容录完后再保存文件,可以实现较长时间的录音。

2. Audio Editor 的使用

Audio Editor 是 Ulead 公司 MediaStudio Pro 套装软件中的音频处理软件,可以实现单声道或双声道的录音、编辑处理、特殊效果等处理,是功能较全的音频编辑处理软件。

(1)基本界面

Audio Editor 的基本界面与其他 Windows 软件的界面类同,也都是由标题栏、菜单栏、工具栏、工作区、状态栏组成。Audio Editor 的基本界面如图 11.2 所示。由于需要的功能不多,所以界面比较简单。

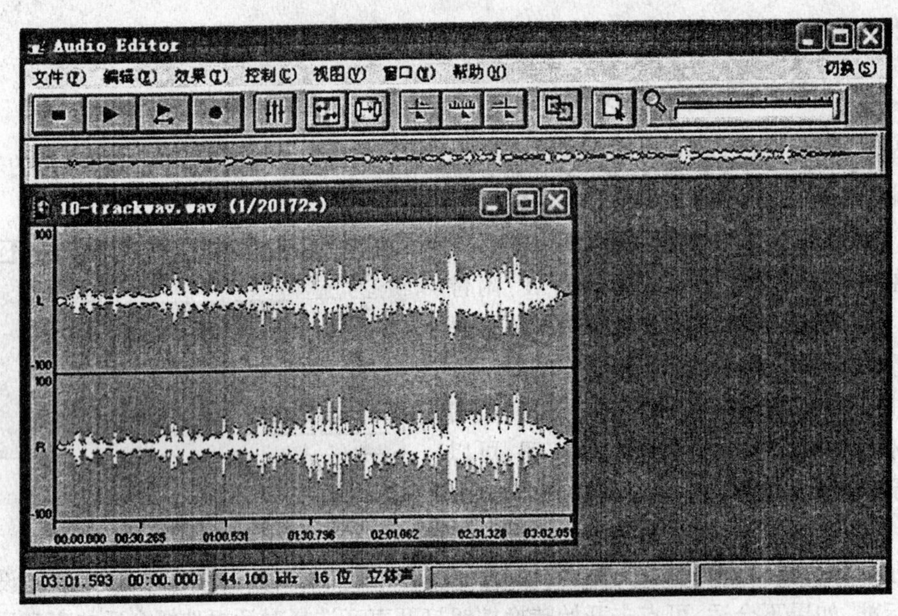

图 11.2　基本界面

(2)直接录音操作

在 Audio Editor 的环境下进行录音操作时,一般多使用直接录音方式,即在没有打开音频文件时,直接使用菜单命令或红点标注的录音按钮,进行录音。由于录音前需要进行检查和设置,开始录音命令后要逐步进行以下的录音工作。

① 自动弹出音频设置窗口,如图 11.3 所示。在窗口中要求使用者选择设置录音所需要的音频格式,设置的格式可以设置名称并用另存为按钮存储起来供反复使用。设置完成后点击确定按钮后关闭本窗口,进入下一步操作。

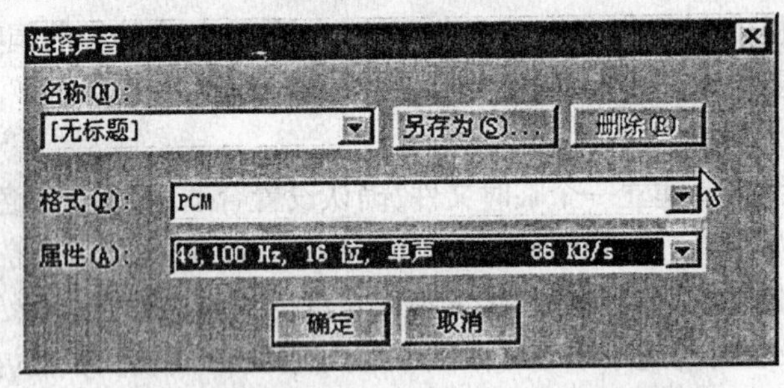

图 11.3　的音频设置窗口

② 弹出录音电平检查窗,如图 11.4 所示。这时在窗口内的电平指示条中可以看到输入声音电平的幅度指示,供检查和确定输入电平的幅度是否合适。通常录音电平的要求主要有:保证输入信号的录音电平在声音最大时在指示范围内;一般的声音峰值在指示范围的 50% 以上;最小值基本为 0。确认录音电平合适后,点击开始按钮开始录音。

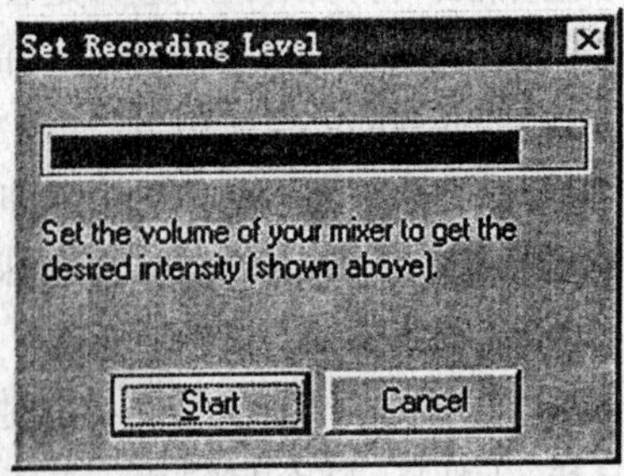

图 11.4　输入音频电平检查窗口

③ 自动新建一个未命名的声音文件窗口,同时

弹出正在录音对话框，框中提示正在进行录音，并有一个停止按钮用以停止录音，屏幕状态保持不变。需要录制的声音结束后，点击对话框中的停止按钮，停止录音，录制的声音波形出现在文件窗口中。

(3)插入录音操作

如果要对已有的声音文件中插入录音，或在已打开的声音文件中插入新的录音时，在打开文件窗口的时间插入点处点击鼠标，使播放指针移到该处，然后使用菜单命令或红点标注的录音按钮开始录音的操作。

插入录音操作只能按当前窗口的文件格式进行录音，录音停止后录制的声音波形插入到当前活动窗口的光标线处。

(4)录音文件的存储

无论是新建的文件还是插入录音，都可以认为是改变了已有的声音文件。要保证原文件不被破坏，应使用另存为命令，将其存储为新的文件。

注意：存储为新的文件时，要进行存储文件格式的选择，保证所存文件的格式满足要求。如果没有进行选择设置，则以默认的格式存储文件。

如果只是插入录音并仍要存为原文件，可以使用保存命令，由于插入录音，使时间加长，有时会弹出示警框，提示是否修改原文件参数。

11.1.3　计算机录音的注意事项

使用计算机录音时，既有一般录音的要求，又和模拟的录音设备有所不同，需要注意以下几点，以得到较理想的效果。

1.一般录音的要求

一般对声音的要求主要是音质、音色和噪声。音质、音色和噪声除与声源有关外，还都与录音的环境有关，所以通常较好的录音都在专用的录音棚、配音室中进行，排除声源之外的影响。使用的麦克也要性能较好，减少可能出现的失真。

在有些情况下，不具备专业录音的条件，也可以在环境安静的室内录音。由于计算机本身的风扇噪声和电磁干扰，会加大录音时的背景噪声，影响效果，所以在录音时不要在计算机附近。

如果使用录音带先期录制后再转换到计算机中，需要使用较好的录音设备和录音带，避免引入较多的噪声和失真。

2.音量音质的要求

录音时保证输入信号有足够的幅度，才能保证有足够的信噪比。在录音时首先要保证相当的音量，这在一般输入电平指示器上，在声音信号最大时应在满值的 80% ~ 90% 处，没有声音时电平指示应为 0。如果最大值不够，应调整麦克音量；如果无声时电平不为 0，则背景噪声大，要更换录音环境或设备。

在录音时略加一点回声，会使声音圆润，但回声大会使声音听不清，这需要一定的经验和反复的比较，选择适宜的回声时间和幅度。录制语言声音时，由于人的发音和身体状况、情绪、时间等都有关，会使人感到较明显的不同，所以最好是一次(可分成多段)录制完成，特别不要隔天录。

保证音质的一个重要方面是数字音频的格式。一般要求音质好时,常选用 CD 质量的数字音频标准,但文件数据量较大。当课件对音质要求不高时,可以适当降低标准。为了减少数据量,对解说常使用 44.1kHz、16 位、单声道的方式,也可以使用满足要求的其他格式。

3.文件的要求

使用不同的多媒体编辑软件,具有不同的音频处理能力。录音时要考虑应用的目的和要求,尽量采用可以直接使用的声音文件格式,避免再次进行转换的工作和由其产生的信号损失。

在录音时,记录的声音都在计算机的内存中,应将其他的程序关闭,保证有较多的内存供给录音存储。每个文件录音的时间不要长,最好在几分钟的范围内,并及时保存为磁盘文件。

录制的文件一般都是 WAV 格式的文件,存储文件时最好建立一个独立的文件夹,文件夹和其中的文件都使用与内容相关的名称,便于辨识和查找。

11.2　声音素材的处理

多媒体课件中的声音处理主要是语言解说类的内容,将根据多媒体内容的安排需要一段一段地被引入使用。对于不同的来源,不同的应用,都需要对声音素材进行后期处理,即编辑处理。

声音的编辑处理主要包括剪接、幅度调整、平衡(左右声道)调整、回声和滤波处理等。

11.2.1　Audio Editor 的使用

Audio Editor 是功能较强的音频编辑软件,它的基本界面如图 11.2 所示。使用鼠标在波形窗口中点击,可以设定当前编辑点(以红色竖线表示);用鼠标在波形窗口中拖动,可圈选出声音区域,实现对该部分的编辑处理。

使用菜单命令或按钮,可以对选中的区域进行编辑处理,如编辑菜单命令中的删除、剪切、复制、粘贴、插入静音等;效果菜单命令中的放大、时间翻转、反相、加入回声等等。如果没有进行任何区域选择,则对全部区域(整个文件)进行处理。

由于音频的编辑处理比较简单直观,并且处理方式方法及快捷键等与其他软件类似,这里不作详细介绍,只要稍作尝试就可以很快掌握。

注意:由于音频的特性,其粘贴方式可以有插入、替换、混合几种方式,要根据编辑内容和实际需要选择。

11.2.2　其他软件的使用

可以用于实现音频编辑功能的软件有很多,如前面介绍的 Windows 中的录音机,就可以实现剪切、复制、插入等编辑功能,也可以实现整个文件中全部信号幅度的放大或衰减、加入回声等效果处理。

使用音频解霸也可以实现文件的剪切、复制等编辑功能,它使用选中一段内容后播放,同时进行录制,另存为新文件的方法实现。

11.2.3　音频处理的注意事项

在音频编辑处理时,需要注意以下几点。

① 计算机中的音频处理一般都是对无压缩的数字声音信号进行编辑处理,即只处理 WAV 格式的文件,所以编辑使用的声音文件和处理后的结果文件一般也是 WAV 格式的文件。

② 编辑时使用的 WAV 文件如果有采样率、声音位数、声道数的不同,为保证编辑后的声音效果,需要使用其中最好的采样率、声音位数进行编辑,使用的声道数则根据实际需要确定。

③ 在编辑处理中难免会出现误操作,为避免损坏原有的素材文件,应先做备份,并及时保存文件。在一般编辑时,应先将素材剪成一段段的单元,存为临时文件,供编辑时使用,而不直接对素材编辑。

④ 如果要编辑的声音不是 WAV 文件,要先将其转换为 WAV 文件,然后再进行编辑处理。

11.3　声音文件的转换

声音文件在两种情况下需要进行转换,一是文件的格式不同,不能满足使用时的要求;另一是采样率、声音位数、声道数的不同。为了满足实际需要,要将编辑前或编辑后的文件进行相应的转换。

11.3.1　声音转换的软件

能实现声音文件转换的软件较多,一般的音频编辑软件都有一定的转换功能,但多数是同一类的文件的转换,主要是对采样率、声音位数、声道数的转换。

1.采样率、声音位数、声道数的转换

能实现 WAV 文件录制和编辑的软件多数都能实现采样率、声音位数、声道数的转换,如在 Windows 中的录音机、Audio Editor 等环境中,通过设置 WAV 文件的有关参数、复制或另存,就可以实现要求的转换。

同样,使用超级音频解霸,也可以实现简单的采样率、声道数的转换,它是通过设定播放的形式后,在播放的同时进行录制,另存为新的文件来实现转换。一些音频处理软件也可以使用这种播放同时录音的方式实现转换。

2.文件格式转换

在多媒体课件中使用的声音格式主要是 WAV、MP3、MIDI 三种类型。MIDI 文件是合成音乐,文件数据量较小,一般作为背景音乐循环播放使用。也可以使用 MP3 文件作为背景音乐,但是要注意,由于 WAV 和 MP3 都是波形文件,基本上计算机在一个时刻只能播放一个波形文件,所以在用 MP3 文件作为背景音乐时,不能再加语言解说。

文件格式的转换一般都是使用专门的转换软件实现,这类软件较多,性能等各不相同。由于这类软件都较小,常作为免费软件、共享软件出现,附带在其他的软件或工具集内发行,现在较多的使用者是从相关的网站上下载。

使用声音文件转换软件与其他软件相同,一般按照菜单命令和对话框的提示操作即可。基本过程为:启动转换后弹出打开文件选择框,要求选择出要转换的文件;确定选择的文件后弹出存储文件选择框,要求选择或输入要转换成的目的文件;根据转换的需要,在选择框中有下拉按钮选择要转换的文件格式,或者使用选项按钮弹出选择框,设置相应的选项;选择完成后点击确定钮开始转换;一般在转换时弹出一个对话框,设有进度条指示转换的进度,设置停止按钮用于停止转换;在转换完成后给出提示或自动关闭窗口。

一些编辑软件也有文件格式转换功能,但转换的类型和能力各不相同,要注意其说明。一些播放软件在实现软件播放的时候可以同时进行录音,通过在录放时使用不同的格式(主要是通过在 MIDI 播放的同时用 WAV 录音来实现 MIDE 到 WAV 的转换),也可以将一种格式转换为另一种格式。但要注意,这种方式转换的结果一般只能是录音的波形文件。

11.3.2 声音文件转换的注意事项

计算机中使用的编辑软件、多媒体播放器等软硬件条件不同,计算机所能处理的音频文件的格式也不同,所以使用音频文件格式时要考虑计算机的能力,文件转换时,也要考虑到这类有关的因素。

1.文件的选项

文件转换前,在菜单或对话框中一般都有相应的选项设置,以确定转换文件的属性。开始转换时一定要先检查这些设置是否正确,以保证转换后的文件满足使用要求。

2.文件的存放

转换的文件一般与源文件同名,最好单独建立文件夹存放,以便以后引用时的查找和区别。

3.文件的格式选择

MIDI 文件是合成音乐,文件数据量小,除了为视频动画文件内部配乐外,在一般情况下不将其转换为波形文件。波形文件一般难于合成,所以不能转换为 MIDI 文件。

声音文件转换主要是不同格式波形文件转换。文件格式转换的主要目的之一是减小文件的尺寸,转换的方式不同、转换的内容不同,文件转换先后的数据量也不同。虽然在一般情况下,同样内容的声音 MP3 的文件最小,WAV 的文件最大,其他文件大小处于两者之间,但在转换时选择的属性设置不同,文件的大小也不相同,特殊时甚至会相反。

格式转换后要检查文件的大小,确认转换的效果和选择格式的正确。要注意,采用压缩格式处理的文件的数据量和内容有关,不同的内容文件的大小不同,有时会差别很大。

不同的转换软件,有时转换出文件的数据量也不相同,有时转换文件甚至不能使用和不能被编辑软件使用,转换后应进行检查,确定转换的必要性和结果的正确性。

参考书目

1 袁海东.Authorware 6.5 教程.北京:电子工业出版社,2002
2 祁志刚.三向多媒体制作 Authorware 5.0 现场实作.北京:北京希望电子出版社,2000
3 廖疆星等.Photoshop 6.0 应用实例大制作.北京:冶金工业出版社,2000
4 应勤.Photoshop 入门与提高.北京:清华大学出版社,1999
5 王琦.3D STUDIO MAX 三维动画大制作.北京:宇航出版社,1997
6 刘海疆.Flash MX 完全教程.北京:人民邮电出版社,2002
7 黄心渊.3ds max 5 标准教程.北京:人民邮电出版社,2003
8 雪茗斋电脑教育研究室.3ds max 5 入门与提高.北京:人民邮电出版社,2002
9 崔非.Ulead Media Studio Pro 5.0 多媒体影视制作.北京:人民邮电出版社,1999
10 甘登岱.跟我学 Photoshop 7.0.北京:人民邮电出版社,2002
11 李兴保,刘成新.现代教育技术应用基础.济南:山东科学技术出版社,2001